工程与哲学（第三卷）

——工程知识与工程创新（2019）

主　编　殷瑞钰
副主编　李伯聪　胡文瑞　汪应洛　梁　军

西安电子科技大学出版社

内 容 简 介

本书是数十位院士、专家在首届中国工程科学高峰论坛、中国工程科技论坛“工程知识与工程创新”(2019)、第九次全国工程哲学学术会议上发表的观点和论文的汇编专辑，反映了我国工程与哲学——工程方法论研究领域权威专家的最新研究成果。

本书所收录文章的内容涵盖工程知识论、工程与哲学、工程伦理与工程教育、工程与社会、工程史与工程文化等相关领域，集中呈现了我国(2019年)工程与哲学学术研究权威专家的精辟观点。

图书在版编目(CIP)数据

工程与哲学. 第三卷，工程知识与工程创新：2019 / 殷瑞钰主编. 一西安：西安电子科技大学出版社，2022.11

ISBN 978-7-5606-6417-0

Ⅰ. ①工… Ⅱ. ①殷… Ⅲ. ①工程一科学哲学一研究 ②工程技术

Ⅳ. ①N02 ②TB

中国版本图书馆 CIP 数据核字(2021)第 083365 号

策　　划　高维岳　邵汉平
责任编辑　高维岳
出版发行　西安电子科技大学出版社(西安市太白南路 2 号)
电　　话　(029)88202421　88201467　　邮　　编　710071
网　　址　www.xduph.com　　电子邮箱　xdupfxb001@163.com
经　　销　新华书店
印刷单位　咸阳华盛印务有限责任公司
版　　次　2022 年 11 月第 1 版　　2022 年 11 月第 1 次印刷
开　　本　787 毫米×1092 毫米　1/16　印　张　15
字　　数　451 千字
印　　数　1～2000 册
定　　价　98.00 元

ISBN 978-7-5606-6417-0 / N

XDUP 6719001-1

＊＊＊如有印装问题可调换＊＊＊

工程与哲学(第三卷)

——工程知识与工程创新(2019)

编写委员会

前　　言

本专辑的主题是“工程知识与工程创新”。本专辑收录的文章来源于近年来中国工程院资助的“工程知识论”理论研究，当然更为直接的来源还是 2019 年在广州华南理工大学召开的工程哲学学术年会，“工程知识与工程创新”正是年会讨论的主题。不过本专辑并非这一年会的会议论文集，而是在年会论文基础上，结合近年来国内关于工程知识与工程创新的理论研究，通过在更为广阔的范围内征文、筛选以后形成的。其中，有些文章是编委会根据栏目设计直接向作者约稿的，如朱亚宗教授所撰的有关工程人物分析的文章。

根据“工程知识与工程创新”这一主题的两个关键词，本专辑分为工程知识与工程创新两大板块，其中工程知识又进一步细分为工程知识总论、工程知识分论、工程思维拓展、工程知识传承四个部分。由于几乎所有作者都在文章中不同程度地涉及了工程知识与工程创新这两个主题，所以本专辑以作者论述重心作为分类依据，但凡是以知识带创新的文章，都放在工程知识板块，以创新促知识的文章，都放在工程创新板块。板块内按照关键词排序。

工程知识是随着工程哲学研究的持续深入逐渐进入哲学视野的。一方面，现代工程实践分门别类地积累了形形色色的工程知识，需要从总体上进行一般性哲学研究；另一方面，现代哲学面对越来越多行之有效的工程知识，需要深入到具体工程实践中进行探究。所以工程知识论在中国的兴起，是工程界与哲学界携手推进的结果，既体现中国工程界的认识水平和思想境界，也反映中国哲学界现代化的程度。正是基于这样一种考虑，本专辑在力所能及的范围内征集、筛选了相关文章，还专门邀请了部分相关领域的专家撰稿。

工程知识总论是关于工程知识的本质、属性、结构、职能等一系列基本问题的总体性、历史性反思。殷瑞钰院士主张把自然物与人工物两类物质世界同科学知识与工程知识两种知识体系对应起来，为工程知识奠定了重要的思想前提和理论基础，同时从工程哲学中国学派的思想高度阐述了中国学者撰写的《工程知识论》的理论特色与现实意义。李伯聪教授简要回顾了中外哲学史漠视工程知识的历史以及工程知识概念研究的最新进展，阐释了作为哲学范畴的工程知识与作为日常语言的工程知识之间的区别，并利用赖尔的“操作性知识”与波兰尼的“意会知识”为工程知识概念在现代哲学中的合法性进行辩护。

工程知识分论是关于工程知识构成要素、演变环节的某一侧面、某种角度或运用某一理论加以观照的产物。工程设计知识是工程知识的重要组成部分。邓波教授及其学生结合设计史，在工程知识论层次，把设计纳入工程全周期，从结构、功能和形态结合在一起的维度分析了工程技术界与设计界两类工程知识的建构与生成，揭示了工程设计的知识运作及其创造性。王林峰、栗楠先生认为，现阶段国有企业知识产权推广应用不足，激励措施难以落实到位，根本原因在于未能明确驱动因素，混淆组织与个人价值回报，缺乏针对性的激励方式，因此，应对知识产权制度进行适当的调整，协调个人价值与社会贡献。

工程思维是工程知识生产的精神载体，工程知识只是工程思维的客观化形态，甚至在后现代语境中，工程思维也可以称为一种特殊形态的工程知识。王宏波教授从工程思维的维度全面阐释了工程模式的理念、作用、构成、建构等方面的思维活动特点，以及它和综合集成思维方式在社会工程中的具体运用，阐述了社会设计的边界与方式。

工程知识传承，或者说工程教育，也是工程知识论的一项重要内容，对于形成良好的工程思维水平和工程创新能力具有重要意义。朱亚宗教授对两位杰出工程人物的分析，无疑丰富和发展了当代工程教育知识。一方面，朱教授对钱学森28岁成为顶尖人才的关键因素进行了分析，认为天赋的早期开发、敏锐的方向意识、大师的专业引领和科艺交叉融合是钱学森成长为杰出人才的重要因素；另一方面，他针对中国原始创新人才的培养、管理方面的战略需求，从科学志趣、创新风格、跨界才情等方面，论述了中国激光陀螺之父高伯龙院士个性鲜明的大师风范。相信这些独到的分析能够对中国高端创新人才的培养和管理提供启示。

工程创新专题是本专辑另一大板块。檀润华教授介绍了自己通过多年"理论—实践"反复循环后提出的一种面向企业产品创新的工程创新方法——C-TRIZ。他称之为发明过程解决理论。C-TRIZ是企业工程传统方法与发明过程解决理论TRIZ相融合的产物，檀教授以方法融合为主线，介绍C-TRIZ研发的背景、企业产品创新系统组成、发明过程中的方法融合、C-TRIZ分层、发明过程分类、发明过程选择方法及发明过程实例，从宏观上呈现C-TRIZ总体架构，最后通过面向企业的C-TRIZ转移模型及成果，展现了C-TRIZ在企业推广应用的可行性、效果与可推广应用的赋能创新模式。大科学工程的有效运行需要严格的基础支撑条件：知识、人才与资金。李侠教授及其学生认为，在支撑条件并不充分的情况下，仓促上马大量大科学工程项目会给科技界带来严重危害。他明确指出三点：一是透支科技界信任资本，造成信任红利消失；二是在基础研究经费有限的情况下，大科学工程会挤占其他学科的发展资源，遏制其发展；三是大科学工程由于资源过度集中，会造成科技界的割据化现象，伴随着边际效用递减，路径依赖效应将会导致科技界陷入退化模式。

本专辑编辑期间遭遇新冠肺炎在全球肆虐，人们不时被迫居家办公，在客观上对查阅文献资料带来诸多不便，所以，部分地抛弃了当前期刊论文流行的格式，行文相对自由、宽松，以思想性和启迪性为特色，一方面通过论文与思想界、文化界、学术界交流思想，另一方面，通过多位作者跨学科的反思深化人们关于工程知识与工程创新等概念和理论问题的思想认识。希望本专辑能够对不同学科的专家学者，尤其是对工程师和哲学工作者有所启迪。同时，也衷心地感谢在这非常时期克服各种困难按时完成文章的各位专家学者。

最后，我们也要向中国工程院对本书的大力支持表示由衷的感谢，本书的出版得到了工程院专项经费的资助。正是中国工程院以及多位工程院院士的长期关心、亲自参与，才使得工程哲学理论的研究和学科建制化在中国不断深入推进。感谢西安电子科技大学出版社在出版了《工程与哲学》(第二卷)之后，再次把《工程与哲学》(第三卷)列入出版计划，多位编辑不辞辛劳，克服疫情期间的不利因素，顺利完成了出版工作。此外，在本书的后期编辑中，贾玉树教授、梁军教授以及西安交通大学研究生陈学琴、孙文凯、黄星星、杨夏坤、孟克迪、李文玲、孙仝、邱雪等也参加了全书的汇编、校订以及其它工作，谨致谢意。

编　者

2020年12月

目　　录

工程知识总论

工程知识分论

工程思维拓展

工程知识传承

工程创新专题

工程知识总论

《工程知识论》：工程哲学中国学派研究的新进展

殷瑞钰

21纪以来，中国工程界、哲学界和管理学界等人士携手开拓了工程哲学这样一个全新的学术研究领域，在科学—技术—工程“三元论”、工程本体论、工程演化论、工程方法论等许多方面取得了重要的进展。中国工程院工程管理学部从2004年开始就连续立项展开工程哲学理论研究，先后出版了《工程哲学》(2007年第1版，2013年第2版，2018年第3版)、《工程演化论》(2010年)、《工程方法论》(2016年)等一系列著作，目前正深入开展“工程知识论”理论研究，研究成果《工程知识论》书稿现已完成，不久就会出版。《工程知识论》是工程哲学理论研究的一项重要成果，不仅标志着中国工程哲学理论体系的初步形成，而且标志着在工程哲学理论研究领域中，中国学派的崛起。

一、 朝气蓬勃的中国学派

如果说科学哲学与技术哲学都是由欧美学者开创的，中国学者主要还是翻译、介绍国外有关著述，跟随着研究，那么，工程哲学则截然不同。中国学者和欧美学者在各自不同的语境中独立开创了这一领域的研究。21世纪初，工程哲学在东方、西方同时兴起，并且中国工程院同英国皇家工程院、美国国家工程院等工程界机构一样，在这一过程中发挥了极为重要和不同形式的推动作用。

新中国成立以后，特别是改革开放以来，中国大地上开展了史无前例、各色各样、门类繁多、规模宏大的工程活动。正是由于这样一种得天独厚的社会背景，中国的工程哲学从一开始就吸引了一大批专家学者，在理、工、农、医、人文、社会等异常广阔的跨学科平台上，从事基础研究、学科建设、学生培养及其社会推广等，并在许多方面都取得了引人注目的成就。具体说来，可以概括为三个方面。

第一，学术研究和学术著作出版方面硕果累累。2002年，中国学者出版了《工程哲学引论——我造物故我在》[1]；2003年，美国学者出版了 *Engineering Philosophy*(《工程哲学》)[2]，中国的第一部工程哲学学术著作早于美国。2007年，中国出版了《工程哲学》[3]，同一年，欧美也出版了 *Philosophy in Engineering*(《工程中的哲学》)[4]。中国工程院自2004年起连续立项研究工程哲学，十五年来先后出版了《工程哲学》(第一版[3]、第二版[5]、第三版[6])、《工程演化论》[7]、《工程方法论》[8]和《工程知识论》[9]。美国国家工程院2004年也立项研究工程哲学。英国皇家工程院2006—2007年连续召开工程哲学研讨会(seminar)，2010年出版了 *Philosophy of Engineering*(《工程哲学》)(第一卷)[10]。除上述著作外，在十余年的工程哲学研究进程中，中国工程师和哲学学者还出版了《油田开发工程哲学初论》[11]《工程十论——关于工程的哲学探讨》[12]《历史与实践——工程生存论引论》[13]《道路工程哲学》[14]《工程美学导论》[15]《工程文化》[16]《工程哲学与工程教育》[17]等10种著作。欧美在工程哲学领域也出版了10余本著作，例如，*Philosophy and Design*(《哲学与设计》)[18]、*Engineering in Context*(《场境中的工程》)[19]、

作者简介：殷瑞钰(1935—)，男，江苏苏州人，中国工程院院士，主要研究方向为钢铁冶金过程、工程哲学。

Engineering, Development and philosophy: American, Chinese and European Perspectives(《工程、发展和哲学：美国、中国和欧洲的观点》)[20]、*Engineering Identities, Epistemologies and Values*(《工程认同、认识论和价值》)[21]等。以上著作的密集出版充分反映了工程哲学确实是一个正在兴起的学科分支，东西方各具特色，但我们始终贯穿着中国特色，具有宽阔的研究视野和立场，不逊色于西方学者。

第二，成立相关学术组织并召开了一系列学术会议。2003 年 6 月，中国科学院研究生院成立了“工程与社会研究中心”；2004 年，“工程研究国际网络”(The International Network for Engineering Studies)在巴黎成立。2004 年 6 月，中国工程院工程管理学部召开了一次工程哲学高层研讨会，殷瑞钰院士主持会议，汪应洛、陆佑楣、王礼恒、张彦仲、张寿荣、何祚庥等多位院士和李伯聪、李惠国、丘亮辉、赵建军、胡新和、朱菁等多位科技哲学界的专家参加了研讨会，中国工程院徐匡迪院长亲自到会并且发表了时间长达一个小时的重要讲话。徐匡迪院长说：“工程哲学很重要，工程里充满了辩证法，值得我们思考和挖掘。我们应该把对工程的认识提高到哲学的高度，要提高工程师的哲学思维水平。”[22]他强调，工程创新和工程建设需要有哲学思维。他还对工程中的一些辩证法问题进行了精辟的分析。2004 年 12 月，中国工程院和中国自然辩证法研究会联合举办“工程哲学与科学发展观”研讨会，紧接着召开了第一次全国工程哲学会议，正式成立了中国自然辩证法研究会工程哲学专业委员会，殷瑞钰任理事长，朱训任名誉理事长，傅志寰、陆佑楣、汪应洛、王礼恒、丘亮辉、李伯聪、谢企华等任副理事长。从 2004 年到 2021 年，我国已经召开了 10 次全国性学术会议。在欧美，美国于 2006 年在麻省理工学院召开了一次工程哲学研讨会，并决定于次年在荷兰召开工程哲学国际会议。从 2007 年至今，已经召开了 6 次工程哲学国际学术会议，并先后出版了 3 本会议论文集[23-25]。在学术活动、学术组织方面，特别是建立工程界—哲学界联盟、进行组织化持续研究方面，我们做得不逊色于西方。

第三，在学术期刊出版方面迈出了重要步伐。这一方面的情况显得复杂一些。在中国，《自然辩证法研究》杂志自 2008 年起增设了“工程哲学”栏目，与自然哲学、科学哲学、技术哲学并列。尤其值得注意的是，《工程研究》杂志 2009 年正式创刊。2004 年，中国开始出版《工程研究——跨学科视野中的工程》期刊。该刊最初是年刊，经国家新闻出版总署批准，自 2009 年起转为季刊，2016 年后改为双月刊。该刊的主要栏目有工程哲学、工程科技、工程管理、工程史、工程社会学、工程评论等。在国外，*Engineering Studies*(《工程研究》)也于 2009 年在美国创刊，其宗旨与中文同名刊物基本相同。该刊最初是每年出版 3 期，2012 年后改为季刊。由于在学术方向、学术内容和学术质量方面的突出特点，该刊在出版 3 年后就成为 SCI 和 SSCI 刊物。对于一份新期刊来说，这实在是一个难得的成就。可以认为，这充分显示出国际学术界已经把包括工程哲学在内的“跨学科工程研究”认可为一个新的研究方向和研究领域。2007 年，中国自然辩证法研究会工程哲学专业委员会编辑出版了《工程与哲学》第一卷[26]，由于多种原因，其第二卷[27]延迟多年后才得以在 2018 年出版，本书是第三卷。希望在今后，这个具有某种专业性年刊性质的出版物能够连续出版。

持续、广泛地开展学术研究，出版学术著作，建立学术团体，举办学术会议，创办学术刊物等，是工程哲学中国学派形成和发展的一些主要特征。这里还应当特别指出的是，中国工程哲学在中国工程院和中国自然辩证法研究会的组织、支持和推动下，正在坚持不懈地向前推进。中国工程院的工程管理学部持续立项并在智力、经费和举行论坛等方面给予支持和推动，迄今为止已经坚持了 16 年。中国自然辩证法研究会工程哲学专业委员会也在组织、智力、出版和举行年会等各方面给予支持。在中国工程哲学研究的进程中形成了牢固的工程界—哲学界联盟，具有很高的组织化程度，其成员具有相当的广泛性，包括工程师、工程管理者、哲学学者、企业家、管理学者、大学教师等。其成果是出版了一系列学术专著，包括《工程哲学》(即三元论，2007 年)、《工程演化论》(2009 年)、《工程哲学(第二版)》(工程本体论，2013 年)、《工程方法论》(2017 年)和《工程哲学(第三版)》(2018 年)以及即将出版的《工程知识论》(2020 年)，形成了以“五论”为理论框架的中国工程哲学理论体系和相应的案例研究。同时，举办了一系列学术会议和工程科技论坛，并到工厂、矿山、油田、工程建设单位进行宣讲。中国工程哲学逐渐建成了一支具有浓厚中国特色的独特学术研究队伍，形成了理论联系实践的学术研究风格。应当说，正在出版的《工程知识论》既是这一风格的具体体现，也是这一风格的见证。

二、《工程知识论》的理性建构

知识论是现代哲学研究领域中一项既十分重要又异常困难的研究课题，而工程知识论则又有其特殊的重要性和特殊的困难之处，需要提供一种“工程知识”之所以能够成为“知识”的合理依据。所以，从《工程哲学》到《工程知识论》，应当是工程哲学发展过程中又一个重要命题，又一次大的挑战。

1. 工程知识的思想前提和理论基础：两类物质世界与两种知识体系

人类的一切知识都是关于人所面对的客观物质世界的主观反映，应该从物质世界本身出发加以理解和把握。众所周知，人类所生存的地球世界首先是物质的。进一步地观察、思考还可以发现，实际上存在着两类物质世界：一类是在先客观存在的自然物理世界，另一类是人类出现以后才存在的人工物世界。“自然物理世界”和“人工物世界”是有本质区别的“两类物质世界”，与二者相对应，又有“两种知识”，即关于自然物理世界的基础科学知识和关于人工物世界的工程知识。在认识“两类物质世界”与“两种知识”的相互关系时，有两点最为关键：第一，天然物质世界是“不依赖于人的认识而存在”的，是在先的，甚至可以说它的存在是“无知识内蕴”的客观自然物质世界；第二，人工物世界是“有知识内蕴其中”和“依赖于人类认识而存在”的物质世界。

从程序和过程上看，天然自然界(自然物理世界)是“在先”的已存在对象，科学是“在后”的认识过程，科学知识是科学认识过程的过程或结果；而对于人工物的创造过程来说，却是要“先有”工程决策、工程规划、工程设计，即工程知识“在先”，工程知识“位于”工程活动的“起点”，而人工物“位于”工程活动的“终点”。如果没有在先的工程决策、工程规划和工程设计、工程运营知识，就不可能有作为目的和结果的人工物存在。

从本性上看，科学知识是对天然自然界的反映性知识，而工程知识是关于人工物和人类行动的“设计—构建性知识”。如果使用哲学家常用的“实在”这个术语，可以说，科学知识是关于“已有的实在”的知识，而工程知识是关于人类头脑中的“虚实在”及其“现实化”的知识。应该说，工程知识在本质上就是设计出目前世界上“尚不存在的虚实在”，并使其通过选择—整合—集成—建构—运行等工程活动过程转化成“现实实在”的知识。

在科学知识和科学知识论领域，由于科学知识在本质上必须是全人类共同的知识，这就使科学知识必须表现为语言文字形式或其他编码形式(包括数学公式等形式)的知识，而不能表现为不可言传的默会知识的形式，这就意味着科学知识排斥和拒绝了默会知识这种表达和存在方式。可是，在“工程活动”“艺术活动”和“军事活动”等领域，在工程知识、艺术知识和军事知识等知识领域，默会知识不但广泛存在而且具有深刻意义和重大影响。对于所谓工程能力、艺术能力、技术能力、军事能力的构成和表现来说，卓越工匠、卓越工程师、卓越企业家、卓越艺术家、卓越军事家的默会知识往往要成为关键要素和内容之一。在研究工程知识和工程知识论时，工程领域的默会知识不可避免地也要成为重要内容之一。

现代工程知识的重要特征之一是跨学科、跨领域的知识的集成，具有多元化、多节点、多尺度、多层次等复合性特征。工程活动必须保证安全，如果在安全上出现了问题，工程就不是造福社会而是危害社会了。可靠性原理告诉我们，环节越多，越容易导致可靠性降低，不同类型知识交叉作用的工程知识系统在现实运行过程中会呈现出结果不确定的特点。这就要求工程的知识群集成应体现出互相链接、互相包容、互相匹配、互相协同、互相制约等关系。从可靠性的角度来看，工程系统并非愈复杂愈好，相反，在满足功能要求的前提下，工程系统的集成环节越少越好——“大道至简”。

工程知识主要表现为关于工程设计、工程运筹、工程操作、工程全生命周期、工程评估、工程系统的知识，是关于“怎么办”的知识，是关于怎样发展生产力、怎样创造“人工物”以满足人的“生活需求”和生产力发展需要的知识。因此，工程知识必然是联系实践的，包括决策、规划、设计、建构、制造、运行、管理、安全、服务等工程过程中所包括的可靠、可操作、可调控的知识。

2. 工程知识与工程知识论

工程知识绝不是一个难懂或罕见的概念，相反，它是一个许多人都熟悉的词语，不但众多的工程从业者——工人、工程师、工程管理者、工程投资者等都拥有丰富的工程知识，而且即使是那些并不从事具体工程活动的人，也都有不同范围和不同程度的工程知识。可是，要进一步询问工程知识的本性和本质特征究竟何在，许多人又会感到茫然，不知就里，这才发现虽然对"具体的工程知识"多少有所了解，但那只是对"具体工程知识"的"个性形态"的认识，而缺乏对工程知识的普遍本质和共性规律的理论水平上的认识。

工程知识和工程知识论是两个含义不同但又有密切联系的概念。一方面，工程知识是工程知识论的研究对象、研究出发点和理论概括的基础，离开了具体的工程知识，工程知识论就会成为无源之水；另一方面，有了"具体的工程知识"，并不等于同时有了"工程知识论"层次上的认识，人们必须在明确工程知识这个研究对象后经过进一步的理论研究、理论概括和理论升华，才能获得"工程知识论"层次上的认识。

工程知识论是以工程知识为研究对象而形成的一个研究领域。工程知识论不但要研究工程知识的本性和基本特征，而且要研究工程知识的形成过程、社会功能和发展规律等问题。工程知识论不但是哲学，特别是工程哲学的关键内容之一，而且应是工程学、工程活动和工程教育的关键内容之一。

在历史上，由于古代的工程知识主要掌握在社会下层的"劳动人民"手中，而社会统治权主要掌握在"劳心者"手中，这就使奴隶社会、封建社会乃至资本主义社会的"上层人士"和"主流意识形态"严重轻视工程知识的地位，基本忽视了对工程知识问题的理论研究。

由于多种原因，在古代社会和思想史中，虽然社会中不乏具体的工程知识，但鲜见对工程知识的系统理论研究。不但哲学界，而且工程界都很少有人对工程知识进行整体性、概括性、综合性的理论研究和理论升华，有的甚至将工程知识等同于技术知识，这就使"工程知识论"成为一个迄今仍然很少有人问津、很少有人进行理论探索的学术领域。时至今日，这种状况显然是必须改变的。

3.《工程知识论》的体系结构和主要内容

从"两类物质世界"与"两类知识体系"出发建构工程知识论，一方面应与科学知识论对照起来，参考科学知识论的体系结构进行研究，另一方面更应结合工程知识本身的特点开展研究。

根据这样一种指导思想，《工程知识论》在结构上分为导论、理论篇与案例篇三大部分。其中导论部分具有发论和统领的作用，不但是该书该研究过程的总结，而且简要回顾和总结了中国工程哲学的研究和发展历程。在《工程知识论》写作过程中，我们曾经多次召开研讨会，进行学术交流和学术研讨，各个子课题组更对各自负责的章节内容进行过反复研讨，有些章节甚至易稿 20 多次。2019 年 7 月，由殷瑞钰、李伯聪、王宏波、王大洲、邓波、王楠组成统稿小组，提出修改意见。此后，对各章节又做了进一步修改。全书最后由殷瑞钰、李伯聪负责统稿。

在理论篇中，设置了工程知识总论和分论。总论部分包括工程知识概念，工程知识论的定位、基本观点和主要内容，以及研究工程知识论的意义等三部分内容。分论部分包括工程知识的形态与转化，工程知识的系统集成，工程决策知识与工程评估知识，工程规划知识和工程设计知识，工程管理知识，工程与自然，社会互动的知识以及工程知识的传承、传播、演化等具体内容。

在案例篇中，结合当代中国一些重大工程项目进一步深入地分析和解剖了钢铁冶金工程知识、航天工程知识、铁路工程知识、水坝工程知识、桥梁工程知识、石化工程知识、信息工程知识以及银行卡工程建设与管理知识等。

《工程知识论》是国内外第一部以"工程知识论"为主题的学术著作，也是中国工程哲学学派在工程知识研究领域进行的一次艰难探索。

三、 中国学派工程知识论的理论特色

中国工程哲学研究团队的研究视野始终在不断拓展，不仅形成了具有鲜明中国特色的中国学派，而且逐步形成了一种持续稳定的研究风格。或者反过来说，正是这样一种独特的研究风格，更加彰显了中国学派。如今这样的风格在《工程知识论》中再一次得到体现。同知识论、科学知识论以及国外同行相关研究相比，可以把这种研究风格简要地概括为四个方面。

第一，从具体的工程实践出发，一般性地讨论抽象的工程知识，结合典型工程案例进行多维剖析，从感性上升到理性，是中国学派工程知识论的一个首要特色。无论是一般知识论，还是科学知识论，都很难跳出从概念到概念的分析路径。工程活动是最常见、最基础、影响最深远的社会实践活动，是社会存在和发展的基础。离开了工程活动，人类就无法生存，社会就要崩溃。工程知识说到底是关于生产力的知识。正如马克思所说："整个所谓的世界历史不外是人通过人的劳动而诞生的过程"[28]"必须把'人类的历史'同工业和交换的历史联系起来研究和探讨。"[29]从这种意义上讲，中国的工程哲学研究始终坚持了马克思主义哲学的基本方向，坚持扎根中国和世界的感性具体的工程实践，坚持"理论联系实际"的基本原则。这样一种研究路径从哲学上讲，属于实践论范畴。

中国工程哲学学派不是凭空出现的，它是扎根于当代工程发展，特别是中国工程建设和发展的产物。中国航天工程的快速发展，三峡水利枢纽工程的建设、运行，高速铁路工程的崛起，桥梁工程的发展等，都积累了大量的对工程活动的认识和实践经验。中国现代工程发展的现实场景为中国工程哲学学派的形成和发展提供了一种难得的"沃土"。中国的工程师学哲学、用哲学，用工程哲学思维指导工程建设；中国的哲学工作者深入工程一线，理论联系实际，讲工程哲学，深化哲学理论。中国工程师和中国哲学工作者立足中国的工程实践，密切联系中国和世界工程发展的丰富经验和深刻教训，走上了开拓工程哲学中国学派的大道。在"五论"中，每一论都带有大量的案例分析，及至《工程知识论》完稿，将近16年都始终保持了这一特色。

第二，一脉相承，紧密结合工程本体论、演化论、方法论等工程哲学思维方式建构工程知识论，是中国学派工程知识论的又一个重要特色。中国学派工程知识论研究是在前面展开的"四论"基础上的进一步探索与拓展，受到已确立起来的"三元论"、工程本体论、演化论、方法论等思维方式的重要影响。尤其是工程本体论思想，是构成工程知识论的重要立论依据。对于世界的存在形式而言，地球世界是物质的，而且有着两种类型的物质产生形式，即客观存在的自然物理世界和人类出现后才存在的人工物世界。对应自然物理世界客观存在、客观运动规律的知识是基础科学知识，如物理学、化学、生物学、数学、地学等；描述人工物世界的集成、建构、转化的知识和运动规律属于工程知识。这正是中国学派工程知识论立论的逻辑基础。《工程知识论》在这一基础上归纳了工程知识的8个特征：工程知识是构建、发展人工物世界的知识体系；工程知识既有自然属性又有经济、社会和人文属性；工程知识的来源和结构是多元化的、多样性的；工程知识是开放的、发展的；工程知识是价值导向的；工程知识的内涵是丰富多彩的，而且是沿着工程生命周期的过程展开的；"工程价值"和"社会和谐"是工程知识的核心关注点；工程知识应当"想"和"做"并重，"理念"与"目标"贯通，"愿景想象力"和"现实生产力"兼顾，"价值观"与"实践性"一致等。这8个特征，既是《工程知识论》的一种理论特色，也是中国学派一贯的思维方式的一种具体体现。

第三，以生产力作为工程知识的物质归宿，从实践中来，再回到实践中去，是中国学派工程知识论一种终极的价值追求。"三元论"是工程哲学的思想发论点，从哲学的角度对"工程"的位置、价值、意义发问、发论，明确了应该创建与科学哲学和技术哲学并列的工程哲学的基本观点；"工程本体论"明确指出工程是现实的、直接的生产力，从历史唯物主义和辩证唯物主义的立场看，工程具有本根地位，而不是其他活动的衍生品或从属物，充分肯定了工程本体论的深远意义和价值，从而成为"工程哲学"的理论核心和基本立场，并且进一步夯实了"三元论"的基础；"工程演化论"从历史唯物主义的视野研究工程的发生、发展和演化的动力和机制；"工程方法论"从工程方法和工程实践的角度概括

了工程方法的共性特征和应遵守的原则和规律，充实、丰富了“工程本体论”的内涵；由此衍生的“工程知识论”不仅以工程本体论作为思想前提和基础，而且自然而然地继承了工程本体论的价值立场，以生产力作为工程知识的价值追求，它从知识理论角度揭示、归纳了工程知识的特征、内涵和规律，充实、丰富了“工程哲学”的内涵。这个以工程本体论作为理论核心的“五论”系统，相互渗透、相互支撑，成为中国学派进行工程哲学系统性理论创新的成果。尽管这个系统目前难免有不成熟的地方，有待进一步补充、拓展和深化，但可以认为，“五论”初步形成了中国工程哲学体系的基本理论框架，成为进一步前进的“理论基地”。

中国工程哲学研究发展到工程知识论研究，经过了16年的持续过程，中国工程哲学研究者认识到：工程是现实的、直接的生产力，工程具有鲜明的实践性，工程活动的特征是集成、建构和转化，具有直接生产力的实践性特征。工程哲学研究是面向现实的、直接生产力的，面向工程实践的，面向工程思维的综合集成研究。近几十年来，中国开展了全球最大规模的工程建设、工程活动。目前中国是世界上仅有的具有39个大类、191个中类、525个小类的全部的工业门类的国家，有200多种重要产品的产量居世界第一。中国在工程建设和工业化发展过程中，积累了丰富的经验，同时也有一些深刻的教训。这些都是工程知识产生和完善的实践基础。

目前，在贯彻中共十九大精神的过程中，特别是在中国走向“两个一百年”的过程中，现实和未来都对我国的现代化建设和工程发展提出了新的要求，这就形成工程哲学在中国发展的深厚现实基础和强有力的社会需求。工程哲学，尤其是工程知识论，也必然会在这个过程中适应新要求，得到新拓展，取得新成就，进一步深化、发展自己的体系结构。

第四，跨学科研究成为中国学派工程知识论一个十分鲜明的理论特色。中国的工程哲学研究目前已经形成工程界—哲学界联盟，这个联盟主要体现为两大支柱、两股力量：即中国工程院及其工程管理学部和中国自然辩证法研究会及其工程哲学专业委员会。其组织成员分别包括了工程专家、工程管理家、战略科学家和哲学家、社会学者、人文学者等方面的人士，他们分别供职于制造业、能源与矿业、交通运输业、土木建筑业、航空航天业、水利业、信息通信业、国防军工业、医药卫生业、金融业以及教育等不同领域。据初步统计，直接参加这五本书写作的院士有殷瑞钰、汪应洛、傅志寰、栾恩杰、王安等20位，哲学界和教育界专家有李伯聪、李惠国、丘亮辉等30余人，工程界和企业界专家有谢企华、凤懋润、金毓荪等30余人。至于参与研讨的专家就更多了。从作者队伍看，“五论”，尤其是《工程知识论》确实是中国工程界、哲学界、企业界、工程教育界、工程管理界许多人士合作研究和集体智慧的结晶。中国学派深刻地认识到工程界—哲学界必须通过“联盟”这一有效载体，相互学习，相互依靠，相互促进，协同创新，开拓一个又一个工程哲学研究的新领域，《工程知识论》正是这样的一块新的里程碑。

在以往，无论在中国，还是在欧美，都存在工程师不关心哲学和哲学家不关心工程的状况。美国麻省理工学院教授布西亚瑞利在其著作《工程哲学》中，一开始也表达了对这种状况的不满和感慨。他尖锐地指出，许多工程师和哲学家都认为“哲学和工程似乎是两个相距甚远的世界”[30]，工程师和哲学家之间一向缺乏相互交流和互动。工程哲学的兴起开始改变这种状况。不过，就欧美而言，主要表现形式是“工程师个人”对工程哲学的兴趣和“哲学家个人”对工程的兴趣。在中国，中国工程院工程管理学部组织了系列课题研究，以马克思主义哲学原理为指导，以“系列课题研究”的方式组织、吸纳了一批高水平的工程师和哲学家合作研究工程哲学。在16年的合作研究中，不同学科的专家学者相互学习、切磋，共同探索、共同提高，既深化了对工程的认识，又深化了对哲学的认识。很显然，工程师和哲学家形成组织化的跨界合作，既是中国工程哲学现状和发展的一个重要特征，也是包括《工程知识论》在内的中国工程哲学理论研究取得重要进展的一个关键因素。

★ 参考文献

[1] 李伯聪. 工程哲学引论：我造物故我在[M]. 郑州：大象出版社，2002.

[2] BUCCIARELLI Louis L. Engineering philosophy. Delft：DUP Satellite，2003.

[3] 殷瑞钰，汪应洛，李伯聪，等. 工程哲学[M]. 北京：高等教育出版社，2007.

[4] CHRISTENSEN S H, DELAHOUSSE B, MAGANCK M. Philosophy in Engineering[M]. Aorhus: Academica, 2007.

[5] 殷瑞钰，汪应洛，李伯聪，等. 工程哲学[M]. 2 版. 北京：高等教育出版社，2013.

[6] 殷瑞钰，汪应洛，李伯聪，等. 工程哲学[M]. 3 版. 北京：高等教育出版社，2018.

[7] 殷瑞钰，李伯聪，汪应洛，等. 工程演化论[M]. 北京：高等教育出版社，2011.

[8] 殷瑞钰，李伯聪，汪应洛，等. 工程方法论[M]. 北京：高等教育出版社，2017.

[9] 殷瑞钰，李伯聪，栾恩杰，等. 工程知识论[M]. 北京：高等教育出版社，2020.

[10] The Royal Academy of Engineering. Philosophy of Engineering[M]. London: The Royal Academy of Engineering.

[11] 金毓荪，蒋其垲，赵世远，等. 油田开发工程哲学初论[M]. 北京：石油工业出版社，2007.

[12] 徐长山. 工程十论：关于工程的哲学探讨[M]. 成都：西南交通大学出版社，2010.

[13] 张秀华. 历史与实践：工程生存论引论[M]. 北京：北京出版社，2011.

[14] 吴华金. 道路工程哲学[M]. 北京：人民交通出版社，2013.

[15] 闫波，姜蔚，王建一. 工程美学导论[M]. 哈尔滨：哈尔滨工业大学出版社，2007.

[16] 张波，等. 工程文化[M]. 北京：机械工业出版社，2010.

[17] 王章豹. 工程哲学与工程教育[M]. 上海：上海科技教育出版社，2018.

[18] VERMAAS P E, KROES P, Light A, et al. Philosophy and Design[M]. London: Springer, 2008.

[19] CHRISTENSEN S H, DELAHOUSSE B, MAGANCK M, et al. Engineering in Context[M]. Aorhus: Academica, 2009.

[20] CHRISTENSEN S H, MITCHAM C, LI B C, et al. Engineering, Development and Philosophy: American, Chinese and European Perspectives[M]. Dordrecht: Springer, 2012.

[21] CHRISTENSEN S H, DIDIER C, JAMISON A, et al. Engineering Identities, Epistemologies and Values [M]. Cham: Springer, 2015.

[22] 杜澄，李伯聪. 工程研究(第 1 卷)[M]. 北京：北京理工大学出版社，2004.

[23] VAN DE POEL I, GOLDBEG D E, et al. Philosophy and Engineering: An Emerging Agenda[M]. Dordrecht: Springer, 2010.

[24] MICHEFELDER D P, MC CARTHY N, GOLDBEG D E, et al. Philosophy and Engineering: Reflections on Practice, Principles and Process[M]. Dordrecht: Springer, 2013.

[25] MITCHAM C, LI B C, NEWBERY B, et al. Philosophy of Engineering, East and West[M]. Cham: Springer, 2018.

[26] 殷瑞钰. 工程与哲学(第 1 卷)[M]. 北京：北京理工大学出版社，2007.

[27] 殷瑞钰. 工程与哲学(第 2 卷)[M]. 成都：电子科技大学出版社，2008.

[28] 马克思. 马克思恩格斯全集(第 42 卷)[M]. 北京：人民出版社，2017.

[29] 马克思. 马克思恩格斯全集(第 3 卷)[M]. 北京：人民出版社，2002.

[30] 布西亚瑞利. 工程哲学[M]. 沈阳：辽宁人民出版社，2008.

哲学视野中的工程知识：历史回顾和最新进展

李伯聪

摘　要：哲学界关于“知识论”和“认识论”的关系存在两种观点：一种认为二者是同一的，另一种认为二者是有一定区别的。“工程知识论”研究应当两种观点兼顾。欧洲的哲学传统高度重视知识论研究，而中国哲学传统更重视伦理问题，知识论研究较弱。但是中国和欧洲古代哲学家普遍否认工程知识的重要性，忽视对工程知识的哲学研究。在20世纪，欧洲知识论研究中出现了两个新观点：一是波兰尼提出默会知识概念，二是赖尔提出应该区分“knowing how”（操作性知识）和“knowing that”（命题性知识）。如果从工程活动和工程知识角度看，“默会知识”与“knowing how”正是工程知识的重要特征。20世纪末，文森蒂在《工程师知道什么以及他们是如何知道的》一书中，从“工程史”角度明确提出“工程知识”概念。随后一些哲学家和工程师开始关注对工程知识的哲学研究。正如“工程方法论”与“工程演化论”不同于“科学方法论”与“科学演化论”一样，“工程知识论”也不同于“科学知识论”。在中国工程师和哲学专家构建的工程哲学“五论”体系中，工程知识论是一个重要组成部分。

关键词：工程知识；知识论；认识论；操作性知识；默会知识

人类的知识可以划分为许多不同的类型，例如科学知识、工程知识、伦理知识等。在不同的知识类型中，工程知识是“数量最大”、与人类生产和生活联系最密切的知识。

在对“知识问题”进行哲学研究时，工程知识“理应”成为哲学研究的首要内容和对象，可是由于多种原因，哲学领域中却长期迷失了对工程知识的哲学研究，没有把工程知识当作哲学研究的内容和对象。直到20世纪末，文森蒂在其《工程师知道什么以及他们是如何知道的》一书中才首次把“工程知识”作为一个“哲学范畴”明确地提出来。

一、 工程知识概述

工程活动离不开工程知识。关于工程知识的性质、特征和意义，马克思有一段名言：“蜘蛛的活动与织工的活动相似，蜜蜂建筑蜂房的本领使人间的许多建筑师感到惭愧。但是，最蹩脚的建筑师从一开始就比最灵巧的蜜蜂高明的地方，是他在用蜂蜡建筑蜂房以前，已经在自己的头脑中把它建成了。劳动过程结束时得到的结果，在这个过程开始时就已经在劳动者的表象中存在着，即已经观念地存在着。他不仅使自然物发生形式变化，同时他还在自然物中实现自己的目的，这个目的是他所知道的，是作为规律决定着他的活动的方式和方法的，他必须使他的意志服从这个目的。”[1] 如果更具体地考察工程知识所包含的各种内容，我们可以说：“工程设计知识”“工程勘察知识”“工程材料知识”“工程设备知识”“工程施工知识”“工程运行知识”“工程维修知识”“工程评估知识”“工程管理知识”“工程经济知识”“工

作者简介：李伯聪（1941—），男，中国科学院大学跨学科工程研究中心教授。

程伦理知识”“工程生态知识”“工程文化知识”“工程退役知识”等都属于工程知识的范围。

“工程知识”是知识的一个重要类型。从理论上看，如果把工程知识当作哲学研究的对象，那么就可能和应该形成“工程知识论”这个重要的研究领域。

从理论逻辑和学科结构方面看，“工程知识论”既是“工程哲学”的重要内容之一，又是“知识论”研究的重要内容之一。对工程知识的哲学研究涉及许多方面，本文仅着重从哲学史，特别是认识论历史的角度进行一些初步回顾和分析。

首先应该强调指出的是，“工程知识论”以“工程知识”为研究对象，这就意味着“工程知识论”不等于“工程知识本身”。如果把“工程知识本身”看作是对“工程知识”的“一阶认识”，那么“工程知识论”就是对“工程知识”的“二阶认识”——以工程知识为研究对象而得到的哲学理论水平上的认识。大体而言，古代的许多工匠都具有丰富的工程知识（“工程知识本身”），但他们并未进一步在理论上升华而取得“工程知识论”水平的认识。

二、 认识论和知识论的关系

对于“知识论（theory of knowledge）”和“认识论（epistemology）”的关系，我国学术界的看法不一。百度百科的“知识论”条目：“知识论来源于希腊语知识和演讲（epistemology），它是探讨知识的本质、起源和范围的一个哲学分支。目前知识论和认识论之间的关系存在争议，有人认为它们是同一个概念，而也有人认为它们其实是存在一些密切联系的两个不同概念。”[2]

在主张认识论和知识论的含义有区别的学者中，在具体看法上，不同学者的认识也不完全一致，这里只介绍李德顺的观点。李德顺认为：“我国哲学界向来有‘广义认识论’与‘狭义认识论’之说。”“我认为‘认识’和‘知识’应该是有区别的，知识只是关于对象认识的形式和成果，而不是全部认识过程的全部成果。因此，知识论应该是认识论的一个分支而不是认识论的全部。有些论著所理解的认识论，其实是知识论，或知识论型的认识论。”[3]

一般地说，就国内文献而言，在以往很长一段时间内，国内学者和论著中大多使用“认识论”这个术语，很少有人使用“知识论”这个术语。可是，最近一段时间，使用“知识论”这个术语的学者愈来愈多了。

中国知识论学会会长陈嘉明主编了一套丛书——《知识论与方法论丛书》。陈嘉明在这套丛书的“主编的话”中说：“‘知识论’这一概念，英文为 epistemology，或 theory of knowledge，亦可译为‘认识论’。本丛书之所以译为‘知识论’，主要是出于这样的考虑：在近代哲学那里，epistemology 研究的主要是‘认识’问题，也就是有关知识的起源、根据和界限的问题；但在现代哲学中，epistemology 研究的则主要是有关‘知识’的定义与要素，尤其是知识的确证（justification）问题。”[4]

这里无意于更多地讨论认识论和知识论的关系，只是认为可以不再详细区分认识论和知识论，但在对“知识”的理解上，应该采取比“确证论”更宽泛的理解。更具体地说，就中文而言，需要把“知识论”理解为是分析和研究“知”和“识”（同时作为动词和名词的“知”和“识”）的哲学问题的领域；就英文而言，需要把 theory of knowledge（知识论）理解为是不但研究 knowledge（作为认知结果的知识），而且研究 knowing（认知过程、活动、来源、内容等）的哲学领域。

三、 中国和欧洲哲学史上的知识论研究简短回顾

对于中国和欧洲哲学史上的知识论研究，国内许多学者都认为，无论是古代中国还是古代欧洲，虽然都在知识论领域取得了重要成果，但古代中国哲学更重视伦理学问题而对认识论的研究比较薄弱。

陈嘉明说：“在中国传统哲学中，知识论的地位乃是边缘性的。”而与其形成对比的是，“就西方哲学而言，求‘真’的知识论构成了它的主流。其主要哲学家，从柏拉图、康德到胡塞尔等，几乎首先都是知识论的宗师。进入 20 世纪中期以来，由于‘葛梯尔问题’的提出，西方的知识论研究在分析哲学的背景下，集中于对知识的构成要素以及知识的确证问题的研究，并产生了内在主义与外在主义等流派，使知识问题的分析在概念上更臻精细。”[4]

对于知识的本性、类型和特征，我国北宋的张载和程颐提出了一个饶有趣味、含义深刻的观点，他们认为知识可划分为“闻见之知”和“德性之知”两种类型。“闻见之知，乃物交而知，非德性所知”；“闻见之知，非德性之知”；“德性之知，不假见闻”。程颐还明确提出，德性之知是“吾之所固有”。对于这两种知识的性质，张岱年说：“见闻之知，即由感官经验得来的知识。德性之知，则是由心的直觉而有之知识，而此种心的直觉，以尽性工夫或道德修养为基础。”[5]方立天认为：“‘见闻之知’是感性知识。‘德性之知’……类似于理性知识。”[6]

此处无意于更具体、深入地讨论“闻见之知”和“德性之知”的本性问题，只想顺便指出，在分析和研究“闻见之知”和“德性之知”这两类知识的本性、内容和特征时，不但应该注意研究二者和感性知识、理性知识、伦理知识的关系，而且还应该关注二者和科学知识、工程知识的关系。

在知识论研究中，知识的分类是一个大问题。对于知识分类问题，依据不同标准和不同的用途，可有不同的类型划分。对于本文关注的理论范围和理论进路来说，把人类的知识划分为“科学知识”“工程知识”“伦理知识”三种类型是一个重要的知识分类方法。对于“科学知识”和“伦理知识”，中国和欧洲的哲学家都已有许多研究，而本文关注的重点是工程知识问题。

四、 东西方古代时期都严重轻视和贬低工程知识

人类历史进入文明时期之后，无论是在中国还是在欧洲，一般地说，都重视知识的作用和意义。

德国哲学家黑格尔在《哲学史讲演录》中说：“在有教养的欧洲人心中，尤其在我们德国人心中，提到古希腊，就会涌起一种家园之感。”[7]作为古希腊哲学的巨擘，亚里士多德在其《形而上学》一书中，第一句话就强调：“所有人在本性上都愿求知。”[8]中国战国时期的大哲学家荀子在《荀子·解蔽》中也说：“凡可知①，人之性也，可以知，物之理也。”

可是，在知识论或知识研究领域，又出现了一个颇为吊诡的状况：一方面是出现了普遍重视知识的思想或意识形态的“大环境”，另一方面却又出现了普遍贬低和忽视工程知识重要性的状态和现象。

为了说明古代中国和欧洲普遍贬低和忽视工程知识的状况，以孔子为例。

《论语·子路》云：“樊迟请学稼。子曰：‘吾不如老农。’请学为圃。曰：‘吾不如老圃。’樊迟出。子曰：‘小人哉，樊须也！上好礼，则民莫敢不敬；上好义，则民莫敢不服；上好信，则民莫敢不用情。夫如是，则四方之民襁负其子而至矣，焉用稼！’”由于“稼”“圃”都可以被归类到“广义的工程知识”之中，我们也就可以把这段话看作是孔子对待工程知识的基本认识和基本态度。

从以上材料可以看出，孔子对待工程知识的基本认识和基本态度就是：严重轻视和贬低工程知识，认为学生不应该学工程知识，教师不应该教工程知识。

在中国思想史、文化史、教育史上，孔子是影响最大的人物。孔子的同时代人都承认孔子是一个知识极其丰富、渊博的人。他不但掌握了丰富的政治、礼教、礼仪、历史、伦理、制度、语言、音乐、射御、书数、草木鸟兽之名等多方面的知识，而且掌握了颇为丰富的“体力劳动”知识。后一方面的原因和根据就深藏在孔子的家世和身世之中。

孔子说：“吾少也贱，故多能鄙事。”②由于孔子青少年时期生活在一个社会地位没落的家庭，迫使他不得不掌握一些“体力劳动”知识。有了这些知识，孔子才能在“社会中”“活下来”。在解决了“活着”的基础上，孔子才可以进一步考虑在社会上如何“活得好”的问题。孔子的身世和成长史告诉人们：孔子本人就是一个在重视知识的社会环境中因为掌握了丰富的知识和依靠知识而改变命运的典型。

那么，拥有“比较全面而丰富的知识”的孔子是如何认识和对待自己掌握的“不同类型”的知识的呢？从孔子对待樊迟的态度中可以看出：孔子只重视“劳心”“伦理”等方面的知识，而明确坚决地否认了学

---

① 原作“凡以知”，据《荀子绎评》(邓汉卿著，岳麓出版社 1994 年版，第 457 页)、《荀子汇校汇注附考说》(董治安等整理，凤凰出版社 2018 年版，第 1130 页)改为“凡可知”。

② 出自《论语·子罕》。

习和传授“劳力”的工程知识的作用、意义和重要性。孔子的这种思想认识和“表率作用”在中国整个封建社会时期(从战国时期到清末)一直都发挥着巨大而深刻的影响，成为社会上对待工程知识的“主导思想”或“指导思想”。

《隋书·柳彧传》云：“古人有云：‘耕当问奴，织当问婢。’此言各有所能也。”这就是说，中国古代时期的工程知识(包括当时的农业知识和纺织等手工业知识)掌握在“奴”“婢”等劳动者手中，而作为中国“古代知识分子”的“士阶层”是“不学习”和“不掌握”“工程知识”的。宋代的苏轼也重复和强调了这个成语，甚至语气还更加强化地说：“古语云‘耕当问奴，织当问婢’，不可改也。”最后四个字(“不可改也”)既是对“社会现状”的“描述”，又是对一个“知识传授原则”的“表述”和“肯定”。

总而言之，古代社会重视知识但又严重轻视乃至贬低工程知识，这种状况不但存在于古代中国，而且同样存在于古代欧洲，具体情况就不再赘言了。

五、 工业革命的进程以及工程知识状况和地位的逐步变化

虽然出现了工程知识在社会上受到轻视和贬低的状况和现象，并且这种状况和现象必然在一定程度上，甚至很大程度上“阻碍”生产力的发展和工程知识的发展，但这并不意味着这种现象可以“完全阻挡”生产力发展的内在规律发挥作用，可以“完全阻挡”工程知识的进化和发展。

由于多种复杂因素作用，特别是在生产力发展的内在规律的推动下，欧洲在18世纪60年代至19世纪40年代发生了意义重大的第一次工业革命。在第一次工业革命中，“工程知识本身”发生了重大变化，“古代工程知识体系”转变为“近现代工程知识体系”。在第一次工业革命之后，又发生了第二次、第三次工业革命。

从18世纪中叶以来的工业革命的历史进程中，人们可以看到以下几个耐人寻味的、与工程知识密切相关的事实。

(1) 推动第一次工业革命的工程知识主要来自工匠阶层而非近代的科学家。

(2) 在第一次工业革命之后，工匠阶层衰落了——工匠阶层分化为现代的工程师阶层和现代工人阶层。

(3)“现代工程师”和“现代工人”不同于“中世纪的工匠”。中世纪的工匠是通过“学徒制”方式的工程教育培养出来的，而现代工程师是通过“现代高等工程学校制度”的工程教育培养出来的。

(4) 在第一次工业革命之后，又发生了第二次、第三次工业革命；与工业革命的进程相互渗透、相互促进，中世纪的工程教育制度逐步转变为“现代工程教育制度”。现代社会中的“现代工程师”和“现代工人”都是先接受“现代工程教育”，然后在现代企业制度中成长为现代工程师阶层和现代工人阶层。所谓现代社会中的“现代工程教育体系”，不但包括“高等工程教育”，而且包括“初等和中等水平的工程教育”(包括技工学校和“普通教育中的工程教育”)。

(5) 一些国家仿效“科学院制度”陆续建立了“工程院制度”。

如果说我们可以把“科学院的成立”看作现代社会对“科学知识”认可和高度评价的一个重要标志，那么与其“相应”，我们也可以把“工程院的成立”看作现代社会对“工程知识”认可和高度评价的一个重要标志。

在现代社会中，“科学院制度”和“工程院制度”的开创和发展都经历了一个逐步演变的过程。1660年，英国皇家学会(The Royal Society)成立，它是世界上历史最长而又从未中断过的科学学会，在英国相当于全国科学院。法国科学院也有悠久的历史，但其具体的历史进程颇为曲折。法国科学院于1635年2月22日由法国首相黎塞留创立。法国大革命时期，国民公会于1793年取缔了法国科学院和其他王室学会。两年后，由新建国立研究院的一个分支机构接管了科学院的工作。后来，在1816年法国科学院恢复原名，成为法兰西研究院的5个组成机构之一。俄国科学院成立于1724年。瑞典皇家科学院成立于1739年。美国国家科学院成立于1863年。

虽然许多国家都或较早或较晚成立了“国家科学院”，但从成立“工程院”到形成“工程院制度”，却是一件“很晚”的事情。在发达国家的历史上，瑞典在1919年成立了世界上的第一个工程院。其后，英国于

1976 年成立工程院(Royal Academy of Engineering)，与英国皇家学会成立相比晚了大约 300 年；美国工程院成立于 1964 年，与美国科学院成立相比晚了大约 100 年。俄罗斯工程院成立于 1990 年，与俄罗斯科学院成立相比晚了 266 年。①

如果把工程院的成立看成是工程知识被承认的一个重要标志，那么，工程院成立时间“与科学院相比”的姗姗来迟，又表明现代社会在承认工程知识的意义和重要性时，遇到了很大的困难和阻力。

(6) 在第一次、第二次、第三次工业革命过程中，“工程知识本身”有了革命性的变化和发展，但是，由于多种原因，对“工程知识”的“哲学研究”却仍然一直阙如，“工程知识论”的“大门”一直“紧闭着”而未能“打开”。

六、 20 世纪知识论研究中的两个新认识和新观点

在 20 世纪的知识论研究中，哲学家提出了两个关于知识的新观点和新认识，甚至可以说是具有“反传统色彩”的新观点和新认识。

1. 关于“操作性知识”的新认识和新观点

英国哲学家吉尔伯特·赖尔(Gilbert Ryle)是日常语言哲学牛津学派的重要代表人物，他在 1932 年发表了《系统地引人误解的表达式》，1949 年出版了《心的概念》。赖尔认为存在着两种不同类型的知识：命题性知识(knowing that)和操作性知识(knowing how)。传统的知识论主要关注对命题性知识的研究，而赖尔强调还要关注对操作性知识的研究。对于 knowing how 的中文翻译，在《心的概念》中文版中，译者徐大建将其翻译为“知道怎样做”，[9]，郁振华主张将其译为“能力之知”[10]，而笔者认为译为“操作之知”或“操作性知识”更好一些。

2. 关于默会知识(tacit knowledge，亦译为意会知识、难言知识等)的新认识和新观点

如果对比欧洲哲学家和中国哲学家对知识的“传统认识”，会发现一个重大的差别：中国哲学家一向承认存在“只可意会不可言传”的知识，并且高度评价这种知识的重要性。但在西方哲学传统中，知识应当用一种语言来表达却是一个“传统的要求”。柏拉图在《拉凯斯篇》中说：“我们既然知道，那么也一定能够说出来。”[11]维特根斯坦在《逻辑哲学论》中说：“凡是能思考的东西都能清楚地思考。凡是可以说的东西都可以清楚地说出来。”[12]维特根斯坦又认为：“我的语言的界限意谓我的世界的界限。”[12]

在欧洲哲学传统中，哲学家一向关注对知识问题的研究。不但古希腊和中世纪时期有许多哲学家在知识论研究中成绩卓著，而且近代哲学中又出现了所谓“认识论转向”，连续涌现出笛卡尔、洛克、莱布尼茨、休谟、康德、黑格尔等在认识论(知识论)领域有重大贡献的哲学家。20 世纪出现的“语言转向”更可谓揭开了知识论发展史上新的一页。大体而言，这些哲学家几乎没有例外地都以“命题性知识”和“明晰知识(explicit knowledge)”为研究对象，而忽视了，或者说想不到还存在着“操作性知识”和“默会知识”，更不要说“想到”应该把“操作性知识”和“默会知识”当作知识论研究的重要内容和对象了。在这样的历史背景下，可以毫不夸张地说，赖尔所提出的关于“操作性知识(knowing how)”的概念和波兰尼提出的关于“默会知识”的概念都是知识论领域的“新主题”和“新课题”。

耐人寻味和发人深省的是，如果观察新观点提出后的“影响程度”，那么我们可以说，赖尔和波兰尼提出的“新概念”在哲学领域只引起了“一定反响”或者说“清风涟漪”，而在“非哲学界”，更具体地说就是工程界和产业界，却引起了“更重要反响”，或者说吹起了“大风大浪”。“大风大浪”的一个典型事例就是经济合作与发展组织(OECD)在《以知识为基础的经济》一书[13]中把“知识经济”这个振聋发聩的新概念和“默会知识”联系在一起(该书中文版把 tacit knowledge 翻译为“隐含经验类知识”)，特别强调了隐含经验类知识与“知识经济”的密切联系。另外一个典型事例就是野中郁次郎和竹内弘高出版的《创造知识

---

① 对工程院的叙述，参考《百度百科》有关词条。

的企业》在管理界产生的巨大影响。[14]

七、"工程知识"作为哲学概念的"正式出场"

对于20世纪中期提出的"操作性知识"和"默会知识"这两个概念的影响，特别是这两个概念在哲学界之外的影响，我们甚至要情不自禁地说这简直就是"墙内开花墙外香"的现象。

但如果观察这两个概念"在哲学界之内"的影响，情况就不能说"乐观"了。特别是对于赖尔提出的哲学观点，哲学界中更是不乏反对之声。正如郁振华所指出的那样，针对赖尔的观点，哲学界出现了理智主义和反理智主义的长期争论。"理智主义者认为 knowing how 和 knowing that 之间没有种类差异，前者归根到底是后者；反理智主义者则反对将 knowing how 归结为 knowing that，主张两者之间有种类差异。赖尔是一个坚定的反理智主义者，而斯坦利和威廉姆森是新一代的理智主义者。"郁振华又指出：新世纪以来，有关争论再度成为哲学界的一个热门话题。这是对一个重要哲学问题的讨论。"关于knowing how 的讨论要想富有成果，必须从赖尔往前走，但就认识论的实质性方面而言，目前的讨论却有退到前赖尔水平之虞，因此，恢复赖尔关于 knowing how 的洞见堪称当务之急。"[10]

究竟应该如何认识和评价"操作性知识"和"默会知识"的内容、意义和影响呢？这是一个复杂而重要的问题，这里只能着重从"科学知识与工程知识的关系"的角度对其进行一些粗略分析和判断。

如果从"科学知识与工程知识的分野"的角度分析"命题性知识"和"操作性知识"、"明晰知识"和"默会知识"的性质、内容和特征，容易得出以下两个结论。一，虽然不能简单化地把"命题性知识"和"明晰知识"等同于"科学知识"，也不能简单化地把"操作性知识"和"默会知识"等同于"工程知识"，但这并不妨碍我们做出一个基本判断，即"命题性知识"和"明晰知识"更鲜明地表现了"科学知识"的某些根本性质、内容和特征，而"操作性知识"和"默会知识"更鲜明地表现了"工程知识"的某些根本性质、内容和特征。二，在认识"科学知识"和"工程知识"的"区别和联系"时，其最重要的内容和表现形式之一就是"命题性知识"和"操作性知识"的"区别和联系"以及"明晰知识"和"默会知识"的"区别和联系"。

就本文所关注的"工程知识"这个主题而言，一方面，我们想指出，赖尔和波兰尼未能明确提出"工程知识"这个概念，这是令人遗憾的；另一方面，由于"操作性知识"和"默会知识"的重要"存在场所"和"表现方式"都是"在工程活动之中"，二者都"内在地蕴含着"工程知识，这就使得在评价这两个概念的"历史意义"时，我们有理由将这两个概念的提出看作是"工程知识"在哲学舞台上的"蒙面出场"。

由于本文的基本主题是"工程知识"，我们有必要在此更明确地说明"默会知识"和"操作性知识"与"工程知识"的几点内在联系。一，"默会知识"和"操作性知识"的最主要的"表现场所"是在工程活动之中。二，劳动者(工匠、工人、工程师)掌握的知识中有许多是"默会知识"和"操作性知识"。三，工程活动所需要和所运用的复杂知识中，"操作性知识"和"默会知识"具有"核心"和"最关键"的地位。

欧洲古代哲学家忽视了对工程知识的哲学研究，20世纪欧洲哲学家终于提出了"默会知识"和"操作性知识"这两个概念，可以认为，这种状况和形势正在预示："工程知识"已经成为一个"呼之欲出"但"迟迟未出"的重要概念。

八、 工程史学科的研究中明确提出了"工程知识"这个新概念

1990年，文森蒂出版了《工程师知道什么以及他们是如何知道的——基于航空史的分析研究》(文森蒂是著名的美国工程师，曾经负责国家的超音速风洞实验)。文森蒂凭借该书于1997年荣获 ASME(美国机械工程师协会)国际历史与传统中心的工程师历史学家奖。

在该书第一章第一段中，文森蒂作为一个工程师感慨万端地说："尽管工程研究人员付出巨大的努力与代价去获取工程知识，但是工程知识的研究很少得到来自其他领域的学者关注。在研究工程时，其他领域的大多数学者倾向把它看作是应用科学。现代工程师们被认为是从科学家那里获得他们的知识，并通过某些偶尔引人注目但往往智力上无趣乏味的过程，运用这些知识来制造具体物件。根据这一观点，科学认识论的研究应当自动包含工程知识的内容。但工程师从自身经验认识到这一观点是错误的，

近几十年来技术史学家们提出的叙述性与分析性的证据同样也支持这种看法。由于工程师并不倾向内省反思，而哲学家和史学家(也有部分例外)的技术专长有限，因此作为认识论分支的工程知识的特征直到现在才开始得到详细的考察。”[15]

本来“应该”由哲学专家“首先”提出的“工程知识”概念，现在“首先”由作为工程师和工程史学家的文森蒂明确提出来了，这就意味着，“工程知识”“首先”是作为一个“工程史”概念提出来的。文森蒂在《工程师知道什么以及他们是如何知道的——基于航空史的分析研究》一书中研究了五个具体的航空史案例，对“工程知识”的本性和特征进行了具体而深入的理论分析和理论概括，产生了比较大的影响。很显然，文森蒂的最大贡献不在于他研究了航空史上的几个案例，而在于他首先把“工程知识”确立为可以与“科学知识”“技术知识”并列的理论概念。

九、 工程哲学领域中工程知识研究的新进展

工程知识这个概念在工程史领域明确提出后，哲学领域中对“工程知识”的研究也“不得不”“迅速上马”了。

2001 年，美国技术哲学家皮特在《技术》杂志上发表《工程师知道什么》，明确指出：工程知识不同于科学知识，后者是受制于理论的，而前者是任务定向的。这也许是“第一篇”专论工程知识的“哲学论文”。

我国的哲学专家也及时关注了对工程知识的哲学研究。2005 年，李伯聪在第 259 次香山科学会议上发言专门讨论工程知识问题。他指出：“在人类的知识总量中，工程知识——包括工程规划知识、工程设计知识、工程管理知识、工程经济知识、工程施工知识、工程安全知识、工程运行知识等——不但是数量最大的一个组成部分，而且从知识分类和知识本性上看，还是‘本位性’的知识而不是‘派生性’的知识。”“当前在国内外都有一种颇为流行的观点认为：即使可以承认古代的工程知识不以科学知识为前提或基础，但在现代社会中，工程知识乃是(单纯)应用科学的结果。这种观点实际上是把工程知识解释为科学知识的‘派生知识’，虽然这种观点相当流行，但它却在很大程度上是一种对工程知识本性的误解。”[16]

李伯聪的这篇文章还不是专论工程知识的论文。我国最早对工程知识进行“专题哲学研究”的学者是邓波。他作为第一作者在 2007 年发表了《试论科学知识、技术知识和工程知识》[17]，在 2009 年发表了《工程知识的科学技术维度与人文社会维度》[18]。邓波强调指出，工程知识是不同于科学知识和技术知识的知识类型和知识形态，工程知识是既具有科学技术维度又具有人文社会维度的复杂的知识类型，具有独特性、地域性、综合性、可靠性、复杂性、协调性、情境性、现场发生性、难言性、不可复制性、优化性、评价的多元性。

由于“工程知识”涉及广泛而深刻的哲学问题，“工程知识论”是一个可以与“工程方法论”并列的研究领域，因此不但需要有专题哲学论文，更需要有哲学专著。

有鉴于此，中国工程院工程管理学部在 2017 年立项研究“工程知识论”，组织国内有关的工程院院士、工程专家和哲学专家系统性地研究有关工程知识论的诸多问题，作为课题的结项成果，《工程知识论》已经出版。该书成为国内外第一本专论“工程知识论”的学术专著。在该书中，着重分析和阐述了以下有关工程知识论的重要观点：

(1) 工程知识论是工程哲学“五论”体系(科学技术工程三元论、工程本体论、工程方法论、工程知识论、工程演化论)的重要组成部分之一。

(2) 正如在“方法论领域”中工程方法论是不同于科学方法论的一个“亚领域”一样，在“知识论领域”中，工程知识论也是不同于科学知识论的一个“亚领域”。

(3) 科学知识的对象是“有关所有物质现象的知识”，而工程知识却是“关于人工物的知识”，更具体地说，是“关于人工物的设计、建构、集成、评估等的知识”。

(4) 科学知识分类的主要标准是自然界的运动方式，于是出现了物理学、化学、天文学、地学、生物学等“自然科学学科”；工程知识分类的主要标准是制造和使用不同类型的人工物(生产资料的人工物

或生活资料的人工物），这就出现了机械工程、冶金工程、纺织工程、食品工程、交通工程等具有行业特征的工程学科。

（5）科学知识的知识和表现形式是科学概念、科学定律、科学命题、科学理论等，而工程知识的内容和表现形式是人工物的制造和使用、工程规划、工程设计、操作程序、工程评估等。

（6）科学知识和工程知识有不同的发展导向和评价标准，科学知识是真理导向，而工程知识是生产力和人类福祉导向。

（7）科学知识的学科划分使得在科学研究中特别凸显了科学知识的分析性，工程知识的实践应用导向使得工程知识的集成性具有特别重要的意义。

（8）科学知识和工程知识都是不断发展演化的，但它们在演化动力、演化机制、演化方向、演化规律上都有许多不同。

（9）在工程创新进程中，工程知识创新发挥前导和引领作用。

在工程哲学体系的“五论”中，从哲学理论分析角度看，工程知识论研究难度更大，但却具有重大的理论意义和现实意义。因此，《工程知识论》的出版将成为一个新的开端。

工程知识论的研究目前还处于其发展的初期阶段，今后需要进一步在深度和广度两个方面不断地有新进展和新开拓。

★ 参考文献

[1] 马克思. 资本论(第1卷)[M]. 北京：人民出版社，1972：202.

[2] 百度百科“知识论”条目. https://baike.baidu.com/item/%E7%9F%A5%E8%AF%86%E8%AE%BA/15078524?fr=aladdin.

[3] 李德顺. 知识论、认识论与全面的反映论[J]. 教学与研究，1986，(3)：7-11.

[4] 陈嘉明. 建构与范导：康德哲学的方法论[M]. 上海：上海人民出版社，2013.

[5] 张岱年. 中国哲学大纲[M]. 北京：中国社会科学出版社，1982：503.

[6] 方立天. 中国古代哲学问题发展史(下)[M]. 北京：中华书局，1990：689.

[7] 黑格尔. 哲学史讲演录(第1卷)[M]. 北京：商务印书馆，1978：157.

[8] 亚里士多德. 形而上学[M]. 李真，译. 上海：上海人民出版社，2005：15.

[9] 赖尔. 心的概念[M]. 徐大建，译. 北京：商务印书馆，1992：22.

[10] 郁振华. 论能力之知：为赖尔一辩[J]. 哲学研究，2010，(10)：70.

[11] 柏拉图全集(第1卷)[M]. 王晓朝，译. 北京：人民出版社，2002.

[12] 维特根斯坦. 逻辑哲学论[M]. 贺绍甲，译. 北京：商务印书馆，1996.

[13] 经济与合作组织. 以知识为基础的经济[M]. 北京：机械工业出版社，1997.

[14] 野中郁次郎，竹内弘高. 创造知识的企业[M]. 北京：知识产权出版社，2006.

[15] 文森蒂. 沃尔特·G. 工程师知道什么以及他们是如何知道的：基于航空史的分析研究[M]. 周燕，闫坤如，彭纪南，译. 杭州：浙江大学出版社，2015：1.

[16] 杜澄，李伯聪. 工程研究：跨学科视野中的工程(第2卷)[M]. 北京：北京理工大学出版社，2006：30.

[17] 邓波，贺凯. 试论科学知识、技术知识和工程知识[J]. 自然辩证法研究，2007，(10)：9.

[18] 邓波，罗丽. 工程知识的科学技术维度与人文社会维度[J]. 自然辩证法通讯，2009，(4)：35-42.

现象学视域下的工程知识论研究

王文昌　邓　波

摘　要：传统知识论是“理论优位”的知识论，即将知识定义为得到证实的真信念，是对客观世界的理论表征。在自然物那里，知识来自思想对现成自然对象的认识与表征，“先有存在者，后有知识”。然而，在人工物那里，势必先要有建构人工物的知识，然后才能据此制作相关的人工物，即“先有知识，后有存在者”。仅传统知识论是难以把握实践特征鲜明的工程知识的，必须转向“实践优位”的知识论。在当代知识论变革和工程哲学兴起的背景下，本文依据科学、技术、工程三元论，把工程理解为设计、建造和使用人工物的实践活动，它必然要以工程知识的生产与运作为前提。工程知识作为人工物本身的知识(know what)以及实施人工物建造“怎样做”的知识(know how)，其生产与运作贯穿在工程实践的全生命周期过程之中。本文运用现象学的方法，批判地借鉴荷兰学派的人工物理论，对活生生的工程实践活动的结构关系和生命周期过程展开研究，力图揭示工程知识的实践本质和基本形态，并使其全周期性、集成性、情境性、社会性、对象性和具身性等复杂特征呈现出来。

关键词：“理论优位”知识论；“实践优位”知识论；现象学；工程知识论

在科学、技术、工程三元论的架构下，工程哲学的研究已经深入到了工程知识论领域。传统的知识论是“理论优位”的知识论，即将知识定义为得到证实的真信念，是对世界的理论表征。这种起源于古希腊的知识论经过近代经验主义、唯理主义和现代逻辑实证主义的发展，在20世纪上半叶成为普遍认同的“正统”知识论。它以科学知识为典型样板，认为所有知识都应像科学知识那样“科学化”地发展或被“科学化”地改造，真理性的知识要么是科学知识，要么是科学知识的运用。按照这种知识论，工程知识自然被看作是科学知识的应用形态，对其知识论的研究也不过是正统知识论在工程领域中的拓展。然而，按照科学、技术、工程三元论，三者虽然存在紧密联系，但本质上是三种不同的人类活动，科学活动是认识自然和发现自然规律的理论活动，技术活动是改造或利用自然、发明如何设计、建造人工物方式方法的开发活动，工程活动是将技术和非技术因素集成起来，建造人工物的实践活动。工程知识作为支撑工程活动得以进行的知识要素，显然与科学知识存在着本质性的差别。众所周知，“朝向事实本身”的现象学是最贴近活生生工程活动的实践哲学，本文拟通过对传统知识论的梳理和批判，尝试在现象学视域下建构起“实践优位”的工程知识论。

基金项目：国家社会科学基金项目“工程知识与工程思维的哲学研究”(13BZX027)阶段性成果。

作者简介：王文昌(1988—)，男，甘肃皋兰人，西安建筑科技大学硕士研究生，研究方向为工程技术哲学、工程知识论；邓波(1963—)，男，贵州贵阳人，西安建筑科技大学工程技术与社会研究所教授，研究方向为技术哲学、建筑哲学、工程哲学。

一、 传统“理论优位”知识论与工程知识

1. 古代西方知识论与工程知识

传统“理论优位”知识论发源于古希腊，从德性问题中孕育而来。智者学派的相对主义和怀疑主义态度，导致了道德的混乱，使得人能否获得确定的知识这一问题变得明朗和尖锐。《美诺篇》中，苏格拉底将“善”作为知识的标准，从道德判断出发，认为“知识是至善”[1]，构成知识的三个条件分别是信念、真和证实，描画了古希腊知识论的大体方向和轮廓。

柏拉图沿着苏格拉底的方向提出理念论，认为知的确定的对象就是永恒在场的 ιδ έα(理念)，各种理念按照逻辑次序排列，善的理念是一切理念的源泉。既然存在着永恒在场的理念，就必须对流转变易的现象予以解释，在《国家篇》第六卷末，柏拉图提出了理智知识和感性知识的区别，人的理智所把握的是恒一不变的理念世界，感觉所把握的是流变的可感世界。柏拉图同意智者派的观点，认为我们不可能取得关于现象的知识。

亚里士多德仍在这条路线上前进，他认为真正的知识不在于仅仅熟悉事实，而在于认识它们的理由、原因或根据。亚里士多德认为原因有四种意义(即“四因说”)，其一是使事物所以是的是，其二是质料和载体，其三是运用由之发生的点，其四是它何所为或善。他用“四因说”替代理念论，将善的理念引向了真实的、具体的事物的善[2]。这样，感官世界就不单纯是实在世界的影子，它就是科学的对象。

无论是更早的古希腊思想家还是苏格拉底、柏拉图、亚里士多德都没有把在场者表象为对象。按照海德格尔的分析，以上讨论的实质是存在与变易和存在与显象的关系，即，在希腊人看来，存在者整体的存在作为普遍者和最高者对应于变易显现为恒定的不变者；这恒定的不变者从隐蔽状态绽放开来，以样貌与观点呈现即是常驻的在场者。这个恒定不变的在场者应和于“θέωρίν(观审)的生活方式，θέωρίν 相应的名词是 θεωρία(知识、理论、观审)，即观审者的生活方式。与此相区别，实践之生活则是一种投身于行动和生产的生活方式。对希腊人来说，观审之生活(das schauendeleben)，尤其在其作为思想的最纯粹形态中，乃是最高的行为。”[3]“θεωρία(理论、观审)乃是与在场者的那些外观的纯粹关联，而在场者之外观照耀着诸神的当前。”[3]在此意义上，古希腊知识论实际上追问的是知识的对象为谁的问题，即存在问题，可以看作本体论意义上的知识论。

在这种本体论的追问和德性问题基调下，知识作为对永恒存在的对象的应和不依赖于时间。苏格拉底认为知识不是某种技艺；柏拉图认为知识是一种回忆，源自灵魂对理念的认识[4]；亚里士多德则明确地说：“人们都是由于好奇而开始哲学思考，他们是为了知而追求知识，并不以某种实用为目的。[2]”创制活动被排除在知识的范畴之外。

这一时期，斯巴达的阿尔忒弥斯神庙和奥林匹亚的赫拉神庙等建筑的存在表明，当时人们的建筑技术已经达到了一定的水平。稍晚一些时期，罗马建筑学家维特鲁威的《建筑十书》记载了大量建筑实践经验，阐述了建筑科学的基本理论，对 18、19 世纪的古典复兴主义亦有所启发，至今仍是一部具有参考价值的建筑科学全书。这些说明，在希腊化时期，创制虽然被排除在知识论的范畴之外，但已经有了记载工程活动的书籍，建筑师和工匠具备成体系的创制知识。

2. 近代“理论优位”知识论的形成与工程知识

按照海德格尔的划分，近代欧洲出现了存在与思想的区分，其特征是人与存在相对而立，“存在在思想面前被置前表象出来，从而像一个对象那样站在对面”[5]。笛卡尔著名的“Cogito，ergo sum(我思故我在)”是对这一区分的直接体现，主客体二元的划分肯定了思想的优先地位，思想将存在者作为对象表象出来，为表征主义知识论奠定了基础，是近代认识论的重要开端。培根“知识就是力量”的号召说明，人们求知的目的从亚里士多德那种无功利的好奇转向务实和求用。与此同时，“θεωρία(理论、观审)的意义也发生了变化：在古希腊时期，θεωρία 即：注视在场者于其中显现的那个外观，并且通过这样的

一种视看(Sitch)逗留在这个在场者那里。”[3]而罗马人将 θεωρία 翻译为拉丁文 contemplatio，对应的德语翻译是观察(Betrachtung)[3]，希腊语 θεωρία 现在就表现为观察了。这种观察属于 viat contemplatio(旁观的、理论的生活方式)，与 vita activa(行动的、实践的生活方式)区别开来[3]。在这样的转变下，知识论的重点转向了认识论，即人在旁观式的观察活动中，确保理论与对象相符合。海德格尔把“在近代显现为对象的在场者之在场称为对置性，它首先是在场者本身的一个特征。在场者成为一种表象的对象。”[3]培根、洛克、贝克莱、休谟等经验主义者认为：“在科学中，规律以及对规律的研究、发现和说明，乃是认识的基础，同时也是行动的基础。”[6]在知识论的发展进程中，无论是希腊语 θεωρία(理论、观审)还是拉丁文 contemplatio(观察)，理论在认识行为中始终占据着主导地位，这样的知识论被称为“理论优位”的知识论。

知识的来源问题是唯理论者与经验论者之间最重要的分歧。康德以知识何以可能为问题，得出“理性在认识中不是构成性的，只是规范性的”[7]结论，认为理性作为主观性要获得知识，还需要直观和经验，人们可以认识的只是现象，结束了唯理论者和经验论者的争执，完成了对知识和信仰的划界，悬置了知识论问题中有关本体论方面的问题。实证主义延续了康德的知识论，将知识把握为靠观察和经验发现的自然规律或存在于事实中间的恒常关系。经过逻辑实证主义的发展，知识被认为是认识主体对现成世界的对象性的，用逻辑、符号进行表征的，成体系的真理性知识。至此，“理论优位”的知识论达到了它的完成形态，成为科学的认识方法。

在科学主义知识观下，人们普遍认为所有知识都应该像科学知识那样“科学化”地发展或被“科学化”地改造，真理性的知识要么是科学知识，要么是科学知识的运用。在“理论优位”知识论的传统下理解工程活动，工程知识就被视为科学知识的应用形态，本质上仍然是复数域科学知识的表征性知识体系。比如，邦格认为，工程实践无疑是建立在技术理论基础上的，即实用科学指导人类制作。技术理论有实质性的和操作性的两种：“实质性的技术理论本质上是科学理论在近乎实际的情形中的应用”，构成所谓的“工程科学”，是严格意义上的应用科学；“操作性的”技术理论“涉及实际情形中的人的操作和人机综合体，只需把科学方法应用于行动问题中”。

从 17 世纪到 20 世纪，制作人工物的知识与知识论的转变密切相关。例如，文艺复兴时期开凿朗格多克运河(1666—1681)，其工程知识一方面来自 1604 年兴建布利亚尔运河的施工经验，另一方面来自著名设计师达·芬奇等人的设计经验，没有用到理论科学。19 世纪初，伦敦桥的重建，由当时的英国下议院组织工程师、数学家、天文学家，通过试验、计算等方法对桥梁的强度、拱座的形状进行了论证。第二次科学革命后期，原子工程、航天工程等现代工程活动的出现，意味着工程活动中经验性描述日益减少，而科学性描述日益增多。20 世纪以来，随着科学与工程技术的飞速发展，人工环境越来越多地取代自然环境，人造物越来越取代自然物构成了人们生活的物质基础。知识发生的过程出现了一种“翻转”，简言之：在自然物那里，知识来自思想对现成对象(自然)的认识，即“先有存在者，后有知识”；在人工物那里，首先要建构制作人工物的知识，然后才能据此制作相关的人工物，即“先有知识，后有存在者”。

这样的“翻转”，意味着知识论的性质发生了根本性的改变，前者是对现成存在者进行认知、理解、解释、知晓意义上的“知”知识，后者则是先通过人工物本身以及怎么做的知识运作，然后据此建造出人工物存在的“做”知识；对前者的反思构成“认识论”意义上的知识论，即“理论优位”的知识论，对后者的反思则构成“存在论”意义上的知识论，即“实践优位”的知识论。

这样的“翻转”，意味着思想对现成对象的把握不得不转变为思想对未来对象的意向性把握，人工物作为未来存在的对象，不是现成存在对象的翻版，因此人们不能简单照搬抽象的科学理论去构建未来存在的意向性对象，即不能把工程知识仅仅理解为科学知识的应用，也不能从“理论优位”的“知”知识论去把握工程知识。面对人工物，这种知识论会在一定程度上陷于“失语”的境地。

二、现代“实践优位”知识论的兴起

在唯科学主义盛行之后，西方哲学的主要流派都开始对理性主义进行批判，其矛头直指形而上学和

“理论优位”的知识论传统。与 vita contemplatio(旁观的、理论的生活方式)相比，人们开始强调和重视 vita activa(行动的、实践的生活方式)。叔本华肇始的唯意志主义认为“意志是最基本的、最原始的；认识只是后来附加的，是作为意志现象的工具隶属于意志现象”。马克思创立的“实践唯物主义”强调人首先要解决生存问题，然后才能从事科学、宗教、艺术等方面的精神活动。“科学知识社会学”(SSK)学派把科学的社会研究移向科学知识本身，核心问题是“科学实践对知识的作用”，按照这种进路，知识根本上是认识者在一定情境中对一定微世界进行重构的实践产物，知识本身被纳入到“实践”之中。胡塞尔在《欧洲科学的危机与先验现象学》中考察了近代科学的起源，认为自伽利略以来自然态度的科学虽然知道“这个周围世界是预先给予了实践着的我”[8]，但把周围世界看作对象，忘记了科学与生活世界的直接联系。随着对“理论优位”知识论的批判，哲学家提出了“实践优位”的知识论进路。

实用主义进路是对“经验”概念进行重构。詹姆士“彻底的经验主义”打破了将经验看作反思结果的传统，而将经验看成亲身体验的、连续的、变化的、性质多样的素材。在这种经验概念下，“真理的真实性实际上是一个实践或过程，就是它证实它本身的过程，它的有效性是使之生效的过程”[9]，而不像传统知识论符合真理观那样，表现为“真理”和“知识”之间静止和惰性的关系。杜威把知识看作人和环境之间交互作用的连续过程，按照“知识的连续性原则”，从日常感觉到科学实验，从实验科学到数学和逻辑并无知识论的区分，它们之间是“一阶经验”与“二阶经验”的区别。“一阶经验”即“一个原始的整体”“各种经验的过程”。“二阶经验”是“反省从原始经验中分别出来的那些产物”[10]。因此，思想和存在、理性和自然并不像发源于笛卡尔的近代知识论那样二元对立、互不相容。实用主义坚持经验与自然的连续性，消除了自笛卡尔以来的身心关系问题，将认识活动从主体与其所处情境的对象性关系中解放了出来。

默会知识进路与知识的表达有关。[11]在传统知识论下，知识是命题导向的，从伽利略“自然之书是用数学语言写成的”到莱布尼兹“普遍语言”的构想，再到逻辑实证主义的科学知识观，一以贯之的是强调知识和语言、逻辑上的内在联系。默会知识的进路却说明，人们拥有不能用语言和命题充分表达知识的可能性，从根本上颠覆了西方哲学命题导向的知识形态。例如，后期维特根斯坦认为，“存在着一种不是解释的对规则的把握方式，它体现在我们所说的对‘遵守规则’和‘违反规则’的各种实例中”[12]，人们必然会触及概念使用和掌握中包含的命题不能详尽的默会的知识内容。波兰尼同样认为：“人类的知识有两类。通常被描述为知识的，即以书面文字、地图和数字公式加以表述的，只是一种知识的类型。而未被表述的知识，如我们在做某种事的行动中所拥有的知识，是另一种类型的知识”[13]。其中第一类知识被称作明述知识，即以语言符号来表达的知识，第二类知识被称作默会知识，即不采取语言的表达方式，用行动来表达。赖尔在《亚里士多德学会会刊》上发表的 *Knowing How and Knowing That* 区分了 knowing how 和 knowing that 这对重要概念。knowing that 指向一种命题性的知识，knowing how 是非命题性的、体现在行动中的知识。赖尔认为，knowing how 之于 knowing that 具有优先性，即：① 知道如何做出发现的能力，优先于某种具体的被发现的事实性真理；② 在实践中对规则的应用，优先于对规则的理论思考。

在现象学进路下，胡塞尔对康德的《纯粹理性批判》中“纯粹知性概念的图形法”章节中提出的：“使纯粹知性概念得到运用的感性条件”问题尝试新的解答。

康德认为：在思维中“每当把一个对象归摄到一个概念之下来时，对象的表象都必须和这概念是同质的”。[14]然而，在思维与直观的符合中，即在经验性知识的范畴下，“纯粹知性概念在与经验性的(甚至一般性的)直观相比较中是完全不同质的，它们在任何直观中都不可能找到。”[14]因此，“必须有一个第三者，它一方面必须与范畴同质，另一方面与现象同质，并使前者应用于后者之上成为可能。这个中介的表象必须是纯粹的(没有任何经验性的东西)，但却一方面是智性的，另一方面是感性的。这样一种表象就是先验图型。”[14]康德进而指出是“时间”作为中介构造出“纯粹思维规则”运用的具体情境。这潜在地将“时间”作为了思维的客观(先验)规则，为打破自柏拉图以来建立起的无时间性的知识观念打下了思维基础。

胡塞尔在此研究的基础上，区分了感性直观和范畴直观，他发现："对象连同这些范畴形式不仅被意指，就像在含义的一种单纯象征功能的情况中一样，而且它正是在这些形式中被置于我们眼前；换言之：它不仅被思想，而且被直观，或者说，被感知……因此，我们必须完全一般地区分感性直观和范畴直观，或者说，我们必须指明这样一种区分的可能性。"[15]范畴直观的提出，确立了胡塞尔现象学"回到事情本身"的方法。在范畴直观被充实的过程中，觉知的时间因素被展现了出来。

海德格尔通过现象学还原，将"phronesis(实践智慧)"作为"episteme(理论知识)"以外的另一种去蔽方式，通过前反思的"上手"和反思的"在手"，对人们日常生活中的认识机制做了现象学分析。他认为，人们在日常生活中与周围世界打交道不是一种静观而是一种上手状态，在上手状态下认识活动处于尚没有主客二分的寻视中。"只对物做'理论上的'观察的那种眼光缺乏对上手状态的领会。使用着操作着打交道不是盲目的，它有自己的视之方式，这种视之方式引导着操作，并使操作具有自己特殊的把握……这样一种顺应于事的视乃是寻视"[16]。因而，此在的在世知识是一种涉身的知识，涉身知识展现了人们对世界的最初认识方式，说明了人依寓于周围世界栖居。这种寻视操劳的"知"奠基于人的身体，在绽出的时间性观念下，知识不再仅仅是无时间性的、命题的、符号的知，而是随着此在的在世一道展开的生存。海德格尔认为，我们只有跳出表象的认识方式，从此在的生存出发才能够踏上理解存在与存在者之间的二重关系。唯科学主义所倡导的对象性的认识方式，无法看到存在者之本质的丰富性，无法达到对认知活动的一种整体理解。

实用主义、默会知识与现象学三种实践进路都对传统知识论的符合真理观、二元对立的表征性认识论进行了深刻的批判，肯定了身体在认知过程中的奠基作用，实践在认知过程中优先地位，对人与世界的认识关系进行了重构。在"实践优位"的知识论方案下，制作人工物时知识的建构先于人工物营造的问题，重新唤醒了知识论的本体论问题，即存在问题。

亚里士多德以来，"形而上学既在探究最普遍者(也即普遍有效者)的统一性之际思考存在者之存在，又在论证大全(也即万物之上的最高者)的统一性之际思考存在者之存在"。[17]即，探究存在者整体的普遍性和最高性问题，被海德格尔称为形而上学的"存在—神—逻辑学"机制。相反，人工物的制作指向的是尚未存在的存在者，存在本身的问题就更加紧迫地被摆在眼前。实用主义和默会知识两条进路虽然开辟了"实践优位"知识论进路，但却不着存在问题的边际。

三、 现象学存在论视域下的工程知识论研究

亚里士多德《形而上学》和海德格尔《形而上学导论》都指向存在的多重性质，后者在前者的基础上从现象学角度分析了人工物的存在方式。

《形而上学》写道："存在有多种意义，但全都与一个本原相关。因为事物被说成是存在，有些由于是实体，有些由于是实体的属性，有些由于是达到实体的途径，有些是由于实体的消灭、确实、性质、制造能力或生成能力……在一切场合，科学都主要地研究首要的东西，假如这东西就是实体的话，那么哲学家应当做的事就是掌握实体的原因和本质。"[2]"这门科学不仅研究实体，还研究依存于其中的东西……种和属，整体和部分，以及其他类似的东西。"[2]

在亚里士多德看来，最初的存在就是实体，一切其他的存在范畴都与它相关联。认识存在的方法是"四因说"，其中第一个原因我们说是实体和所以是的是。这个实体既是最初的存在，又是存在的原因，亚里士多德将其解释为潜能与现实的关系。"潜能一方面在承受者之中，另一方面在动作者中。"[2]"现实就是事物不以我们所说的潜能方式存在"，"所以把潜在存在的事物带进现实就可以发现它们"[2]"所以一切技术，也就是创制的科学都是潜能，因为它们是变化的本原或始点"[2]"以房屋为例，它的运动来自技术和营造师，它的何所为就是它的功能，质料就是泥土和石块，形式就是它的原理。……这门科学就是关于目的和善的科学(因为其他科学都是以它为目的的)"[2]，"制作活动所由开始之点，如果来自技术，那就是在灵魂中的形式；如果处于自发，那就是一个有技术的制作者开始制作之点。……如果没有东西预先存在，也就没有东西生成。"[2]

按照亚里士多德的学说，存在就是实体以及实体的属性，人工物的存在使其潜能转化为现实。虽然引出了人工物营造师和制作者，但其关于实体的循环论证最终导向“人工物的形式依据来自灵魂”。

《形而上学导论》将存在看作是 φύσιζ，“φύσιs 意味着绽放着的存在力道以及这种存在力道所支配着的持留”[5]，“这个绽放着的存在力道就是现象。这一现象走向显露，而在这个过程中就已经有：这存在，这个现象让从隐蔽状态中涌出。当存在者作为这样一个存在者在着之际，它就把自身摆到并立于无蔽状态中，即 ἀλήθεια(去蔽)中了。”[5]并且“φυσιζ 和 λόγοζ 是同一的。λόγοζ 标示出用一种崭新却又古老的观点来看待存在：那存在着的东西，那在自身中恰到好处而又轮廓分明地站立着的东西，就是那在自身中并从自身出发被拢聚的东西，就是那在这样的采集拢聚中保持着自己的东西”[5]。

因而，人工物的存在就是从存在力道中采集拢聚，自身—展示，走向显象，在将起来。这个在将起来“就处在 δῖκη 与 τεχνη 的对立博弈之关涉中”[5]。“δῖκη 是其威临一切之强力作用的合式，而 τεχνη 是知的强力一行事。”[5]同时，“希腊人以强调的方式把本真意义上的艺术和艺术作品命名为 τεχνη，因为艺术就是以最直接的方式将这个存在，即在自身中站住的现象，带向站立。艺术作品之所以是作品，首先并非因为它是做出来的，造出来的，而是因为它使得存在在某个存在者中作用，这儿的作用就叫带入作品，而在这一过程中，那存在力道中发力的绽放开来，那 φύσιζ 就来到作为显现者的显象中”[5]。“艺术在一种别具一格的意义上将存在在作品中作为存在者驻立下来并浮现出来。”[5]

在《筑・居・思》中，海德格尔更为深入地审视了 τεχνη 的意义，“对希腊人来说，τεχνη 的意思既不是艺术，也不是手工艺，而是：这样或那样地让某物作为此物或彼物进入在场者之中而显现出来。希腊人是从让显现的角度来思考 τεχνη 即生产的。如此这般来思考的 τεχνη 自古以来就遮蔽在建筑的构造因素中了……但是，无论根据建筑艺术，还是根据结构工程，还是根据两者的单纯结合，我们都不能充分思考建筑生产的本质……筑造的本质是栖居……唯当我们能够栖居，我们才能筑造”[3]。在海德格尔看来，建筑物也是别具一格的艺术作品，艺术将存在在作品中作为存在者驻立并浮现出来，应合了前文所述的知识发生过程中的翻转。

历史性的人作为对抗存在的威临一切之强力的强力行事即是开放在存在者中的存在之突破口。站在作为观察者的人的角度来看，存在乃作为由其时间性特征所铸造的在场，因而存在与此在相关涉。“在《存在与时间》中，唯一的根据对存在问题的持续前瞻而获得的此在(Da-sein)经验就成为决定性的了。”[17]这样，人工物的存在就与此在对存在问题的前瞻，也就是与此在的生存相关，印证了“一切存在论所源初的基础存在论必须在对此在的生存论分析中来寻找”[16]。

“理论优位”的知识论遮蔽了工程造物活动的全部丰富性，仅仅以表征这一种方式将工程知识看作用符号、文字、图像表征的关于如何营造意向性人工物的明述的知识。现象学著名的口号“朝向事实本身”，在海德格尔的理解就是“在场状态本身被带到思想面前”[17]。按照科学、技术、工程三元论，工程造物活动并不能一下子就突然地把人工物带向其在场状态，将人工物带向其在场事实上需要经过人的设计、建造和使用人工物的实践活动，也就必然要以工程知识的生产与运作为前提。在此过程中，工程不仅是包括无时间性的、第三人称的理论，更重要的是在时间中的、人的身体参与的实践行为。现象学视域下的工程知识论注定能够将工程知识的更多特征带向解蔽。

从生存论存在论的视域来看，建造人工物的工程知识就必然与人工物的在场状态有关，具备以下特性。

1. 工程知识的全周期性

工程知识的全周期性，将“理论优位”知识论下被遮蔽的时间因素解蔽了出来。在现象学视域下，工程人工物不仅在当前的意义上在场，即与此在相关涉，历史性的人工物也在其不在场中在场，即以曾在者的方式与此在相关涉；尚未建成的人工物，在将来(Zu-kunft)中，在“走向我们”中在场，即与此在相关涉[18]。在当前、曾在、将来三个时间性的维度下，工程知识的建构蕴含“决策、设计、实施、评价、运行、退役”等阶段的周期。在决策、设计阶段，工程人工物在将来的时间性维度在场，工程知识的运作方向是将意向性目标转化为蓝图和文件；在实施、评价、运行阶段，工程人工物在当下的时间维度在场，工程知识的运作方向是将蓝图和文件营造为现成的人工物并使其投入运转；在退役阶段，工程人工物在曾在的时间性维度与此在相关涉，工程知识运作的方向是吸取曾经的经验，将现成的工程人工物进行修改，使其重复利用或复归自然。

2. 工程知识的集成性

工程知识的集成性，将“理论优位”知识论下被遮蔽的认识形式解蔽了出来。工程知识不仅包括命题性的明述知识，而且包括具身性的默会知识，甚至还包括介于以上两种知识之间的用具性的知识形态。海德格尔、梅洛·庞蒂、波兰尼都对用具的使用进行了深入分析。《存在与时间》中写道：“对锤子这物越少瞠目凝视，用它用得越起劲，对它对关系也就变得越原始，它也就越昭然若揭地作为它所是的东西来照面，作为用具来照面。”[16]《知觉现象学》对用具进行分析：“盲人的手杖对他来说不再是一个对象，不再为其本身而被知觉；其终点成为一个敏感区，扩展触觉的范围和活动领地，为视觉提供了一个对应物。”[19]波兰尼也对同样的主题深入探讨：“当我们用锤子敲钉子的时候，我们既关注钉子也关注锤子……我对于我掌心中对觉知拥有一种辅助觉知，它被整合进了我对于敲钉子行动的焦点知觉之中。”[20]三者的分析说明，在使用工具时，工具在辅助觉知的默会下，被认知为身体的延伸。因此，工程知识首先是命题知识、默会知识、用具知识的集成，同时，工程知识并不是这三者的简单叠加，而是要直接面向工程活动所处的自然、社会、人文环境，将各种知识有机结合，通过不断地设计和优化，使工程知识的建构适合工程活动所处的具体情境。

3. 工程知识的情境性

工程知识的情境性，将“理论优位”知识论下被遮蔽的人与世界的关系解蔽了出来。荷兰学派的梅耶斯认为：“结构描述了技术人工物的物质基础，功能描述了技术人工物的整体状态。技术人工物的本体论包括两个标准：非充分决定性(UD)及其实现限制(RC)。前者指结构与功能之间存在着多重实现性，后者指这种多重实现现象是有限的。”[21]这都是在人与世界相对立的基础上，探讨人工物与其使用情境的关系。然而，在工程营造活动中，人工物不仅要满足功能形态的需求，而且要满足意义形态的需求，故人工物的形态不存在放之四海而皆准的“最优解”。从建筑物的营造来看，中国南方雨水丰沛，房屋屋顶多为斜面；北方日照充足，房屋屋顶多为平面。古希腊城邦邻近采石场，庙宇、房屋用石材建造；中国各地树木丰盛，建筑多用木材建造。天主教会组织形式严格集中，圣伯多禄大教堂气势恢宏，可容纳6万多人；新教秉承信徒人人都可直接与上帝相通而成为祭司，无需神父作中介的信念，因而新教教堂相对简朴，建筑风格也相对简单。荷兰学派从结构和功能两个维度探讨人工物的存在问题，但笔者认为，应该面向人工物的结构、功能、形态三个维度建构工程知识。因为在形态维度下，人工物所处的自然和社会情境影响着营造人工物的知识的集成运作，决定着其功能和意义形态。

4. 工程知识的社会性

工程知识的社会性，将“理论优位”知识论下被遮蔽的认识主体解蔽了出来。从工程人工物的营造来看，按照出场的顺序，最先参与工程活动的是倡议者、委托者和领导者，他们发现和确定某个可能的工程活动目标，“法国工程师 AlbertMathieu-Favier 于 1802 年首先提出兴建英法海底隧道工程”[22]，他就成为这个工程的“倡议者”。“对于英法海底隧道工程来说，拿破仑、维多利亚女王、拿破仑三世、撒切尔夫人、密特朗总统都曾经面临是否批海底隧道修建的问题。”[22]他们便是这项工程的委托者和领导者。对于某些特大型工程来说，在完成决策程序后，往往要正式设立或组建一个机构(团体)来承接和完成这项工程。“例如，为了实施三峡工程，在全国人民代表大会于 1992 年通过了实施三峡工程的有关决议后，正式成立了‘三峡总公司’作为实施三峡工程的‘行动者’”[22]。工程活动的倡议者、委托者、领导者、实施者、运行者、评价者(构成社会认同)以及一些勤杂人员组成了工程共同体，他们建成的人工物如三峡大坝嵌入和改变了当地的自然环境和社会生活。共同体的成员分布在社会生活的各个方面，在其职责范围内运用科学的、人文的多种知识参与营造人工物知识的建构，因此可以说，工程知识是社会性综合的复杂知识。

5. 工程知识的强对象性

工程知识的强对象性，将“理论优位”知识论下被遮蔽的意向性对象解蔽了出来。在“理论优位”的知识论下，人们的认识对象是现成存在的自然，具备一定的普遍性。但是，在现象学视域下人工物与此在的生存相关涉，这种关涉不仅涉及此在当下的生存，而且在曾在、将来两个维度的不在场中在场。在工程知识的建构中，决策和设计关涉意向性人工物的在场，这意味着，在不同的需求驱动下，尚未在场的人工物的结构、功能、形态都有所不同。工程知识的建构有其尚未在场的特殊对象，它不像科学知识和技术知识那样是普遍有效的，而是“唯一对象”或“一次性”的，如修建青藏铁路的工程知识，修建南京长江大桥的工程知识。

6. 工程知识的具身性

工程知识的具身性将“理论优位”知识论下遮蔽了的身体因素解蔽了出来。工程人工物从意向到蓝图再到最终建成，每一个环节都离不开工程知识的具身性运作。从马克思主义和实用主义的实践进路看，工程知识的具身性表现在生存行为是理论认知的基础，离开具体的行为无从谈理论的认识；从默会知识的实践进路来看，工程知识的具身性表现在符号性的知识最终要以身体的参与为基础；从现象学进路来看，工程知识的具身性表现在此在切身体会的、范畴直观的亲知。这种具身性运作的知识时时刻刻都在强调 vita activa(行动的、实践的生活方式)，强调对当下在场的人工物的感知。

可以说，现象学视域下的工程知识论全面超出了“理论优位”知识论的视野，除了将工程知识看作符号化的知识以外，还面向人工物本身开启了工程知识的时间、境遇、集成、社会、对象、身体等多个维度，为我们全面地看待人工物营造活动提供了广泛的视野，让人们能够更加源初地看待和理解工程造物活动。

★ 参考文献

[1] 柏拉图. 柏拉图全集(第 2 卷)[M]. 北京：人民出版社，2002.

[2] 亚里士多德. 形而上学[M]. 北京：中国人民大学出版社，2003.

[3] 马丁·海德格尔. 演讲与论文集[M]. 北京：商务印书馆，2018.

[4] 柏拉图. 柏拉图全集(第 1 卷)[M]. 北京：人民出版社，2002.

[5] 马丁·海德格尔. 形而上学导论[M]. 北京：商务印书馆，2017.

[6] 黑格尔. 哲学史讲演录(第 4 卷)[M]. 北京：商务印书馆，1958.

[7] 康德. 纯粹理性批判[M]. 北京：人民出版社，2004.

[8] 胡塞尔. 欧洲科学的危机与超越论的现象学第[M]. 北京：商务印书馆，2001.

[9] 威廉·詹姆士. 实用主义[M]. 北京：商务印书馆，2012.

[10] 约翰·杜威. 杜威全集[M]. 上海：华东师范大学出版社，2012.

[11] 郁振华. 人类知识的默会维度[M]. 北京：北京大学出版社，2012.

[12] 维特根斯坦. 哲学研究[M]. 北京：商务印书馆，1996.

[13] MICHAEL P. The Study of Man[M]. Chicago：The University of Chicago press，1959.

[14] 康德. 纯粹理性批判[M]. 北京：人民出版社，2004.

[15] 胡塞尔. 逻辑研究(第 2 卷)[M]. 北京：商务印书馆，2017.

[16] 马丁·海德格尔. 存在与时间[M]. 北京：商务印书馆，2016.

[17] 马丁·海德格尔. 同一与差异[M]. 北京：商务印书馆，2014.

[18] 马丁·海德格尔. 面向思的事情[M]. 北京：商务印书馆，2014.

[19] MICHAEL P. Phenomenology of Perception[M]. London：Routledge，1962.
[20] MICHAEL P. Personal Knowledge[M]. Chicago：The Uniersity of Chicago press，1964.
[21] 潘恩荣. 技术人工物的结构与功能之间的关系[D]. 杭州：浙江大学，2009.
[22] 李伯聪. 工程活动共同体的形成、动态变化和解体："工程共同体"研究之四[J]. 自然辩证法通讯，2010,(1)：40－44，16.

在科学与工程之间

——知识论领域的新概念和新空间

贾玉树

摘　要: 科学属于认识世界范畴，工程属于改造世界范畴。工程哲学的兴起，正在颠覆这种观点。工程知识不仅可以从工程科学的意义上纳入真理范畴讨论，而且可以从科学工程意义上纳入知识社会学范畴阐释，由此消除传统哲学真理论与现代知识社会学的裂痕。科学工程不仅是一种功利化社会活动，而且是现代科学知识生产的基本形式，由此发展壮大的工程科学，不仅是科学知识主体性与现代化的必然产物，而且是可能世界科学知识繁殖与扩张的基本形式。技术是人的本质力量在科学与工程之间的投射，是人、科学与工程融合的产物，是沟通科学与工程的桥梁。工程技术是人类与工程相结合的产物，是人的本质力量的经验形态；科学技术是现代科学走向现代工程的产物，是人的本质力量的知识形态。在科学与工程之间存在一个哲学尚未开发的知识空间，需要科学哲学、工程哲学与技术哲学协同创新。

关键词: 知识论；科学知识；工程知识；技术；科学工程；工程科学

科学知识与工程知识是人类关于自身以外的客体知识的两种基本形式，通常被人们认为是关于“是什么”和“怎么做”的知识。作为理论知识与实践知识的典范，二者分别根源于学者的思辨传统与工人的工匠传统，代表了人类的理性与经验、思辨与实证两种不同的思维方式与价值观念，并构成人类知识的两极。传统知识论囿于其中的一极讨论全部人类知识，困难重重。新兴技术哲学为了主体内在经验知识的合法性，利用“意会知识”解构现代理性主义认识论，从而自觉、不自觉地走向后现代主义。实际上，这两种知识，既相互区别，又内在关联，始终都是一个不可分割的整体。工程知识的兴起，不仅深化了人类知识的内涵，而且在科学与工程之间形成了一个内在关联、连续过渡的现代性知识谱系，它不仅是理性的，而且是非人的，无疑极大地丰富了人类知识的外延，为人们在后现代语境中重建人类理性奠定了一个全新的基础，需要当代哲学进行新的概括。众所周知，主客体关系是现代哲学的思想前提和基础，不仅认识论与价值论直接建立在此基础上，传统本体论和现代语言学也必须通过它才能够获得终极阐释。知识论当然不能例外。本文将在此基础上展开讨论。

一、 人类知识的本质

关于人类知识的本质，哲学界的经典表述是柏拉图在《泰阿泰德篇》和《美诺》篇中所提出的“经过证

作者简介: 贾玉树(1963—)，男，中国科学院大学跨学科工程研究中心教授。

实了的真的信念”[1]。迄今为止，知识论领域对此并没有太大异议，分歧主要是在证明方面，例如基础论、融贯论、怀疑论、冗余论、实用论、实践论和建构论等，涉及哲学中同样专门化了的真理理论。即使被人们称为挑战的埃德蒙德·盖梯尔(Edmund L. Gettier III)关于这一定义的批评，也只是触及知识的完备性问题。

从主客体关系出发加以考察，可以说柏拉图的知识概念涉及三个方面问题：

其一，知识是“人”的一种信念，首先涉及人，即知识的主体；

其二，信念存在着真假问题，知识应当是真的信念，假的不能够算，这就不能不涉及“对象”，即客体，如果我们认为知识是关于外部事物的判断，则必须由相关事物出来说明其真假，至少就科学知识而言是这样的，因为客观知识是主体关于客体的信念；

其三，知识还应当经过“证实”，证实之前的也不能算，显然，这一定义把科学知识推向前台，这里又涉及人(主体)、人的信念(主客体相互作用产物)及其指涉对象(客体)的关系，涉及主客体的联系与沟通等一系列问题，或者说证明，这是知识论领域的一大难题，始终困扰着古今中外的哲学家，融贯论、怀疑论等正是由此而来的。

融贯论抛弃了主客体，把知识限定在人类的一系列信念范围内。当然，我们也可以反其道而行之，抛弃融贯论赖以生存的所有的相关信念，让被证明的信念重返主客体之间。这也是实践论的思路。现在看来，这样的证明其实是一个广义的工程问题，还应当结合工程知识，在科学知识与工程知识的共同语境中加以阐释。也就是说，没必要修改知识概念，也可以合理解释工程知识。上述三个方面尽管如盖梯尔所说还不充分，却是完全必要的。

纵观人类知识论的发展演变，这样几个问题值得人们特别关注：

第一，虽然历史上绝大多数哲学家确实把科学知识作为人类知识的典范，然而他们所讨论的知识却不仅仅局限于单纯的科学活动中。主体是人，客体则不仅包括天然物，而且包括人工物。只是人类早期的人工物不仅是人造的，而且十分简陋，从而很少提出“是什么”的问题。随着现代科技在工程领域的深入发展，这样的问题越来越多，以至于工程科学不仅从自然科学中分化和独立出来，而且迅速成为现代社会的一门显学。同时，“是什么”的问题归根结底离不开“怎么做”的问题，并且在很大程度上其实是“怎么做”决定了“是什么”。如果我们以可能世界作为阐释平台，则天然物与人工物还应当是互为镜像的。换句话说，在可能世界语境中，现实世界的天然物可以是可能世界的人工物，现实世界的人工物也可以是可能世界的天然物。这是科学与工程逻辑关联的思想基础，也是统一科学知识与工程知识的逻辑前提。在这里，暂且不考虑谁先谁后的问题。也就是说，在可能世界知识论的知识概念中，不仅应当内在地包含科学知识，而且应当同样内在地包含工程知识。科学工程与工程科学正在填充着它们之间的鸿沟。

第二，虽然知识概念根源于柏拉图的理念论，首先还是作为人的一种信念出现的，但是柏拉图对于知识“确实可靠性”的特殊要求，终将不可避免地把“科学”与“工程”联系在一起。这就是伽利略这位现代科学的奠基人之所以冒天下之大不韪亲自下工厂当一个工匠的根本原因，因为没有这样一种特殊的工匠活动，就不可能看到现代科学知识。同时，在现代科学源头，当笛卡儿提出“我思故我在”，让主体为这样一种高度理性化的科学知识奠基的时候，弗兰西斯·培根也提出“知识就是力量”，强调这种理性化的科学知识可以改变世界、改变客体、改变主体，具有深厚的经验基础，具有物质与精神双重属性。尽管这种力量直到工业革命以后才真正地被释放出来。所以，现代科学与现代工程同时关联于统一的现代知识，尽管培根与笛卡尔关于这种知识本质的理解和阐释不同。从这种意义上讲，科学知识与工程知识应当是互为前提和基础的。换句话说，科学哲学倘若想知道科学是什么，必须考察它是怎么做出来的；同样，工程哲学如果想要知道工程怎么做出来，也必须懂得它是什么。

第三，随着人类实践的飞速发展，尤其是工程技术、工程科学与工程哲学的蓬勃兴起，科学哲学正在加快从发现全面走向创造[2]，曾经被人们认为独立存在的客观自然物开始成为人类实践和认识活动的产物，现代知识论也开始从纯粹的科学知识走向建构性的工程知识。在社会建构主义者的眼里，纯粹的自然物开始失去其客观属性，成为一种由社会建构出来的“人工物”。当然，这是认识论意义上的。在这样的语境中，本体论意义上的“物”存在与否是不可知的。事实上，当知识论中的融贯论为了挽救逻辑证明而弱化主客体关系，从而把真理限定在文本构成的客观知识世界时，一种相反的倾向就开始出现了。实践论反其道而行之，放弃逻辑证明，放弃文本构成的客观知识世界，直接把真理同主客体结合在一起，阔步走进当代知识论领域。马克思认为，工程实践本身就是对认识真理性的最好证明。布鲁诺·拉图尔(Bruno Latour)的经典著作《实验室生活——科学事实的建构过程》，直接展示了科学真理在实验室中生产的全过程[3]，就像伽利略当年在工厂中亲自打磨镜片展示自然界的真理一样。它意味着科学知识其实是人类工程实践的产物，是在人们系统化的工程活动中逐渐建构起来的。当然，这里的“工程”一词也是可能世界语境中本质和广义的概念，指人类有目的、有计划的活动。

第四，天然物是客体，人工物也是客体，二者本质上都是外在于人类主体的客体。所以在后现代语境中，以主体为界，它们本质上也应当是互为镜像。这一点前面已经提到，涉及可能世界问题。它意味着人类的科学认识走到哪里，工程实践便相应地走到那里，没有爱因斯坦的质能方程式，就没有曼哈顿工程等大科学、高技术活动；反过来讲，人类的工程实践走到哪里，科学认识也相应地走到那里，没有粒子加速器、对撞机等现代工程项目，就没有理论物理学的发展。这个问题现代科技发展史已经展示得比较清楚了。作为客观知识中互为镜像的两极，科学知识与工程知识都是属于主体的客观知识，它们的获得也都离不开主体的技术，是主客体相互作用的“技术性”产物。然而，技术本身却并不具备客观知识的确定性和言传性等特征。换句话说，技术也隶属于主体，但它要比科学和工程更为基本。人们可以利用技术直接解释科学与工程，却无法反过来在同一个世界中再利用科学与工程解释技术。这是本文讨论科学与工程两种客观性知识的思想前提和基础。同样隶属于主体但只能定位于主体间的语言、文学、艺术、伦理、法律等人文社会科学“知识”不在本文讨论范围内。

二、 科学知识与工程知识的内在关联

一般说来，人类知识存在两种不同的来源，即前面所说的学者的思辨传统与工人的工匠传统。前者追求事物“是什么”的纯粹性知识，因为不知道，所以不得不从猜测开始，提出假设，说明理由，从而在理性的思辨中逐渐产生了许多抽象的理论；后者则是追求事物“怎么做”的实用性知识，同样是因为不知道，只能试着做，逐渐摸索，从而在具体的操作过程中积累了丰富的实践经验与操作技能。应当说，二者都在追求客观性知识，也都在追求普遍性知识，尽管“是什么”与“怎么做”截然不同，却都可以言传。应当注意的是，在现代科学产生之前，它们既不是真正的科学知识，也不是真正的工程知识。前者往往以道、理等抽象空洞的哲学思辨形式存在，后者则常常以技术等具体神秘的操作技能形式存在，是现代科学的诞生，理性思辨与经验实证的结合，真正开启了科学知识与工程知识的历史。

对科学知识与工程知识发展的历史和现实进行归纳与概括，并结合二者的前史加以印证，可以发现它们之间的区别还是非常明显的。其一，解释事物“是什么”及其“怎么做”是科学知识与工程知识的本质区别。科学知识是人类认识世界的产物，是人们对于自然界本来就已经存在的天然物进行探索和发现的结果，关于“是什么”这样的问题通常根源于人的内在的好奇心、自我困惑，需要在人的兴趣、爱好等内在动力的驱动下首先调动自己的智力因素加以解决；工程知识则是人类改造世界的产物，是人们对某种自然界本来不存在的人工物进行创造与发明活动的成功总结，关于诸如“怎么做”这种问题往往根源于人的外部社会需求，需要在一定的社会压力驱使下首先调动自己的非智力因素加以解决。这也是人们之所以认为科学知识来源于哲学和理性，工程知识来源于技术与非理性的一个重要原因。其二，从知识的存在形态或表述方式来看，科学知识主要以自然界的客观规律作为其思想前提和基础，具体表现为概

念、定理、定律、理论和推论等思维形式，不仅用来解释和说明已知的事物与现象，更重要的是推测和预言未知的事物与现象；而工程知识主要以人类实践活动的最佳路径作为其思想前提和基础，具体表现为创意、设计、规划、施工和检测等思维形式，不仅用来构想和设计自然界中没有的事物与现象，更重要的是规划和实施实现特定目标的最佳设备与工艺。

科学知识的核心和灵魂是科学理论蕴涵的世界观，它超出了知识的范畴，是一种关于宇宙和谐的信念；相反，工程知识的核心和灵魂则是工程操作规程中蕴涵的人工自然物，它同样超出知识的范畴，只不过走向形而下的物质，而不像科学知识那样具有形而上的冲动。应当说，这些区别都是在传统知识论语境中关于科学知识与工程知识的一般性描述，绝大多数人都能够认同，而且可能还会举出更多的事例。但仔细思考，这样的概括是经不起推敲的，因为它只看到科学知识与工程知识两极之间的对立，没有看到二者之间的内在关联和统一，没有看到发展，还是抽象的和非历史的。

从理论上讲，科学知识与工程知识作为人类关于自身以外的物的知识，关于外部客体的客观知识，首先应当是同质的。既然迄今为止知识论中始终也没有厘清作为客体的自然物与人工物的区别，那么它们区别就应当是知识统一体内部非本质的区别。事实上，科学知识与工程知识作为人类知识的两种不同类型，从其萌芽时期就是相互区别、相互联系、相互渗透、协同发展的。具体说来，第一，科学知识的真理性建立在工程知识的实用性基础上。这一点早在伽利略到工厂制作望远镜的时候就已经充分表现出来，现在人们看得就越来越清楚了。没有现代化的大科学装置，现代科学寸步难行，而且这样的装置还不是偶尔为之。现代科学是实验科学，科学实验的定义就是“根据一定的目的，运用一定的物质设备等手段，在人工控制的条件下，观察、研究自然现象及其规律性”，在这里，“控制”本身就已经意味着一项工程了。换句话说，“是什么”的科学问题内在地需要一项“怎么做”的工程来回答。也正是因为这个原因，以拉图尔等人为代表的社会建构主义者纷纷效法科学方法，也到科学实验室中考察科学知识的真理性。实际上，在前科学时期的古代社会也是一样的。哲学从来没有解决，也没有能力解决知识的真假问题，现代科学产生之前的思辨性猜测是无所谓真假的，经验性的真理问题只能依靠技术在实践中加以解决。只有现代科学把思辨与实证结合起来，才真正地解决了真理问题。现代科学的奠基人伽利略之所以要把学者传统与工匠传统结合起来，就是因为科学知识不能在逻辑范围内完全解决。这个问题马克思也曾明确地讲过：“人的思维是否具有客观的真理性，这不是一个理论问题，而是一个实践问题，人应该在实践中证明自己思维的真理性，也即自己思维的现实性和力量，自己思维的此岸性。关于思维(离开实践的思维)的现实性或非现实性的争论，是一个纯粹经院哲学的问题。”[4]观察，尤其科学实验，就是解决科学知识真理性问题的一项工程，只是人们过去从来没有这种意识而已。从这种意义上讲，工程实践与知识发展到哪一步，科学认识和知识与其相应，便发展到哪一步。也就是说，科学知识，事实上不得不接受工程知识约束。这是高科技时代的一种常识，无论发展科学知识论，还是工程知识论，都不能不直接面对。

第二，工程知识的实用性建立在科学知识的真理性基础上。这一点现在人们也同样看得越来越清晰了。倘若没有诸如爱因斯坦 $E=mc^2$ 等现代科学知识作为前提和基础，也就不可能出现诸如曼哈顿工程等形形色色的现代化大工程。即使在古代社会，当科学还只是以直观经验的萌芽形态存在时，工程实践也是要以这样一种抽象的科学原理作为其前提和基础的。例如，墙的阻隔与保护作用是人们修筑长城的思想基础，而光的高速与直线传播等属性是人们修筑烽火台的思想基础，水的流动与承载特点是人们修建运河的思想基础，火药的爆炸和燃烧等特性则是人们制造火器的思想基础，等等。这就是培根所谓“知识就是力量”的经验基础。今天人们把科学与技术一道作为一种生产力，或者作为工程实践的“第一道工序”，也正是根源于科学知识中所蕴含的这样一种真理性力量。现代科学之所以让学者的思辨传统与工人的工匠传统结合在一起，从某种意义上讲，就是为了充分利用工匠那把实用性奥卡姆剃刀剔除前科学时期各种纯粹思辨性意识形态中形形色色反实证的虚假知识。英国的斯蒂芬·F·梅森(Stephen

F. Mason)在其《科学技术史》中曾十分清晰地展示了现代科学在这两种传统的融合中诞生的历史，尽管他当时还没有把这样的思想贯彻到底，也没有能够揭示出这样一种融合的哲学意义。从这种意义上讲，科学认识发展到哪一步，工程实践便与其相应地发展到哪一步。也就是说，工程知识也同样不得不接受科学知识的约束。从理论上讲，这也是现代工程科学发展壮大的逻辑依据，而现代工程同传统工程之间的根本区别也应当发源于此。

综上所述，在科学知识与工程知识之间虽然存在着明显的区别，然而它们作为人类关于自己身外之“物”(自然物与人工物都统一于物)的知识，作为客观知识，则是内在统一的，二者都具有隶属于物的知识的共同特点，具有知识的认识与实践功能，其间的差别完全属于统一物内部或者知识内部的差别，可以从统一物内部或者知识内部获得完备的阐释，即使是从外部来看，它们之间的差别同它们与其他事物之间的差别也不是同一层次与性质的问题。所以，无论是从知识理论方面讲，还是从知识的历史方面讲，科学知识与工程知识都以不同方式涉及真的问题，二者始终都是这样内在关联、相互规定、相互促进、协同发展的。

三、 反思和重审“技术知识”

无论如何，科学有关“是什么”“为什么”的知识与工程有关“做什么”“怎么做”的知识中间，存在一个断裂和转折，就如同“是”与“做”直观表述出来的一样，这就是科学知识的普遍性与工程知识的地方性之间的差别。科学知识的“是”基于人类共同的感觉器官，可以说是“人类”主体的产物，是笛卡尔“思维”的产物，从这种意义上也可以说是无主体；工程知识的“做”依靠人类中的某一部分人，可以说是局域“集体”主体的产物，是后现代反笛卡尔思维的产物，从这种意义上也可以说到处都是主体。如此看来，两种知识间的差别便可以归结到主体身上，也就是可以从主体内部获得终极阐释。这就不可避免地把“技术”推到了前台，因为技术不仅弥漫在科学与工程之间，而且直接隶属于主体，所以，“技术”应当是比科学与工程更为原始的一个基本概念。在技术中隐藏着人类在自然界发展壮大的全部秘密，而且当工程知识与科学知识平分天下之后，技术知识何去何从也就成为一个不能不考虑的问题。

从理论上讲，在可能世界语境中，技术哲学不应当是今天人们所看到的这个样子。弥漫在科学与工程之间的技术，不仅推动着科学与工程各自的发展，而且承担着一种双向转化的职能：一方面，让科学知识服务于工程知识增长；另一方面，让工程知识服务于科学知识增长。从这种意义上讲，人类实践中还应当存在一种从工程走向科学的技术。技术哲学应当关注这样一种新的路径。传统技术概念主要反映人的实践技能，而目前正在流行的技术知识概念，则主要行使工程知识的职能，称其为工程知识更加准确与恰当。问题是，当工程知识概念出现之后，技术知识概念何去何从。我觉得，一种可能的和不错的路径应当是走向消亡，换句话说，就是回归自我，回归主体，回归技术概念的本来含义，因为技术不是知识。把一切可以说的全部交给工程知识之后，留给技术的应当是只能意会，不可言传的东西了。

首先，从人类文明史的发展来看，技术是人作为主体在特定环境中生存和发展的技能，是人的本质力量持续不断地客观化的同时在主体内部形成的智慧结晶。这应当是技术概念的本真含义。从这种意义上讲，技术同人的身心直接融合在一起，并通过躯体活动的结果获得见证。所谓心灵手巧，就是对这种现象的一种描述，它是人们实践活动的结果。一般说来，技术是依靠师徒之间直接传承作为手段来传播和延续的，它是师傅长期实践经验的积淀，凝聚着许许多多说不清道不明的智慧，反映主体的职能和属性，属于实践范畴。与此相反，知识则是人的语言关于外在于人的客体本质的一种反映。无论科学知识所反映的自然物，还是工程知识所创造的人工物，都属客体范畴。它们既是主体活动的前提和基础，也是主体活动的结果，或者说技术活动的产物[5]。因此，技术不应当是知识，尽管它确实可以借助于知识使主体的技能得到一定的强化。倘若非要把技术阐释为一种知识，则不免会陷入一系列困境之中。简单说来：其一，如何理解和阐释技术的主体性、地方性、私有性与知识的客观性、普遍性、公有性之间的关系。后现代主义野蛮的解构性处理已经给人类的知识宝库带来巨大混乱，致使各种各样似是而非的伪知识堂而皇之招摇过市，欺世盗名，近年来关于养生、减肥、武术等所谓秘籍就非常典型。其二，如何把技术知识纳入传统知识概念之中。主体性的技术往往只能意会，不可言传，具有难以消解的不确定性，而客观性的知识不仅要求其在物质世界的确定性，而且要求其在精神世界中获得同样的确定性，不仅要说，而且要下定义，说清楚。其三，如何同工程知识相区分。目前被人们称之为技术知识的东西大都是从工程实践中获得的经验性知识，它们完全可以顺利言传，与其绞尽脑汁地修改技术概念，把这些可以言传的东西囊括进去，还不如把它们全部划归到工程知识，以保持技术概念的纯粹性。其四，如何合理、合法地使用工匠精神这样的概念。客观知识具有其内在逻辑，可以自我发展，并自主走向智能化与无人化，作为人类精神的产物，客观知识反映人类精神的普遍性，不需要个体精神干扰，工匠精神就是个体技能的写照。

其次，技术哲学应当从技术概念出发，回归其不可言说的本体中。这也是科学知识和工程知识的人文基础。然而，当代技术哲学为了把技术纳入知识范畴，一方面批评传统主客体认识论为单薄认识论，另一方面以波兰尼(Michael Polanyi)的“意会知识”(Tacit Knowledge)为基础构造所谓的厚实认识论。这样的认识论倘若用来解释功能性技术，自有其不可言说的独到之处。然而客观知识则不同，它必须言说，只有说出来，才有可能成为知识，而且还必须确定。因而知识论就必须单薄，这从它要说的那一刻就注定了。利用厚实认识论在知识论领域虚构一种所谓技术知识，不仅消解了技术的整体性、意会性与神秘性，而且破坏了知识的构成性、确定性和明晰性。具体说来：其一，技术是伴随人类实践活动最早产生和发展起来的一种行为能力，是人类立身于自然界的一种独门绝活。这一点在动物界也是类似的，每一种能够在自然界生存下来的动物，也都有自己与众不同的看家本领。它是一种天人合一、物我两忘的生命存在状态，是主客体相互作用的和谐过程，由于顺利达成预期目的，所以被人们认为拥有某种特殊的技能。但是这种本真意义上的技术是什么，迄今为止，人类似乎并不大了解。厚实认识论如果想要有所作为，空间非常大，没有必要到知识论领域班门弄斧。其二，知识是伴随着人类语言的产生和发展逐渐积累在语言中的人类公共经验。不同于“道可道非常道”的技术之道，客观知识不是形而上的道，它必须诉诸形而下的实证，也就是必须能够清楚明白地讲出来。知识论是从下定义开始的，是概念、判断、推理、理论等构成的首尾一贯的思想的逻辑体系。科学知识是这样一个体系，工程知识同样也是这样一个体系，二者都可以说，能够融为一体。但技术则另当别论。所以，知识论不宜把不可说的技术盲目纳入其中，对于那些不可说的技术，应当保持一种必要的沉默。其三，混淆和抹杀了技术与知识之间本质的区别。一方面使技术知识化，抑制了那些不可言说的本真技术的健康发展，也抛弃了技术哲学本来应该关注的那些不可言说的真正对象。技术天生就是神秘的，在这种神秘性中包含着人类与自然界之间无穷无尽的奥秘。另一方面使知识技术化、模糊化，偏离客观知识确定性追求，严重影响和干扰纯粹客观知识在逻辑可能世界中的健康发展，影响和干扰当代社会智能化、无人化的发展方向，也不可避免地让种种神秘主义走进人类的知识领域，制造大量伪知识。其四，否定技术知识并不是要反对学科交叉，事实上，从人的意会到言传之间可能存在一个过渡谱系，随着人的经验的不断丰富，从理论上讲，所有意会内容都应当能够言传。所以，交叉研究不仅是必要的，而且是可行的。然而，意会就是意会，知识就是知识，意会的本质就是不可言传，换句话说，它就不是知识，这个界限是非常明确的。虽然反复实践可以拓展言说边界，但是一旦被转化为知识，就不再是意会。所以技术哲学应当从知识返回技术。

再次，当工程知识概念确立起来之后，如何在科学知识与工程知识的共同语境中理解和阐释技术，便成为一个不能不加以考虑的问题。从哲学上讲，逻辑关系应当是这样的：第一层次是思想基础，从实践概念出发进行语言分析、逻辑分析与历史分析。实践作为主客体相互作用活动，主要包括认识世界与改造世界两种职能，如何充分行使这两种职能，关键是技术。可见技术是直接关联于实践的。换句话说，只要是实践，就一定要有技术，实践活动的成败得失则取决于技术的高低。认识世界与改造世界一样离不开技术，这一点过去受到流行的技术概念影响而关注不够。也就是说，从某种意义上可以把技术等同于实践。第二层次是理论阐释，主客体相互作用中的主导方是主体，而技术应当是从属于主体的，包括认识技术与改造技术。然而，一切具体的技术都内化并统一在个人的身体之中，要想升级为主体的或人类的，必须借助于语言。小群体内部可以通过体态语言传达一定量技术信息，而要根本解决跨群体，尤其是隔代技术信息传播问题，就必须创造客观化符号语言。于是以语言的诞生作为划界标志可以这样表述，技术是前语言的产物，知识是后语言的结果。这是科学知识与工程知识产生和发展的思想前提。第三层次是科学分析，实践活动的结果包括两种情况，即认识世界发展出科学知识，改造世界积累了工程知识。科学知识与工程知识作为后语言时代主客体相互作用的产物，从本质上讲都已经不再是技术，虽然离不开人的技术的支撑作用。所以，把科学知识之外的所有知识，包括曾被人们称为技术知识的那些知识，统称为工程知识。这样就可以把一切神秘的东西都留给技术，既维护了知识的确定性、可靠性与客观性，又保存了技术的原生态。第四层次是社会应用，明确了这一点，技术知识一词的存废就已经无所谓了。"存"纯粹是为了适应传统话语体系，因为哲学影响社会需要一个或长或短的传播和接受过程才能够实现；"废"则是因为它已经没有任何独立的意义。还有两个相关概念需要说明一下，这就是科学技术与工程技术，都划归工程知识。技术总是同做工联系在一起，从而产生了大量的工程技术，遮蔽了科学认识过程中的技术支撑，这是一个盲区，需要特别关注。科学技术应当包括两种不同含义，一种是科学与技术，并列或递进关系，人们在广泛使用；另一种是限定或偏正关系，从科学中孵化出来的技术，就像原子能技术根源于爱因斯坦 $E=mc^2$ 一样，是人类从自然界呼唤出来的自然力，是科学工程化与工程科学化的产物，属于科学理性衍生的知识，代表智能化时代工程知识发展趋势。

最后，让技术回归自我，回归其本体，既是现代知识论健康发展的客观规律，也是技术本身自我认识深化发展的内在要求。目前可以明确这样几点：其一，人类知识都是实践知识，其中涉及客体的包括关于自然物的科学知识与关于人工物的工程知识（这两种知识之间内在关联衍生出种种新的复杂景观，后面专门讨论）。除此之外，还有涉及主客体关系的逻辑、数学知识（根据皮亚杰发生认识论也应当划归实践知识）[6]，以及关于主体的伦理、法律等规范性知识。其二，技术按其本性应当定位于主客体之间，同逻辑、数学等知识比肩，然而过去人们始终把它当成工程知识。这种错误的定位与定性，或许是技术神秘性的认识论根源。例如中国古代的《鲁班经》，本应是一部建筑工程知识专著，关于伐木备料、破土动工以及钟楼、桥梁、仓储、马厩等实证性工程知识讲得非常具体，操作性很强，但其中也充满择日、宜忌、符箓、咒语等神秘性技术。把实证性知识划归工程知识之后，剩下的留给技术自己处理。这是一块尚未开垦的处女地，有助于技术自我认识的深化。其三，工匠精神应当放在传统技术哲学框架中加以阐释，明确它的来龙去脉，明确其意义、价值、适用范围等。技术知识化不仅背离技术的本质，而且会造成不良的社会后果。比较典型的就是按照现代大学传播知识的教育模式发展技工学校，不仅技校办不下去，职业技术学院同样举步维艰。这是一种必然现象，因为这种技能性教育和培训要求有师徒传承那样的个体性、情景性训练，不能是像课堂上传授知识那样的大众化、批量化复制。其四，同技术知识化一样，知识技术化也是当代技术哲学中流行的一种错误思潮。现代工程知识同科学知识一样，在本质上是逻辑导向的，因而现代化工程也应当是无人化导向的，所以从理论上讲，是不需要工匠精神的，知识完全可以自给自足。作为一个社会群体，传统工匠文化水平普遍比较低。工程活动知其然不知其所以然的特点让人类早期的思想家心往神驰，想象出许多莫名其妙的理论附着于其上。而能工巧匠也乐于接受这些东西，有时为抬高自己的身价甚至参与编造一些耸人听闻的故事。其实这里所谓的理论，不过是一种道具，充其量作为入门的向导，真正的技术隐藏在人的躯体之中。所以，可说的归知识，不可说的归技术，消解虚妄的技术知识有助于科学知识携手工程知识走向无人化时代。这是技术哲学领域需要正本清源的重要课题。

四、 可能世界知识论语境中的科学工程与工程科学

科学知识与工程知识作为人类客观知识谱系的两极，集中体现了知识的两种不同属性：真理性与实用性。尽管从科学知识到工程知识，是一个从理性到经验、从抽象到具体、从理论到实践的过渡，但这绝不意味着真理性只属于科学知识，实用性只属于工程知识。关于两种知识的同质性，在可能世界语境中，科学知识拥有真理性的同时，也一定具有实用性[7]。培根所谓“知识就是力量”指的就是高度抽象的科学知识，而不是感性具体的工程知识。相反，工程知识具有实用性的同时，也理所当然地拥有真理性，只是工程知识的真理性通常被人类实践直接现实性的光辉遮蔽了，太直接、太显而易见，以至于根本不需要讨论。但是实用主义的行动哲学还是没有放过这一点，在他们看来，有用的就是真理，工程知识是客观真理的典范。如此看来，虽然说科学知识与工程知识具有各自独立的源泉，但其间关系则像古老的太极图一样，阴阳两条鱼互相嵌套在一起，你中有我，我中有你。

第一，科学工程，这是由客观知识谱系两端的科学与工程两个概念组合形成的一个新的概念，可以理解为科学嵌入工程之中形成的一个纯粹概念，意思是科学在本质上是一种工程。这是一种高度抽象的说法，严格说来，它实际上是现代科学本质的一种直接体现，也就是说，现代科学在本质上就是工程。虽然直观看来，这个概念仿佛是科学与工程相交叉的产物，但其实不完全是，而是这种交叉揭示了现代科学的本质。科学工程以这样一种似乎偶然的嵌套方式说明科学借助于工程谋求发展，同时也深刻地启发人们，在可能世界语境中，现代科学或许真的像后现代主义所批判的那样就是一项工程。现代科学之父伽利略的工匠生涯，以及现代科学是古希腊学者的思辨传统与工人的工匠传统相结合的产物，意味着科学知识并不是从来就有的，古希腊学者那种抽象、思辨的可能结果，必须结合到具体、实用的工程实践中才能够成为科学知识。同时，嵌入到工程中的现代科学不可避免要被纳入工程的社会建构过程中，也就不可避免要接受现代世俗化社会所特有的各种规则的制约和影响。例如，现代社会的一个核心理念是平等，工匠的工程与学者的科学应当是平等的，具有同等社会地位，尽管它们的价值可以出现天壤之别。这样的价值观对于二者的发展都会产生重要影响，不仅是形式，而且包括内容。现在重返现代科学本身还可以发现，作为现代科学根基的科学实验在本质上确实是一项微型工程、元工程。科学实验概念通常是这样界定的：所谓科学实验，是指根据一定的目的，运用一定的仪器、设备等物质手段，在人工控制的条件下，观察、研究自然现象及其发生、发展规律性的社会实践形式。在这里，一定的目的、一定的手段，尤其“人工控制”，恰恰是工程的一些典型特征。其实即使科学观察，也不同于一般的观察，而是一种有目的、有计划的活动，虽然具体过程未必具有世俗的功利性，然而在总体上显然是不能完全排除功利维度。由此可见，工程的控制本性已经触及科学的概念层面、本质层面。这也是现代科学归根到底以铁的必然性走向当代“大科学”工程这样一个大时代的根本原因，应当说，这是由科学活动的文化基因内在地决定的。

第二，工程科学，可以理解为工程嵌入科学之中而形成的一个纯粹概念，意思是工程在本质上是一种科学。这也是一种高度抽象的说法，但事实上，工程科学概念也同样体现了现代工程的本质。一方面，现代工程已经远远超出了人的经验所能想象的范围，它是由现代科学理论演绎出来的，是理性科学一个组成部分。没有爱因斯坦狭义相对论，就没有曼哈顿工程和形形色色原子能工程，没有流体力学、空气动力学等一系列学科的优先发展，就没有飞机、飞船等现代航空航天工程。即使古代最简单的烽火台等工程，也依赖于人们对于光等自然现象的粗浅认识。从这种意义上讲，现代科学已经发展成一棵枝繁叶茂的参天大树，工程科学是现代科学在人类实践各个领域的一种应用。这种应用之所以还能被称为科学，是因为每一次这样的应用都要解决一些不同的科学问题，从而把科学推向前进，以至于它已经成为现代科学发展的一种基本形式。所以，到底科学是工程，还是工程是科学，在科学与工程的前沿领域已

融为一体，很难区分。另一方面，现代工程的主体创造性色彩也在这样一种融合的过程中逐渐淡化。工程是人的创造性思维和活动的产物，现代工程的科学化发展，把人类越来越多的思想和活动纳入客观规律的范畴之中，极大地削弱了人的主体性，使得现代工程也越来越像现代科学那样成为一种无主体的活动，成为客观世界的自我运动，而人则成为客观世界这种自我运动的工具。从微观层面看，也能够感受到这样一种主体的逐渐消亡。在规模越来越大的专业化工程项目中，任何一个工作岗位的工人都开始成为一个随时可替代的角色，无人化不可避免成为大势所趋。人们已经搞不清楚究竟是人在造物，还是自然界按照自己的意志自我创造。

当然，这是哲学在可能世界中所阐释和展开的工程科学，是工程科学的逻辑。现实世界中的工程科学总是在具体的社会环境中历史地展开。那么这种现实的工程科学是什么？它似乎不像科学工程那样仅从概念分析过程中就能够明确。工程科学不仅以这样一种偶然相嵌的方式说明工程借助科学走向现代的，这是现代工程区别于传统工程的一个本质特征，同时也提醒人们，现代工程不可能离开现代科学而产生和发展。钱学森先生早在1947年就曾提出这个问题，同时，他还提出一个技术科学概念。现在看来，他所谓的技术科学应该就是这里所说的工程科学，它是由工程主导和牵引出来的一系列科学问题、科学研究、科学管理与科学知识等。工程科学以现实的人工物或想象中的人工物作为核心，但不同于造物的工程知识，是关于“是什么”的科学知识，应该属于广义自然科学的一部分，可以称为人工自然科学，或者直接称为工程科学，是工程嵌入科学中所挖掘出来的那部分知识宝藏。不过没有实用性工程牵引，在纯天然的情况下，人们未必会涉足这一领域，从而也就未必能够发现这样一种规律，类似于实验在现代科学发展中的地位。通过工程科学获得发展已经成为现代科学发展的一种常态。从这种意义上讲，现代科学也还是工程科学。在科学、工程一体化的现代社会，以自由为特征的纯科学只能在工程科学大平台上像野草一样散漫成长。至于工程科学具体包括哪些内容，取决于工程科学家挖掘，在可能世界一切都有可能。

第三，无论科学工程，还是工程科学，从哲学上讲，都可以理解为科学与工程两个纯粹概念在可能世界语境中自由组合形成的两种可能的概念、学科或知识领域，尽管科学与工程在现实世界发展的历史已经赋予它们部分含义，但也还有一些新的意义有待人们更为深入地发掘。从古希腊自然哲学开始，哲学家们便深信逻辑支配世界，只要是逻辑上可能的，在现实世界中就迟早一定能够出现。而主导这样一种意义的是科学知识与工程知识背后持续发生并不断成为历史的主客体相互作用过程，即人与自然物、人工物之间的技术活动，或者准确地说，应当是主体的技术赋予科学和工程以意义，并同时赋予客体以意义，包括自然物与人工物。从科学与工程同质的人类知识体系出发考察技术，可以把它划分为三种不同类型：其一，从主体走向自然物的认知技术，即人类认识世界的技术，人们的认知能力千差万别，说明其中是存在技术的，只是人们未曾关注，或者关注到了却不认为它是一种技术，还有许多人把它归结为思维的艺术；其二，从主体走向人工物的工程技术，即人类改造世界的技术、造物的技术，这是传统技术概念的核心内容，如今已经成长为参天大树，人们也已司空见惯，习以为常；其三，从自然物走向人工物的复制或移植技术，即人类把认识自然的成果应用于改造自然，这一部分可以被称为科学技术，但是目前人们所说的科学技术包含了大量工程技术，只要从人们通常所说的科学技术中减去传统的工程技术就可以。由于这种技术在现代科技语境中不仅可以言说，而且可以物化、客观化，所以应当把它划归工程科学中，大体上相当于钱学森先生后来所说的技术科学。遗憾的是，人们似乎对于区分科学技术与工程技术没有任何兴趣。现代知识已经进入分门别类的专业化时期，长时期的混沌状态对双方的发展都极为不利。即使跨学科门类的交叉、综合也必须在概念明晰的专业化发展基础上才能够进行；其四，同科学技术相反，由于工程与科学是两个相对独立的知识源头，人们也同样可以把改造世界的成果应用于认识世界，所以还应当存在一种从工程走向科学、从人工物走向自然物的逆向客观化认知与装备技术。由于第一种认知技术尚未引起人们的关注，也就不需再引出更多概念，但不妨把其中的认知技术归并到第一类认知技术中，装备技术归并到第二类工程技术中；最后，则是维持这一系统和谐运行的形形色色辅助技术，主要是指主体内部人际互动的技术。既然专题讨论技术问题，自然应当把福柯所说的社会技术作为一种类型归结到这一大类中[8]，也可以统称为社会技术。它应当比福柯所说的那些内容更加广泛，目前主要分散在人文社会科学各种各样的学科领域，并且随着这些学科领域的发展逐渐明晰，所以还有待于这些学科领域未来加以总结和概括。

★ 参考文献

[1] 柏拉图. 柏拉图全集(第 2 卷)[M]. 北京：人民出版社，2003.

[2] 贾玉树. 从“发现”走向“创造”：现代西方科学哲学的价值转向[J]. 科学文化评论，2015，12 (1)：34 - 45.

[3] 布鲁诺·拉图尔，史蒂夫·乌尔加. 实验室生活：科学事实的建构过程[M]. 北京：东方出版社，2004.

[4] 马克思，恩格斯. 马克思恩格斯全集(第 3 卷)[M]. 北京：人民出版社，1960.

[5] 贾玉树，陈北宁. 科学理论的属性[M]. 石家庄：河北人民出版社，2009.

[6] 贾玉树. 论科学理论的理性基础[J]. 自然辩证法研究，1995，(9)：1 - 5.

[7] 贾玉树，邢润川. 理性与可能世界[J]. 江淮论坛，2009，(1)：82 - 88.

[8] 贾玉树. 米歇尔·福柯的现代技术体系[J]. 山西师大学报(社会科学版)，2015，(4)：20 - 24.

工程知识分论

试论工程设计的知识运作及其创造性

邓 波 李沐霖

摘 要： 工程设计是构造人工物知识的主要方式，是实现工程从“理念”到“制作”的关键性枢纽和核心环节。它立足解决人工物是什么(know what)以及怎么制作人工物(know how)两大类工程知识的创造性生产问题。结构、功能、形态是人工物不可分割的三个基本维度，近现代以来，工程技术界偏重于结构与功能，而设计界则偏重于形态，两者处于分裂的状态。本文拟从工程知识论的层次，结合设计史，把设计纳入工程全周期过程，将结构、功能、形态相结合来分析这两类工程知识的建构与生成，从而揭示工程设计的知识运作及其创造性规律，并从工程知识论上弥补工程技术界与设计者之间的裂痕。

关键词： 工程设计；设计史；工程知识；创造性

随着国际技术哲学的经验转向和国内工程哲学研究的兴起，学界达成的共识是工程不再被简单地看作是科学技术的应用，工程知识也不再被视为科学知识的附属形态、应用形态，而是具有独立形态的人工物的知识。工程作为建造人工物的物质性实践活动，有别于科学技术认识和变革自然的知识性活动，对工程及工程知识的哲学研究，一开始就必须从实践的领域去把握。国内学界虽然在存在论和实践哲学上为人工物知识的工程知识论奠定了较强的哲学基础，但是并没有深入研究和借鉴并扩展荷兰学派的人工物理论，使得对工程设计作为人工物知识的生产和运作的研究难以真正深入地开展。

自克洛斯于1998年提出技术人工物双重属性理论伊始，一个重大发现就是人工物的结构与功能之间存在着“逻辑鸿沟”[1]，即二者不能相互演绎推理得出，在逻辑上没有对应的关系。从分析哲学立场出发的荷兰学派不得不放弃通过“结构”和“功能”构建人工物本体论的夙愿，转向技术认识论、方法论的研究，力图保持其核心理论——技术人工物的双重属性理论。在经验转向的旗帜下，深入到工程实践的具体过程，力图在结构—功能之间建立知识论和方法论的关系。由于其始终带有分析哲学的烙印，其实践转向并不彻底，仍然居于“现成的”人工物对其进行结构与功能的概念分析，未能从人工物的结构与功能如何在活生生的工程实践中生成发生，即如何在工程决策、工程设计、工程实施、工程评价以及工程运行使用与退役的系统结构和生命全周期过程中，通过工程知识的产生与运作，去把握人工物的结构与功能的“实际性”发生。

国内外学界共同存在的一个问题是工程哲学、技术哲学研究与设计史研究的严重割裂。除了学科上的壁垒，造成这种割裂的内在原因是：前者讨论人工物以“结构”和“功能”两个范畴进行，而后者讨论人工物则以“形式”范畴展开；为了保持各自研究的“纯粹性”，前者不惜将建筑、艺术品、文物等人工物切

基金项目： 国家社会科学基金项目“工程知识与工程思维的哲学研究”(13BZX027)阶段性成果。

作者简介： 邓波(1963—)，男，贵州贵阳人，西安建筑科技大学工程技术与社会研究所教授，研究方向为技术哲学、建筑哲学、工程哲学(E-mail：xazm.5386@163.com)；李沐霖(1994—)，陕西西安人，现为西安建筑科技大学马克思主义学院硕士研究生，研究方向为工程技术管理哲学。

割出去，称自己研究的是技术人工物；后者则把“结构”和“功能”当作既定的事实，不予讨论，只讨论人工物的“形式”在风格上、审美上、文化上的演变历史。事实上，并不存在纯粹的技术人工物，任何人工物总会以某种形态、形式与我们照面，被我们感知，为我们使用。因此，需要摆脱这种割裂的状态，把三者结合起来进行研究。本文将试图从批判的意义上借鉴荷兰学派的研究成果，进而结合设计史，从工程实践活动的系统结构和生命全周期过程(包括工程决策、工程设计等 6 个子系统)的情境中开展研究，揭示工程设计的知识创造性。

一、 工程知识论研究的兴起

国内外学界普遍认为认识论(epistemology)即是知识论(theory of knowledge)，工程认识论即工程知识论作为工程哲学的最重要研究领域之一，在近年蓬勃兴起。按照传统理论优位的知识论，科学知识应用于技术知识，而技术知识再应用于工程知识，因而工程知识只是科学知识的附庸，没有自己独立的知识体系和地位，而是依托于科学知识与技术知识，是对这两者知识的一个综合实践罢了。随着工程哲学、技术哲学的不断发展，科学、技术、工程三元论的提出，越来越多的人意识到，科学知识只是知识整体的一部分，还有相对独立的技术知识、工程知识等其他知识的存在。工程活动作为创造和使用人工物的全生命周期过程，工程知识作为人工物是什么(know what)以及怎么制作和使用人工物(know how)的知识，恰好是在工程设计中创造出来的。工程设计在工程全周期过程中，与工程决策、工程实施、工程评价、工程运行和工程退役紧密相连，是工程知识创造与建构的核心环节。

工程哲学兴起之前，关于“工程设计”比较学术的看法载于《自然辩证法百科全书》(1994 年)：“工程设计(engineering design)，为满足特定需要应用科学技术知识和方法，制定出可付诸实施的具体方案的活动。工程设计是科学技术知识转化为生产力和工程应用的过渡环节，是实现技术发明、研制、试验推广、建设的重要步骤，兼具认识活动和实践活动的特点。它要探求如何实现特定的技术设想，并要做出可行的、可靠的实施计划和方案。”[2] 显然，这种看法是把工程视为科学技术应用的代表，并没有明确地把工程设计作为一种人工物知识的建构活动，只是在科学技术的基础上又增加了经济、资源、环境等因素，虽然提出工程设计是产品的构思和计划，但仍然没有把工程设计理解为人工物的知识建构。

工程哲学兴起之后，工程设计作为一种知识活动观点被明确提出来，“工程设计是在工程理念的指导下进行的思维和智力活动。……工程理念具有根本重要性，它渗透并影响到工程活动的全过程。……设计工作生动地体现了工程智慧的创造性与主动性”[3]。这种观点显然打破了工程设计作为知识活动是以应用科学技术为起点的传统观点，使工程设计作为相对独立的工程知识的运作活动成为可能。邓波等认为：“在工程活动中，设计既指建造某种人工物的方案即设计知识，也指该方案形成的行动过程。……那么工程设计究竟如何‘应用’科学知识？我们这里所说的‘应用’，不是指实证主义‘应用科学’意义上的，即从科学原理直接推演出工程知识意义上的‘应用’，而是反过来，工程设计从工程本身的目的出发，把科学知识当作设计欲加使用的各种资源中的一种重要资源(而不是唯一的资源)，在现有的科学知识中进行搜寻与选择、综合与集成，创造出能实现该工程目的、可行的、可操作的工程知识(方案)，并用工程图纸、表格、文字等将它们表达出来。”[4] 此观点进一步将工程设计明确为人工物方案的知识，并说明了工程设计“运用”科技知识与其作为“科学技术应用”的区别。

近两年，工程哲学的研究进展到工程知识论的领域。在殷瑞钰、李伯聪的带领下，中国工程院组建了由院士、工程师和哲学家组成的“工程知识论”研究团队，紧锣密鼓地开展研究。殷瑞钰、傅志寰、李伯聪认为：“‘天然物质自然界’和‘人工物世界’是有本质区别的两类物质世界，与二者相应，又有‘两种知识’——关于物理自然世界的科学知识和关于人工物世界的工程知识。”[5] 他们也认为：“天然物理世界是‘不依赖于人的认识而存在’，甚至可以说它的存在是‘无知识内蕴’的客观自然物质世界。人工物质世界是‘有知识内蕴其中’和‘依赖于人类认识而存在’的物质世界。与天然自然界不同，人工物和人工物世界是人类有目的的劳动、造物活动的结果。与天然自然界对象存在在先，而科学知识的认识和反映在后不同，在工程活动中，首先需要有人的认知、决策、计划、设计在先，并且通过后续的建构、运行、管理、服务等工程实践活动，才能创造出自然界从来没有存在过的形形色色的'人工物'。"[6]这种观点进一步夯实了工程知识论的存在论基础。该研究团队的专家认为，工程设计是指设计工程师运用各种知识以及技术经验，通过统一研究、规划得出方案，用包括施工图纸及设计说明任务书等设计，将设计者设计整个工程涉及的思想结合工程决策的功能指标以及设计原理、整体特征和内部结构，甚至是设备的安装、操作工艺等过程完整地表达出来。

先有工程知识的生产和运作，才会有人工物的存在。在科学、技术、工程三元论下，科学、技术、工程等知识都有着独特唯一的特征。工程知识在现代社会中有着重要作用，它并不是科学知识的应用发展，而是独立的知识体系。从科学角度来看，设计并不重要，但在工程当中，设计恰恰是最重要的。

二、 设计史及其对荷兰学派的反驳

设计一词的使用开始于文艺复兴时期，直到18世纪工业革命之前，设计的词义仍限定在艺术范畴之内，1786年版的《大不列颠百科辞典》对"设计"的解释是：设计的构成是从平面、立体、解耦等多种要素融合成一体的。设计在历史上的含义是多样的，具体是什么含义依赖于它的语境。因此，对设计的语境研究就应该从历史出发。按维基百科全书的解释，设计史是在历史与风格的语境中对设计对象所进行的研究。广义而言，设计史的语境包括社会的、文化的、经济的、审美等方面。设计史研究的对象是所有的经过设计产生的物品，如工艺品、平面设计、工业设计等产品的设计。英国设计史学会将设计史界定为研究从前工业到今天的人工产品的功能、形态以及在制造流通消费下的文化经济、社会等环境的意义。可见，设计史是以人工物为对象的历史研究，尽管它声称要对其进行社会、文化、经济、政治、技术等方面的多维研究，但它主要还是对人工物的形态、形式、风格展开审美和文化的研究。

1. 18世纪之前的设计

18世纪之前的设计活动属于"艺术设计"，偏重于艺术表现，偏向于人工物形态、形式的研究的。所谓设计，就是以形态为主的设计，注重人们身体对人工物形态、形式的切身感受，注重视觉化。这里的"切身感受"不只是生理学意义的身体的感受，可以说是现象学的身体感受。梅洛·庞蒂在《知觉现象学》中反对西方思想中一贯贬抑身体的传统："身体是使世界向我们意识开放的原初条件，我们的肉身是身体和心灵不可改变地结合或联结在一起，交织成我们生活的存在，并且我们由此而和真正的事物本身的世界相互作用、相互交往。"[7]以形态为导向的设计更多的是人本身心灵、精神、身体感官知觉的感知，身体与心灵结合在一起交织成我们的生活存在，功能结构往往承载的是人身体上的重任，而形态设计承载了慰藉升华人类心理精神的重任。

2. 19世纪的设计

随着工业革命的到来，产品设计和建筑工程等工业设计活动越来越成为"设计"概念的主导方面[8]。到19世纪中叶，设计活动所呈现的"工程设计"，往往偏重于技术构造，工程往往被理解为技术的运用，对工程设计的理解也往往过于技术化，也就是只侧重于结构的设计。通过大机器生产的工业品，由于其设计只注重实用功能和技术结构，忽视了其形态、形式的设计，往往显得粗陋，缺少美感，甚至丑陋！引起拉斯金、莫里斯等人的强烈批评，他们掀起"工艺美术运动"，不惜回到前工业的手工时代，企图恢复人工物设计与制作应有的美感。这种向后看的主张不可能挡住工业实践向前发展的脚步，但是，这场"工艺美术运动"让我们深刻地领会到，工业时代的人工物绝不是纯技术的人工物，其设计必须考虑结构、功能与其呈现出来的形态、形式之间的关系。"实践的思想主体的核心主题是关于机械主义的问题，或者更确切地说，是作为一门设计艺术的建筑与一从工厂车间到成品宣传自始至终都是一机器生产的关系的问题，这种关系被从两个批评角度进行了仔细的审查：一是工程建筑美学的角度，一是产品设计美学的角度。"[9]由此可见，设计史仍以人工物的形态、形式、风格等美学、文化问题为主导。以形态为导向的设计注重的是形态艺术的设计知识，这类知识区别于功能、结构的设计知识，它不具备明言性，更多的是设计者个体具身性意会知识运作，最终凝结成可知觉的人工物的形态或形式。使用者在使用情境中对它们有所体验、感知，在良好的、富有美感的体验中使用的该人工物，较圆满地实现人工物的功能。这有别于以功能、结构为导向的设计，以功能为导向的设计偏重于设计者与决策者的意向性关系，是双方的主观意念；以结构为导向的设计偏重于设计者与结构工程师之间的意向性关系，所处的境域下的意向性分析也是不同的，由于与设计者个人的具身性意会知识的创造性运作相关，形态一方面是独特的，另一方面作为工业时代的人工物设计，它又具有延续的系列化特征。如波普设计的艺术系列化发展，是流行大众化的产品设计，随着社会发展波普设计也在历史文化、政治经济、环境等境域下产生相应的设计，这是一种进化的形态设计。

3. 现代主义设计

到了现代主义设计，强调的是以实用功能为主导的设计，其设计目标要求也是在工业文化的背景下，针对用户需求所产生的功能至上、价格低廉的人工物。以功能为导向的设计，起初从柏拉图象征主义到工业时代的设计都是以功能主义为首要地位来主导设计的人工物，功能的设计知识占主导地位。以功能为主导的设计，设计者处于与人工物对话的意向性关系以及使用者使用人工物时功能发挥的意向性设计情境之中，以功能为目标主导搜寻结构形态的设计方案。设计者对于工程设计的功能指标是由上一阶段工程决策来主导，决策者会输出一组功能指标，后期也叫作设计任务书，以设计任务书的明言性规范知识作为基础进行设计。设计者在以功能为导向的设计进行“思”的过程中，要以与决策者的意向性关系为主，在不同的情境下，如社会文化、政治历史等背景下，决策者与设计者关于工程的理念意向性分析会输出以功能指标为导向的设计。功能是以形式为目的的展现，功能指标的输出离不开形态的显现。在以功能为目标去寻求结构时，结构展现功能是不同的排列组合、复合的过程，其中也包含着设计知识与不同的情境分析；同样对于形态来说，形态方面所涉及的知觉感知、使用也是在不同情境、不同的进化过程中形成的。

4. 后现代主义设计

20 世纪上半叶的现代主义设计则强调排除符号、装饰的功能主义。随着工业文明的发展到达巅峰的状态，社会进入“丰富”的阶段，作为消费前沿的大众来说，已经不满足于人工物耐用的首要功能要求了，这一思想的转变产生了后现代主义设计。后现代主义设计强调设计在形式风格符号上的多意向性、多元性、拼装性和装饰性。当代设计开始注重把艺术与技术的结合，在明确的意向目标或功能定位的前提下，用艺术、技术和工程等手段组织各种资源进行筹划，实现意向目标或功能[8]。因而，“设计”一词具有多种隐喻：西蒙(Simon) 给出了极其宽泛的设计定义：“工程师并不是唯一的专业设计者，凡是以将现存情形改变成向往情形为目标而构想行动方案的人都在搞设计。”[10] 显然我们不能把工程设计等同于艺术或是技术设计。波普设计作为现代主义设计向后现代主义设计过渡转变的标志，是一种大众流行的艺术，在实现基本功能目标的同时更多侧重于流行凸显的形式变化，波普设计更多给人以知觉视觉的冲击，其形态是可感知的。后现代主义设计首先是从建筑中开始的，美国建筑家、理论家罗伯特·文丘里最早提出了反现代主义的设计思想，他提出的“少则烦”原则，从形式上对现代主义发起了挑战，产生于建筑领域的后现代主义思潮，到了 20 世纪 70 年代迅速扩张而来，包括新古典、高科技、结构主义、新现代主义等[11]。后现代主义设计出现了许多独特新奇的设计，其中尤以“阿基米亚、孟菲斯”为主[11]；孟菲斯的设计展现了不一样的设计新思维，直至今日我们才明白孟菲斯打破了现代主义的设计思想、传统的首要功能单一的思想，力图对传统设计进行反驳与挑衅。但是他仍然将艺术形态、技术结构功能分开而谈，后现代主义设计虽然注意到打破传统的功能主义单一符号的认知，却没有明确表明设计的符号内容的确定性关联因素。

纵观设计史，荷兰学派固执于人工物结构与功能双重属性的理论存在严重的缺陷；克洛斯等人为了让自己的理论能够自圆其说，强行把建筑物、工艺品、艺术品、文物等明显有形态、形式设计要求的人工物排除出去，称自己的理论只适用于技术人工物，别的不考虑。“由人所设计制造的技术人工物，一方面具有结构属性，即技术人工物的几何性质、物理性质和化学性质等；另一方面具有功能属性，即技术人工物可以‘用来做什么’，即‘用途’。”[12]设计史告诉我们根本不存在纯粹的技术人工物，任何人工物的存在总会以某种形状、形态、形式呈现出来，即使没有专门有意的形态或形式设计，人工物也会以其结构自然而然形成的某种形状呈现出来，这样才能被使用者所感知，也只有在这种切身的感知中才谈得上对人工物的真正使用，才能使其功能发挥出来。这种形状总会给予使用者某种或好或坏、或美或丑等体验，但通过有意识的设计可以使物理结构相同的人工物呈现出不同的形态，让使用者产生美的、好的体验。人工物的形态相对于它的结构具有一定的相对独立性，既不由结构绝对决定，也无须还原为结构的几何、空间关系，而人工物的结构关系反而嵌入在人工物形态所给予的空间关系之中。

人工物的形态不仅与使用者个体或群体的切身体验关联，而且其确定化、类型化、系列化、演进化等会构成某种社会物质文化的形式，呈现出历史性、地域性、民族性、审美性、宗教性、时尚性、生态性、科技性等特征，与人类的历史、文化紧密地关联在一起，构成人的存在方式和生活方式。设计史告诉我们，无论是前工业阶段，还是工业化的阶段，无论是现代主义，还是后现代主义，无论是工艺美术运动，还是包豪斯运动，任何人工物的设计都是嵌入在社会文化之中的，形态设计是不可缺少的。工程设计也不例外，必须从功能、结构、形态三个维度去思考工程知识的生产与运作。

因此，在此基础上形成的工程知识论，将突破荷兰学派人工物结构和功能双重属性理论，不仅结构与功能之间非充分决定(UD)，而且，结构、功能、形态三者之间更是非充分决定的(UD)，彼此之间不存在可以必然推理的逻辑通道，不能彼此推导，彼此还原，每一个维度都有相对独立的自由度可供选择。工程设计如何在工程实践中通过知识的运作把这三个维度结合在一起，创造性地形成设计方案和计划，就变得更加复杂多样。纷繁的设计史充分证明了这一点。

三、 工程设计知识在工程全生命周期中的创造性运作

从实践形式的具体状况看，工程实践活动的系统结构和生命全周期过程包括工程决策、工程设计、工程实施、工程评价、工程运行使用与退役等 6 个子系统。在此结构与过程中去研究工程设计，要立足于工程实践活动的系统结构和生命全周期过程，对如何创造性地建构人工物本身的知识(know what)，以及实施人工物建造应该“怎样做”操作知识(know how) 的知识生产和运作来展开相关工程知识论的研究。工程活动结构如图 1 所示。

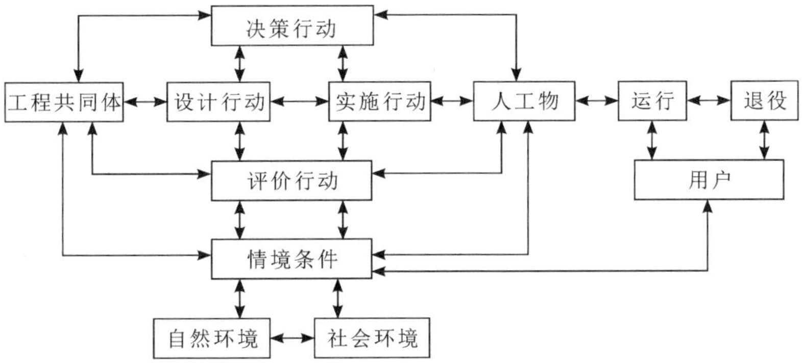

图 1　工程活动结构

1. 工程活动结构中工程设计的地位及作用

实践形式越来越工业化、科学化和社会化。“实践决不停留在客观的、被动的直接性上，而是参与经验对象的构造，劳动的结果事前在劳动者的意识中‘已经观念地存在着’。”[13]施米特指出，在马克思看来“组织起来的社会劳动、‘实在主体’、在生活过程中形式化的‘一般知识’，遮盖着个别活动的‘总体工

人'的行动"[14]。如果把工业看成人的实践中介原理的新形式，那么，"自然科学将失去它的抽象物质的方向或者不如说是唯心主义的方向，并且将成为人的科学的基础"和"真正人的生活的基础"。这里，马克思说的"科学将失去它的抽象物质的方向"，实际上是深刻地指出了生存论意义的实践不是直接与抽象的科学理论打交道，而是要把它技术化、工程化，变成"人的科学"，才能构成"真正人的生活的基础"[13]。

现代工程实践作为工业时代最显著的实践形式，不仅是科学化、技术化、知识化的物质性实践，而且是社会化、经济化的实践活动，"物质性的工程活动(包括物质性构建活动，物质性的生产、制造活动，物质性的传输活动等)是经济运行的具体承载实体，是实体经济的主要内容和主要形式"[15]。工程设计作为实践形式的一部分，也必然存在这些特点。我们不可能对这些特点都一一论述，主要考察工程设计如何通过其知识运作推动工程设计行为的开展，为工程实施打好基础，起到工程全生命周期过程的关键性枢纽作用。

工程设计不是一项孤立的活动，它是整个工程实践活动的系统结构和生命全周期过程的重要组成部分，是人工物"观念"转化为"知识"的重要节点，是把工程决策所确定的"观念"形态人工物，经创造性地知识运作，构建为符号、知识形态人工物的工程知识生产过程。工程设计不仅事关人工物本身的知识产生与运作，而且还关系着人工物建成后其运行使用对自然、社会以及人类自身的种种影响。在设计之初，就应该考虑这些可能的影响，将其纳入工程设计知识的运作体系当中。

2. 工程设计活动的基本模型

工程设计活动在实践中有着基本模型，实践是通过观念、知识的运作及感性的、物质性的劳动，创造性地改造世界、建造人工物，从而形成人化世界的生存与发展活动。工程的设计活动最初是从工程决策输出的一个功能设计的阶段，在确定功能这个初步意向时，就有了功能设计知识的产生，如图 2 所示。

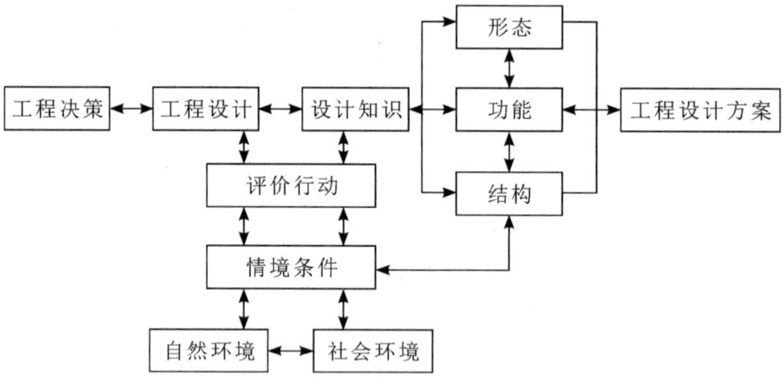

图 2　工程设计活动的基本模型

工程设计活动的基本模型是输入、输出的模型，当输入不同的功能、结构、形态时，输出的肯定是不一样的工程设计方案，运用的设计知识也是不同的。设计是一个动态复杂多变的过程，在设计活动中存在着循环设计的阶段，设计活动起初要对工程的功能(包括设计任务书或说明书)进行问题的定义，建立模型，通过计算得出最终结果，确定最终方案，这其实是评价的阶段，是一种验算。整个工程设计活动的基本模型就是：功能分析—设计知识输入—结构形态功能的验算—综合评价—输出方案。

输入结构形态，进行验算评价，这个过程是人的先验经验知识作用的过程。设计者在工程设计活动中，一方面要进行验算评价，另一方面要做出决策，确认是否最满意的设计方案，若为最满意的设计方案，即"Yes"输出，若不是则"No"，回到最初功能问题分析，重新输入结构形态指标，进行工程设计活动的再循环，直至输出结果为"Yes"。如何进行判断决策不仅关乎主体人的主观意识，也取决于主客体、介质以及自然环境、政治经济等因素。

3. 工程设计活动在其基本模型中的知识创造

在工程设计的基本模型中，工程设计是从工程决策那里输出的功能，是以功能为目标的活动。在设计者这里，设计知识首先作为精神活动的产物存在于设计者的大脑之中，这是设计知识首要的存在形式与形态。上述两类物质世界中的知识存在形式所谈论到的第二种知识存在方式，是书籍、文字形式的存在，这也是工程设计在进行设计知识运用时，借助这样的存在形式将设计方案用符号、文字、图形表达出来的设计方案。世界 2(大脑中的知识)与世界 3(书本上的知识)相互作用互补，其不同之处是世界 2 中存在着意会知识，需要强调与科学知识等数学公式编码形式的知识相比。意会知识具有不可言传性，诸多优秀的工匠、设计者的意会知识往往是关键性的因素。工程设计知识可以分为显性知识与隐性知识，在起初的工程思维中是以显性知识为主，包括概念、图示法等基础性的知识，如设计蓝图、施工平面布置图、流水作业以及专项施工方案与施工方法说明，主要运用的是“是什么”与“为什么”的知识，这些知识是已有的知识。隐性知识是在显性知识的基础上尚未发现寻找到的知识。显性知识、隐性知识的产生与运作都必须遵循客观规律。在工程设计活动基本模型中，设计知识的存在形式包括思维方式以及确定的存在形式，设计的活动过程中从功能分析到输入结构、形态的设计知识，都是一个思维过程的应用与判断；设计知识是一个不断进行思维判断的创造过程，体现了知识的存在形式在思维过程之中。而应用知识输出的设计方案就是设计知识确定的最终存在形式，它体现在人造物的各个要素联系、结构形态的体现上。

结构、形态、功能指标输入后，在情境条件下和自然环境与社会环境等因素影响下，指标的侧重点有所不同，对应的知识侧重也不相同。首先，方案这种明言性的知识产生，反馈到用户、决策者中进行评价，再根据评价结果判定方案是否可行，并以此循环，直至最终设计方案的输出。工程设计给出的不同方案使得人工物不是唯一确定性的。不同于科学知识的唯一性结论，工程设计往往是多样性的，其中包含着工程知识与物质世界知识混合而产生的知识，比如工程经济、管理、伦理等知识的多样性，也包含在工程活动主体之间，比如设计者、业主等意会知识与选择决策设计方案的多样性。

综上所述，工程设计知识的创造性就在于设计者在工程知识论的背景下，立身于整个工程全生命周期中，以功能、结构、形态为导向，在设计情境中进行知识运作、综合、集成的过程。在满足不同对象功能指标下，以三者各为核心来“思”进行设计，寻找结构与形态技艺结合的功能可用、结构可在、形态可感的满意方案。设计者根据工程决策确定的人工物的功能意向，创造性地构建出能实现这些功能的人工物的物理结构与可知觉形态，从而形成把结构、功能、形态三者合理地联结起来构成人工物的方案，这亦是工程设计创造的灵魂所在。

★ 参考文献

[1] KROES P. Technological Explantions: The Relation between Structure and Function of Technological Objects[J]. Society of Philosophy and technology, 1998, (3).

[2] 自然辩证法百科全书[M]. 北京：中国大百科全书出版社，1994.

[3] 殷瑞钰，汪应洛，李伯聪. 工程哲学[M]. 北京：高等教育出版社，2007.

[4] 邓波，罗丽. 工程知识的科学技术维度与人文社会维度[J]. 自然辩证法通讯，2009(4)：35 - 42，111.

[5] 殷瑞钰，傅志寰，李伯聪. 工程哲学新进展：工程方法论研究[J]. 工程研究—跨学科视野中的工程，2016，8(5)：455 - 471.

[6] 殷瑞钰，傅志寰，李伯聪. 从“两类物质世界”出发看工程知识：工程知识论研究之一[J]. 自然辩证法研究，2018，34(9)：31 - 38.

[7] 邓波，程秋君. 行动与工程的本质[J]. 工程研究—跨学科视野中的工程，2004：82 - 88.

[8] 潘恩荣. 设计的哲学基础与意义：自然主义式的认知[J]. 自然辩证法通讯，2006，28(5)：43 - 47.

[9] 陈若煊. 雷纳・班纳姆设计批评思想研究[D]. 南京：南京艺术学院，2017.

[10] 西蒙. 人工科学学[M]. 北京：商务印书馆，1987.

[11] 杨浩，孙波．现代设计史[M]．北京：北京工业大学出版社，2013．
[12] 邓线平．产品设计是如何进行的？[J]．科学技术哲学研究，2012，(6)：72-76．
[13] 张盾．马克思的“新唯物主义”如何可能?：论实践哲学的构成和限度[J]．哲学研究，2019，(2)：9-22，126．
[14] 张一兵．给予与创造：认识本质的历史把握—解读施米特的《马克思的自然概念》[J]．天津社会科学，2000，(5)：20-25．
[15] 殷瑞钰，李伯聪．关于工程本体论的认识[J]．自然辩证法研究，2013，(7)：43-48．

工程与社会互动的知识论探析

梁 军　杨夏坤　孙文凯

摘要：工程与社会都是人类文明发展的结果，同时又是推进人类文明不断发展的重要载体。工程是具象的，社会是抽象的，工程融于社会之中，社会很大意义上通过工程载体来表征。从知识论层面探析工程与社会的关系，有助于在实践层面更好地协调工程与社会的关系。建构理论提供了分析工程与社会知识双向建构的系统视角，正是在工程对社会的建构和社会对工程的逆向建构中，工程文明与社会文明在道和器两个层面不断演化推进。

关键词：工程与社会；知识论；建构；演进

工程与社会的互动，是通过工程与社会彼此的建构进行的。在最直接的意义上，工程是人与自然关系变革的产物，而社会是人的集合，所以对于现代意义的工程而言，工程本质上是社会与自然关系变革的产物。由此，工程与社会的互动知识，主要是工程与社会建构的知识，一方面是工程建构社会的知识，另一方面是社会建构工程的知识。

"建构"一词在汉语语境中有"制造，建造，建构，创造，构造，造物，塑造，造成，形塑"含义，与英语语境中的"to make，construct，manufacture，do，shape，create"等单词相通。所谓"建构"，其含义和所指很复杂，不但可以指"建构对象"和"建构活动"，而且可以指"建构过程"和"建构结果"。就工程的建构对象和建构结果而言，不但可以指作为器物和人工物的物质性对象和结果，而且可以指社会制度（包括工程制度、经济制度、文化制度、教育制度、政治制度、军事制度等）和精神领域的对象和结果。

一、 工程建构社会

所谓"工程建构社会"，是强调工程活动的目的和结果不但表现为工程对人工物和人工自然领域的建构活动与建构效果，而且表现为同时出现和形成了在社会结构、社会面貌、社会存在方式、社会生活方式方面的诸多建构活动与建构效果。

工程活动绝不是"单纯"的、仅仅涉及人与自然关系的建构活动。在"工程"这种实践活动中，不但进行了物质方面的建构，而且同时进行了制度方面的建构、精神方面的建构。对于这三个方面的建构，必须看到它们存在着不同内容和出现了不同表现，同时又要注意它们相互渗透、相互作用、相互影响。

由于工程与社会的关系涉及太多的层面，本文把工程建构社会这个主题分为三个要点进行讨论——工程对社会物质面貌的建构、工程对社会制度面貌的建构、工程对社会精神面貌的建构。

作者简介：梁军（1971—），男，陕西凤翔人，西安交通大学马克思主义学院教授，博士生导师，研究方向为工程哲学、工程社会学；杨夏坤（1998—），女，山西忻州人，西安交通大学硕士研究生，研究方向为社会工程、治理现代化；孙文凯（1997—），男，河南新密人，西安交通大学硕士研究生，研究方向为社会工程、治理现代化。

1. 工程对社会物质面貌的建构

恩格斯在《自然辩证法》的“历史导论”一节中就曾指出：“狭义的动物也有工具，然而这只是它们的身躯的肢体，蚂蚁、蜜蜂、海狸就是这样；动物也进行生产，但是它们的生产对周围自然界的作用在自然界面前只等于零！只有人才能办得到给自然界打上自己的印记，因为它们不仅迁移动植物，而且也改变了它们的居住地的面貌、气候，甚至还改变了动植物本身，以致它们活动的结果只能是和地球的普遍灭亡一起消失!!”[1]在人类作为主体的工程活动产生之前，沧海桑田和地动山移都是自然界本身固有的活动，但是，当人类从动物界分离出来，产生了主体意识并能通过制造工具进行工程活动的时候，原来混沌一体的自然自此分化了，天然自然与人工自然成为人类面对的两个语境。理所当然地，人工自然后面的工程出场了，成为不断侵入天然自然领地的“不速之客”。人类通过工程活动制造的人工物在类型上和数量上都愈来愈多，工程活动所重新塑造的人工自然的面貌愈来愈清晰独特和千变万化。人类的历史和社会的发展史也首先表现为社会物质面貌改变的历史。

当人们把社会历史进程和状况叙述和概括为“旧石器时代”“新石器时代”“农业时代”“青铜器时代”“铁器时代”“手工业时代”“蒸汽机时代”“电气时代”“计算机时代”时，可以看出，这首先是对“社会物质面貌”的概括。

在历史上，“旧石器时代”的社会物质面貌不同于“新石器时代”的社会物质面貌，“青铜器时代”的社会物质面貌不同于“铁器时代”的社会物质面貌。

在原始社会和古代史时期，社会物质面貌变化的速度比较缓慢，到了近几百年中，由于人类的工程能力和生产力发展到新阶段，社会物质面貌产生了日新月异的变化。正如马克思和恩格斯在《共产党宣言》中所指出的那样，“资产阶级在它的不到一百年的阶级统治中所创造的生产力，比过去一切世代所创造的全部生产力还要多、还要大。自然力的征服，机器的采用，化学在工业和农业中的应用，轮船的行驶，铁路的通行，电报的使用，整个大陆的开垦，河川的通航，仿佛用法术从地下呼唤出来的大量人口——过去哪一个世纪能够料想到有这样的生产力潜伏在社会劳动里呢？”[2]今天，距离马克思、恩格斯对工业革命早期由于科学技术的巨大发展，所引起的社会物质面貌的巨大变革时期又过去了将近二百年，回顾这一时期工程对社会物质面貌的建构，工程活动对人类世界图景的改造，用“换了人间”来比喻，也并不夸张。

进而言之，工程以及工程活动对社会物质面貌的改变，不仅仅局限在我们容易看到的宏观层面，在中观、微观层面，工程活动已经彻底改变了人们的衣食住行，从生活方式、生产方式乃至交往方式，在每一个层面都可以看到现代工程活动的影子。纺织厂和现代农业机械工程颠覆了绵延几千年的农耕社会的男耕女织自然经济模式，面粉厂和现代食品加工工程颠覆了手推磨和传统的食物供给模式，现代建筑材料工程和施工工程颠覆了传统居住空间只能在一维平面发展的模式，汽车、高铁、飞机、火箭以及航天飞机等实现了以往仅仅在神话中存在的出行方式，而互联网和计算机技术则在人们的交往方式上实现了从实在到虚拟的重大革新。

特别是第一次工业革命以来和最近几十年中，由于工程的发展，社会物质面貌正在发生日新月异的变化。土木工程方面，由于现代工程机械的使用，人们既可以建造高耸入云的摩天大楼，也可以填海造田，开挖人工运河。工业工程方面，汽车、轮船、飞机、高速列车等令人眼花缭乱，人类在有生之年的活动半径无限扩大。无线通信、广播电视、互联网延长了人们的认知半径，资讯的传播速度和增加量导致了信息呈几何级数增长。城镇文明成为现代工程集中度最为突出的代表，以农耕时代的乡愁为代表的天然自然一远再远。工程几乎成为现代性的代名词，在人类认知领域和实践领域，特别是在后发工业化的汉语语境中，工程几乎成为横跨物质世界和精神世界的一个强势词语，工程话语的“霸权”后面其实是工程发展对于社会物质面貌的建构及其影响已经到了空前强烈、空前深远、空前复杂的程度。

2. 工程对社会制度面貌的建构

在谈到工程对社会的制度面貌的作用和影响问题时，我们首先会想到恩格斯的一段话。恩格斯在评价马克思的伟大贡献的时候指出："正像达尔文发现有机界的发展规律一样，马克思发现了人类历史的发展规律，即历来为繁茂芜杂的意识形态所掩盖着的一个简单事实：人们首先必须吃、喝、住、穿，然后才能从事政治、科学、艺术、宗教，等等；所以，直接物质生活资料的生产，一个民族或一个时代的一定的经济发展阶段，便构成基础，人们的国家设施、法的观点、艺术以至宗教观念，就是从这个基础上发展起来的，因而，也必须由这个基础来解释，而不是像过去那样做得相反。"[3]这就是马克思主义理论关于经济基础决定上层建筑的全部要旨。虽然我们不能把这段话的内容简单化地解释为工程活动直接决定社会中形形色色的制度(institution)，但马克思主义关于生产力决定生产关系和生产关系决定上层建筑的基本观点中，无疑地蕴涵着宏观、中观和微观的工程活动要以一定的方式影响社会的制度建构的含义。考虑到这个问题的理论复杂性和避免在理解有关问题时出现简单化错误，这里权且使用更有"弹性"的"制度面貌"一语。

马克思说："手推磨产生的是封建主的社会，蒸汽磨产生的是工业资本家的社会。"[4]这段话中，明白无误地肯定了工程活动对社会宏观制度建构的影响。从唯物史观、工程哲学和工程社会学角度分析和认识问题，虽然绝不能把这段话的含义解释为社会制度的"技术决定论"或"工程决定论"，但那种无视和忽视工程对社会制度建构的作用和影响的观点，显然也是错误的。

在现代经济学中新制度主义(the new institutionalism)兴起后，制度(in-stitution)这个范畴引起了愈来愈多的关注。卢瑟福说："把与制度及制度变迁有关的问题纳入经济学学科的努力，贯穿经济思想史的始终"。[5]在"西方经济学"传统中，古典经济学家亚当·斯密，新古典经济学家马歇尔，老制度主义者凡勃伦、康芒斯，奥地利学派的门格尔、维赛尔、哈耶克，创新经济学家熊彼特等，这些经济学大师都关注了经济制度问题，而马克思主义经济学对制度问题又有更深刻的理解、分析和阐述。

放眼更广的学术领域，我们看到"制度主义"流派不但在经济学领域大显身手，而且在政治学[6]、社会学领域[7]也产生了巨大影响。实际上，在社会学领域，制度问题受到了更多的关注，社会学家一向也比经济学家更加关注制度问题。

这里不讨论经济学领域中形形色色的制度(例如税收制度、财务制度、货币制度，等等)与形形色色的社会制度(例如户口制度、婚姻制度、城市消防制度等等)的区别，只指出一个事实：手工作坊制度、工厂制度、现代公司制度既是工程活动的制度，又是经济领域的制度和社会领域的制度。

工程活动是必须进行劳动分工的，于是，就出现了有关工程分工的制度问题。

马克思说："现代工业从来不把某一生产过程的现存形式看成和当作最后的形式，因此，现代工业的技术基础是革命的，而所有以往的生产力方式的技术基础本质上是保守的。现代工业通过机器、化学过程和其他方法，使工人的职能和劳动过程的社会结合不断地随着生产的技术基础发生变革。这样，它也同样不断地使社会内部的分工发生革命，不断地把大量资本和大批工人从一个生产部门投到另一个生产部门。因此，大工业的本性决定了劳动的变换、职能的更动和工人的全面流动性。"[8]

有人认为，工程就是工程，往往倾向只从人与自然的关系和物质产品方面认识工程活动，似乎工程与社会变迁及其制度无涉一样，这种认识和观点是非常片面的。

在工程活动的认识、分析和研究中，绝不能忽视对工程与社会相互关系的关注，绝不能忽视工程在社会制度面貌建构中的作用和影响。

工程对社会的制度面貌的建构，是一个理论性、历史性、现实性都很强的很复杂、很困难、很重要的问题，是工程社会学研究的最重要的内容之一。这里，只举中国工程史上的一个有关具体事例——漕运制度问题。

什么是漕运呢？

"漕运是我国历史上一项重要的经济制度。用今天的话来说，它就是利用水道(河道和海道)调运粮食(主要是公粮)的一种专业运输。中国古代历代封建王朝将征自田赋的部分粮食经水路解往京师或其他指定地点的运输方式。水路不通处辅以陆运，多用车载(山路或用人畜驮运)，故又合称'转漕'或'漕辇'。运送粮食的目的是供宫廷消费、百官俸禄、军饷支付和民食调剂。这种粮食称漕粮，漕粮的运输称漕运，方式有河运、水陆递运和海运三种。狭义的漕运仅指通过运河并沟通天然河道转运漕粮的河运而言。”①

在水利工程史领域，有关学者已经对京杭大运河的科技和水利工程问题进行了许多研究，在中国经济史领域，学者们从经济史和经济制度角度也进行了许多研究，其成果之丰富，令人称赞。

从工程社会学角度看问题，“漕运”不但是一种“经济制度”而且显然也是一种“社会制度”，学者们——特别是工程史和工程社会学的学者——理应在今后关注对这个问题的研究，并且努力取得新的研究成果。

上面谈了一个工程史方面的问题，下面再谈一个现实问题——当前的城镇化工程问题。

总体看来，工程以及工程活动建构社会制度面貌是通过影响或者改变社会结构的形式实现的。在我国当前的新型城镇化工程中，城镇化本身首先引起了人口的流动，人口结构发生了变化，随着人口结构的变化，产业结构、教育结构、性别结构等等都发生了链式变化，影响多方面的制度状况、制度变化、社会治理新制度设计问题。以新型城镇化进程中的男女婚恋情况为例，我们在陕西关中地区的调查中发现，随着大量青壮年人口向大中城市的迁移，农村地区男女比例失调导致女性的择偶条件提升，很多女性在确立恋爱关系前要求在县城或者中等城市有住房成为刚性条件，这种情况的持续导致了人口的持续外流，而人口的外流使得乡村振兴失去基本的物质基础，乡村发展的式微急需有新的制度治理设计。

通过对有关案例的分析，我们可以对有关工程建构社会制度面貌问题有许多新认识。

3. 工程对社会精神面貌的建构

如果说工程以及工程活动对社会物质面貌、制度面貌的建构是显性或相对显性的，那么工程对于社会精神面貌的建构往往是隐性的。

一个社会的精神面貌从来不是自然天成的，也不是凭空而来的，而是在长期的生产力和生产关系、经济基础和上层建筑的矛盾运动中逐渐形成的。作为生产力和经济基础范畴的工程以及工程活动，必然参与到属于生产关系和上层建筑范畴的社会精神面貌的建构当中。

从原始社会到农耕社会再到现代社会，从欧美社会的海洋文明到东亚地区的农耕文明，正是由于工程以及工程活动的发展，形成了人们不同的生产、生活以及交往空间，这些区分反映在社会的精神面貌上，表现出迥然不同的精神特征。进一步可以设想，如果没有现代的交通方式，没有现代意义的城市人口的大量聚集，那么就不会出现熟人社会向陌生人社会的变化；如果没有互联网和移动通信工程的飞速发展，那么虚拟空间的情感交流和手机成为人们戏谑的“第三者”也就不会发生。即使在同一个时代、同一个国家、同一个城市和乡村，或同处南方和北方，人们的社会精神面貌也有差异，形成这种差异的原因可能有很多，但是不同的自然地理分布、不同的建筑格局和交往方式，在潜移默化间形成了人们不同的社会精神面貌。

大型工程对于特定人群的精神面貌的建构尤其值得关注。比如，电影导演贾樟柯十多年前曾经执拍过一部电影，记录了三峡库区建设过程中，由于移民和建设等导致了普通人的工作、家庭发生了巨大的变化，这种变化导致了婚姻、家庭以及情感等各方面的跌宕起伏。如果说电影只是聚焦到一个点上用艺术的方式记录工程活动对部分人精神面貌的建构，那么我们的演绎扩展到三峡库区上百万移民的背井离乡，这些群体的精神情感等发生的变化无疑将是一曲波澜壮阔的交响乐。再比如，20 世纪 40 年代第二次世界大战结束前，美国在日本长崎投下了一颗原子弹，这颗原子弹给长崎居民造成了巨大的伤亡，70 多年过去了，每年的 8 月 9 日，长崎都会在原子弹爆炸日举行集会，“不要战争”成为很多曾遭受原子弹爆炸受害者的共同心声。

在工程对社会精神面貌的建构中，新中国工程建设中出现和形成的“大庆精神”“航天精神”都是典

① 百度百科条目“漕运”(2018-1-22).

型实例。20世纪50年代全国调整高等教育布局，交通大学西迁所形成的"胸怀大局，无私奉献，弘扬传统，艰苦创业"的"西迁精神"更是工程塑造社会精神面貌的现实典型。

二、社会建构工程：政治、经济、军事、文化因素在工程建构中作用和影响

工程活动绝不是社会之外的活动，工程过程也绝不是社会之外的过程。

一方面，必须承认工程系统是整体社会系统的一个组成部分，另一方面，又要强调工程系统绝不是社会中孤立存在、封闭运行的系统。工程建构活动——包括工程的发动、计划、进行、运行和发展——必然要受到社会政治、经济、军事、文化等因素的深刻作用和影响。工程活动绝不仅仅是技术性的建构活动和过程，更是社会性的建构活动和过程。

如果我们把工程建构社会作为一种正向建构，那么社会建构工程就可以称作逆向建构，反之亦然。所谓"社会建构工程"，包含的内容很丰富——不但包含经济、政治要素对工程建构的作用和影响，而且包括管理、军事、伦理、文化等要素对工程建构的作用和影响。在研究和分析具体的"社会建构工程"问题时，不同的社会要素对工程建构所发挥的作用在"具体权重"和"建构方式"上可能有所不同，但作为"社会要素"的总体而言，无人能够否认"社会建构工程"是工程社会学基本主题的重要内容之一。

以下就分别阐述经济要素、政治要素、军事要素、文化要素对工程建构的作用和影响。

1. 经济因素对工程建构活动的作用和影响

经济要素对工程活动的建构作用不但表现在经济目的对工程活动的影响上，而且表现在资金筹集对工程建构的影响上。

首先是任何工程活动都与经济要素紧密相连。在社会生活中——特别是市场经济条件下——经济因素常常是决定工程项目能否上马的首要因素；同时，很多工程项目，也常常指向一定的经济目的。从20世纪下半叶英吉利海峡的海底隧道，到中国三峡大坝，再到中国港珠澳大桥，甚至中国的神舟系列飞船发射工程等，这些工程活动的资金、规模，涉及的相关利益群体和工程人员都远远超出了传统的工程项目，如果没有国家经济发展的实力做支撑，这些工程上马都很困难。以英法英吉利海峡隧道项目为例，项目计划前后横跨了百年，正式实施历经8年，1.1万名工程技术人员参与了直接的工程活动，项目投资动员了英法美等多个国家的政府和私人财团，总耗资103亿美元[9]。经济要素不但是工程活动的基础，同时很多工程活动的目的最终也指向经济发展。老百姓常说的"要想富先修路"便是一种朴素的认知。我们常见的城市地铁沿线的经济活跃带，铁路和高速公路修到哪里，哪里的经济发展就得到极大的推动，这些都是工程活动助力经济发展的事例。

经济因素和经济条件——首先是资金来源——常常对工程活动的建构发挥基础性、群体性作用，没有足够的资金，工程活动就不可能进行。中国的三峡工程也是这样，兴修长江水利从孙中山到毛泽东等人一直是诸多政治家萦绕胸怀的梦想，但是限于国家的财力，直到20世纪后期这个工程才得以上马，这背后其实是中国改革开放以后经济社会发展的实力在做背书。中国的三峡水利工程前后勘测调研历时70多年，总投资概算大约1800亿元人民币，修建大坝需动迁113万人，涉及湖北省和重庆市20个县、市，大坝建成后的水域面积达到638平方千米，蓄水位达175米，总库容为393亿立方米[10]。这种体量的工程往往需要巨额的资金支持，没有这个经济基础，这些工程便只能停留在图纸上作为一个美好的愿景。

2. 政治因素对工程建构活动的作用和影响

政治因素对工程建构的影响，可分两种情况。

第一种情况，对有些工程项目政治因素是决定性因素，这些工程项目在本质上是政治性工程——是为了政治目的而兴建或者实施的工程。

比如古代皇陵的兴建。由于古代的图腾崇拜或者原始宗教，一些古老民族笃信生命轮回，掌握世俗

绝对权威的皇帝希望在自己去世后依然能够享受和生前一样的荣华富贵，便在生前就开始建造皇陵，较为大家所熟知的如中国历代皇朝的陵墓、埃及法老的金字塔等。此外，在全面建成小康社会的进程中，为了实现共建共治共享，消除不均衡的发展，在一些贫困地区由政府主导的移民搬迁工程，其本质也是政治性的工程。政治性的工程也囊括了所有军事工程，因为军事本身就和政治紧密联系，远的来说，此类军事性工程有中国的长城、冷兵器时代的军事要塞，近的来说，星球大战项目、两弹一星等军事工程计划或者活动，都是政治性优先的工程。由于军事因素要在下文专门论述，在此一笔带过。

第二种情况，对许多工程项目而言，虽然不能说政治因素是决定性因素，但政治因素必然要以不同程度和方式发挥作用。此类工程项目往往不直接与政治性因素相关联，与水利、交通、能源以及其他民生目标的关系更加紧密，但是，归根结底，政治因素的在场依然是这类工程活动必不可少的条件。中国古代的水利工程基本上都属于这一类工程，如果没有政治因素的介入，在农耕经济时期很难动员足够的人力和资源，即使在今天，从葛洲坝水利枢纽到三峡大坝，没有政治因素的支持，这类工程也不可能实现。在公路交通和铁路交通方面，尽管每一个项目从规划、设计、招投标和施工等，都是通过市场来实现资源配置，但是这只是工程活动的“明线”，与此伴生的“暗线”就是始终贯穿工程项目的政治因素。核能和清洁能源的开发、现代设施有机农业、自然保护区等的设立，这些工程活动的后面，政治因素不但发挥作用而且往往还是非常重要的作用。

3. 军事因素对工程建构活动的作用和影响

军事因素对工程建构活动的作用和影响主要表现为两种形式和类型。

第一种形式和类型是军事工程。从西语的词源学意义上来看，最早的工程就与军事密切相关，在欧洲最早的工程师就是直接为军队服务的。军事工程直接为军事目的服务，比如兵工厂、兵站、军事要塞、军事训练基地等。中国古代的长城应该是影响较大的直接服务于军事目的的工程，中国近代史上的洋务运动中在早期建立的各类枪炮制造局也都属于这个范畴。

第二种形式和类型是军事因素对许多民用工程建构也会发挥重要作用和影响。在工程活动中，军事因素从来不是孤立存在和发挥作用的，一旦某一个要素作为实体被建构出来，它往往会延伸到民用工程的建构方面，对民间的市场、生活产生影响。例如，迄今保存最完好的西安古城墙，在城墙的外围，是一圈发挥防御功能的护城河，而在城墙的里面，有一条马道和护城河形成几乎对应的环形快速交通系统。这条马道在战争状态下是人员和物资供应的大动脉，在和平时期则是市民赶集和交易的集散地。还有计算机和互联网，最早都是军事目的的工程，后期才演化为民用，在军民融合中成为这个时代先进生产力的载体。

4. 文化因素对工程建构活动的作用和影响

文化要素在工程活动中有可能是隐性的基因，但在一定意义上却是最富有生命力的建构力量。文化不同于政治、经济等要素在工程建构中的脉络清晰可见，它是一种渗透性因素，弥散在工程活动的每一个环节，成为工程和工程建构活动中看不见但却始终在场的精神气场，一定意义上，文化因素是工程建构活动一以贯之的灵魂。

不同地域、不同民族的文化特质不同，不同行业工程活动的文化构成也不同，在形成工程建构活动的文化因素中，既有主干性的文化因素，也有枝节性的文化因素，所有的文化因素综合在一起，形成了繁茂的文化之树，渗透在每一个工程建构活动之中。

具体分析特定工程建构活动中的文化因素，是把握文化因素在工程活动中的影响和作用——从特殊到一般的重要途径。比如说中国的载人航天工程，为什么在面临封锁和技术风险的情况下能达到世界先进水平，其中的文化因素发挥了极为重要的内驱力作用。这种内驱力被高度凝练为“特别能吃苦、特别能战斗、特别能攻关、特别能奉献”的航天精神，成为一种文化因素与载人航天工程水乳交融。再比如大庆油田建设工程，为什么会出现新老两代“铁人”，为什么能够突破各种困难，在石油生产及施工上不断开拓创新，也是因为大庆油田建设的工程职业共同体形成了“为国争光、为民族争气的爱国主义精神；独立自主、自力更生的艰苦创业精神；讲究科学、三老四严的求是精神；胸怀全局、为国分忧的奉献精神。”这种文化因素，成为一种传统，渗透到工程共同体的工程建构活动中。

三、 社会与工程双向建构的系统性特征问题

在认识和分析政治、经济、军事、文化等社会因素参与建构工程问题时，必须从系统观点认识这个“社会建构工程”，注意研究社会建构工程的系统性特征问题。

在认识社会建构工程的系统性特征问题要特别注意以下三点。

一是社会系统整体性和社会系统要素性的关系问题。经济、政治、军事、文化等因素在作用于工程建构活动时构成了一个因素集合，尽管其中某种因素发挥了主导作用，但是这种建构功能不是单个因素的作用，而是所有相关社会性因素的系统整体性作用。因此，我们不能因为某一个因素的作用较大，就忽视了系统整体性发挥作用的特点，也不能因为强调社会系统的整体性，而没有抓住其中的主要因素。譬如三峡大坝建设工程，其中的经济因素很重要，但是促成这项工程的不仅仅是经济能力，还包括移民、高层政治人物的决心、施工技术等等形成的社会系统；同样，我们也不能因为强调促成三峡大坝建设是一个社会系统建构的过程，而否认因为经济的发展带来的资金优势。

二是需要从工程全过程的观点认识和分析这个问题——不同阶段可由不同因素发挥关键作用。在2018年爆发的中美贸易战的发展过程中，由于美国发起了对中国的中兴的芯片禁运，导致了国内舆论的一片哗然。一些观点认为，改革开放以来半导体产业的发展导向导致了这一点，由此延伸到对改革开放总体战略的否定。对此，如果从工程全过程的观点认识和分析这个问题，我们就会更加理性和客观。中兴事件确实暴露了我们核心技术受制于人的不足，但正是改革开放前期的几十年走出去、引进来，才使得我们对作为技术强国的美国造成了威胁，否则，美国甚至都不屑于对我们发起禁运，这一点应该是看待这个问题必不可少的一个视角。在芯片产业发展的过程中，初始阶段应当是经济因素在发挥主要作用，但是当整个产业发展到一定阶段的时候，双方力量的博弈导致政治因素介入，这时政治因素就压倒了经济因素，因此就需要我们从国家战略的角度，通过政治博弈去化解这个问题。从中兴事件发生之后我国政府的一系列应对来看，政治因素成为最主要的因素。

三是需要从共时性与历时性相统一的观点认识和分析社会建构工程。工程活动具有共时性与历时性相统一的特点，社会建构工程活动的时候，诸多社会因素的建构同样需要符合共时性和历时性统一的原则。比如，中国古代不同品级的官员在去世后会有不同的葬仪规格，包括墓穴的建造。如果今天有某位政府官员把这种历时性的因素应用到现实中，必然遭到纪律监察部门的查处，也会受到人民群众的批评和反对。在现代社会，我们要建设一项大型工程，既要考虑政府规划和审批方面的政治因素，也要考虑资金筹集和环境影响等经济因素，还要同时考虑军事、文化等因素，这种统筹考量必然是共时性的，任何一项的缺失或者不同因素的冲突都会形成工程问题。正是鉴于此，工程的社会评价逐渐受到工程理论界和工程职业界以及相关政府部门的重视。

同样地，工程建构社会也存在系统性的特征。一个垃圾焚烧工程完工并开始运行，除了它所具备的垃圾处理功能之外，它对周围居民生活空间的影响，对局部空间生态环境的影响，都会形成一种无形的社会评价。邻避效应就是对这种工程建构社会效用的一种反映。实际上，殡仪馆、化工厂、农贸市场等都具有这种多重的建构效应。近几年由于基础教育资源分布的不均衡，许多地产开发商通过学区房、学位房的手段带动地产销售，实际上正是利用了学校作为教育工程载体的建构效应。工程建构社会的系统性特征具有丰富的内容，限于篇幅，将在后续研究中进一步分析。

十九届四中全会提出要推进国家治理体系和治理能力现代化，治理现代化的根本目的在于秩序的建立，而秩序的建立除了治理战略方面落实“四个全面”，坚持“五位一体”之外，在治理战术方面充分发挥工程与社会双向建构效应、推进治理体系和治理能力提升同样十分关键。从这个意义上讲，工程知识与社会知识及其相关建构是工程社会学需要长期关注和挖掘的一个领域。

★ 参考文献

[1] 中共中央编译局.马克思恩格斯选集(第4卷)[M]. 北京：人民出版社，1995.

[2] 中央编译局.马克思恩格斯选集(第1卷)[M]. 北京：人民出版社，2012.

[3] 中共中央编译局. 马克思恩格斯选集(第3卷)[M]. 北京：人民出版社，1972.

[4] 中共中央编译局.马克思恩格斯选集(第1卷)[M]. 北京：人民出版社，1995.

[5] 卢瑟福. 经济学中制度：老制度主义和新制度主义[M]. 陈建波，郁仲莉，译. 北京：中国社会科学出版社，1999.

[6] 彼得斯. 政治科学中的制度理论：新制度主义[M]. 王向民，段红，译. 上海：上海人民出版社，2011.

[7] 何俊志，等. 新制度主义政治学译文精选[M]. 天津：天津人民出版社，2007.

[8] 中共中央编译局. 资本论(第1卷)[M]. 北京：人民出版社，2004.

[9] 李伯聪，等. 工程创新：突破壁垒和躲避陷阱[M]. 杭州：浙江大学出版社，2010.

[10] 殷瑞钰，汪应洛，李伯聪. 工程哲学[M].2版. 北京：高等教育出版社，2013.

试论工程建造的具身性知识运作

李 旭 邓 波

摘 要： 工程建造本质上是把人工物本身结构、功能、形态的知识(know what)，在怎么建造人工物的知识(know how)的指引下，建造主体在施工情境中手脑并用、身体力行地激活、调动、构造经验与技能，对工程涉及的物质性要素施展“上手”操作，从而实现人工物从知识、符号到物质实体转化的过程。其知识运作必然具有鲜明的“具身性”(embodiment)特征。传统知识论往往把工程知识作为科技知识的应用与附属，作为同科技知识本质上一样的表征性知识来理解，就必然造成对工程知识具身性这一鲜明特征的严重遮蔽。本文将在科学、技术、工程“三元论”的框架内，通过分析传统知识论对工程知识可能造成的遮蔽及问题，以当代具身性知识论为视域，把工程建造活动嵌入到工程全周期的具体环节与过程，对其知识运作的具身性问题展开初步的现象学研究。

关键词： 工程建造；现象学；具身性；工程知识

工程建造是将人工物现实地建造出来的物质性实践过程，本质上是把工程设计构建的知识形态、符号形态的人工物转化为物质形态人工物的知识物化过程，其间交织着知识与物质的运作，即把人工物本身结构、功能、形态的知识(know what)，在怎么建造人工物的知识(know how)的指引下，建造主体在施工情境中手脑并用、身体力行地激活、调动、构造经验与技能，对工程涉及的物质性要素施展“上手”操作，才能实现人工物从知识、符号到物质实体的转化。因此，工程建造中知识运作必然具有鲜明的“具身性”(embodiment)特征。

工程建造中的具身性作为工程知识具身性最显著的表现，理应成为知识论研究的重要内容。然而，在实证主义的长期影响下，人们普遍认为：“技术知识是科学知识的应用，而工程知识则是技术知识的应用。工程知识、技术知识仅被视为科学知识的退化形式，尤其是工程知识，根本没有作为独立知识形态的合法地位。”[1]传统知识论往往把工程知识作为科技知识的应用与附属，作为同科技知识本质上一样的表征性知识来理解，就必然造成对工程知识具身性这一鲜明特征的严重遮蔽。笔者将在李伯聪教授提出的科学、技术、工程“三元论”的框架内，通过分析传统知识论对工程知识可能造成的遮蔽及问题，以当代具身性知识论为视域，把工程建造活动嵌入到工程全周期的具体环节与过程，对其知识运作的具身性问题进行初步的现象学研究。

基金项目： 国家社会科学基金项目“工程知识与工程思维的哲学研究”(13BZX027)阶段性成果。

作者简介： 邓波(1963—)，男，贵州贵阳人，西安建筑科技大学工程技术与社会研究所教授，研究方向为技术哲学、建筑哲学、工程哲学(E-mail：xazm.5386@163.com)；李旭(1993—)，男，山西怀仁人，西安建筑科技大学硕士研究生，研究方向为工程技术管理哲学、工程知识论(E-mail：1073150909@qq.com)。

一、 传统知识论的内核及其对工程知识的遮蔽

从近代笛卡尔主义到现代逻辑实证主义，再到当代第一代认知科学所形成的传统知识论，可以说都是与具身认知截然相反的、离身的知识论。第一代认知科学的知识论作为传统知识论的当代形态，主要以符号主义为进路，“以认知可计算主义为纲要”[2]，坚持心灵与肉身相分离，认为二者是相互独立的个体，绝对地认为二者不存在任何因果关系，完全忽略了身体在认知过程中发挥的作用，简单地认为：“认知或智能活动遵循一定的形式法则对任何可操作的符号进行表征操作处理，视心智和身体在功能上为形而上学的对立关系，忽视了身体在认知过程的重要作用。”[2]其思想充分反映了传统知识论的内核。

1. 现成性存在预设

以逻辑实证主义为主要理论形态的语言学或语义学哲学成为传统认知科学的哲学之基。它一方面认为语言是构成主体与客体之间的桥梁和纽带，“主体用符号去表征客体世界，而客体世界通过符号表征对主体的认识、了解，人的思维活动实质上就是用符号表征世界的过程，因此，对其探究，必然要通过语言分析。”[2]另一方面认为，认知主体的心智活动或脑思维活动是一种没有任何物质体参与其中的无形活动，因此，这一类活动也就无法通过认知主体的视觉感知而被直观察觉。但是这种主体认知活动可以通过言说的方式存在于世界之中。在这一言说的过程中，把分析与系统的综合判断作为言说“成败”的关键之所在，并且刻板地坚持语义分析和言语逻辑分析，认为：“最后的证实活动要经过事实的观察和直接经验，证实可分为经验证实和逻辑证实，强调经验的证实性在于科学观察的操作过程。传统认知科学以此为基础，紧扣输入和输出两端，运用逻辑分析方法探讨内部的认知或智能活动。”[2]这一思想严重脱离了人类社会所处的历史与人文环境，忽视了心理对科学探究的影响。传统认知科学坚持认知理念是对信息的表征和操控，这一理念下的认知活动与计算机在运算中对符号的加工具有异曲同工之处。

2. 心物二元论

传统认知科学一贯坚持身体与心智是两个永远平行的独立个体，构建了一个较为系统的离身认知构架。柏拉图以来，西方思想的一贯传统即是对身体的“鄙视”。柏拉图认为：“灵魂和肉体是两个各自独立的实体，它们各自单独存在，彼此分离与对立；认知是灵魂心智的活动，知识的获取与主体的身体无关。”[2]这种传统认知在笛卡尔那里得到了强化以及后续的发展，最为典型的就是笛卡尔的心物二元论以及康德的客观主义认识论。

笛卡尔认为：“知识是认知主体的心灵对客观世界进行表征的结果。这些思想被视为传统认知科学的重要哲学渊源，在其发展过程中逐渐形成了一套作为传统认知科学思想基础的原则，特别是心灵表征论成为符号主义取向的理论原型。”[3]他把对事物本身的认知依托于“旁观者”，在对知识的认知过程中，以绝对客观性作为最高的理念，把自我本身置于自然之中。康德客观主义认识论在认知中将内部心灵与外部世界相分离。这一思想将表征主义作为其认知特征，提前预设了主客体和内外世界的分离，使得认知活动将身体置于活动之外，没有发挥实质性作用。而：“知识表征最基本的意义就是替代(stand-in)，它是表达事物本身的一个替代，通过思维而不是行动确定一个实体，比如，通过推理而不是对它采取行动”[4]等。

3. 表征主义

表征主义认为“经验的现象性特征可以由其表征内容得到说明”[5]。在认知的理念中具体表现为知觉世界的表征，并不是触觉世界的操作。而“知觉表征又是知觉意向的一种，知觉意向则是心智意向在知觉问题上的主张”[6]。知觉表征不但具有知觉意向所具备的基本认知性能，而且还兼顾知觉经验的表征内核与现象逻辑之间的特殊关系。

在上述传统认知科学理念的影响下，工程知识被理解为科学知识、技术知识的应用会带来一些必不可少的现实问题，其中最为直接的就会出现两个反问，即：工程知识究竟在怎样的意义上运用科学知识、技术知识？身心二元论在工程建造中的凸显及其问题？

首先，工程建造实践活动所运用的工程知识必然会包含科学知识与技术知识，但并不等于完全科技化。例如，工程项目的具体实施，不是一个简单化活动，而是一个庞大的系统工程，在工程实施的过程中涉及大量的知识。站在工程实施过程中所用到的学科知识维度来说，包括像哲学、政治学、经济学、社会学、法学一类的基础性知识，同时，涉及数学、物理、化学等自然科学知识，也包括像施工组织设计与施工规范或者施工标准图集这样的技术知识。但是，一个现代化的人工物仅仅依靠上述科技理论知识是完不成的，要想使得人工物落地建造与后续投入使用，必须在上述科学技术知识的基础上，加之其他经验性知识以及具身性的工程知识。

其次，身心二元论在工程项目中有它存在的可能性，但是这种思维会带来一系列问题。例如，在技术交底时，操作工人自身原因导致技术交底落实不到位，会造成施工工序杂乱，产生施工安全问题以及施工节点把控不到位等问题，表现为一种机械的、无思想的操劳活动，即“人是机器的论断”，而这一论断正是传统认知科学得以存在与发展的基石。所谓的人是机器，就是指：“认知或智慧活动不依赖于产生它的物质，是独立于硬件或物质基础（身体）的软件程序，只要具备足够复杂程度的系统，人工智能也能和人脑一样进行思维、判断等认知活动。”[7]鉴于上述观点，认知主体的认知过程可以前置在计算机系统里。这显然是行不通的。例如，世界上任何一个工程项目的建设都不可能在动工之前将施工中可能遇到的事件前期处理好，一定会有现场突发事件的发生。

综上，传统知识论是把理论置于在优越地位的“理论优位”知识论，科学理论当之无愧地成为现代知识论分析的唯一典型样板。按照这种知识论，工程不过是科学技术的应用，工程实施就是这种应用最显著的表现，它不过是把相关科技知识加以运用而已，不存在什么独特的知识形态及运作方式，因而也无需进行知识论的研究。显然，这样的知识论必然造成对工程知识尤其是工程实施知识的长期忽视与遮蔽。因此，站在传统认知科学的理论高度研究工程建造问题显然是不现实的。正是出于对上述认知的不满，一条不同于上述思维认知的具身认知诞生且不断发展，也就是说，这种具身认知来源于对传统认知科学原理的理论突破。

二、 具身性知识研究对传统知识论的突破

波兰尼“个人知识”和第二代认知科学为当代知识论的研究开辟了具身性知识论的路径，身体由此被引入知识论。他认为不仅神经及生理引起了心智，而且认知能力也由人类的身体与环境的互动而产生。他一反表征主义认知观，否定了自笛卡尔以来表征操作在认知行为中的决定性地位，认为认知行为应该是丰富的，与主体的身体以及主体所处的社会环境和所接受的文化有关，这些因素合力造就了知识。科学知识也不例外，由此开启了从第三人称向第一人称具身性科学知识论转向的研究。

具身认知科学即第二代认知科学认为人类活动及其基本认知必须依附于身体本身。“在本质上具身认知科学完全不同于追求普遍原理的第一代认知科学，是一种经验科学，以经验为基础。在方法论上，它摈弃从前的科学理论唯一接受和使用的、单一的理性分析和演绎的方法，接受并重视经验归纳、综合和类比的逻辑方法。”[2]具身认知科学突破了第一代认知科学的弊端，这一功效主要源于现象学，其中最典型的代表有胡塞尔、梅洛·庞蒂以及海德格尔等。

1. 胡塞尔对具身性的认知

尽管胡塞尔的现象学将其研究域偏重主体性意识，但是他也刻意地强调了具身性在主体性认知中占有极其重要的位置，特别强调在外部感知中身体也发挥着共同构造的功能。在胡塞尔看来：“意识主体本质上也是具身主体，并且由于这一具身性特征，主体性在超越论层次上已然与他者存在着不可分割的关系，并由此与他者构成了超越论的交互主体性。”[8]也就是说对一个具体事物的感知行为，身体是参

与其中而不是孤立存在的，也不可能是在思维中已然勾勒的实际存在之物。与之不同，身体本身从其功能角度出发，是在感知的具体动态过程中和情境中一同被勾勒出来。正如胡塞尔所言："在所有的事物经验之中，身体被共同体验为一个起到功能作用的身体。"[9]例如，在具体人工物建造过程中操作者的经验与其具身认知是密不可分的。当一个抹灰工对一面墙面进行抹灰的过程中，在他进行内墙面抹灰的同时，其脑海中已经能感知到外墙面的抹灰情境以及施工工艺，虽然此时此刻他并没有面对外墙面。就此而言："感知行为实际上包括了被意指侧面的真正显现以及被共同意指侧面的非真正显现。"[8]正如胡塞尔所述："这是一种充实意向与空洞意向的复合。"[10]正是在这种不断实践具身操作的活动中，自我的感知经验不断升华，最终应用于人工物建造的实践中。

2. 梅洛·庞蒂对具身性的认知

在具身性的认知发展进程中，梅洛·庞蒂提出了"具身的主体性"[11]这一理论。这一主体性思维"通过身体与世界的物质性互动而实现"[12]。他认为身体本身是认知世界的开始，身体与外部世界直接接触产生认知，包括人的心智只有在身体的依附下才能产生。正如其所述："人类认知始于'我能'，而非'我认为'，之所以'我能'，是因为'我'是'身体—主体'，一个与世界同在的'身体'，因此'我'才能存在于世界之中，并与世界互动。"[13]这可以理解为认知主体的一切认知的心智都源于身体存在的本身，认知主体的心智只有通过具身性才能与世界互动，包括人的精神依附于身体。在工程建造中不论是项目管理者还是建筑工人，他们在工程建造中所使用的知识，有很大一部分是通过实践操作与身心认知相互结合而产生的，这里包括面对相同的操劳，不同的操作者获取的感知不同，以及在工程建造中只会干而无法言说的知识，即"默会知识"等都深刻地说明了这一论述。

3. 海德格尔对具身性的认知

海德格尔的"在世界之中存在"理论深刻显露着其对具身性认知的思想。海德格尔认为："与在世之物最切近的交往方式并非一味地进行觉知的认识，而是操作着的、使用着的操劳——操劳有它自己的'认识'……上手的东西根本不是从理论上来把握的。……工件、正在制作着的东西，才是原本被操劳着的东西，因而也就是上手的东西。工件承担着指引整体性，用具是在这个整体性中来照面的。"[14]而工程建造活动所使用的技术以及所遇到的问题，在工程建造的前期并不能完全预估到，恰恰是在"干"的过程与情境中发生的。与海德格尔的思想一致。例如，在工程建造活动中，施工主体在对施工技术管理的基础上，运用携带施工技术本身的施工机具或施工设备，在施工工艺和施工操作的情境下，最终完成具体人工物的建造。在施工情境中对技术管理的重要性就像"黑格尔把人利用工具和手段实现自己的目的说成是'理性的狡狯'"[15]一样重要。

4. 德雷福斯的技能获得模型

"新手—高级初学者—胜任—精通—专家—大师—实践智慧。"这七个阶段都无一不在强调身体在认知过程中的必然作用，人们掌握了某项技能并不是心灵表征的结果，而是技术被内化为对相应情境有直接反应的能力。可以说，德雷福斯的技能获得模型为深入研究工程知识的具身性运作提供了范例。但是，在肯定具身性技能的基础性作用的同时，他又对概念性、符号性、表征性知识作了与具身性知识二元对立的理解，认为这些表征性知识的运用会打破肉身性的实践情境，它们的运作与具身性知识无涉，不可能渗透到具身性技能之中。可以说，德雷福斯仍然没有从根本上解决心物二元论。

新近的研究，麦克道尔认为："理性的概念、符号运作能力经反反复复地具身性运作、训练贯穿于具身性的技能之中，找到了真正突破心身二元对立的方式，为深入具体地研究工程建造将知识物化的具身性运作机制提供了新的视域。"[16]因此，在工程建造的具体实践中，工程思维对人工物本身的质量产生着间接影响。这种工程思维就是目的——工具性思维，这是一种具有操作性和运筹性双重属性的思维。

三、 工程建造实践中的具身性知识运作

进入新世纪以来，科学、技术、工程三元论的提出，确立了工程哲学的独立地位。李伯聪教授将三元论概括为："为了更简明地辨析与把握科学、技术与工程的不同特性，我们可以简要地把科学活动解释为以发现为核心的人类活动，把技术活动解释为以发明为核心的人类活动，把工程活动解释为以建造为核心的人类活动。"[17]由此进一步推之，科学哲学的基本问题是"科学知识何以可能"的问题，技术哲学的基本问题是"发明何以可能"的问题，而工程哲学的基本问题则是"造物何以可能"的问题。明确了工程哲学的基本问题，带来了工程哲学近十几年的蓬勃发展。现阶段工程哲学的研究推进到工程知识论的领域。工程的实践本性要求工程知识论的研究不能像传统知识论那样局限在理论的抽象层次，必须朝向工程实践本身，必须亲身经验地深入到工程活动的实际情境。工程实施的知识运作并非只是简单地应用现成的理论知识，而是在工程实践中主体具身性地不断集成应用已有知识，并创生新知识服务于人工物建造的"干"的过程，而这种"干"的过程，包含着建造者"亲力亲为"的具身操劳活动。因此，关于工程建造的具身性问题研究，应在"实践优位"工程知识论背景下展开。

工程建造就是施工主体把施工图纸上符号化的人工物知识(know what)，按照怎么做的知识(know how)，通过其身体力行的具身性有序操作，构造出具有一定功能、形态的物理结构的知识物化过程。所谓操作，就是参与工程建造的主体，徒手或者使用工具及施工机具对相应的对象所施加的动作，它既包括知识过程，也包括物质过程。正是其中的具身性知识运作把知识过程与物质过程联结起来，打破了心身的、心物的二元对立，实现了知识的物化。下面让我们深入到工程施工的真实情境，从施工图纸的体认、施工主体以及施工管理三方面探讨工程建造实践中的具身性问题。

1. 施工图纸认知的具身性

施工标准图集作为"按图施工"的工具性文件与工程建造的质量和效用直接相关。对施工标准图集的解读，不是个体的"上手"而是群体的"上手"。在群体的"上手"过程中，一定会有一个领导力即群体的管理者。管理者与其发出的指令直接影响着对施工标准图集的解读力。管理者如果只是照搬以往学习的相关知识或照搬项目经验，那么其解读是有缺陷的。管理者不仅要参考其所掌握的明言知识，更要在大脑意识中将其升华，最终以一种具身性的综合知识参与解读，发出指令。进行具体实操的操作者也是如此。在这一过程中，一些人往往只把重点放在管理者和其指令上，而忽略了操作者以及操作本身在施工标准图集解读过程中的重要性。"在现代社会中，从政治和道德层面上看，管理者和操作者是平等的，不能厚此薄彼；从工程实施和行动实践的层面来看，管理者和操作者也是各有重要性而不是有'重'有'轻'，可以畸轻畸重、厚此薄彼的。"[17]因此，在施工标准图集的解读过程中，两者都要考虑到。

现在在荷兰学派的观念中，有了图纸，有了结构，功能是未来才能发生的。通过设计找到三者的关系：施工图主要围绕结构展开，实物只有实际的存在，结构运行起来才能具有功能；施工图主要以符号来呈现结构，这个结构包括了它的物理结构和它使用的各种材料，包括各个专业。只有读懂图纸，才能对结构进行一番剖析，只有理解设计，才会在 know what 的基础上 know how 。因此，在对施工标准图集的解读过程中，指令者与"上手"者的具身知识具有工程建造前掌握 know what 的"不可变量"的效用。

2. 施工操作者即工人操作的具身性

工程建造的具体"上手"操作最终是由建筑工人完成的。工人层次的高低，决定着工程建造的成果——具体人工物的质量。我国目前社会发展的具体情况，对何为工人即对工人群体的具体划分并不明确。站在实践哲学的高度，从工人工作的客观情境出发，并结合工人自身的知识结构以及工人目前的社会福利待遇这些角度来看，李伯聪教授将我国的工人群体大致分为以下几类："普通工人(主要包括从事熟练劳动的初级工和中级工)、高级技工(主要包括部分高级工、技师和高级技师)、灰领、工人和工头

等类型。”[18]这种划分，对我国工人群体的结构和构成进行了一个全方位、宽领域、多层次的透视。站在建设工程行业的角度，以及从工人在工程(项目)实施中的处境、工人素质培养、工人在工程(项目)实施中的作用和如何维护工人权益等多视角出发，工人，即哲学高度的工人的具身性决定着人工物的质量。

在工程建造的“上手”活动中，建筑工人的素养即具身知识对人工物建造的质量不可忽略。在工程建造的具体操作中，工人特指建筑小工(主要是进行简单操作的体力活群体)、技术工或者技师(木工、支模工、水电工、砌筑工、抹灰工、架子工、安装暖通工等)以及作为上述主体的默认管理者即包工头。在多数情境下，工程建造的人工物的质量问题不是出在工程设计阶段或者技术交底环节，而是归因于具体“上手”操作的工人这一层次。由于，在“上手”的具体操作情境中，操作者与被操作对象是马克思所述的生产对象的物质相互作用的对象，因此必须进行操作界面的认知。

建筑工人在“上手”建造工程的过程中，有的是“徒手”操作，有的是借助施工机具进行操作，这两方面有着操作意义或者说操作界面的区别。当建造人工物的建筑工人不借助施工机具，也就是“徒手”操作时，其操作就直接指向了对象本身，这个指向操作对象本身的具身操作只会出现一个操作的界面。而“上手”操作的建筑工人借助施工机具进行“上手”操作的施工活动，建筑工人是通过起“过桥”作用的施工机具与操作对象发生作用或关系的，这就不是能用一个简单的操作界面所能叙述或者交代明白的，而是两个操作界面的问题。正如李伯聪教授所述：“当操作者使用工具或机器的时候，我们可以把操作者和机器之间的操作界面称为第一操作界面，把机器和劳动对象之间的操作界面称为第二操作界面。”[17]“在第一操作界面上实现的是人与作为物的机器之间的相互作用，这就对机器提出了它不但应具有‘必需的物性’，而且还应具有‘良好的人性’的要求，而第二方面的要求也就是对机器提出了它应适合‘人的标准’和‘人的尺度’的要求。”[17]这就说明施工机具应该是为具体操作者量身定做的，因为一个不适合的“上手”机具直接影响到操作者具身知识的发挥。例如，在建筑施工的工程中，建筑脚手架和建筑脚手板的搭设高度和施工操作作业面的宽度直接影响操作者四肢的发挥，进而影响到其具身性，最终影响到建筑人工物的质量和工期等。“在第二操作界面上实现的是物与物之间的相互作用，人的生产目的‘最终’是通过在第二操作界面上的机器和劳动对象之间的物与物之间的相互作用而实现的。所以，人在设计和制造机器的时候也就不得不使机器的设计和制造‘符合’‘物的原理’或‘物的尺度’。”[17]正如在建筑施工中，在通过钢筋弯矩机械进行钢筋弯矩时，机器的型号或者其设计的弯矩刚好符合建筑施工中国标准(GB)和具体施工规范的要求，工人在具体的弯矩操作中，“上手”就显得十分轻便(俗语中所述的干活十分节省力气)，即建筑工人的四肢和大脑活动与其所使用的施工机具的配合达到“完美”，其本体的具身性或者具身知识运用到了极致。

3. 施工管理的具身性

工程建造活动出现在特定的地理位置，即：“工程行动发生的特定地区的地理位置、地形地貌、气候环境、生态环境、自然资源等特殊的自然因素，以及该地区的经济结构、产业结构、基础设施、政治生态、社会组织结构、文化习俗、宗教关系等社会因素，构成了工程行动发生的自然与社会环境。”[19]因此必须对工程建造的具体场所进行研究，研究当地的地质地貌和土体等，例如土木工程专业的必修课程“土力学”就深刻地诠释了这一情形。

在施工建造的具体情境过程中，往往生态观(绿色施工、文明施工的要求)和文化观越来越被施工建造和社会所关注。这两观也是施工企业参评“鲁班工程奖”的重要参考标准。随着经济社会的纵横发展，工程建造活动也开始从传统的粗放型发展转移到绿色发展，绿色建筑的热度被工程界广泛关注，正如李伯聪教授所述：“人们愈来愈深刻地认识到必须树立科学的工程生态观，把工程理解为生态循环系统之中的生态社会现象，要做到工程的社会经济功能和科技功能与自然、生态功能相互协调和相互促进。”[20]在循环经济发展火热的当代社会，工程界(包括建筑工程、工业工程等)开始对工程本体的研究加入了生态观念，而且在具体施工技术措施上初见成效，例如“形成了以系统分析为核心的方法，以工业代谢分析、生命周期评价、生态设计为手段，逐步建立起以对产品在整个生命周期内的环境影响进行综合考察的工业生态学理论。”[20]这对施工情境中环境管理是可参考的，是环境具身问题之所在。

在对施工情境中环境管理的具身性问题的具体的研究管理活动中，要把各种自然和社会科学知识都必须融入其中。这是一个庞大的具身操性问题，必须在后续进行深入研究。

★ 参考文献

[1] 邓波，贺凯. 试论科学知识、技术知识与工程知识[J]. 自然辩证法研究，2007，(10)：41－46.

[2] 李炳全，张旭东. 具身认知科学对传统认知科学的元理论突破[J]. 南京师大学报(社会科学版)，2014，(06)：116－123.

[3] 孟伟，刘晓力. 认知科学哲学基础的转换：从笛卡儿到海德格尔[J]. 科学技术与辩证法，2008，25(06)：31－34.

[4] DAVISR，SHROBE H，SZOLOVITS P. What is a knowledge representation?[J]. AI Magazine，1993，(14)：17－33.

[5] 刘玲. 注意与表征主义[J]. 自然辩证法通讯，2018，40(11)：50－56.

[6] FISH W. Philosophy of Perception：A Contemporary Introduction [M]. New York：Routledge，2010：65－71.

[7] 刘晓力. 计算主义质疑[J]. 哲学研究，2003，(04)：88－94.

[8] 罗志达. 具身性与交互主体性[J]. 中山大学学报(社会科学版)，2017，57(03)：143－150.

[9] [德]胡塞尔. 交互主体性现象学(第2卷)[M]. [瑞士]耿宁，编. 海牙：马尔梯努斯·奈伊霍夫出版社，1973.

[10] [德]胡塞尔. 事物与空间[M]. [德]克拉斯格斯，编. 海牙：马尔梯努斯·奈伊霍夫出版社，1973.

[11] 冉聃. 赛博空间、离身性与具身性[J]. 哲学动态，2013，(06)：85－89.

[12] FUSAR-POLI P，STANGHELLINI G. Merleau-Ponty and the Embodied Subjectivity[J]. Medical Anthropology Quarterly，2009，23(2)：91－93.

[13] 梅洛·庞蒂. 知觉现象学[M]. 姜志辉，译. 北京：商务印书馆，2001.

[14] 海德格尔. 存在与时间[M]. 北京：生活·读书·新知三联书店，1999.

[15] 黑格尔. 逻辑学(下卷)[M]. 北京：商务印书馆，1976.

[16] 郁锋. 麦克道尔和德雷福斯论涉身性技能行动[J]. 哲学分析，2019，10(03)：3－11，196.

[17] 李伯聪. 工程哲学引论[M]. 郑州：大象出版社，2002.

[18] 李伯聪，等. 工程社会学导论：工程共同体研究[M]. 杭州：浙江大学出版社，2010.

[19] 邓波，贺凯，罗丽. 工程行动的结构与过程[J]. 工程研究—跨学科视野中的工程，2007，3(00)：49－59.

[20] 李伯聪，等. 工程哲学[M]. 北京：高等教育出版社，2007.

论工程管理技术知识

王青娥　尹伦禹　孙海燕

摘　要：中国工程建设领域有先进的建造技术和成功的工程经验，学者也在不断地对工程管理技术进行研究，但尚缺乏一整套的工程管理技术知识。本文从工程管理技术知识的建构逻辑、主要形态以及核心内容三个方面论述工程管理技术知识。管理学专著和工程管理相关职业认证知识体系指南是工程管理技术知识建构逻辑的主要范本，意识形态、符号形态及物化形态是工程管理技术知识的主要形态，战略决策知识、目标管理知识、组织管理知识、工程经济知识、风险管理知识、信息管理知识与工程评价知识等是工程管理技术知识的核心内容。

关键词：工程管理技术；知识；建构逻辑；主要形态；核心内容

将管理学中对“管理”[1]的定义拓展，“工程管理”是以工程为对象的管理，即通过计划、组织、人员、领导、控制等职能，设计和保持一种良好环境，使工程参加者在其中高效率地完成既定的工程任务[2]。这一定义表明了工程管理的实用导向特征，呼应了工程管理知识的目标增值性特征。我们据此将该类知识界定为“工程管理技术知识”，是一种直接服务于工程管理实践的“硬件”知识，也是工程管理专业的核心技能，其本质是一种管理技术，而非工程技术，是一种应用型知识。讨论工程管理技术知识，就是分析讨论该知识的建构逻辑、主要形态以及核心内容。

一、 工程管理技术知识的建构逻辑

工程管理技术知识的管理技术本质决定了其管理学知识基因，其实践应用性质决定了其可评估性和可塑性，二者为工程管理技术知识的内容和知识体系建构逻辑提供了借鉴，而工程管理技术知识的主要范本包括管理学专著和工程管理相关职业认证知识体系指南。从管理学和职业认证的性质来看，管理学是理论性研究，是基于管理职能和过程建构知识体系；职业认证是应用性研究，是基于工作内容建构知识体系。

1. 基于管理职能和过程的管理学知识体系分析

从管理学视角分析，管理学流派众多，研究焦点迥异。孔茨称之为“管理丛林”，并将各类研究观点按管理职能及其过程串联形成体系，并成为管理学教科书编排的基本范式。基于管理学基本观点，管理的任务是有效地将一定的投入高效率地转化为产出。虽然不同的管理学派从不同的角度讨论管理的转化过程，但最全面、最有用的方法是运用计划、组织、人员、领导、控制这五种管理职能作为集成管理

基金项目：中国工程院咨询项目：工程知识论（2018－XY－42）。

作者简介：王青娥（1976—），女，博士，副教授，研究方向为工程管理；尹伦禹（1996—），女，硕士研究生，研究方向为工程管理；孙海燕（1994—），女，硕士研究生，研究方向为工程管理（E-mail：893238886@qq. com）。

知识的框架，如图1所示[1]。在该系统框架下，将管理知识归类到五个职能之下，具体见表1。

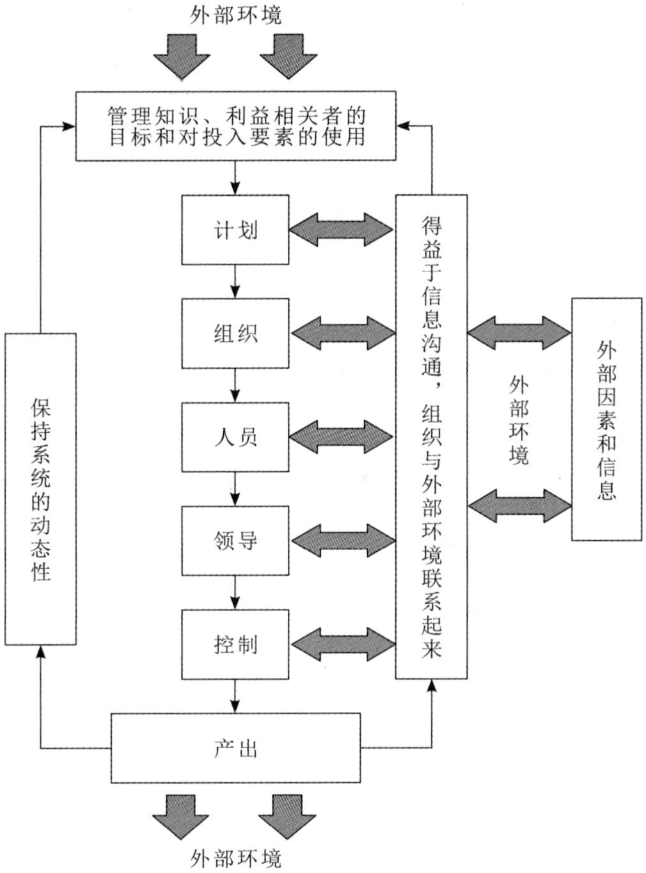

图1　管理的系统框架

表1　管理知识基于职能的归纳

管理职能	计　划	组　织	人　员	领　导	控　制
具体知识	计划与目标 战略 决策	组织性质 组织部门结构 组织权责结构 组织文化	人力资源管理 绩效评价 人员教育	激励理论 领导理论 集体决策 沟通	控制系统 控制方法 全面质量管理

沟通系统贯穿于整个管理过程，一方面将管理职能协调融合成一体，另一方面把组织与所处的外部环境有机联系起来，根据环境变化调整内部结构实现动态适应。

2. 基于工作内容的职业认证知识体系指南分析

从职业认证视角分析，目前较成熟的职业认证有工程管理认证和项目管理认证两大类型。前者主要指国际工程管理认证，是专门面向工程技术及工程管理人员的权威认证，同时得到了美国五大工程师学会的大力支持；后者包括项目管理专业人士认证（美国项目管理协会，PMP）、国际项目经理资质认证（国际项目协会，IPMP）、受控环境下的项目管理认证（英国商务部，PRINCE2）等，这些机构均各自出版了相对应的知识体系指南。

1）工程管理知识体系指南

美国工程管理学会（the American Society of Engineering Management，ASEM）将工程管理定义为：对具有一定技术含量的业务活动进行规划、组织、分配资源、指导和控制的一种艺术与科学[3]。基于该定义，《工程管理知识体系指南》(EMBOK)[①]知识领域的提炼遵循规划、组织、资源配置、指导、控制等工作归属，同时兼顾人文属性，分别从领导力和组织管理，战略规划，财务资源管理，项目管理，质量管理、运营管理与供应链管理，工程组织的营销与销售管理，技术管理、研究管理与开发管理，系统工程，工程管理的法律问题，职业伦理与行为规范等十大领域论述工程管理知识。

工程管理技术知识在该知识体系中集中于前八大领域，另外，本节对工程管理限定于工程实施过程中的管理，故将营销相关内容排除在外。各领域具体知识如表 2 所示。

表 2　工程管理技术知识基于管理工作的归纳

知识领域	具 体 知 识
领导力和组织管理	集成管理模式、管理思想学派、管理和激励知识型员工、组织结构、管理系统和系统思考、领导力、人力资源管理、团队
战略规划	战略规划过程、战略管理、战略制定、战略实施、战略绩效管理
财务资源管理	会计、财务、预算、工程经济、成本效益估算
项目管理	项目管理知识体系、项目管理过程组(启动、计划、执行、监控、收尾)、敏捷项目管理
质量管理、运营管理与供应链管理	质量管理及其工具、过程改进及其工具、运营管理、库存管理与供应链、设施管理、供应链绩效测量
技术管理、研究管理与开发管理	技术创新战略管理、最佳创新实践模式、创新实现流程
系统工程	系统工程方法、系统工程实施、系统工程前沿领域

2) 项目管理知识体系指南

项目制是工程实施的主要管理模式，通过边界清晰的项目分解实现化整为零、多线推进、协同合作，极大提升了管理效率。项目管理是工程管理的重要实践形式，在特定情形下，项目管理等价于工程管理，一般称为工程项目管理。故而，项目管理知识体系指南对分析工程管理技术知识有重要借鉴作用。相对工程管理，项目管理学科确立较早，国际范围影响大，经过多次讨论、反复完善和修订，其已具备完善的逻辑架构和完整成熟的知识体系，已形成包括 PMBOK Guide[②]、APMBOK[③]、IPMA-ICB[④]、OGC PRINCE2®[⑤]、C-PMBOK[⑥]、中国工程项目管理知识体系[⑦]等在内的完整项目管理知识框架。不

① 基于美国机械工程师学会(the American Society of Mechanical Engineers，简称 ASME)旗下指定的国际工程管理认证(Engineering Management Certification International，简称 EMCI)编写的初版《工程管理知识体系指南》(A Guide to the Engineering Management Body of Knowledge，简称 EMBOK)，美国工程管理学会持续改进，不断为 EMBOK 提供素材，更新内容。

② 美国项目管理协会(Project Management Institute，简称 PMI)于 1984 年在总结项目管理实践中成熟的理论、方法、工具和技术的基础上提出《项目管理知识体系指南》(Project Management Body of Knowledge，简称 PMBOK)，经过多次修订，逐渐形成了相对完善的知识体系。

③ 英国项目管理协会(the Association for Project Management，简称 APM)是仅次于 PMI 以外影响力最大的国家项目管理专业协会，于 1992 年发行了首版 APMBoK(APM Body of Knowledge)并不断修订完善，该体系成为德国、法国、瑞士、奥地利等国的项目管理知识体系的基础。

④ 国际项目管理专业资质基准(IPMA Individual Competence Baseline，简称 ICB)是国际项目管理协会(International Project Management Association，简称 IPMA)基于英国 APM 知识体系、法国 AFITEP 评估标准、德国 PM-ZERT 项目管理标准、瑞士 VZPM 评估结构基础上形成的能力标准 。

⑤ OGC PRINCE2 ® (PRojects IN Controlled Environments，受控环境下的项目管理)是英国政府采用的项目管理标准，最早应用于 IT 项目中，随着 OGC 的不断改进，逐渐成为通用项目管理方法。

⑥ 中国项目管理知识体系(C-PMBOK)是由中国(双法)项目管理研究委员会发起并组织实施的，最新版为 C-PMBOK 2006。

⑦ 《中国工程项目管理知识体系》由中国建筑业协会工程项目管理委员会出版，以 PMI 的 PMBOK 为主，同时部分借鉴 IPMA-ICB、OGC 的 PRINCE2 等。

同的知识框架有不同的受众和侧重点，而 PMBOK 知识体系中包含的十大知识领域独立划分，逻辑清晰，知识领域全面，要素之间通过“输入—输出”模型进行描述。PMBOK 知识体系着重描述了项目管理的专业知识、方法与技术，对其他项目管理知识体系的构建影响深远。但 PMBOK 对一些管理因素、商业环境、项目和企业战略之间的关系、项目环境不够重视[4]，未明确管理的组织结构与角色定义，在借鉴时需要注意其局限性。

PMI 将项目管理知识体系（PMBOK）定义为描述项目管理专业范围内知识的术语，是组织制定实践项目管理所需方法论、政策、程序、规则、工具、技术和生命周期阶段的基础[5]。PMBOK 认为项目管理的实质是“按时、按成本、按范围完成项目的目标”，在这种任务导向思想的指导下，PMBOK 围绕不同的知识领域组织业务流程，将项目管理内容概括为十大知识领域，具体内容如表 3 所示。

表 3　PMBOK Guide 知识体系

知识领域	具体知识
整合	制定项目章程、制订项目管理计划、指导与管理项目工作、管理项目知识、监控项目工作、整体变更控制、结束项目或阶段
范围	规划范围管理、收集需求、定义范围、创建 WBS、确认范围、控制范围
时间	规划进度管理、排列活动顺序、估算活动持续时间、制订进度计划、控制进度
成本	规划成本管理、估算成本、制订预算、控制成本
质量	规划质量管理、管理质量、控制质量
人力资源	规划资源管理、估算活动资源、获取资源、建设团队、管理团队、控制资源
沟通	规划沟通管理、管理沟通、监督沟通
风险	规划风险管理、识别风险、定性风险分析、定量风险分析、规划风险应对、实施风险应对、监督风险
采购	规划采购管理、实施采购、控制采购
利益相关者	识别相关方、规划相关方参与、管理相关方参与、监督相关方参与

从表 3 可以得出，项目管理各知识领域知识要点明显呈现出项目管理的五大过程，即启动过程、规划过程、执行过程、监控过程、收尾过程。这些过程在项目管理中紧密相关，相互重叠于整个项目管理活动中[3]。此外，项目管理知识领域之间还存在有机联系，如图 2 所示。

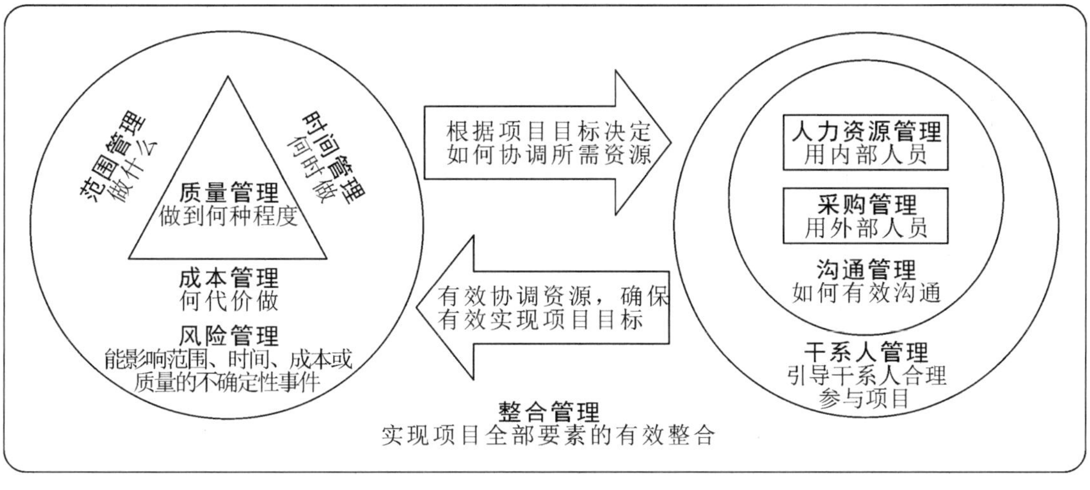

图 2　项目管理十大知识领域之间的基本管理

在项目管理十大知识领域中，整合管理是项目管理的指导思想，要求通过协调项目中的全部要素来实现项目范围、时间、成本、质量的综合最优；范围管理、时间管理、成本管理、质量管理、风险管理旨在确定项目的范围、时间、成本和质量目标，并用合理的方法来实现；人力资源管理、采购管理、沟通管理和干系人管理，则根据项目目标确定所需的内外部人力资源，并通过协调管理这些资源来确保项目目标的实现[6]。从图 2 可以观察到项目管理有两个中心，即目标和资源，一切知识均围绕这两个中心建构。

3. 工程管理技术知识的建构逻辑分析

基于前述分析凝练几点工程管理技术知识建构原则，包括：

① 基于管理职能(计划、组织、协调、领导、控制)和管理过程(PDCA 循环①)的归类是工程管理技术知识分类应遵循的原则；

② 基于工作内容的归类是工程管理技术知识分类应遵循的原则；

③ 工程管理技术知识的范围应紧扣其管理技术本质；

④ 工程管理技术知识应围绕“目标”和“资源”两大管理中心建构；

⑤ 工程管理技术知识需要与时代接轨，反映社会先进生产力工具。

基于上述原则，将工程管理技术知识分解为战略决策知识、目标管理知识、组织管理知识、工程经济知识、风险管理知识、信息管理知识与工程评价知识等七个知识领域，如图 3 所示。

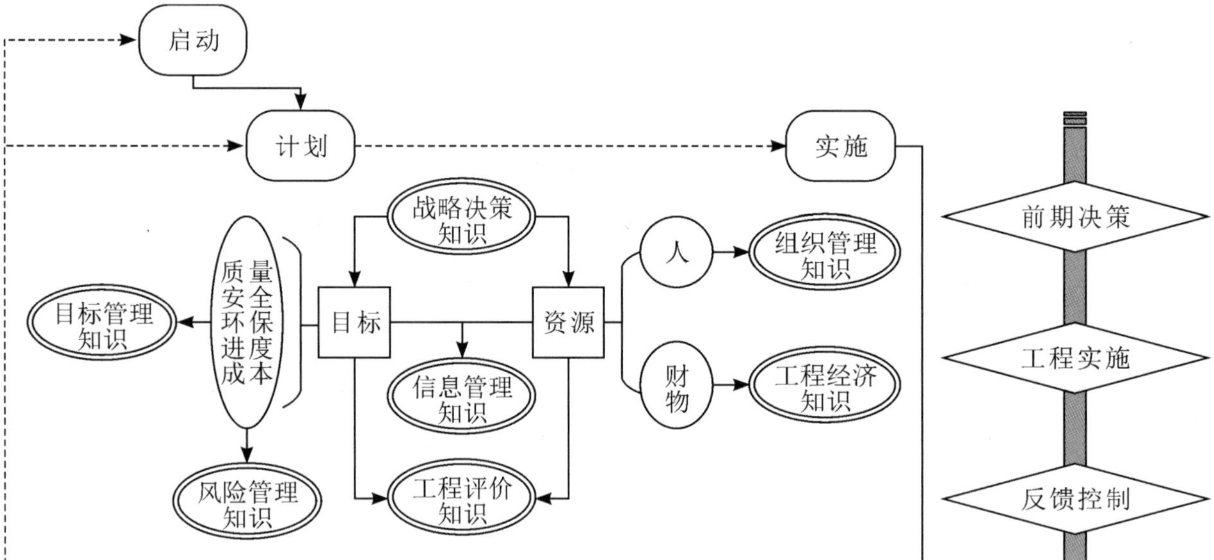

图 3　工程管理技术知识的建构逻辑

工程管理技术知识的建构逻辑体现了从前期决策到实施的程序路径。战略决策知识在工程管理前期工作中被运用。目标管理和资源管理是工程管理实施过程中的两个重点。质量、安全、环保、进度、成本是工程管理的目标，目标管理知识是对质量、安全、环保、进度、成本等目标进行管理的方法和技能。人、财和物是工程管理的主要资源。组织管理知识是以人为中心，在组织结构设计、流程设计、环境构建等过程中被运用，是实现资源要素的合理配置的经验、方法和工具。工程经济知识主要解决以财、物为中心的管理问题。在这个过程中，人是调动其他资源的关键，围绕人的特点进行组织设计以发挥人的主观能动性，从而实现其他资源的配置。风险管理知识是对引起目标偏差的对象的一种管理评价

① 即 Plan-Do-Check-Action(计划—执行—检查—处置)

控制技能和方法。信息管理知识是以目标和资源为管理对象，有效利用信息化工具对工程信息进行管理，是提升工作效率的关键工具。工程评价知识用于判断工程目标的实现程度及有效配置资源，以对工程活动进行价值判断和优化。

二、 工程管理技术知识的主要形态

工程管理技术知识在传授和实践应用的过程中，主要表现为意识形态、符号形态及物化形态等。意识形态是工程管理主观能动性的根源，也是人不可替代作用的体现；符号形态是物化形态的基本前提；物化形态是工程管理技术知识产生效益的直接体现。

1. 工程管理技术知识的意识形态

意识形态是工程管理技术知识的一种最原始的基本形态，包括个人记忆和集体记忆。意识形态不是人脑中固有的，而是源于社会存在。工程管理技术知识由工程管理者大脑对工程管理实践中有用的管理流程、管理思想等进行录入、选择记忆、检索，并且在已有人工物的基础上对意识进行重新组合与创造，力求更好地进行工程管理实践。

1）个人记忆

工程管理技术知识的产生、传播与普及，与工程管理实践、工程管理实践活动中的个体息息相关。知识的最终载体是个人，大到工程管理技术思想、原理的发明，小到工程管理技术工具性物品的使用都以个人为载体。个人在工程管理实践活动中，耳闻目睹、耳濡目染、潜移默化习得个人记忆。例如某学者综合以往的工程管理技术知识，在大脑中以个人记忆为基础，进行思维的重组与创新，最终形成新的工程管理技术知识。

2）集体记忆

集体记忆也是一种工程管理技术知识的基本形态。作为意识形态存在的工程管理技术知识，其主体不仅仅是作为个体的“人”，还是作为一个整体的“人类”，工程管理技术知识储存在数十亿人头脑中。知识的传承归根到底是人们记忆的接力，会通过文字或者实物如石头、建筑之类等体现出来。在写字或石刻的时候既是记忆的体现，也是意识的重生。

2. 工程管理技术知识的符号形态

在工程管理者已经心领神会或形成记忆的基础上，对工程管理实践活动产生影响、效用的意识形态（即记忆），会随着历史的积累以实物或者符号形式沉淀下来，实物如建筑，文字符号如语言。符号形态用于在时间与空间上延长、扩大工程管理技术知识，使得工程管理技术得以保留与传承，是物化形态的基本前提，包括语言、文本、图像、数据。

1）语言

德国人类学家利普斯认为：“最简单的交际媒介就是语言。”从哲学意义上来看，思想是通过语言表达的。意识形态的工程管理技术知识通过工程管理教育活动、工程管理学术报告会、工程管理学术论坛等以语言符号得以快速、有效地传播。语言形态的优势在于可以灵活地传递所要表达的信息，并且获得一个及时的反馈，以问答的形式快速解决问题。小到工程管理技术的学术交流，大到国家重大工程项目的实施，只要工程管理实践活动发生在某一个工程组织内，就必然会发生以语言形态表现的工程管理技术知识传播。

2）文本和图像

由文本和图像承载知识的符号可以让知识在时间长度和空间广度上得到延展。图像符号主要代表了工作分解结构、网络图、甘特图等，它借助描述对象的一些特征来传递工程管理技术知识，根据自身和对象之间的指代关系而起作用，例如工程图纸中的标记、施工进度前锋线，在工程管理技术知识普及中出现的适宜工程从业者理解的图标、比喻等。对于工程管理技术知识而言，单个符号是知识，一系列符号就成为系统的知识，再经过文本编排和处理技术，形成物化的工程管理技术知识，比如《管理学》、工程管理相关法律范本、工程管理专著等都是符号的综合体。

3）数据

互联网所用的符号随着数字化革命的到来也逐渐变成了重要的工程管理技术知识表现形式。数据是指电子计算机能够生成和处理的所有数字、文字、比特等工程管理技术知识符号。这些数字、文字、比特符号的固化就可以成为计算机软件的一个单元或基本执行逻辑而研发出物化的工程管理技术知识，如计算机管理系统。电子计算机也可以将工程管理实践的术语、一般性流程、专用图表结构等进行处理，形成物化的工程管理技术知识，如可视化技术和数据库技术、计算机软件技术、流程图制图软件和数据库技术等。

3. 工程管理技术知识的物化形态

物化形态是工程管理技术知识成果的一种最具体的基本形态，在工程管理实践中直接显现工程管理技术知识的效益。工程管理技术知识意识形态在经过符号形态传播和传承后，在工程管理实践中以机器、设备和软件等物化形态显现工程管理技术知识。工程管理技术知识的物化形式有终端消费品和可再创造的工具性用品等类型。

1）终端消费品

终端消费品作为最终产品供人们消费，小到房屋建筑，大到沉管隧道工程，都承载着工程管理技术知识。马克思认为，商品凝结了人类无差别的体力劳动与智力劳动，都是有价值的，其中包含的工程管理技术知识本质上没有区别，只是含量有多有少。

2）可再创造的工具性用品

可再创造的工具性用品能够继续生产更多的产品，或者能帮助创造新知识，比如，Autodesk Buzzsaw、PKM V5.0、BIM、GIS 管理系统等。这些工具性用品可以执行已形成的知识网络，但是对未知的却无能为力。工程管理者拥有自主意识，不仅能掌握机器运作的原理，也能应对变化。工程管理者可以从这类工具性用品中研究其设计、组成和运行方面的工程管理技术知识并运用到工程管理实践中，也可以利用这些工具作为辅助探索新的管理技术知识。

三、工程管理技术知识的核心内容

综上，工程管理技术知识可归纳为战略决策知识、目标管理知识、组织管理知识、工程经济知识、风险管理知识、信息管理知识与工程评价知识等七大核心内容，各部分的具体知识及其基本形态举例如表 4 所示。表 4 给出了知识具象的表现，并分别论述各个知识领域的效用范围与内在逻辑。

表 4 工程管理技术知识的核心内容

知识领域	具体内容	具体经验、方法、诀窍、技能、流程、工具等		
		意识形态	符号形态	物化形态
战略决策知识	战略规划知识与实施计划知识	成功经验、CROPIS/SIPOC、SWOT 分析等分析方法、各类估算方法	BCG 矩阵、产品生命周期模型、波特五力模型	项目管理软件
			工作分解结构(WBS)、甘特图、网络图、项目实施计划书	

续表一

知识领域	具体内容	具体经验、方法、诀窍、技能、流程、工具等		
		意 识 形 态	符 号 形 态	物化形态
战略决策知识	工程决策知识	团体决策的思维、头脑风暴法、歌顿法、德尔菲法、Bayesian 法、Markov 法、经验判断决策法、层次分析法，多目标决策法、模糊理论决策方法、灰色理论决策方法	决策树、盈亏平衡图、决策收益表、乐观决策标准、悲观决策标准、现实主义标准、后悔遗憾标准	可行性研究报告
	最优化方法与价值工程知识	优化意识与思维、重点选择法、百分比法、产品生命周期法，优缺点列举法、打分评价法、综合选择法	梯度下降图、拟牛顿、共轭梯度、信赖域、线性规划、对偶理论、增广 Lagrange 函数、序列二次规划(SQP)	最优方案
目标管理知识	成本管理知识	费用估计、预算、控制、决算与审计的诀窍，方法有无比较法、价值工程法、限额设计法、生产能力指数法	挣值图、资源费用曲线	BIM 技术、广联达等造价软件
	进度管理知识	工作分解、工作排序、进度安排和控制的诀窍、前馈控制、实时控制、反馈控制经验	PDCA 循环图、横道图、香蕉曲线、前锋线、列表、里程碑计划、甘特图、S 曲线、燃烧图、看板	PKM V5.0
	质量管理知识	质量控制、检验、改进思维与经验、质量控制的数理统计方法	含目标、收益、评审团队角色、评审准备、建议的评审会议议程、评审后续行动等内容的质量审查技术	质量技术文本
	安全管理知识	安全诊断诀窍、安全计划与控制方法	安全标志、标示图、事故树	安全控制法律法规
	环境保护管理知识	可持续发展、以人为本理念	环境影响评价制度体系图、环水保体系流程图	《中华人民共和国环境保护法》、GIS 管理系统
组织管理知识	组织结构知识	组织形式选择经验、遵循的原则	职能型、平衡矩阵、职能矩阵	流程图制图软件
	流程设计知识	流程设计思维、经验、流程优化方法	管理流程体系、流程再造图、流程图	
	环境构建知识	环境分析经验、不确定性分析方法	PEST、SWOT、EFE 矩阵、IFE 矩阵、CMP 矩阵	
	人力资源管理知识	沟通经验、谈判经验和方法、团队协作方法、领导力	人员架构图	
工程经济知识	工程经济分析知识	经济分析经验、全寿命等成本分析方法、技术经济管理法	费用—效益分析图、技术经济管理技术	施工、勘察、设计、监理、咨询合同
	工程财务知识	财务分析方法、利润与所得税费用分析法、财务管理法	财务报表	
	工程估价知识	估价经验、合同策划策略、投资效益估算方法、工程评估方法、实际费用补偿索赔法、折算法	工程设计概算表、施工图预算表	

续表二

<table>
<tr><td rowspan="2">知识领域</td><td rowspan="2">具体内容</td><td colspan="3">具体经验、方法、诀窍、技能、流程、工具等</td></tr>
<tr><td>意识形态</td><td>符号形态</td><td>物化形态</td></tr>
<tr><td>风险管理知识</td><td>风险评估知识、风险控制知识</td><td>风险意识与风险应对经验、专家调查法（专家个人判断法、德尔菲法、头脑风暴法等）、主观评分法、外推法、层次分析法（AHP）、模糊综合评价法</td><td>核对表、调查问卷、事件树、工作分解结构、幕景、等风险图、决策树、事故树、蒙特卡洛模拟模型</td><td>网络计划技术（PERT、GERT）</td></tr>
<tr><td>信息管理知识</td><td>信息活动管理知识
信息系统管理知识</td><td>信息管理思维、经验与创造、结构化方法（又称生命周期法）、原型方法与面向对象方法、逻辑顺序方法、物理过程方法、企业系统规划方法、战略数据规划方法信息收集：调查法、观察法、实验法、查阅法、视听阅读法、集采法、联系法，分类法和主题法等信息组织方法，统计学习方法、机器学习方法、不确定性理论等信息加工方法</td><td>信息存储：信息的印刷存储、信息的磁存储、信息的缩微存储、信息的光存储
信息检索：计算机信息检索图（单机检索、脱机检索、联机检索、网络检索）与 Internet 网上信息检索图</td><td>可视化技术和数据库技术、信息管理系统、计算机硬件技术、计算机软件技术、计算机网络技术和数据库技术</td></tr>
<tr><td rowspan="3">工程评价知识</td><td>社会评价知识</td><td>评价经验、多属性综合评价法、模糊层次分析法、专家调查、“基线”调查法、对比分析法、利益相关者分析法</td><td rowspan="3">统计图、财务报表、社会评价报告、经济评价报告、环境影响评价报告</td><td rowspan="3">遥感和地理信息系统</td></tr>
<tr><td>经济评价知识</td><td>现金流量分析、静态和动态分析、费用—效益分析方法</td></tr>
<tr><td>环境影响评价知识</td><td>类比分析法、实测法、实验法、物料平衡计算法、数学模式法、物理模型法、类比调查法和专业判断法</td></tr>
</table>

1. 战略决策知识

战略决策知识是关于工程管理前期工作的原则、标准与流程等的知识，主要包括战略规划知识、实施计划知识、工程决策知识、最优化方法知识和价值工程知识。在工程管理中，战略规划知识不仅是一种规划类知识，更是一种工作方法知识，可随规划工作者认识、思考问题的角度和深度不断提升与丰富，用于指导项目全局性、高层次、长远性的大方向过程。实施计划知识是以战略规划知识为要领对总目标的进一步分析研究，用于计划性工作的知识。战略规划知识与实施计划知识为工程项目的顺利开展奠定基础。工程决策知识覆盖整个工程活动的全过程，是通过最优方法、价值工程等技术知识，围绕工程活动中的各种决策活动而形成与作用的知识。最优化方法知识是关于解决最优化问题的思维、经验与方法。价值工程知识主要服务于技术经济决策过程。

2. 目标管理知识

目标管理知识是工程管理技术知识的核心内容，是一个复杂的集合体，主要包括成本管理知识、进度管理知识、质量管理知识、安全管理知识、环境保护管理知识。工程管理者在良好地掌握和运用成本管理知识的基础上，能合理使用工程中的人力、物力、财力以取得较好的成本效益和社会效益。

掌握和运用工期计划和工期控制管理工作的基本原理、程序、方法等管理知识，在工程管理实践中起指导作用。掌握好质量管理知识，能确保工程按照设计者规定的要求满意完成，并保证提高工程质量。运用职业健康安全知识和工程安全生产知识等安全管理知识解决生产过程中出现的人的不安全行为和物的不安全状态的消除问题，对安全管理知识的掌握有利于促进职业健康安全与安全法规和制度的贯彻执行，提高全民的安全意识和职业健康与安全管理水平。运用环境保护管理知识处理环境、资源与发展三者之间的关系，协调和解决工程活动中产生的环境问题，控制环境污染，防止生态被破坏等。

3. 组织管理知识

组织管理是指按照一定规则和程序设置岗位结构与人员安排，明确责权关系，有效配置人、财、物、信息和时间等资源，确保组织目标的高效实现[7]。人力资源是工程组织的最大资源，是工程组织造物能力的源泉。有效的人员管理可以满足工程对人员的需求，充分发挥人的创造性，最大限度地发挥团队效益，更好地为工程管理服务。组织管理技术知识是实现资源优化配置的方法、技术、工具，包括组织结构设计知识、流程设计知识、环境构建知识及人力资源管理知识等内容。组织结构知识主要解决工程管理中的组织关系、职能分工、任务分工、工作流程的规定和划分等问题。流程设计知识主要解决工作任务分解、构建管理流程责任分配矩阵、绘制各级管理流程图等问题。此外，掌握环境构建知识，工程管理者才能更高效合理地完成工程管理活动。

4. 工程经济知识

工程经济是工程管理的核心内容之一，工程经济一定程度上影响到工程成本管理及成本控制，直接关系到工程的经济效益。工程经济知识是指围绕工程管理过程中的各项资源，在实现工程质量、安全、工期和环保管理目标的基础上，通过经济学知识和财务知识对工程进行降本增效、优化管理以实现最大效益的工具、方法和制度，包括工程经济分析知识、工程财务知识和工程估价知识等内容。工程经济分析知识是对拟建工程的财务可行性和经济合理性进行分析的方法，可为科学决策提供经济方面的依据。工程财务知识是分析预测工程财务效益与费用、盈利能力和偿债能力等的方法和技术，据以判断工程的财务可行性。工程估价知识是用于推测和判断工程最可能实现的合理价格的程序、方法和手段，合同管理是工程估价的重要手段。

5. 风险管理知识

风险管理知识指组织在对项目建设活动中涉及的风险进行识别、分析，并制定相应的对策，以最低的风险成本实现项目组织的价值最大化过程中所运用到的思维、经验及具体的方法与工具。风险管理内容可概括为风险管理规划、风险评估与控制、风险管理绩效考核与风险管理评价四部分。其中，风险评估与控制对风险可能造成的影响进行定量判断，根据结果采取科学的方法应对可能产生的风险并进行风险监控，是风险管理的关键步骤，主要内容包括风险评估（风险识别、风险分析、风险评价）与风险控制（风险应对、风险监控）。

6. 信息管理知识

工程建设时间跨度大、周期长、内容复杂，在工程管理过程中，各种各样的数据、信息与文档无时无刻不在产生。在当今数据爆炸的背景下，海量信息繁复冗杂，因此，顺应时代的发展趋势，积极探索工程管理过程中应用信息管理技术的可行策略势在必行。工程信息管理知识是需要工程信息人员合理、科学地运用先进的软件、技术与方法，围绕工程信息资源实施计划、组织、指挥、协调与控制，最终实现工程信息管理的社会活动中所需的思维与方法，包括工程信息内容的管理、工程信息系统的管理与工程信息活动的管理。

7. 工程评价知识

工程管理是以工程活动价值目标为导向的一系列活动[8]。工程评价知识围绕工程价值而产生与发展，包括工程社会评价知识、工程项目经济评价知识与环境影响评价知识。工程社会评价知识是为实现工程活动整体社会效益最大化，深入系统地分析工程活动的社会影响(如促进经济社会发展、社会公平以及可持续发展)，客观评估工程活动与当地环境的互适性，系统识别工程活动过程中可能产生的各种不利影响和社会风险，更好地促进人与自然、社会的和谐发展所需的原则、流程与方法。工程项目经济评价知识以工程项目为主体，以技术经济系统为核心，运用于对各种工程技术方案进行经济分析和评价，通过比较经济效果，选择出技术上先进、经济上合理的最佳方案。环境影响评价知识是在开发活动或决策之前，全面评估人类活动给环境造成的显著变化，并提出应对措施的过程中所需的原则、流程与方法，起到防患于未然的作用。

四、 结语

本节从管理学视角和职业认证视角分析了工程管理技术知识的建构逻辑，从意识形态、符号形态及物化形态三个方面阐述工程管理技术知识的主要形态，从战略决策知识、目标管理知识、组织管理知识、工程经济知识、风险管理知识、信息管理知识与工程评价知识等七大知识领域论述工程管理技术知识的核心内容，填补了我国工程管理技术知识研究的空白，希望有助于我国工程管理技术知识的深入研究和推广应用。

★ 参考文献

[1] [美]海因茨·韦里克，等. 管理学：全球化、创新与创业视角[M]. 北京：经济科学出版社，2015.

[2] 汪应洛，等. 工程管理概论[M]. 西安：西安交通大学出版社，2013.

[3] [美]SHAH Hiral, NOWOCIN Walter，等. 工程管理知识体系指南(原著第四版)[M]. 何继善，等译. 北京：中国建筑工业出版社，2018.

[4] 高照兵，徐保根. 论项目管理的知识体系[J]. 项目管理技术，2008，(7)：22-27.

[5] Project Management Institute. A Guide to the Project Management Body of Knowledge (PMBOK Guide) [M]. Pennsylvania：PMI，2017.

[6] 汪小金. 项目管理方法论[M]. 2 版. 北京：中国电力出版社，2015.

[7] 王孟钧. 工程项目组织[M]. 北京：中国建筑工业出版社，2011.

[8] 何继善，等. 工程管理论[M]. 北京：中国建筑工业出版社，2017.

机场安全工程知识论浅析

郭 枝　李 彪　孔祥芬

摘　要： 工程知识论是工程哲学发展的新领域，现在越来越多的工程行业都在探索其内部发展的规律性问题和知识演化的总体性问题。本文将以工程为核心，以机场安全为研究对象，结合民航实际案例，分析民航机场工程知识，为机场安全工程知识乃至民航整体工程知识论体系提供方法论思考。

关键词： 航空运输；机场安全；工程知识论

人类的进步和发展离不开劳动，人类劳动中简单而复杂，单一而系统，有目的的复合劳动过程就是工程活动。人对自然规律的探究，产生了自然科学，这是人对客观世界规律的把握，而人的所有工程活动，不仅仅是要把握自然规律，而且在工程劳动一开始，就渗入人的规律、人的意志。如何认识人与工程的辩证性？我们将以民航机场安全工程为例，进行初步的思考。

一、 工程知识有异于科技知识

工程知识一词的创制是当代哲学一件很有意义的事情，工程知识论建构于工程知识之上。我们首先要知道什么是“工程知识”。如果从构词法的角度分析“工程知识”这个术语的含义，可以看出有两个重要的分析、理解和研究思路：一是把“工程知识”看作是“工程”和“知识”的“交集”，二是把“工程知识”看作是“知识”的一个“子集”。

工程的目的是造物或体系性地造物，工程活动是技术活动的复合，但工程活动比技术活动影响更深远，社会性更强。像自然造物一样，工程造物也是人类社会存在和发展的物质基础。离开工程活动，人类就难以生存，社会就无可依托。工程活动是建造活动，是在对自然改造过程中人的合目的性的实践。工程活动也是基于自然基础之上的实践活动，自然是工程建造活动的物质前提和支撑条件，同时，也会约束工程的进行。因此，工程造物从根本上从属于自然物，但相对于人来说，工程造物已经与自然物不可分割地结合在一起。

工程首先是科学和数学的某种表现，或者某种自觉或不自觉的应用，通过这一表现和应用，使自然界的物质和能源的特性能够通过各种结构、机器、产品、系统和过程，用最短的时间和最少的人力、物力形成高效、可靠且对人类有用的东西。因此，工程学科是将自然科学的理论应用到具体工农业生产部门中形成的各学科的总称。

知识的一般化定义是人们在改造客观世界的实践中所获得的认识和经验的总和。知识一般分为科学知识和非科学知识。其中，科学知识往往具有真实性和准确性，可以证伪，非科学的本质不在于是否

课题来源： Civil Aviation Airport Group Smart Operation Key Laboratory Open Fund；项目编号：KLAGIO20180302。

作者简介： 郭之（1966—），男，中国民航大学马克思主义学院教授，研究方向为科技哲学；李彪（1993—），男，中国民航大学航空工程学院博士生，研究方向机场运行安全；孔祥芬（1974—），女，中国民航大学交通学院副教授，研究方向为智慧机场大数据。

正确，而在于不可证伪。因此，我们可以将工程知识看作是一门新兴的工程技术学科，它产生于社会科学与自然科学的相互交叉以及科学技术与工程技术的相互渗透。事实上，工程领域的人们已经认识到“工程的设计与实践中充满了辩证法”，工程中“有许多哲学问题需要研究和思考”。因此，尽管总体上说，工程和哲学之间存在着隔膜，但仍然有一些工程领域的人对工程问题时刻进行着哲学反思。

对于工程知识来说，由于工程知识是与人工物的制造和使用密切结合在一起的知识，于是其最基本的分类依据、分类标准和分类方法就是依据人工物的不同类型，主要表现为不同的产业类型而进行分类，换言之，“人工物的不同种类”成为工程知识分类的基础。由于在进行产业类型划分时，人工物又可划分为“作为工程设备的人工物”和“作为产品的人工物”等不同类型，并且相互之间往往会有交叉，这就使产业分类显得非常复杂和常常难以“唯一归类”。一般条件下的工程知识分类如图 1 所示。

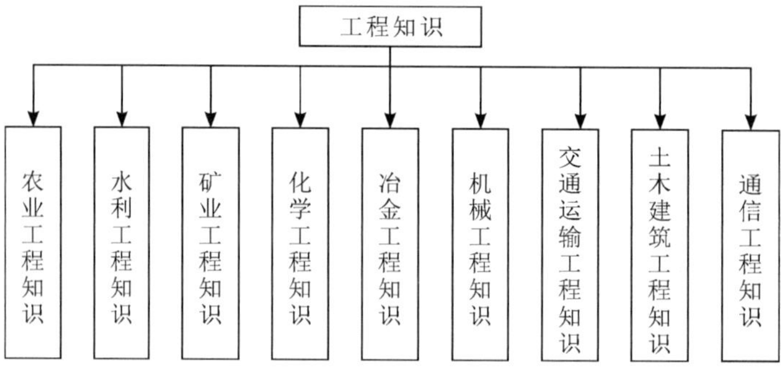

图 1　工程知识基本分类

二、 机场运行安全工程

机场系统是航空运输系统的重要子系统，其基本功能是提供飞机行程的停靠点、安全起飞与着陆的端点并能够为飞机航行提供各种服务工作，主要包含保障飞机起飞和飞机进近着陆时空中交通管制等基本运营设施与服务，飞机相关装卸行李或货物、飞机的清洁与动力保障等处理交通流量相关服务以及候机大厅与停车场等商业性活动，机场系统功能如图 2 所示。

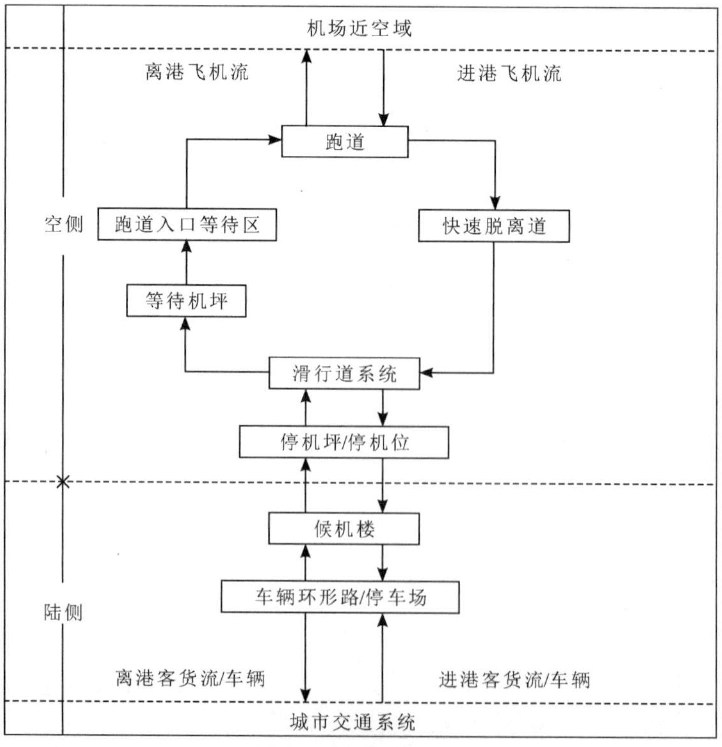

图 2　机场系统功能

由图 2 可知，机场运行系统包括飞行区、航站区、综合交通区三个子系统，如果机场运行安全要得到保证，首先必须保证各子系统的安全，同时也要保证各子系统之间衔接的安全。从机场运行安全的角度来说，其安全的描述应该是各子系统内部的和谐以及各子系统边际的、外部的和谐之间的有机统一体。从而也表明了机场运行安全工程知识也是首先从机场运行各子系统分类出发，构建相应的工程知识论体系架构，然后开始讨论各模块内部的工程知识和各模块之间的工程知识关联。

机场场面运行主要包括三部分：进港、保障、离港。图 3 为一架航班进离港运行的完整流程，由图可知，机场运行安全的核心是航空器运行的安全，而航空器的主要承载是旅客，这要求机场运行安全工程知识论必须研究以人为本、以人为中心、以顾客为“上帝”的思想。

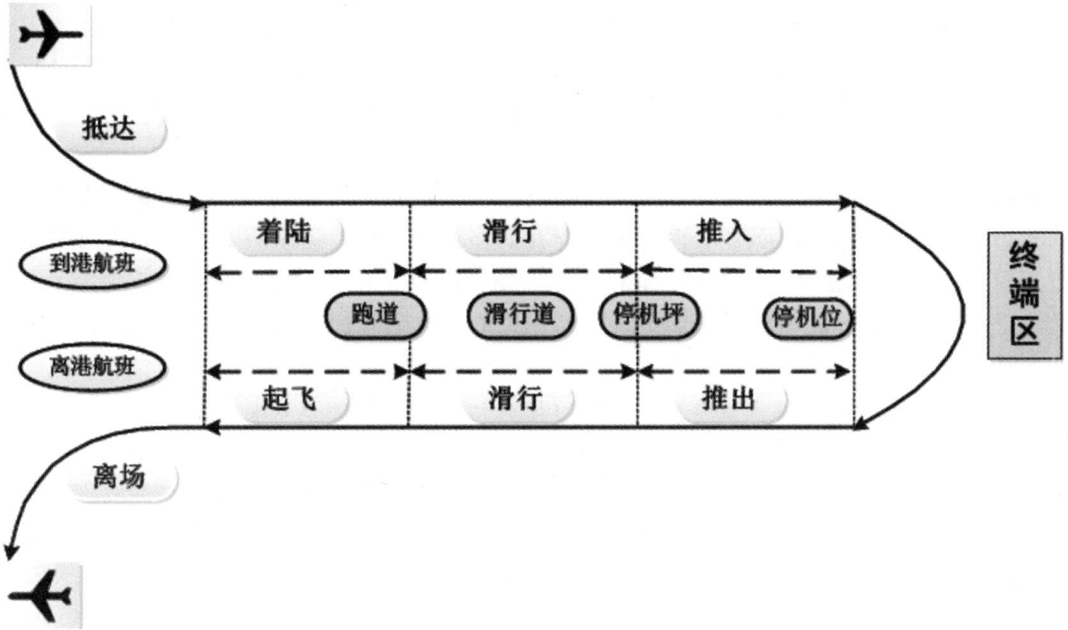

图 3　进离港航班运行流程

三、 机场运行安全工程知识论

从工程知识论的角度来讲，保障机场运行安全是实现机场运行系统中的以航空器为核心的设备资源以及以机务为代表的机务资源、信息、管理、时空等多要素的、和谐的辩证统一。机场运行安全工程知识的基本特征是集成性、复杂性、系统性、动态性、群体性和合约性。机场运行安全工程知识论的基本架构如图 4 所示。

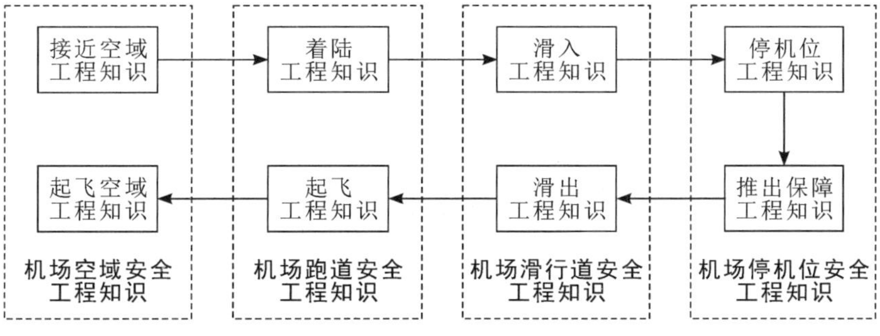

图 4　机场运行安全工程知识论基本架构

由图 4 可知，机场运行安全工程知识论可分为四大模块。

第一模块，机场空域安全工程知识。机场空域安全是指机场周边进近和起飞空中的有利机场运行的状况。根据《民用机场飞行程序和运行最低标准管理规定》，机场的最低运行标准必须考虑空域的相关参数，才能保障机场航空器的顺利起飞和降落，相关参数包含能见度、风速风向、云层、风切变等等条件的实际情况。机场空域安全工程知识主要指保证机场空域内的运行状况平稳和谐且无事故出现的状态的知识，包含着大量相关的工程知识，这是机场空域保证内部和谐状态的辩证统一集合。安全工程知识根据“扇区”的不同可以分为两大模块，即进近和起飞两部分的工程知识，不仅包括了塔台管制人员对于空域管制的经验总结，更重要的是保证内部的持续稳定的状态。

第二模块，机场跑道安全工程知识。跑道是每个机场必须具备的基础设施，用来进行航空器的起降，不同的跑道能够满足不同的航空器类型的运行，跑道的等级决定了其能够接受航空器起降的种类。根据实际条件的不同，对于多跑道的机场来说，一般会将跑道分为主起和主降跑道，而跑道安全有效地运行，是保证航班准时起降的关键。机场跑道安全工程知识主要包括跑道异物入侵、跑道冲突、尾流间隔等因素内容，是维持跑道平稳运行状态的集合。跑道安全工程知识主要针对跑道运行的连续性和稳定性，其中工程知识能够凝练出一般化规律来指导跑道运行安全过程，从而预防安全事故的发生。

第三模块，机场滑行道安全工程知识。滑行道是连接跑道和停机位的“桥梁”，滑行道布局的合理对于机场的运行有着很大的作用。其中，滑行道中存在许多重要节点，是事故高发地，所以对于航空器滑行道的滑行路径的规划就显得十分重要。滑行道运行指数的评估包括了道面状况、重要节点情况、滑行状况、航班变化四个方面。机场滑行道安全工程知识论的核心研究内容是航空器在滑行道内的时空不一致性，而工程知识将在其中扮演着重要作用，从而保证机场滑行道运行的时空和谐性。

第四模块，机场停机位安全工程知识。停机位是航空器驻停的地方，提供旅客的上下机以及航班的地面保障服务，是机场空侧和航站楼连接的部位。停机位根据跑道的属性分为不同的区域，根据与航站楼的距离分为近机位和远机位。机位的选择与分配对于机场的运行来说相当重要，涉及多种保障资源设备的运行，所以需要进行客观的评估和合理的调度分配。机场停机位安全工程知识论主要包含了机位内的航空器和保障设备在交互过程中可能发生的安全问题的经验知识的总结和汇总，是一种动态的对立统一过程。

总而言之，机场运行安全工程知识论是一个复杂的、关系缜密的知识体系，机场工程知识论越完备，机场运行过程越和谐，发生安全事故的概率越小。这表现工程知识论“物化”“凝聚”和“内蕴”了许多有关机场运行各模块的工程知识，证明了工程知识对于机场运行安全乃至民航安全的重要性。

四、 机场安全工程一例

以 2016 年 10 月 11 日发生在上海虹桥机场的跑道入侵事件为例，分析工程知识论的重要性。事件的简要说明如下：

当日，东航飞行员准备驾驶 A320 飞机执行 MU5643 航班，由上海虹桥机场起飞，将 147 名旅客送往天津。11 点 54 分，飞机在晚点了 19 min 后，接到塔台指令滑出。12 点 03 分，塔台指挥飞机进跑道 36 L，机组在执行完起飞前检查单之后进跑道。12 点 04 分，塔台指挥：跑道 36L，可以起飞。之后，A320 机组在确认跑道无障碍的情况下，执行了起飞动作，然而，就在飞机滑跑速度达到 110 节(每小时 200 km)左右时，机长突然发现有一架 A330 正准备横穿 36L—18R 跑道，立即询问塔台的同时，机长观察并确认该 A330 飞机确实是在穿越跑道，此时飞机表速已达 130 节(每小时 240 km)。

而此时，中国东方航空 MU5106 航班(A330 执飞)正载着 266 名旅客从北京飞抵上海，并得到空管指令穿越跑道前往航站楼停靠，在穿越 36L—18R 跑道过程中，MU5106 航班机组也发现了有飞机正在滑跑起飞，立即加速滑行以尽快脱离跑道。当时，正在操纵 A320 飞机的副驾驶一度有所迟疑，点了一下刹车，A320 飞机的机长看见迅速接过了操纵杆，以 7.03 度/秒的速率，带杆到机械止动位，最终，A320 飞机从 A330 飞机的上空飞越，避免了可能发生的撞机事故(两架飞机上旅客 413 人、机组人员 26 人)。根据民航局初步调查后召开的视频会议透露的细节，当时两架飞机的垂直距离仅

19 m，翼尖距 13 m，只差三秒就造成两机相撞。上海虹桥机场跑道入侵事件示意图如图 5 所示。

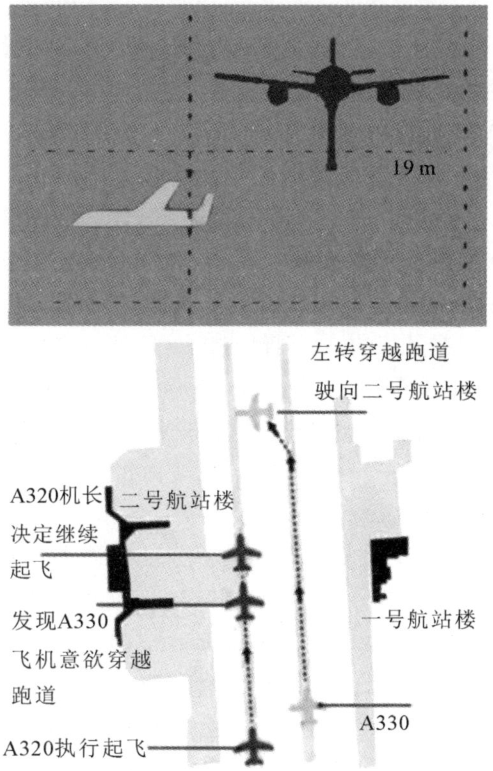

图 5　上海虹桥机场跑道入侵事件示意图

根据事故案例可知，安全事故发生在机场跑道模块，主要原因是管制人员的遗忘，且机组也存在操作不当行为。而究其根本，是没有用安全工程思想武装机场运行相关人员及其领导、管理者，没有避免主观主义带来的危害；在机场跑道管制的工程活动中缺失了辩证思维，从而引发了片面性、走极端、思想僵化等众多问题。因此，对民航安全以及机场运行安全相关工程人员来说，工程知识论是思想方法、思维武器，一名优秀的工程师要关注工程知识论的相关原理和方法论，学习、研究和运用工程知识论。哲学家和工程师必须在工程哲学的绿洲——工程知识论的研究中结合。这样工程知识论在机场的运行不但可以发挥思想性和理论性的作用，而且能够发挥工程性和现实性的作用。

五、 民航机场安全工程的几点知识论分析

人类工程行为是人的本质力量的外显，早期人类由制造石斧开始，技术创造活动越来越复杂，每一次技术“进化”，都更多地融入了人类对自然规律的认识，融入了人类对物我关系认识的更新，如从石斧到石簇，既是人们对燧石的结构认识的提升，也是人们加工燧石技艺的提升，同时，石簇也显示了早期人类时空观念、运动观念的一次巨大变革。

经历了近代工业革命后的人类，在造物愿望和造物能力上获得了空前的报偿与激励。人们不仅能够创造出自然所没有的工具和物品，而且还创造出了由这些创造物构成的体系。换句话说，世界创造了人，人又创造世界，航空运输业是人类创造世界的最典型的例证。

第一，以人为尺度与以设计为中心。人乃万物之灵，自然界以其铁的必然性创造了人类，从此自然界才有了新的内涵。没有人类之时，自然界自在自为，毫无意义与价值，有了人类，自然界才变为真正的自然界，即与人成为对象性存在的自然界。人是存在者存在的尺度，也是不存在者不存在的尺度。人的尺度问题，根本意义上就是人在认识自然规律和创造世界中的主体地位问题，人以自己的需要来认识环境与距离，认识人的位移，认识人自身的能力，从古人的车舆、舟鸠、�輴、到近代的火车轮船，再到现代的飞机上天，交通工具因人而造，由人而造，宜人而造，这些无一不是人的主体性的贯彻。那么民

航运输工程、机场安全工程的中心是什么呢？我们也常常听到民航运营中要“以人为本”，这是否意味着机场安全工程应以人为中心呢？

工程哲学非常推崇波普的三个世界理论。波普认为人类由于有了科学、技术和工程，就有了三个世界，第一世界是进入人的实践领域的客观世界，在这个世界里，人类几千年来特别是近五百年来的探索历程，集中体现为对这个世界所蕴含的内在规律、规则、法则的探究。第二世界是人类用自己的知识体系所反映出来的世界，这个世界从属于第一世界，但采用的却是人间的方式，这个世界中人类经常上演的故事是人间的方式与第一世界的协调一致。第三世界是技术的和工程的世界，即由人创造出来的世界，我们现代人的衣食住行，基本上已经是在第三世界，而不是第一世界了。波普三个世界理论有两点应该引起工程哲学的注意，一是波普没有使用工程哲学频繁使用的“造物”这个词，而是使用了“世界3”这样的概念。二是波普提出，人创造了世界3，但世界3一旦被创造出来，就成了独立的存在。民航就是人类创造的交通运输世界，现在问题变换为，在这个人所创造出来的世界里，什么才是中心呢？

我们不妨先用西方哲学家熟悉的宗教化的表述方式来研究一下造物的哲学。“原始太初……上帝说：‘要有光！’于是，就有了光。上帝把光和暗分开，把光称为白昼，把暗称为黑夜。夜晚过去后，清晨接着来临，这是第一天。……上帝说：‘地要生出活物来，各从其类；牲畜、昆虫、野兽，各从其类’。……上帝说：‘我们要照着我们的形像，按照我们的样式造人，使他们管理海里的鱼、空中的鸟、地上的牲畜和全地，并地上所爬的一切昆虫。’……上帝就照着自己的形像造人，乃是照着他的形像造男造女。上帝就赐福给他们，又对他们说：‘要生养众多，遍满地面，治理这地；也要管理海里的鱼、空中的鸟，和地上各样行动的活物。’”上帝造人和创造万物的这个隐喻，我们可以这样理解，上帝是世界万物和人的制造者，他其实不仅仅是制造了世界万物和人，他还把灵魂给了人，把等级、秩序赋予了万物。质言之，上帝创造万物及其规则。上帝创造了万物及其规则后，就休息去了。把认识和管理世间万物的规律性的任务留给了人类，并且有言在先，人认识并在行动中符合了上帝设置的等级秩序，就可以得到福佑，否则就要受到处罚。

我们踩着马克思和恩格斯颠倒黑格尔哲学的足迹，把上述故事颠倒了的世界再颠倒过来。原来，物质世界演化出万物，最后演化出人，人只有认识了物质“进化”中的规律，才能让人的尺度得以实现。自然界的规律具有先在性和决定性，人的主体性必须服从这个先在性。

美国工程哲学家文森蒂的思考是非常深刻和独到的，他在研究航空史时，用了大量笔墨想说明什么是航空工程的中心或者核心这个哲学问题，他的《工程师知道什么以及他们是如何知道的》有两章多论证“设计”是航空工程的中心，航空交通运输工程、机场工程等航空类工程，必须以设计为中心，必须服从设计。这也就是说，我们人类在创造航空运输时，已经把飞行器、跑道、塔台的等等创造，同时也将进近程序，飞行规则创造了。相对于航空运行，航空工程的设计犹如“上帝”，人的尺度在设计中得以贯彻，而进入到运行的航空世界里，人的主体性必须服从设计，或者人的主体性表现为更自觉地去符合设计。

飞行员、管制员以及地面服务人员，凡是其实践活动符合了设计，则民航机场是安全的，如果有人错误理解了人的能动作用，违反了设计的动作与程序，则民航机场就要出现安全事故或事故隐患。上海虹桥机场跑道入侵事件中A330飞机，就是试图否定设计的先在性和决定性，险些酿成大祸。

机场和航空运输界有句名言：“听仪表的”，这是无数人在持久的机场安全实践和飞行安全实践中得到的工程哲学，这也仿佛是自然科学界那句名言：“认识自然”，以及人文科学界那句名言：“人啊，认识你自己。”

第二，规则与人择。人类工程行为是人的本质力量的外显，是人的目的性的活动，是人的需要和意志的现实化。工程行为承载着人的某一目的或几种目的，而人的某一目的也常常通过一种或者多种工程来实现其现实化。如民航飞机可以满足人们旅行、访友、贸易、文化交流等多种需求，而人们的旅行、访友、贸易、文化交流等需求，也可以通过汽车、火车、轮船等多种手段来满足。人的选择性，是人对于自然的从动性的补偿。在自然规律面前，人有着无比高度的智慧，以至于恰好可以去做自然界谦恭的女仆。但到了工程技术领域，人们通过“设计”又将人的选择性高扬到极致。民航飞机是世界所有运输工具中最安全的方式，这是对于“人择”的绝妙的说明。

然而，民航作为交通工具一经成为现实自然的一部分，航空设计中心的地位便得到了确认。在世界3，设计中心也仿佛经过了拉普拉斯变换，设计由人的一个个、一组组选择性行为，凝聚、凝结为一条条规则，规则就是波普的世界2，它在工程实践中起着世界1中的客观规律性和必然性的作用。

在民航业内，保证飞行安全靠规则，保证机场安全也靠规则。人的选择性活动只有在规则将被哥白尼式的革命性颠覆时才可以得以彰显，或者在某航空工程事实已经被否定，由有序的航空活动进入无序活动时，才可以见得到。比如发生在美国的“9・11”事件，飞机被恐怖分子劫持操纵，本来意义上的航空活动已经被否定，因此民航的规则也随之失去。那么此时机组人员就必须进行能动的、自觉的非航空规则行为。

在中国国际航空公司等著名的民航企业，都有对民航活动的参与人员这样的要求：“做手册员工”，即要求员工完全依照操作手册进行活动，这是人类工程行为的必然性所致。民航业内多年如此进行思想建设，颇有工程认识论之深意，外人常难以理解，却是工程人员所达到的一种工程思想的高位。

第三，时间与空间。时空观就是世界观，世界是物质的，物质是运动的，运动是在时空中进行的。时间是事物或事件的连绵性，空间是事物或事件的广延性。通常情况下，我们的时空观还是在牛顿时空观的界域之内，时间均匀单向，空间同质同性，只有论及或涉及微观的基本粒子研究和宏观的宇宙学研究，我们的时空观才有意转向以爱因斯坦为代表的相对时空观。但是在大工程领域，在高速变换时间与空间的民航交通领域，我们要保证飞行安全、机场安全，需要在时空观念上有何新认识呢？

文森蒂首先注意到了航空工程对哲学时空观的影响，他反复观察了航空界有意而为的“控制体积”或者“体积控制”，提出航空界一定有着对时空的特殊理解。海德格尔的存在与时间学说则认为技术、工程改变时间，因而也改变人的存在。事实上，交通技术是人的腿足的延长，现代交通工程就是要在经典的时空中创造新的时空。在人类交通技术早期，时间和空间基本是作为环境来看待的，时间用来标识技术的有效性、耐久性，是人类某些技术活动的起止，而空间一般用作坐标，标志某项技术的边界。但在民航等现代交通工程这种用高能量消耗高速运动来进行时空变换的条件下，时空意义随之发展变换，一是时间轴和空间向量直接成为工程技术的一个重要部分，任何一个民航设施、飞行活动都将配合以时间和空间的描述，而且时间刻度与空间刻度与既往的时空精度完全不是一个数量级。上海虹桥机场跑道入侵事件，安全与事故仅仅相差3 s。而在殷商时期，因为驾驶马车发生交通事故的概率是几代人难得一见的事情。二是时间和空间实现初步统一，时间和空间互相规定，互相补充，成为时空纠缠。在民航领域，一段跑道的长度，既是空间概念，也是飞机起飞和降落的时间概念，飞行器、高度层的时间间隔与空间间隔完全等效。民航这类交通工程中没有离开时间的空间，也没有离开空间的时间，航空事故之发生，都出现在毫厘的空间内和瞬间的时间内。三是时间和空间的塌缩效应。现代民航交通实现了人们快速出行的历史夙愿，过去千日百日的路程现在只需几个小时，过去无法穿越的高山大洋现在如履平地，千山万水近在咫尺，人们的时间和空间的经验与过去大不相同，自然演化出了一个广袤无垠的地球，人类创造的民航交通又将整个广袤无垠的地球缩小成一个村落，人们可以获得上帝的视角来审视地球。但塌缩了的时空使得人类忙碌起来，为了获得更好的村落体验，人们创造了更多的飞机，创造了更多的航线，也有更多的人参与其中，因此安全问题的密度就越来越大。过去一天起落十架飞机的机场，现在进化到每三分钟就要起降一架飞机，机场调度人员的时空观念大不同寻常。上海虹桥机场的跑道入侵事件，是对飞行员、管制员时间经验、空间经验的一次挑战。民航局调查结论显示，该次事件的管制员的时间观念无法与航空对接。

第四，主体的客体化和客体的主体化。近代工业之前，人与自然的认识关联和实践关联相对简单，大致是思维着的人用眼睛和其他器官来感知自然，再用自己头脑里的逻辑来反应自然界的逻辑，实现了主观和客观的一致，就是天文学、物理学等等学问。弗朗西斯・培根之后，人们学会了在实验室里研究模拟的自然，通过对模拟的自然的感知来归纳现实的自然。虽然此时的客体已经开始主体化，但主体处于相对静止状态，客体也处在相对静止状态。人类还没有在600 km/h速度下，在三维运动的环境中面对环境。首先，工程高度体现了主客体的转化，民航工程体现的是“设计中心”，对于航空运输主体来说，机场的跑道、停机位、滑行道以及空域这些处于客体位置的机场环境，都是由民航设计人员主体性的外化。相应的，在机场的设计中心，飞机驾驶员和乘客这些航空活动的主体，又是其设计客体。其次，就机场调度以及飞行指挥等工程行为来看，某一航空行为的主体已经把主体性复制给了他所调度和指挥的客体飞机，飞机在空中飞行，实施五边着陆，受控于塔台管制员，每一个飞行动作都在管制员的指挥下完成，管制员本质上是管制着正在实现着的自己。飞行员作为飞行活动的主体，也把自己的主体性复制给了管制员，因而在执行飞行动作指令的时候，也是在操控着正在实现的自己。上文所说的规则，是航空活动中主客体转化的基础。再次，由于航空使得各类航空活动的主体和客体都处在一个以位移为目标的运动状态，人与环境的对象性的位置就很不同于经典时代了。我们在牛顿坐标系下，可以用“人不可能两次踏进同一条河流”来看待主客体的辩证运动关系，但在航空工程坐标系下，乘客不能两次是同一个乘客，飞机不能两次是同一架飞机，机场不能两次是同一机场，但我们又必须让人两次、多次乘坐同一架飞机，必须让飞机两次、多次着陆于同一机场，主客体高度辩证，高度互相肯定。复次，在航空运输领域，几乎不存在因客观原因而造成的安全事故，因为所有飞行活动的客体都是主体化的客体，事故的原因的本质在于“设计中心”，即对于规则的遵守与违背。比如按照航空工程的顶层设计以及航空工程运行的规则，飞机不可进入积雨云，因此如果真有积雨云造成了航空安全事故，其原因也在于飞行人员的判断与决断，或者说根本还是主体责任。1987年1月，美国一位部长的座机在华盛顿的近郊大雨中遭遇雷击，雷达天线罩被击落，但飞机幸免于难。经分析，这次事故的客观原因是积雨云，主观原因是飞行员误判了雷达。

第五，安全与事故。传统知识论很难容纳安全与事故这样的动态概念，工程知识论则一定要重视这样内涵会游动的概念。安全首先是人们得以生存和发展的某种状态，安全保证了行为主体的存在不受威胁，其行动意志才得以进行。由于人类行为的逐渐进步，特别是科学技术的发展，人们行动越来越自由，人们对于安全的认识也就随着发生变化。工程的创造，相应地就创造了工程的安全与不安全，人类有了航空，也就有了航空事故。动辄几十部门、几十万人参与的民航这样的大工程，必须在设计这样大工程时就研究和确定民航活动的安全“阈值”。我们认为，民航安全、机场安全的肯定意义和否定意义是相互包含、相互界定的，通常情况下，工程就是用非本质的不安全，承载着本质性的安全。科学是安全的否决性因素，这又很像波普的证伪主义思想，即民航工程遵循的科学规律常常隐匿，而其遵循的经济规律、美学规律、文化规律等等却常常外显，但科学是民航安全的证伪度最高的因素，一旦违背了科学，安全就嬗变为事故。其次，安全是工程程序性、次序性知识发挥效力的状态，事故是程序性、次序性知识失效，进而导致科学不得不站出来“证伪”，于是一次航空飞行或者飞机起降被否定了。而每一次这样的航空飞行或者飞机起降被否定，辩证地实证了空气动力学、流体力学以及飞机程序，飞机五边起降规则。民航界的统计表明，几乎所有民航事故都是程序上的原因。因此，民航界对其员工进行“敬畏生命、敬畏规章、敬畏职责”教育是有着深刻工程哲学价值的。

第六，技术双刃剑和技术统治人类问题。从卢梭开始，人们就开始思考技术将来会是什么样的问题。资本主义上升时期这么多闻所未闻的技术被发明出来，逢山开路，遇水搭桥，机械化、电气化时代短短三百年，创造出了比人类以往历史多得多的财富。技术全面更新了人类生活，大幅度增添了人类摄取的蛋白质脂肪，延长了人类寿命，它对人类全是这样的好处吗？以后也是人的有力助手吗？有人认为不然，如有人认为技术破坏了人类传统的生活，有人认为技术绑架了人类，加速了人类消费地球的历程，马克思主义也认为技术与资本一起，日益让人非人化，马尔库塞则说技术创造了单向度的人。现在人们普遍接受的观点是技术是一把双刃剑，即技术既有利于人类也会伤害人类。图灵之后，技术不仅仅延长人的口耳鼻手足，而且延长了人的大脑，于是人们想象出来技术最大的伤害，那就是技术将来要统治人类。我们从工程知识论视野对此简单予以解释。首先，任何技术都是人的本质的一部分，技术不是双刃剑，其所造成对人的伤害乃是源于人对技术的不当或错误使用甚至恶意使用，飞机不害人，不会开飞机而开飞机才害人。马克思也不在技术层次上论述技术的负面性，他是在社会经济中看技术、工业和资本是如何被人类这个阶段错误使用的，而且他坚信合理的未来社会制度一定要建立在以技术为核心的大生产之上。其次，就技术或简单技术组合来看，亦无所谓单刃剑双刃剑，如刀具的创制就是要切削，人的手指自然也完全可以成为切削对象。切削本身并无价值内涵，是人针对其切削做了利弊的判断。由技术复合与规则程序构成的工程，由于其具有独立于人而存在的“世界 3”特性，从可能性上说是能够害人的，如核工程、导弹工程，但这也不是双刃剑，是专用以打击攻击的单刃剑。恐怖主义分子用民航飞机撞击大楼，是恐怖主义害人，不是民航飞机害人。再次，人类的工程活动是以设计为中心的，是人类的“目的指向”的活动，没有任何工程设计以伤害人类自己为目的，工程自身的规则来自设计中心，工程自身不能产生伤害人类的意志，工程承载着人类创造物质世界的目的，人类也无法把喜悦、失望、仇恨等转化为工程，因此也就不存在工程伤害人类、统治人类、驾驭人类的目的基础，即便有人说现代 AI 具有了人的思维能力，那至多也就是人类概念扩大了而已。

本文通过展示在工程与哲学之间的一些研究与探讨，论述了工程知识论的核心研究内容和优点，可以清楚地看到通过思考工程哲学问题，探索和挖掘工程知识论的相关哲学原理，尤其是在民航安全甚至是机场运行安全这样系统性较强的场景中应用，能够帮助我们更好地理解民航安全中的事故和原理，从而帮助自己更好地建构工程塑造社会。

★ 参考文献

[1] 王宏波. 简论工程哲学的基本问题[J]. 自然辩证法通讯，2010，(6)：87 - 88.

[2] 沈珠江. 工程哲学就是发展哲学：一个工程师眼中的工程哲学[J]. 清华大学学报(哲学社会科学版)，2006,(2)：115 - 119.

[3] 殷瑞钰，傅志寰，李伯聪. 从两类物质世界出发看工程知识[J]. 自然辩证法研究，2018，34(9)：40 - 47.

[4] 汉斯·波塞尔，钱钱，李兆友. 论科学与工程的结构性差异[J]. 西安交通大学学报(社会科学版)，2004，24(3)：21 - 22.

[5] 傅志寰，李伯聪. 从“两类物质世界”出发看工程知识：工程知识论研究之一[J]. 自然辩证法研究，2019，(9)：33 - 40.

[6] 钟义信. 知识论框架，通向信息—知识—智能统一的理论[J]. 中国工程科学，2000，(09)：52 - 66.

[7] 邓波，贺凯. 试论科学知识、技术知识与工程知识[J]. 自然辩证法研究，2018，(10)：43 - 48.

[8] 郭枝，王林. 人类安全观念内涵及其演进[J]. 人民论坛，2014，(19)：176 - 178.

理性把握知识产权“价值”与“贡献”的均衡性

王林峰　粟　楠

摘　要：知识产权制度是激发创新创造活力的重要保障，实现创新驱动发展战略，推动经济发展质量变革、效率变革、动力变革，就必须保证人们的创造性活动获得应有回报。然而现阶段国有企业知识产权推广应用不足，激励措施难以落实到位。根本原因在于未能明确驱动因素，混淆组织与个人的价值回报，缺乏有针对性的激励方式。因此，应对知识产权制度进行适当调整，协调个人价值与社会贡献，实现国有企业的跨越式发展。

关键词：知识产权制度；国有企业；价值；贡献

对于工程创新管理而言，知识产权管理属于工程方法中的法律方法范畴，对于知识产权管理而言，工程创新是知识产权管理的重点领域。国家实施知识产权战略的本质是要不断提升国家的创新能力，因此实施知识产权战略的根本措施就是对影响创新能力的重要因素进行科学的管理。在工程创新管理活动中，组织或发明人对社会进步的贡献以及社会对组织或发明人的价值回报是两个重要的影响因素，在知识产权制度设计与实施中需要认真对待。

一、 知识产权制度的应然状态

知识产权制度的目的在于激励发明人的创新动力、保护权利人的合法权益、推动发明成果的广泛应用，以此提高国家创新能力，实现国家科学技术进步和经济社会发展。知识产权所要保护的一是发明人的创新动力，二是权利人的合法权益。从社会发展进步的现代性视角看，设计知识产权制度的出发点与落脚点在于通过激发发明人的创新动力，来提升整个社会的创新能力，其本质是尽量保护发明人的创新利益。保护权利人(一般为组织)的经济利益是一个方面，但不是最重要的方面，这是由知识产权这项社会技术应当具有“规律性与价值性的统一”特征所决定的。

创新能力可以分为个人创新能力、组织创新能力、国家创新能力。以个人的创新能力为逻辑起点，个人创新能力决定组织创新能力，组织创新能力的提高会推动国家创新能力的提升，因此决定国家创新能力的关键因素是个人创新能力。将创新能力这一抽象的概念具象为专利的推广应用，需要经历一个漫长而艰难的循环过程。首先是明确创新目标，然后针对创新目标制定创新计划，在创新计划的指导下开展创新活动，有效的创新活动必然会产生知识产权的申报，通过申报和推广应用实现权利的保护与价值回报，从而进一步激励发明人的创新动力，推动社会创新活动的良好运行，形成良性循环(如图1所示)。简而言之，创新活动创造知识产权，知识产权的推广应用产生社会贡献，社会贡献进一步转化为价值回报。这种价值在某种意义上代表动力，发明人获得回报就会有更大的创新动力与激情，并因此产生

作者简介：王林峰(1960—)，男，军事科学院系统工程研究院系统总体研究所高级工程师，研究方向为装备管理系统工程。

社会示范效应，促使他人或社会开展创新活动以谋取回报。要特别强调的是，发明人个人获得的回报与知识产权推广应用对社会创新能力的贡献如果不能保持适当的均衡，那么个人创新动力就会减弱甚至消失，组织与社会的创新动力亦然。①

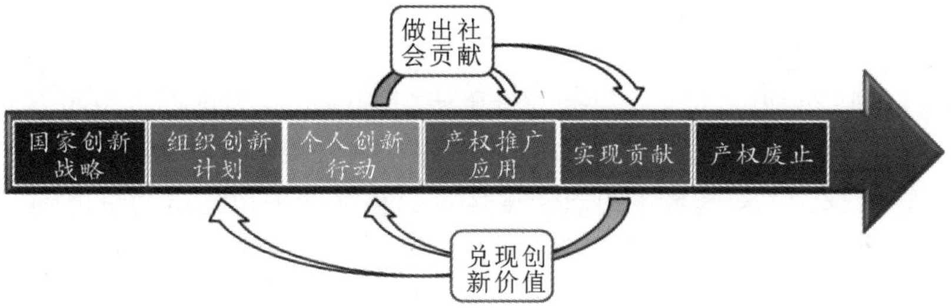

图 1　知识产权创造与创新动力的循环过程

创新活动具有周期性。在国家创新战略的指导下产生组织创新计划，进而推动个人创新行动，创新行动产生知识产权的推广应用，最终实现社会贡献。从国家创新战略的制定到国家创新能力的提升是一个自上而下战略落实与自下而上战略实践的发展过程，这一 V 形的创新过程符合系统科学理论和系统动力学原理(如图 2 所示)。首先，创新战略以国家创新战略目标制定为起点，由国家创新战略目标生成国家创新政策，在国家创新政策的指导下产生组织创新计划，组织创新计划推动个人创新行动和价值实现，这个过程是一个从宏观到微观，即从国家到个人的创新战略落实过程。其次，创新战略还需要以个人创新和价值体现为起点，通过组织层面的推广应用，进而实现国家层面的推广应用，最终实现国家创新能力的提升，这个过程是一个从微观到宏观，即从个人到国家的创新战略实现过程。在完整的创新生命周期中，国家创新战略对应的是国家创新能力提升，国家创新政策对应的是国家推广应用，组织创新计划对应的是组织推广应用，个人创新活动对应的是个人创新价值体现，创新战略落实的过程与创新能力实现的过程是驱动与反馈的关系。如果只有自顶向下的创新战略落实过程而没有自底向上的创新战略实现过程，那么就不会成为一个完整的生命周期过程，创新战略也就不会取得满意的结果。因此，创造知识产权并不是知识产权制度的终极目标，而广泛地推广应用知识产权形成对社会的极大贡献，并从社会贡献中兑现组织与个人的价值回报，以此来强力地激发个人、组织和社会更大的创新动力提升才是知识产权制度的终极目标。

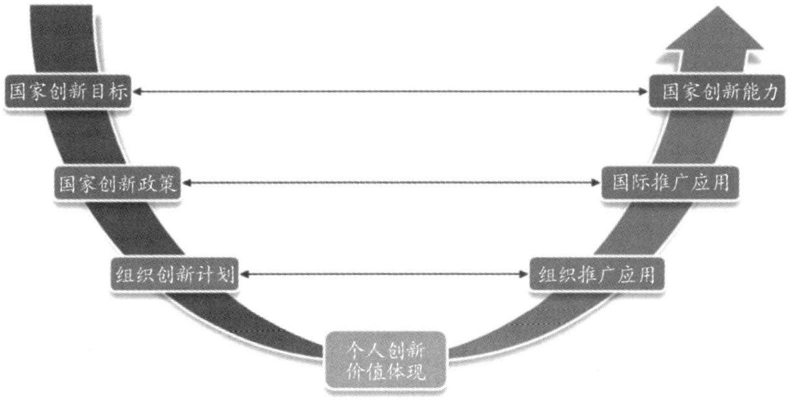

图 2　V 形创新过程

① “西蒙认为，生命的法则是‘均衡’，是保持生命体的内在平衡。维持一个组织的生命，关键是保持‘价值和贡献’的均衡。包括组织向员工提供‘价值’，提供地位、权力、资源、信息、机会、名誉和报酬收入；员工为组织做出‘贡献’，贡献出绩效、知识、经验、技术、方法、热情、信念、智慧和思想观念。‘价值’来源于组织目标的实现，‘贡献’来源于员工目标的实现，来源于员工的利益动机和情感动机的满足。保持‘价值和贡献’的均衡，就能维持组织的存在。”参见彼得·德鲁克:《卓有成效的管理者》，机械工业出版社。

二、 知识产权制度的实然状态

1. 知识产权运用现状不符合正常逻辑

我国专利申报量与创新能力不对称。根据联合国专门机构世界知识产权组织发布的《2019 年知识产权指标》，中国专利申请数量在全球领先，2018 年中国受理专利申请数量为全球最多，达到创纪录的 154 万件，占全球总量的 46.4%，其数量相当于排名第二至第十一位的申请量之和。然而与巨大的申请量相比，涉及专利转让以及专利获利的情况并不理想，尤其是国有企业，无论是转让效率还是后续运营都明显滞后于民营企业。国有企业对于科研生产产生的发明创造与专利申请的需求旺盛，而民营企业则持谨慎态度，二者的反差在于对贡献的理解和价值的追求不同。国有企业容易把关注点聚焦在知识产权创造本身，而民营企业往往把关注点聚焦在为社会做出贡献并从中获得丰厚的价值回报。

从专利申报量多到创新能力强本应是一个自然的逻辑过程。专利申报数量多，必然会产生繁荣的专利交易市场，专利会在多主体之间实现互通流转，发明人、专利转移转化人员以及相关参与主体必然会从中获取丰厚的利益，利益又会刺激上述主体开展新一轮的发明创造与转移转化，由点及面，通过个人创新能力的提升推动社会创新能力的提升，这本应是一个正常的循环过程。但国有企业呈现出的是专利申报量多与推广应用少的反差状态，这样的现象背后存在某些必然的原因。

2. 激励政策难以落实导致创新动力不足

在科技成果的发明创造与价值实现中，人的参与是起决定作用的。清晰有效的知识产权奖酬政策是激发科技人员自主创新与转化激情的基础。目前，《中华人民共和国专利法》（以下简称《专利法》）、《中华人民共和国促进科技成果转化法》（以下简称《促进科技成果转化法》）等相关法律虽然对发明创造突出贡献人员奖酬做了规定，但落实效果并不理想，表现出知识产权创造与创新动力提升的非良性循环状况，其本质问题是对发明人的奖励难以到位或方式有误。

知识产权保护的困难往往出现在国有企业，根源在于国有企业的分配决策结构不足以对“创新”等个性化活动形成有效支撑。国有企业遵循的是按劳分配，而非按贡献分配的机制。按劳分配评价的是工作时间、成果数量、承担的责任、面临的风险等因素，相较于创新活动而言，按劳分配的评价标准中一般不涉及创新性以及创新成果必然带来的社会贡献等因素，而且创新活动往往是个性化的独立行动，难以简单地用统一量化指标考核，因此，单纯的按劳分配方式很难匹配创新性活动，这是问题的一个方面。此外，国有企业落实国家科技成果转移转化激励政策的难点在于企业领导人，由于企业领导人受限于相关规定的不协调，很难对发明人的价值回报做出有效的决策并推动进一步的转移转化。比如《促进科技成果转化法》规定国有企业、事业单位依照规定对完成、转化职务科技成果做出重要贡献的人员给予奖励和报酬的支出计入当年工资总额，而且不受当年本单位工资总额限制，不纳入本单位工资总额基数。但国家有关部门对于国有企业管理相关规定，尤其是 2016 年发布的《中央企业负责人经营业绩考核办法》中并未明确科技成果转化奖励和报酬不计入当年工资总额；同时，对国有企业的财务管理和审计相关规定中也没有明确科技成果转化奖励和报酬不计入当年本单位工资总额。因此，国有企业缺乏可具体操作的依据，经济性的奖励和报酬难以列支和发放。可见，国有企业难以兑现法规允许的个人价值回报是问题的另一个方面。

三、 机理分析

1. 驱动创新的因素

国家创新驱动发展战略强调注重强化激励机制，给予科技人才更多的利益回报和精神鼓励。十九大报告强调指出，创新驱动必须依托人才驱动，必须创新人才培养政策与激励机制。

实现有效激励的前提是明确激励因素（详见表 1）。激励发明人的因素包含政治地位、社会荣誉、经济收入、科技成就、创新激情及其他（诸如权力、资源、信息、机会等），其中政治地位、社会荣誉、科技成就表现出的特征基本一致，它们的利益特征表现为一次获得、长期受益，它们对创新动力的持续影响程度较低；而经济收入、创新激情的利益特征表现为逐次获得、短期受益，不断地推广应用才能实现持续的经济回报与创新激情，因此经济收入与创新激情对创新动力的持续影响程度较高。

表 1　驱动发明人的利益形式及特征

利益形式	利益特征	受益特征	对创新动力的持续影响程度	保护方式
政治地位	一次获得	长期	低	政治鼓励
社会荣誉	一次获得	长期	低	社会宣传
经济收入	逐次取得	短期	高	经济手段
科技成就	一次取得	长期	中	社会宣传
创新激情	逐次取得	短期	高	经济手段
其他收获	其他	其他	其他	其他

就国有企业而言，授予政治地位、社会荣誉、科技成就比授予经济奖励更为方便，而对于个人而言，一旦获得政治地位、社会荣誉、科技成就，就可以实现长期受益。这些受益方式的长期有效性和对创新动力持续影响程度较低的特点，就决定了发明人对于知识产权推广的诉求一般处于中立状态。相比之下，经济收入与创新激情的作用则不同，可以实现对发明人短期而强力的、多次而持续的激励，进而促使发明人不断开展新的创新实践。这样的激励模式往往会产生一种普遍的社会效应，人们会逐步趋同于依靠集智攻关和创新管理来扩大知识产权推广范围并获得更大的价值回报。因此，国有企业应当设计以经济手段为主要方式的激励制度，推动创新实践和成果的转移转化。

2. 组织价值与个人价值的特性存在较大区别

价值与贡献背后的基本逻辑决定了组织与个人具有明显不同的价值特性，他们对社会的创新动力贡献率具有很大的不同（如图 3 所示）。

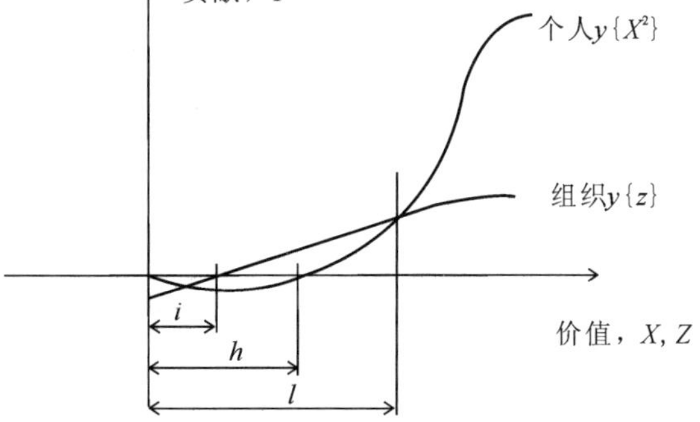

图 3　价值与贡献的逻辑关系

个人价值、组织价值与创新贡献之间的函数关系：

$$Y = \sum(y\{X^2\} + y\{Z\})$$

$$X + Z = \text{总价值}$$

其中，Y 表示创新贡献，X 表示个人价值，Z 表示组织价值。

图 3 中，纵轴是创新成果对社会的贡献，横轴是社会回报中对创新组织(权利人)和创新者(发明人)的价值实现。对于组织而言，价值的获得和社会的贡献保持着一种接近于线性的函数关系，即在组织获得价值的同时对社会的贡献也会增加，其作用机理可以理解为一种对组织所有成员的普遍激励机制。对创新者个人而言，在个人价值增加的过程中对社会的贡献呈指数函数关系增长，即个人获得价值达到一定程度时，其对社会的贡献率激增，其作用机理可以理解为对组织内具有创新潜质和创新绩效的少数关键成员的重点激励机制。同时，要认识到这两个函数之间存在几个重要的交叉点，在开始对个人投入的过程中，个人对社会的贡献不但不会增加反而可能会减少，因为个人先期价值的获得是以对社会更大的消耗为代价。对于组织来说在这一阶段组织并没有获利反而需要消耗更多资源来培养特殊人才，这是必要的打基础阶段，等特殊人才个人能力提升到某一阶段，投入达到一定程度后个人价值的增加才会对社会的贡献增长产生正向作用(h 点之后)，组织的投入与获得以及对社会的贡献才会体现出某种均衡。当创新者的价值回报达到一定程度后(l 点之后)，创新者对社会的贡献出现极大提升，且明显高于组织对社会的贡献，达到此阶段后(适当范围内)越是增加个人价值回报就越有利于社会创新动力的增长(社会贡献增长率极大)。尽管组织和个人是两个概念，但对于民营企业而言往往不存在困难，民营企业可以方便地作用到个人，所以激励作用明显，创新者对知识产权的推广应用会动力十足。但是对于国有企业来说存在明显区别，国有企业往往只能把资源或经济刺激落实到组织层面，而难以直接作用于个人，所以对社会贡献上升缓慢(本质上是创新者个人对知识产权推广应用的动力不足)。由于创新者本人是知识产权推广应用的重要力量，而非创新组织或者其他成员(尤其在知识产权转移转化的初级阶段)，因此理性把握知识产权“价值”与“贡献”均衡性的关键在于处理好创新者个人的价值回报与其对社会贡献的均衡性。

3. 国有企业与民营企业的本质区别

国有企业与民营企业的本质区别在于生产资料的所有制结构不同。国有企业以计划经济为主、市场经济为辅，分配方式以按劳分配为主、按贡献分配为辅，分配决策机制以集体决策为主、领导者决策为辅，这种管理、分配和决策机制决定了企业领导在施行灵活多样的激励措施方面存在较大的困难，国有企业领导往往需要考虑奖酬资金的来源、分配比例、发放标准等是否具有正当性。另外，由于国有企业具有一定的行业和市场垄断性，往往对科技成果向社会其他领域转移转化的积极性不高。民企则是以市场经济为主、计划经济为辅，分配方式以按贡献分配为主、按劳分配为辅、分配决策机制以管理者决策为主、集体决策为辅。民营企业的决策者具有极大的自主权，决策机制快捷高效。在激励制度的设计中，民营企业可以自主决定对创新者奖酬的发放，往往不需要过多担心组织成员对决策正当性的质疑。另外，民营企业为了适应市场生存的需要，必须激励组织成员广泛参与市场竞争，获得市场对组织的更大回报。上述特点的不同，决定国有企业与民营企业在奖励发明创造的方式方面存在较大差异，国有企业更多的是倾向政治地位、社会荣誉等激励方式，难以兑现经济性激励，而民营企业则注重以经济方式加以激励。总体而言，国有企业与民营企业对知识产权保护的理念不同，一个侧重使用一次获得、长期有效的政治地位、社会名誉方式，一个侧重于多次获得、短期有效的经济方式激励；国有企业难以激励创新者进行艰苦的推广应用，而民营企业则通过不断的经济刺激倒逼个人不断转化运用。

4. 现有的知识产权制度不适应国有企业

知识产权制度是建立在市场经济基础之上，可以对民营企业知识产权实现有效的管理与保护，但对于国有企业而言，在适用上存在一定的障碍。创新性工作往往是非形式化的，是具有明显多样性、动态性、复杂性等特征的个体行动，单纯使用按劳分配方式无法灵活有效地体现创新活动的价值，因此需要特殊的激励机制。国有企业需要对现有知识产权制度进行创新，核心是调整以政治地位和社会名誉为主的对发明人的奖励方式，在做好对权利人(组织)经济激励的基础上，大幅增加对发明人经济收入方式的奖励比重，以此激发国有企业员工的创新动力，推动国有企业知识产权创造、保护、运用、管理水平的整体提升。

四、 建议

国有企业知识产权制度优化的根本方向，是要对个人经济激励制度落实到位，而不仅限于政治待遇、社会荣誉。国有企业知识产权制度优化的基本逻辑是要以经济手段为推手，充分激发创新者的利益动机和情感动机，引导创新者成为推广应用的核心力量，通过创新者的主动作为来推动知识产权大规模转化应用，进而促进社会创新动力的大幅提升。

这样的逻辑确立与实践过程就是知识产权政策创新过程(社会技术创新过程)，其核心是为国有企业设计适合其管理特点的知识产权管理制度。为了实现国有企业知识产权社会效益的跨越式增长，一方面需要做好知识产权价值评价与分配，把对组织(权利人)的普遍激励更多地转化为对创新者(发明人)的直接激励；另一方面，要尽量减小国有企业领导在价值分配上可能遇到的决策压力，使国有企业知识产权推广获利后在价值分配上简单、透明、可操作、少争议。

★ 参考文献

[1] 殷瑞钰，李伯聪，汪应洛，等. 工程方法论[M]. 北京：高等教育出版社，2012.

[2] 田鹏颖. 马克思与社会工程哲学[M]. 北京：人民出版社，2012.

[3] 吴汉东. 知识产权法的制度创新本质与知识创新目标[J]. 法学研究，2014，(3)：95-107.

[4] 冯晓青. 新时代中国特色知识产权法理思考[J]. 知识产权，2020，(4)：3-15.

[5] 熊小荣. 国有企业知识产权工作战略思考及体系构建[J]. 通信企业管理，2018，(9).

[6] 高小玫. 我国知识产权战略亟需前瞻性布局[J]. 人民论坛，2020，(12)：6-7.

[7] 何松威. 知识产权体系同一性理论的反思与构建[J]. 政治与法律，2020，(3)：125-140.

[8] 李勇. 人才制度体系与创新绩效关系研究[D]. 中央党校(国家行政学院)博士论文，2019.

社会工程学研究现状与未来展望

——基于 CNKI 数据库的文献计量研究*

陶惠敏

摘　要：社会工程学是关于社会发展的各种具体模式研究的科学，是关于社会工程研究过程的一般理论和方法，其核心概念是社会分析、模式设计、模式分析。作为一门新兴的社会科学应用基础的学问，自 20 世纪 70 年代末以来，社会工程学逐渐发展壮大，成为社会科学研究的一个重要领域。在分析国外社会工程学研究现状的基础上，借助于文献计量软件 CiteSpace，对 CNKI 数据库 1979—2020 年关于社会工程学研究领域 740 篇文献进行计量和可视化分析，系统探究社会工程领域研究的整体状况、主题演进及前沿热点问题，并基于可视化分析结果对我国未来社会工程学的发展进行展望。

关键词：社会工程学；研究现状；知识图谱；文献计量

社会工程学是关于社会发展的各种具体模式研究的科学，是关于社会工程研究过程的一般理论和方法，其核心概念是社会分析、模式设计、模式分析。[1] 作为一门新兴的社会科学应用基础的学科，自 20 世纪 70 年代末以来，社会工程学逐渐发展壮大，成为国内学术界研究的一个重要领域。社会工程学的研究旨在建立一门应用社会学的基础理论，它是社会工程研究的方法性理论。社会工程学研究的指导思想是以社会结构的变化为基本参照系，研究变结构条件下社会问题的结构和社会模式的设计与分析问题，并将这一思想贯彻到社会工程学研究的整个过程之中。社会工程学的具体对象是各种社会政策和社会法规。社会工程学涉及多学科的参与，以社会学的理论和方法为主导，结合其他社会科学，吸收工程科学的思维特点，引入数理模型与逻辑模型方法，进行交叉式与融合式的综合性研究。社会工程学的研究将贯彻理论研究与方法论研究相结合、归纳分析与演绎推理相结合、逻辑模型分析与数理模型分析相结合、矛盾思维与系统思维方法相结合、理论分析与案例分析相结合的原则建构社会工程研究的方法论。[2] 我国社会科学的研究应迅速适应世界社会科学的发展趋势和我国社会发展的新需求，建立和发展我国社会工程学学科。

一、 国外社会工程学研究现状

社会工程的概念和思想方法早在 19 世纪已经萌发。19 世纪法国社会学家奥古斯特·孔德(August Comte，1798—1857)提出把研究自然界的科学方法应用于研究人类社会，把自然科学中已经成功运用

基金项目：国家社科基金青年项目“习近平国有经济发展思想研究”(18CKS028)；中央高校基本科研业务费项目“习近平关于国有经济发展的重要论述研究”(G2019KY05401)阶段性研究成果。

作者简介：陶惠敏(1986－)，男，汉族，山东省博兴县人，博士，西北工业大学马克思主义学院助理教授，研究方向为马克思主义理论与国有经济改革发展。

的观察、实验、比较方法应用于研究社会发展问题，并且提出了社会静力学和社会动力学思想。孔德认为，社会静力学就是暂时不考虑社会系统的基本运动，去研究社会系统内各个组成部分的作用和反作用的规律，而社会动力学则研究社会进步的机制。孔德的社会学方法论思想应当被认为是社会工程思想的前期萌芽。由于孔德过分强调物理学方法对社会学研究的意义，导致另一些人因强调社会现象不同于物理现象而否定了孔德的社会学方法论思想。

到20世纪上半叶，社会工程的概念才被社会科学研究者逐步明确，并且进一步提出社会工程学的概念。比较有代表意义的是在法学领域中产生了社会工程法学学派，其代表人物是美国法学家罗斯柯·庞德(R. Pound，1870—1964)。庞德认为，法学是一种社会工程学，并指出社会工程法学要研究社会秩序，而不是去争论法的性质；作为一种社会工程活动，法的目的是尽可能合理地建筑社会结构等。[2]

英国哲学家卡尔·波普尔(Karl Popper，1902—1994)1945年在其著作《开放社会及其敌人》中提出了"社会工程""社会工程师""社会工程态度"等概念。[3]在其另一著作《历史主义贫困论》中认为，"渐进的社会工程就是对社会进行逐步的、切实可行的改造""它是试错法在社会科学中的应用，就像在自然科学中一样是行之有效的"。[4]

美国社会学家、加州大学的乔纳森·特纳(Jonathan H. Turner)是当代研究社会工程的知名学者之一。他认为社会工程从根本上说，就是把一般的理论原则应用于解决具体问题，研究面对交叉领域的不同规律相互作用问题。他提出，在社会实践和分析社会学中要加入社会工程思想和方法。在他看来，虽然在社会工程中实现预测和控制是比较难的，但是不应停止运用我们的知识进行尝试。

日本也是较早开展社会工程研究的国家之一。早在20世纪60年代中期就在东京工业大学、筑波大学等开设了社会工程专业。日本东京工业大学1966年在世界上首次设置社会工程学科，并招收社会工程专业的本科生、研究生，将社会工程按照学科建制和专业化模式进行研究和人才培养。筑波大学社会工程学专业的目标定位是："培养具有对错综复杂的社会现象从多学科角度进行分析，具有使用工程学的方法、理念，设计解决社会问题能力的人才。"他们把培养具有高级专业知识的技术人才和政策设计人才，具备在教育领域、研究领域、实际操作领域从事工作的能力，作为课程设置的主要目标。他们重视人才的跨学科、多学科领域、综合性知识以及创造性才智与高尚的道德品质，其目的是为了解决21世纪全球范围内各种各样的社会问题，例如全球性气候变暖等环境问题，全球范围内的发展问题，少子老龄化社会中的社会福利、教育问题，中央政府与地方政府的财政问题以及经济发展不景气问题等。在人文社会科学基础上，利用自然科学、工程学认识社会现象，围绕政策设计、区域规划等问题开展教育和研究工作。通过政策设计、社区设计、城市规划，以及城市、农村等人居环境的规划与设计等，促使社会经济系统得到全方位的改革。

当今，社会工程研究在日本已发展成为新的学科体系，社会工程学成为反映社会现当代发展复杂程度的一门综合性社会科学。在日本学者看来，社会工程学是以社会政策、法规、计划的概念为核心的，将人文科学、社会科学、自然科学、工程学等学科的知识和技术进行新的重构与整合，并有自己特殊内容的新兴学科。日本学者认为，要使现今的社会发展成为未来更美好的社会，离不开两种知识：一种是"是什么"的知识，另一种是"怎么做"的知识。为什么社会成为现在这个样子，为什么发生这种问题，问题是什么？追究其原因是哲学和科学的任务。追究"是什么"的知识是对社会的发现，它能说服我们，使我们理解社会。理解社会还必须和"怎么做"的知识相联系，问题怎么解决？在方案设计出台以后，必须提出解决的方案和对未来的意向。"怎么做"的知识是要发明一个新社会模式。他们认为，发现一个社会的原因和创造一个社会模式的知识的结合就是社会工程知识。[2]

总体来看，社会工程学研究在国外起步较早，经过长期探索和积累，国外在社会工程学理论研究与实践探索方面都取得了丰富成果和重大进展，主要可以概括为以下三个方面：

① 作为政治科学的社会工程学研究。社会工程是通过任何组织形式得以实现的社会活动，多数有效的社会工程活动都是由掌握权力的中央政府发动的。

② 作为一种方法论的社会工程。Scott Nearing认为，社会工程是一种新的科学；Bela H. Banathy

在其著作 *Designing Social Systems in a Changing World* 一书中则广泛地讨论了设计步骤、模型、方法、工具以及社会系统设计的理论和哲学基础。

③ 社会工程组织、学科设置及人才培养。如澳大利亚成立了 SESA(Systems Engineering Society of Australia)，引导澳大利亚在一些复杂的事业领域中取得最大可能的成功。日本在大学开设社会工程专业，并招收本科生、研究生进行社会工程专业人才培养等。

二、 国内社会工程学研究的代表人物

中国的社会工程研究肇始于著名科学家钱学森。1978 年 9 月 27 日钱学森在《文汇报》发表了《组织管理的技术——系统工程》一文，目的在于探索一种能够对组织管理进行总体性规划和设计的科学方法。钱学森认为，这种科学方法就是"系统工程"，是组织管理"系统"的规划、研究、设计、制造、试验和使用的科学方法，建立此方法旨在提高我国组织管理的整体水平。

沿着系统工程的总体规划和设计的思路，钱学森将组织管理的视野由具体的事项、单位等"小系统"和"小范围"扩展到了社会主义建设的大系统。1979 年钱学森等在《经济管理》第 1 期发表了《组织管理社会主义建设的技术——社会工程》一文，首次提出社会工程概念，将组织管理社会主义建设的技术叫作社会工程，并系统讨论了社会工程概念的理论背景、改造对象和基本任务。作为系统工程的一个分支，他认为社会是一个特殊且复杂开放的巨系统，社会工程就是组织管理社会主义建设的技术，社会工程对组织管理现代化建设具有不可替代的作用。[5]在钱学森的思想中，社会工程与社会系统工程并没有严格的区分。

中国人民大学终身教授黄顺基先生是极力支持、倡导开展社会工程研究的学者，他研究和弘扬钱学森的社会工程思想，从科学、技术、社会统一的视角研究社会工程问题，是我国社会工程研究的领军人。把社会工程提升到学科层面进行研究的是大连理工大学的刘则渊教授，他于 1986 年在《自然辩证法研究》上发表《社会发展与社会工程学》一文，第一次提出了"社会工程学"的概念。西安交通大学王宏波教授自 20 世纪 80 年代以来一直致力于社会工程学研究，继钱学森、黄顺基、刘则渊之后在国内较为深入地论证了"社会工程理论"，坚持把马克思主义理论与社会工程研究相结合，并深入论证了社会工程学。他认为社会工程是马克思主义理论在当代中国的实践形式，是马克思主义理论研究的一个理论增长点。他将马克思主义理论和社会工程研究结合起来，并将社会理念建构、社会模式设计和社会过程设计作为社会工程研究的核心范畴。2000 年王宏波在《西安交通大学学报(社会科学版社)》第 1 期发表《社会工程的概念和方法》一文，界定了社会工程的概念和研究内容；2003 年王宏波在《西安交通大学学报(社会科学版)》第 3 期发表《社会工程的内容和思路》，探索了社会工程的研究方法论；2011 年王宏波在《西安交通大学学报(社会科学版)》第 3 期发表《论社会工程学的意义、内容与学科特征》，进一步论证了社会工程学研究的基本范畴、基本内容和方法论原则，这三篇论文成为 21 世纪之端社会工程学领域的基础性研究论文。

早在 1999 年，以王宏波教授为学科带头人的研究团队成立了国内第一所社会工程研究中心，西安交通大学支持中心开展社会工程理论和应用研究，通过建立社会工程实验室，探索社会工程的教学实验、科研试验和社会政策仿真模拟实验。经过二十多年的探索和发展，中心汇聚了一大批专门从事社会工程理论与实践研究的专家学者，已经成为国内从事社会工程研究的"重镇"。中心先后举办了"首届全国社会工程理论与方法学术会议""社会政策与社会工程国际学术会议""首届全国社会工程理论与方法学术会议""马克思主义理论与社会工程高层论坛""新常态下'四个全面'协调推进与社会工程研讨会"等大型学术会议，并与加拿大萨斯喀彻温大学等联合主办"社会工程与社会政策以及知识转换国际研讨会""社会政策与社会工程国际学术会议"等具有国际影响的学术会议，极大推动了国内外社会工程研究交流和联系。中心在加强国内外学术交流的基础上，不断推进社会工程的基本理论和方法研究，同时也加强社会工程理论的应用研究和案例研究，为社会工程领域的进一步拓展深入做了准备，进一步提升了社会工程理论的影响力。

围绕社会工程理论与应用研究，王宏波已出版《社会协调分析新论》(1994年)、《工程哲学与社会工程》(2009)、《社会工程研究引论》(2007第一版和2018第二版)等重要著作。从2005年开始，西安交通大学社会工程研究中心创办《社会工程研究(评论)》，为国内社会工程领域研究者提供了重要的交流和学术讨论平台。截至2020年已出版六辑，其中，前三辑主要围绕社会工程理论和方法研究展开，即社会工程学的元研究。从第四期开始除了社会工程理论和方法研究以外，增加了社会工程应用研究、社会政策、马克思主义与社会工程等专题(见表1)。这也反映出社会工程学这一新兴交叉领域具有广阔的学术视野，是一门交叉性和应用性极强的学科，应用社会工程学理论和方法解决具体的社会工程领域的实际问题，也是社会工程学研究的魅力所在。吸收和借鉴相关学科研究的理论方法和成果，应用社会工程理论范式和学科思维作用于社会实践，标志着我国社会工程学由学科理论和方法的元研究阶段进入学科交叉分化、学科体系走向成熟完善的崭新的历史阶段。

表1 《社会工程研究(评论)》文献主题分布情况

	第一辑	第二辑	第三辑	第四辑	第五辑	第六辑
主题	社会工程理论与方法(2)； 西部开发模式(7)	社会工程视角下公司法律问题研究(5)	社会工程理论与方法(14)	社会工程理论与方法(6)； 社会工程应用研究(15)	社会工程理论与方法(4)； 工程社会学与社会项目评价(4)； 社会政策分析(4)	社会工程理论与方法(7)； 马克思主义与社会工程(5)； 研究动态(3)
文献	9	5	14	21	12	15

资料来源：西安交通大学社会工程研究中心《社会工程研究(评论)》，第一～第六辑。

田鹏颖教授也是国内社会工程学研究领域的代表性学者之一。2008在《中国社会科学》发表《社会工程——现代社会把握世界的基本方式》，提出社会工程作为一种思维方式已经成为现代社会驾驭矛盾和风险进而把握世界的基本方式，社会工程通过整合人类谋求应对现代社会诸多风险与挑战的不同方式，创造了新的科学方法论。近年来，田鹏颖教授围绕社会工程哲学发表了不少学术成果。

三、 国内社会工程学研究知识图谱分析

为进一步分析和展现我国社会工程学发展历程与研究现状，利用科学计量学和信息可视化技术对我国社会工程学研究文献进行知识图谱分析。

1. 数据来源与数据处理

本文所使用的分析数据来自中文期刊全文数据库“中国知识基础设施工程”(简称中国知网，CNKI)。以“社会工程”为主题进行精确检索，时间跨度为1979—2020年，检索时间为2020年3月18日，得到3837条文献数据，剔除其中的论坛会议综述、论坛会议通知、新书评介、人物专访、征文启事、高层信息等无效文献，及其他与社会工程学研究无关的文献，最后获得有效分析样本文献数据740条。

本文采用的可视化的文献计量工具是由美国德雷塞尔大学(Drexel University)陈超美(Chaomei Chen)基于JAVA平台开发的CiteSpace。CiteSpace可以把大量的文献数据转换成可视化图谱，让人们对知识的理解更直接，并能发现那些隐埋在大量数据中的规律和让人不易觉察的事物，即绘制科学知识图谱。[6]知识图谱是以知识域为对象，显示科学知识的发展进程与结构关系的一种图形。[7]

2. 总体分布

从图1来看，自1979年钱学森在《经济管理》发表《组织管理社会主义建设的技术——社会工程》一

文，首次提出社会工程概念以来，我国社会工程学研究领域逐渐发展壮大，大致经历了从初始阶段到急剧增长阶段，再到逐步稳定阶段。具体来看，2000 年以前发文量较少，发展较为缓慢，2000 年以后发文量增长较快，社会工程学研究进入高速发展时期。2010 年发文量最多，达到顶峰，之后大致呈逐年递减趋势。近年来社会工程学研究领域虽然发文量有减少趋势，但仍然保持较高的发文量。可以看出，我国社会工程学研究自 20 世纪 70 年代末起步以来，经过 20 世纪的积累和 21 世纪飞速发展，逐渐走向成熟稳定，取得了丰富研究成果，成为社会科学研究的一个重要领域和分支，引起越来越多的学者关注和研究。

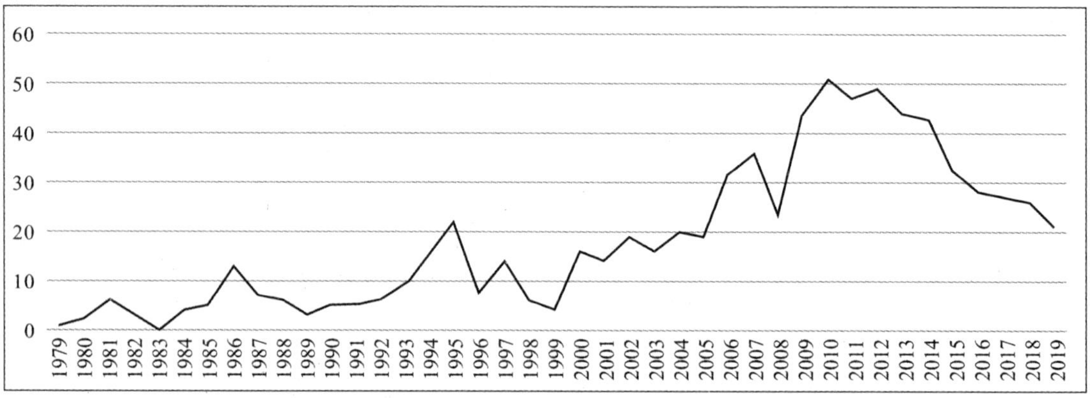

图 1　1979—2019 年国内社会工程学研究领域发文量总体分布

3. 高产作者知识图谱分析

图 2 为 1979—2020 年国内社会工程学研究领域高产作者知识图谱，从图谱中可以清晰地发现我国社会工程学研究领域形成了以王宏波、田鹏颖和黄顺基为核心的研究网络和研究团队，构成了我国社会工程学研究的主体。表 2 为 1979—2020 年国内社会工程学研究领域高产作者、发文量及研究方向，可以看到 1979—2020 年国内社会工程学研究领域发文量最多的学者是王宏波(52 篇)，他在社会工程学研究领域的主要方向是社会工程哲学、工程哲学、社会模式设计等。其次是田鹏颖(40 篇)，他在社会工程学研究领域的主要方向是社会工程哲学、社会工程方法论、唯物史观等。此外，国内社会工程学研究领域发文量较多的学者还有杨建科(12)、黄顺基(11)、李永胜(10)、白洪涛(7)、郑中玉(7)、盛明泉(6)、周永红(5)、张宏程(4)等。

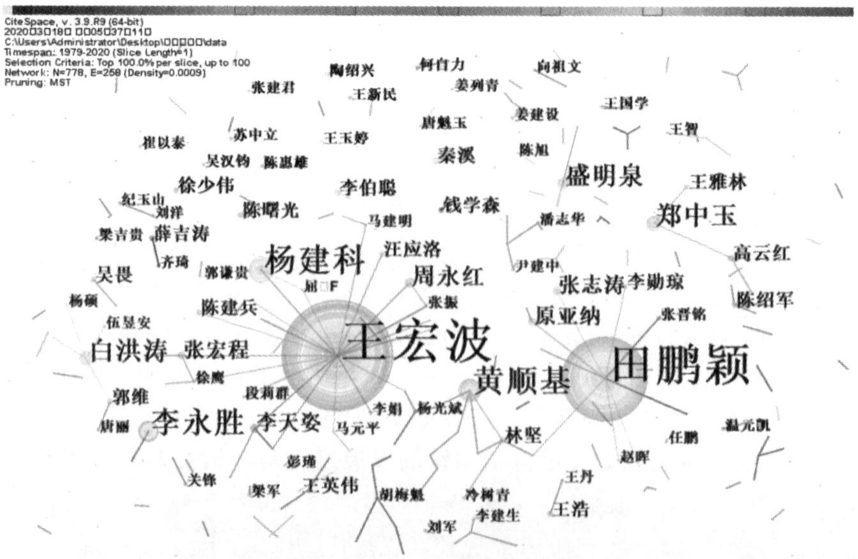

图 2　1979—2020 年国内社会工程学研究领域高产作者知识图谱

表 2　1979—2020 年国内社会工程学研究领域高产作者、发文量及研究方向

序号	作者	发文量	社会工程学研究领域主要方向
1	王宏波	52	社会工程学 工程哲学 社会模式设计
2	田鹏颖	40	社会工程哲学 社会工程方法论 唯物史观
3	杨建科	12	社会模式 社会技术 社会设计
4	黄顺基	11	社会系统工程 社会工程哲学 社会管理
5	李永胜	10	社会系统工程 工程哲学 社会工程学
6	白洪涛	7	社会工程学 工程社会学 社会工程学批评
7	郑中玉	7	社会工程创新 社会工程管理 社会工程研究方法
8	盛明泉	6	社会工程项目 社会工程投资决策 社会公共工程
9	周永红	5	社会工程学 社会工程活动 社会模式
10	张宏程	4	模式 中国模式 社会发展模式

4. 高产机构知识图谱分析

图 3 为 1979—2020 年国内社会工程学研究领域高产机构知识图谱，从图谱中可以清晰地发现，我国社会工程学研究领域形成了以西安交通大学和沈阳师范大学为中心的研究网络，成为我国社会工程学研究的主要阵地。

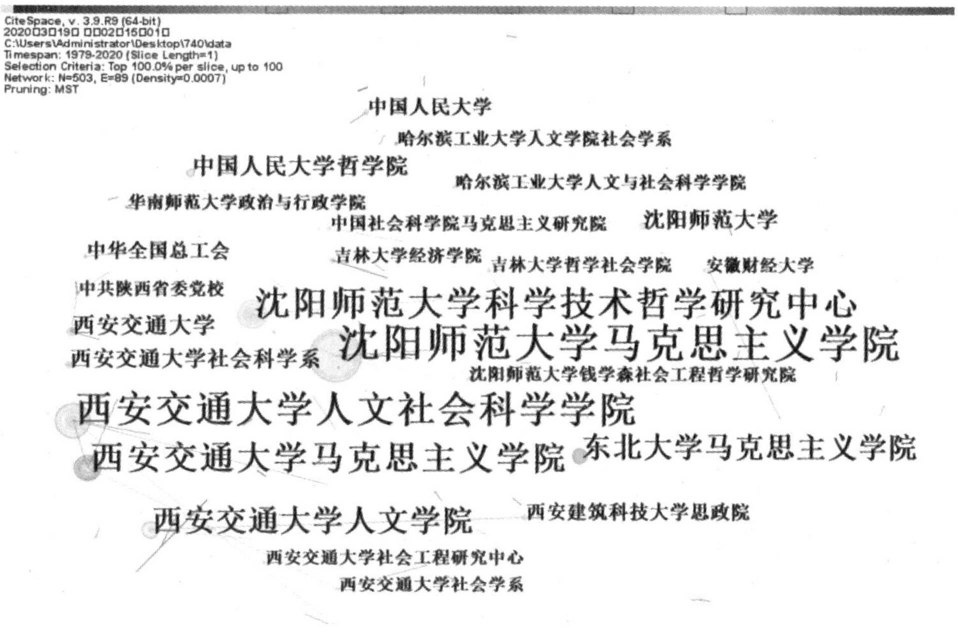

图 3　1979—2020 年国内社会工程学研究领域高产机构知识图谱

表 3 为 1979—2020 年国内社会工程学研究领域高产机构及发文量，从表中具体可以看到 1979—2020 年我国社会工程学研究领域发文量最多的机构是西安交通大学(85 篇)。西安交通大学以王宏波教授为带头人，依托 1999 年成立社会工程研究中心和马克思主义学院，汇聚了一大批长期从事社会工程学领域研究的学者，经过长期积累和发展，已发展成为国内社会工程学研究的“重镇”。其次是沈阳师范大学(72 篇)。沈阳师范大学以田鹏颖教授为带头人，依托其马克思主义学院和科学技术哲学研究中心，形成了社会工程学研究团队，近年来在社会工程学研究领域发展较快。此外，发文量较多的机构还有中

国人民大学(24 篇)、东北大学(12 篇)、中国社会科学院(11 篇)、哈尔滨工业大学(11 篇)、吉林大学(9 篇)、华南师范大学(7 篇)、中华全国总工会(6 篇)、武汉大学(6 篇)等。整体来看，高校是社会工程学研究领域的主要机构，同时，高产机构和高产作者高度相关，显示出很强的一致性。

表 3　1979—2020 年国内社会工程学研究领域高产机构及发文量

机　构	发　文　量
西安交通大学	85
沈阳师范大学	72
中国人民大学	24
东北大学	12
中国社会科学院	11
哈尔滨工业大学	11
吉林大学	9
华南师范大学	7
中华全国总工会	6
武汉大学	6

5. 关键词知识图谱分析

关键词是表征文献内容的核心词汇，是对文献研究主题的高度凝练与概括，是进行文献分析的一个主要方面。通过关键词知识图谱可以直观呈现某一研究领域的主要内容及变化趋势，从而更好把握该领域的研究方向和主题。图 4 为 1979—2020 年国内社会工程学研究领域关键词知识图谱，其中，圆圈为节点(N)代表关键词，圆圈大小表征关键词频次，频次越大；圆圈越大，节点间连线代表关键词之间存在共现关系。通过观察图谱可以发现，1979—2020 年国内社会工程学研究领域包含的关键词较为广泛，同时，关键词共现网络整体上较为紧密，说明这些关键词之间呈现较强的相关性，我国社会工程学领域的研究基本围绕这些关键词展开。

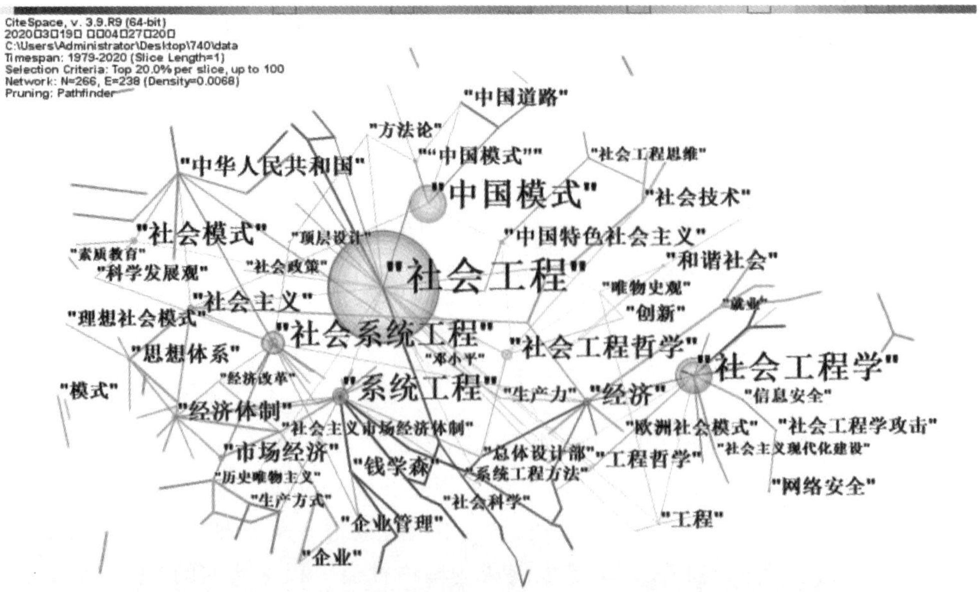

图 4　1979—2020 年国内社会工程学研究领域关键词知识图谱

具体分析我国社会工程学研究领域的关键词相关数据得到表4的1979—2020年国内社会工程学研究领域关键词信息汇总表(前20)。从表中可以看出，1979—2020年国内社会工程学研究领域关键词频次居前十位的分别是“社会工程”“社会工程学”“中国模式”“社会系统工程”“系统工程”“社会模式”“社会工程哲学”“经济”“社会主义”“市场经济”。其中“社会工程”频次最高，是检索的主题词，也是本论文研究的核心，其中心性为0.28(中心性表征节点在图谱中的地位，一般而言，中心性超过0.1的节点称为关键节点)，其集中出现的年份为1991年。另外出现频次较多的关键词还有“经济体制”“中华人民共和国”“中国特色社会主义”“和谐社会”“思想体系”“钱学森”“社会技术”“企业管理”“工程哲学”“工程”等，这些高频关键词显示了我国学者对于社会工程学领域关注和研究的核心词汇和重点内容。

表4　1979—2020年国内社会工程学研究领域关键词信息汇总表(前20)

关键词	频次	中心性	年份
社会工程	171	0.27	1981
社会工程学	66	0.13	1980
中国模式	62	0.05	2009
社会系统工程	50	0.13	1986
系统工程	49	0.17	1979
社会模式	25	0.02	2000
社会工程哲学	24	0.03	2006
经济	23	0.16	1981
社会主义	17	0.11	1994
市场经济	16	0.02	1992
经济体制	15	0.02	1992
中华人民共和国	15	0.06	1986
中国特色社会主义	14	0.05	2010
和谐社会	14	0.03	2005
思想体系	14	0.06	1991
钱学森	13	0	1980
社会技术	12	0.02	2003
企业管理	12	0	1992
工程哲学	12	0.01	2004
工程	12	0.05	2009

6. 关键词聚类知识图谱分析

通过关键词图谱分析，我们可以大致了解 1979—2020 年国内社会工程学研究领域学者关注和研究的核心词汇和重点内容，为进一步深入分析和系统把握 1979—2020 年国内社会工程学领域研究的主要内容和方向并将其合理分类，还需要进行关键词聚类分析。

通过关键词聚类得到图 5 的 1979—2020 年国内社会工程学研究领域关键词聚类知识图谱。如图所示，共形成了 10 个聚类，CiteSpace 根据每个聚类所包含的关键词，对每个聚类进行了自动命名，并以此来概括每个领域的主要内容和方向。这些聚类分别是“社会工程”“计算机”“市场经济”“中华人民共和国”“社会工程学”“中国特色社会主义”“就业”“决策个体”“生产方式”“技术进步率”具体分析每个聚类所包含的成员如表 5 所示。通过表 5 可以更加详细了解 1979—2020 年国内社会工程学研究领域主要研究内容和方向所涉及的具体研究内容。

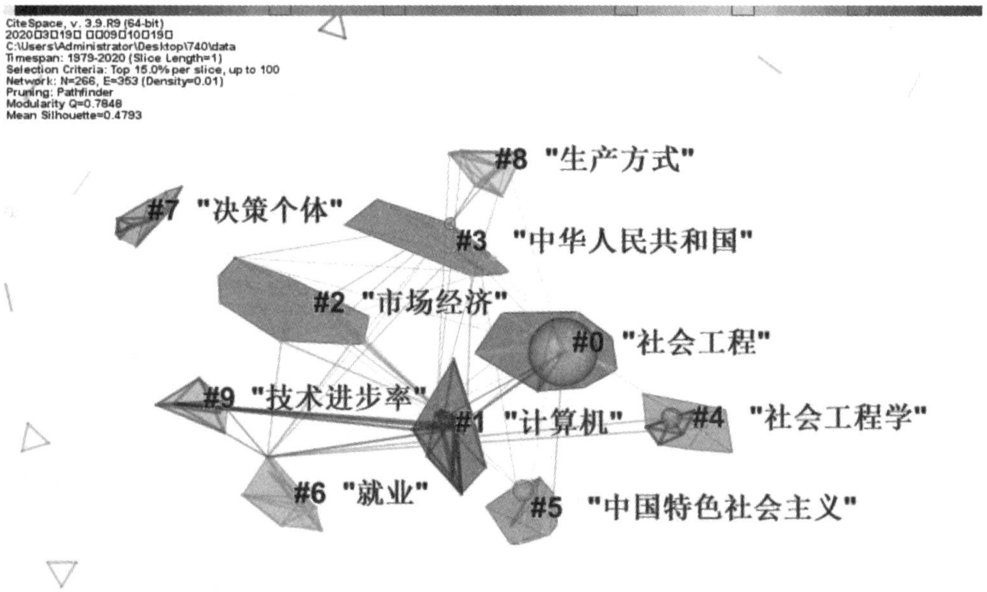

图 5　1979—2020 年国内社会工程学研究领域关键词聚类知识图谱

表 5　1979—2020 年国内社会工程学研究领域关键词聚类信息汇总

聚类号	聚类名称	聚 类 成 员	年　份
0	社会工程	社会工程、社会技术、制度设计	2009
1	计算机	计算机、社会主义建设、运筹学、就业人数、社会变革	1982
2	市场经济	市场经济、思想体系、企业、企业管理	1994
聚类号	聚类名称	聚 类 成 员	年　份
3	中华人民共和国	中华人民共和国、社会主义精神文明建设、方法论社会系统工程	1997
4	社会工程学	社会工程学、网络安全、党政领导干部	1998
5	中国特色社会主义	中国特色社会主义、中国模式、四个全面	2012
6	就业	就业、待业人员、人口自然变动、人口出生率、农村劳动力	1990
7	决策个体	决策个体、决策者、计量经济学、经济计量学、数据收集	1983
8	生产方式	生产方式、生产关系、生产力、历史唯物主义	1989
9	技术进步率	技术进步率、宜春地区、工业产值、模型参数、劳力	1983

通过以上分析，可以发现，从20世纪70年代社会工程学研究在我国兴起以来，社会工程学研究领域引起越来越多的学者关注，取得了丰硕研究成果，已经发展成为社会科学领域的一个重要分支。从社会工程学研究现状看，王宏波、田鹏颖是当前国内社会工程学研究领域的主要代表人物和领军人物，西安交通大学和沈阳师范大学是当前国内社会工程学研究领域的代表性机构和研究“重镇”。从研究内容和方向看，当前社会工程学研究领域学者关注和研究的重点主要包括社会工程学、中国模式、社会系统工程、社会模式、社会工程哲学、经济发展、社会主义、市场经济等，中国特色社会主义、中国模式、四个全面等是社会工程学研究领域的前沿问题。

四、 社会工程学研究未来展望

1. 习近平新时代中国特色社会主义思想开辟了社会工程学研究的广阔前景

中国特色社会主义进入新时代以来，中国社会发展实践展现了社会工程学研究的新特点和新要求，为社会工程学研究开辟了广阔前景。习近平新时代中国特色社会主义思想关于中国特色社会主义进入新时代的“历史新方位”的科学判断，提出了社会工程研究的新任务。习近平总书记关于“全面深化改革是一项复杂的系统工程”的思想，深刻地阐发了新时代社会工程的特点，并提出了新的要求。习近平总书记多次论述新时代的历史使命问题，论述改革的方法论问题，论述治国理政问题，论述治党治军等问题时都涉及社会工程问题的思想。这些思想是中国改革开放丰富经验的总结，为社会工程学研究提供了重要的指导原则和思想资源。从社会工程学研究的角度学习和理解习近平新时代中国特色社会主义思想，对于深刻认识社会工程学研究的广阔前景和新时代要求具有重要意义。

2. 推进国家治理体系和治理能力现代化需要强化社会工程学研究

党的十八届三中全会提出全面深化改革的历史任务，明确指出，通过全面深化改革，进一步完善和发展中国特色社会主义制度，推进国家治理体系和治理能力现代化。全面深化改革的总目标为发展社会工程的学科和专业，培养社会工程人才，提出了迫切的实践需求，也提供了广阔的实践舞台，必将推动社会工程研究的蓬勃发展，以便更好地服务于改革开放的伟大事业。社会工程作为社会治理实现的学问，既为搭建社会治理体系结构提供了理论基础，又为建构社会治理模式提供了方法论支持。因此，创新社会治理体制，提高社会治理水平，推进国家治理体系和治理能力现代化需要不断强化和创新社会工程学研究。

3. 未来社会工程学研究要反映中国经验、表达中国话语、展现中国智慧

以社会工程的学理和方法研究中国改革发展的现实性问题，从学理和学术角度总结改革开放的基本经验，建构反映中国经验的社会工程方法论，为社会治理研究提供了理论基础和方法论原则，是构筑中国话语、体现马克思主义中国化、学术化的重要切入点。要建设和发展具有中国风格、中国特点的社会科学，推动社会工程研究最有利于反映中国经验、表达中国话语、展现中国智慧，也最能够切近中国当代发展问题的实际，这是社会科学领域的一个新的学科发展方向和新的学术增长点。要深入学习研究习近平总书记系列讲话精神，尤其是治国理政新思想、新理念、新战略，乘党的治国理政新实践的强劲东风，抓住历史机遇，推动社会工程学的研究，努力服务于中国的现代化事业、中国特色社会主义事业以及改革开放的伟大事业。

★ 参考文献

[1] 王宏波. 论社会工程学的意义、内容与学科特征[J]. 西安交通大学学报(社会科学版), 2011, (1): 65.

[2] 王宏波. 社会工程引论[M]. 2版. 北京：中国社会科学出版社，2017.
[3] 卡尔·波普尔. 开放社会及其敌人(第1卷)[M]. 郑一明，等译. 北京：中国社会科学出版社，1999.
[4] 卡尔·波普尔. 历史主义贫困论[M]. 何林，赵平，等译. 北京：中国社会科学出版社，1998.
[5] 钱学森，乌家培. 组织和管理社会建设的技术：社会工程[J]. 经济管理，1979，(1)：5-9.
[6] 陈悦，陈超美，等. 引文空间分析原理与应用：CiteSpace实用指南[M]. 北京：科学出版社，2014.
[7] 陈悦，刘泽渊. 悄然兴起的科学知识图谱[J]. 科学学研究，2005，(2)：149-154.

工程思维拓展

关于社会工程研究的几个问题

（根据作者所做学术报告录音整理）

王宏波

摘　要： 社会工程是根植于中国改革实践的学问，理解社会工程，应当首先从哲学角度理解其理论基础。文中从工程哲学的视角讨论了社会工程的哲学基础、社会工程思维的特点与社会工程设计的主要问题。

关键词： 实践模式；社会工程理念；社会模式；社会设计

社会工程问题现在已经成为很受关注的学术问题和实践问题。习近平总书记的许多重要论述都充分地表达了关于社会工程的思想，比方他说改革是一项复杂的系统工程，就改革是一个复杂的系统工程来说，这本身就是一个社会工程。其实"社会工程"这个概念在中国最早提出来的还是钱学森，钱老在1979年就写了一篇论文，说组织和管理社会主义建设的技术就是社会工程，这篇文章发表在经济研究上。那么后来到80年代、90年代后，他更多的提的是社会系统工程。在钱老那里，社会工程和社会系统工程，是经常在替换着使用。中国人民大学的黄顺基教授（已故），他对钱学森的社会工程思想，有比较多的深度阐述。前几天，就在11月28号（2019年11月28日），在科技会堂开了一个工程科学高峰论坛。在开幕式上，中国科学院原院长路甬祥的书面致辞，我很仔细地听了，路甬祥的书面致辞里边也重申了"社会工程"这个概念。当然工程院主要是从自然工程方面去研究的，但是我很高兴地听到了路甬祥重申了社会工程这个概念，这说明社会工程这个学术领域受到了科学界的重视。

那么我今天和大家交流关于社会工程的问题，主要是从哲学的角度来探讨一下社会工程的一些主要问题。

一、 社会工程的研究指向是实践模式及其社会事物

理论与实践的关系是哲学研究的重要问题。如果从理论和实践这两个因素的互动角度来看，实践模式是两者互动的一个中介环节。为什么我要说互动？因为要从理论形态的知识变成实践的结果，就必须有一个方案和计划，我们把它概括一下，叫作实践模式或者简称模式（见图1）。

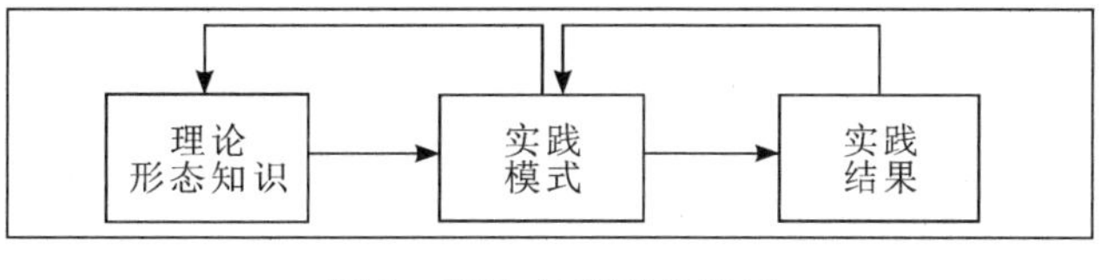

图1　理论与实践的关系

作者简介：王宏波（1952年10—），男，西安交通大学二级教授，陕西省哲学学会名誉会长，中国工程哲学研究会副理事长，中国改革研究会副会长，教育部研究生思政课分教指委副主任委员。本文是作者于2019年12月12日，受解放军总装备部举办的装备建设工程会议邀请所做学术报告的录音整理稿。

这一个方向比较容易理解，也容易认同，但是还有另外一个方向，就是在形成理论知识的时候，也必须经过实践模式这个中介，也就是说，认识的结论里面不仅仅有实践结果的因素，还更多地带有了实践模式的因素。因此就在理论和实践结果之间加了这么一个中介的环节，如果这样看我们的认识过程就变得非常的复杂了。同样一个理论形态的知识，由于它的实践模式不一样，它的实践结果就不一样，同样一个实践的结果可能是由不同的实践模式产生出来的，因此它在形成认识的时候可能也有差别。但是不管怎么说，这个中介的实践模式，过去我们的哲学是不大关注的，研究也不够。大家要是注意一下的话，翻翻我们的哲学教科书，那么就会发现关于实践模式范畴讨论的就很少。如果有了实践模式这个范畴以后，我们就对知识有一个分类，关于知识分类，工程哲学界讨论得很多。

关于知识的分类基本上有三类。过去经常谈的是两类，一类是真理性的知识，再一类就是价值性的知识。我所要增加的一个知识类型，就是模式类型的知识，它就是关于“做法”的知识、计划和方案的知识，就是关于做什么和如何做的知识。这一类型的知识我们在工程哲学研究的时候探讨的比较多。这三种不同类型的知识形成过程的思维特点是不一样的。要获得真理性知识，其目标是事物的本质和事物内部的因果关系，因此思维过程的方法论特点是因果推理、假说猜想等一些方法。如果要形成价值性知识，比较、权衡、整合等方法就居于主导地位。

那么，对于实践模式这一类知识，工程哲学的领域里面研究比较多的，大家也形成共识的，就是综合集成的方法，还有设计方法，这些我就不详细说了。从知识的分类还可以追溯到存在物的分类。关于存在物，也可以分为三个类型。第一个是自然事物，这个不用多解释。第二个就是人工器物。大家也都清楚，李伯聪老师讲的很多了，我不展开。那么第三类就是社会事物。社会事物是什么？社会学上叫社会事实，也是一种客观事实，但是你摸不着它，你可以理解感觉到它，也是真实的存在。它是人类活动的规则系统，诸如制度、体制、法律、法规、政策，你可以从文件上看到这些规定，但是你用手触摸不到它。你的视觉看到的是文字，你的触觉摸到的是承载它的东西，比如纸张。也就是说你的感觉器官感觉不到这些规定。但是，如果在社会活动当中，你的行为触犯了这些规定，你马上就会感觉到它，因为就会有某一个部门、某一个机关来干涉你的行为。所以存在着这三个基本的存在物分类。实际上这三个事物之间的关系也是交织在一起的。自然事物和人工器物是交织在一起的，社会事物和自然事物也交织在一起，人工器物和社会事物交织在一起。这也就是说，我们在进行人工器物的建造的时候，在进行人工器物的设计的时候，必然有一部分涉及社会事物，因为人工器物的建造过程是有人际关系存在的，所以人工器物建造过程包含着社会事物，它们是相互交织在一起的。所以就有自然工程和社会工程这两类工程，都是实践模式的反映和表现形态。自然工程是建造物质实体的工程，社会工程是设计和制定社会规则的工程，它们都是人为设计建造起来的。如此看来自然事物、人工器物和社会事物是相互交叉的，那么自然工程和社会工程也是相互交叉的。我为什么特别注意路甬祥老院长对社会工程的重申和肯定，因为他是大专家，他具有丰富的自然工程的经验，但是他却重视社会工程，那么我就认为他在这个方面是有感知的，有认识的，是有深刻的见解的，是可以作为引例去说明的。

说明自然工程和社会工程的关系，我还可以用另外一个说法来表达这个关系，即用硬件、软件和斡件的关系来说明。在工程哲学和工程方法论里面，经常会谈到这三个知识，就是硬件知识、软件知识和斡件知识。硬件知识就是指工具、设备、器物等等形态的知识；软件知识就是指操作方法、程序、规则等知识。“斡”就是斡旋的意思，协商的意思，也就是处理各种关系的过程。所以斡件在宏观层次上可以指经济和法律制度，在运行层次上可以指组织结构、管理方法、人员培训、供应服务和处理工程系统内部机构之间、人员之间、人与物之间关系的一些专门的方法。所以如果说自然工程当中有社会工程的话，那么斡件知识里面有相当一部分成分，可能属于社会工程知识。

在工程界经常举一个例子，就是三峡大坝建造过程当中要处理很多社会关系，如移民问题、生态问题、安全问题等等。所以我们在看工程活动过程的时候，不同的阶段使用自然工程方法和使用社会工程方法的比重会有所差别。在工程决策的时候，因为可能要处理很多宏观变量，涉及经济、社会、文化、政治、组织管理等宏观因素的一般要求，它们都是一些非常重要的宏观因素。所以，在从事自然工程项目决策时，需要把工程要素和经济、社会、文化、政治等宏观要素综合考虑，在这个阶段可能社会工程还是主导的；在工程设计和规划过程当中，自然工程和社会工程可能是平分秋色的；但是工程一旦实施，进入具体的建造过程，自然工程就是主导的了，但即便是建造过程也有社会工程的因素和成分。这是我们的一个看法，也就是说自然工程的过程中内含社会工程过程。

二、 关于社会工程思维的一些基本问题

首先，要明确一下社会工程思维、社会工程学的地位。我们面对和身处其中的整个世界，如果把人的存在与活动也考虑进去，我们有社会世界，有自然世界，还有思维世界。如果说我们形成的关于自然界的认识，产生了自然科学，因而有自然科学的思维；我们形成关于社会世界的认识，我们有社会科学，也有社会科学的思维；如果我们变革自然，我们形成了工程活动，我们有工程思维。相对于自然工程思维，我们有人造人工自然的现象出现。那么，相对于我们要改变社会，要推进社会进步、要改革，那么我们就会有社会工程思维。社会工程思维以社会模式的建构为对象，社会模式就表现为制度、政策、规则系统。但是我们通过这张图的划分，我们看到过去很长一段时间对工程哲学，没有引起人的关注。20世纪80年代以来李伯聪老师和中国工程院的一些院士，在中国推进工程哲学研究，现在在国内已经形成了一个学派，并且产生了世界影响。但是现在关于社会工程哲学还没有引起学术界广泛关注，虽然有不少的论文出来，但力量投入和研究深度还不是那么十分的显著。如果要形成一个产生广泛关注和更多人去研究的局面，还需要做很多工作。

社会工程的研究、社会工程的活动，交叉学科的性质特别突出。社会工程研究过程包含有自然科学知识、社会科学知识，人文科学知识，还有社会实践知识，是相关学科理论知识和实践知识的综合体。社会工程学的知识是建立在人文社会知识、自然科学知识，包括工程技术知识等多学科之上的知识，它是以问题和项目为指向的多学科知识的综合运用。社会工程学是一个新兴的学术领域，其综合交叉的性质相当突出，但是它有其独立的学科地位。

第二，说一说社会模式的作用。社会工程研究的核心环节是要建构一个社会模式，比方说我们的改革就是用新的模式去替代旧的模式，这是大家都非常熟悉的，过去我们是计划经济的模式，现在我们是社会主义市场经济的模式，这就是新的模式替代了旧的模式。所以社会模式的研究和建构就成了社会工程活动的核心环节。

同时，社会模式的设计是理论联系实际的中介环节。如果用一个图形表示的话，可以用一个层次性的图形(见图2)。

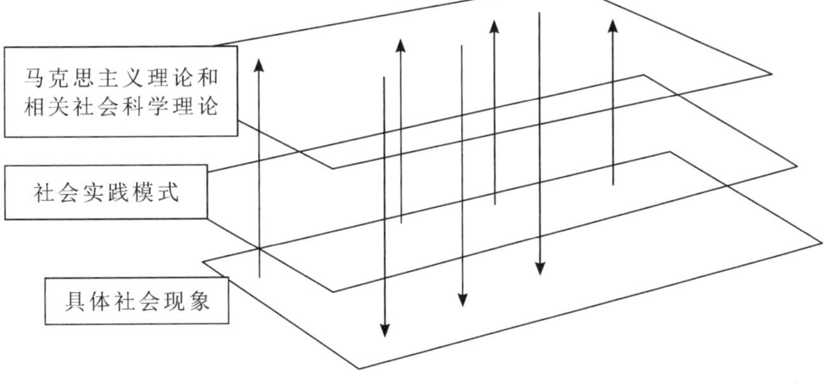

图2　用图形表示社会模式的设计

最上面的层次就是社会理论的层面，中间的一个层次就是社会模式的层面，最底下一个层次是表示社会现实的运动过程。所以理论要变成现实，它要经过实践模式层面的转换，它是一个中介。前面我们曾经讲过认识的过程，现在我们再把它落实到社会建构的领域当中来。我们建构的社会模式，它构成了社会过程的一个重要的因素，也可以说社会过程就是由一个又一个社会模式的相互衔接和替换构成的。

先说为什么会替换。因为任何社会模式它都有一个功能，即支配社会过程的运行，无论哪个过程都由模式来支配。但是这个社会模式是有生命周期的——任何社会模式都有它的生命周期。比方说某一项社会政策开始实行的时候，尽管可能是比较完备的，但是它的效果还是比较差，为什么？其中一个非常重要的因素就是接受它的人，践行它的人，实施它的人，受过去的旧的社会模式影响，它有一个惯性，使得新的社会模式的接受有一个过程，因此新模式的实施效果不如人愿。那么在这一段时间内，这个模式也有一个时效问题，这叫早期失效。

随着时间的推进，经过一段时间以后，大家都适应了这个模式(新模式)，它的正常功能就表现出来了。然后再过一段时间的话，这个模式的基本的效能已经落后于时间尺度的要求了，社会的结构已经发生了变化，人们的心态、文化等都发生了变化，所以这个时候这个模式就到了晚期了，我们叫作晚期失效。在早期失效阶段，它会有一个补充的模式来辅助支撑它，在晚期失效的时候，我们就要考虑改革了，所以社会发展是通过一个又一个模式的变换去实现社会过程的。如果离开了模式的变换，那么要理解这个社会过程就觉得非常抽象。

像大家熟悉的由计划经济模式变成了社会主义市场经济模式的过程就是一个社会过程。如果我们现在要理解中国道路，那也就是理解中国的发展过程，那么就不能离开中国模式，离开中国模式的话，道路是个啥，咱们说不清楚，所以这个模式和过程，模式和道路的关系，就和马路上的车和马路的关系一样，车不断地开辟着道路，同时路也规范着车。

第三，关于社会模式的理念。要构造一个模式，首先要形成一个理念。理念是社会模式的功能和目标的基本定位。那么，要形成一个社会模式的理念，它有几个因素要考虑呢？构成一个社会模式的理念，需要考虑三个维度的因素，即规律维度、价值维度、情境维度。

所谓规律维度的因素，就是指各种客观规律，这里面包括了很多方面的规律，还有价值的因素，还有情境条件的因素。这些规律的因素、价值的因素和情境条件的因素，在设想建构这个模式的主体即设计者的综合集成思维以后，就形成了一个实践模式的理念。关于模式的理念，讲一个事例。就是20世纪八九十年代，关于中国铁路交通发展的理念，到底是搞轮轨式的高铁还是搞磁悬浮？当时也经过了试点，上海就搞了一个试点，后来就到底要不要全面推开，当时展开了一番深入的讨论，最后还是选择了建设发展轮轨式高铁，这是铁路运输系统建设发展的一个理念，当时考虑的因素是这样几条，简单地说磁悬浮它要浮起来，所以列车承载重量有限制，其运客量就比轮轨的运量要小不少，这是第一个考虑。第二个是磁悬浮和原来的铁路系统不能够兼容，原来的都是轨道的，这样磁悬浮很难和它兼容。第三个存在大众化推广受限制，因为它不能到处修，另外磁悬浮还可能造价比较贵，票价可能比较贵，那么基层的老百姓可能坐这个车的概率就比较低。所以后来这几个因素就决定了建设发展轮轨式高速铁路系统。这就是一个建设理念的例子。这个理念形成的时候，它也有规律性的因素，有价值性的因素，还有情境性的因素，那么这些都考虑了进去。因此，从规律维度考虑，会有很多方面的规律，是多重规律的综合；从价值维度考虑，也有价值差异、冲突和价值选择方面的整合。当然还有情境方面准确的判断。这三类因素哪一个发生变化，都会使理念发生变化。

所以我们把这三个因素画了一个三角坐标(见图 3)，就是它的实践理念要建构的时候设计的基本向量，那么规律是多向量的，相关领域的价值也是多元化的，情境也是多样化的，我想我就不展开讨论了。我们可以举一些例子，比方说小平同志的改革理念，就是市场化的渐进式改革，摸着石头过河的理念。进入新时代，习近平总书记现在主导的改革理念是全面深化改革，要注重整体性、协同性和系统性。关于军队建设的改革，我上午刚刚学的，以前也听说过，就我现在的理解，我们新时代的军队建设理念，是不是应该理解成各位首长和专家讲的，军委总管、军种主建和战区主战。这是一个新时代军队建设的理念，当然还有很多的其他的例子，我就不占时间了。

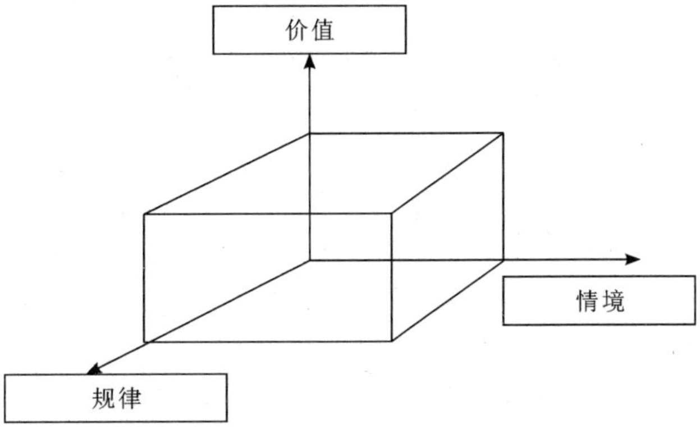

图 3　三类因素构建的坐标

第四，关于社会模式的构成。刚才说到的理念还不涉及社会模式本身的构成，如果要考察这个社会模式的构成，它有哪些因素呢？最基本的因素就是结构、过程和方式。如果要考察一个社会模式，理解一个社会模式，或者建构一个社会模式，一定有这三个维度的因素需要考虑。如果从结构上来说，一旦确定了结构，过程也就要相应地考虑，因为过程是在结构之中的过程，并且过程也还表现为结构的转换，有了结构和过程，就会有流程，也就有规则，还有方法，可以把流程、规则和方法统一称为方式。另外结构也有总体结构和子结构的区别，过程也有总过程与子过程的分别，方式更是多样化的。所以结构是多类型的，过程是多分支的，方式也是多样化的，这就构成了模式建构与设计的复杂性，因为它体现了这三个方面的综合集成。

另外，我们讲的规律性也与结构性密切相关。如果一个结构里边有多种因素，那么每一个因素都可能有它自己的规定性和规律性。所以要形成一个结构的话，首先就得处理多种规律之间的关系，还有多元价值之间的关系，还有不同方式的问题；如果从结构和过程的关联去考虑的话，那么结构的变换就体现了过程。因此，结构、过程和方式是理解模式、建构模式、考察模式的三个基本因素。这三个基本因素少了哪一个，模式建构可能都有困难。

从结构和过程的关联来说，不同的结构它就会有不同的过程。比方说某一个结构特点是一机构对应多个机构，结构特点就是一对多的关系。那么信息流在流动的过程当中，就有两种流向，就是有向上的集中和向下的分享过程，这里又有两种情况，如果在向上集中和向下分享过程当中，在信息不发生扭曲变形的情况下，向下的分享过程，它就会引起下层单元之间的竞争。如果信息发生失真、变形、变异，那么整个系统的运行就会出现问题。如果是能量流和物质流的话，向上就引起集中，向下就引起分流。如果是多对多的结构，那么平行的过程交叉的情形就很多，这就说明结构制约过程。同时，过程展开中它是体现为环节之间的关系和流程的规则，而当过程展开以后，过程和流程也反过来影响结构，例如流速和流量发生变化，经过长期的积累，会使结构发生变化。

如果把过程和规则联系起来的话，过程的特点和性质不同，过程的程序和规则也不一样。如果是个线性过程，那么以前后的承继规则为主；如果是多线路交叉性过程，那么它不仅仅有前后的承继性规则，还有并行协调性规则。如果是非线性过程的话，更加复杂，有时间规则、有空间规则，还有流速规则等等。如果用过程和结构的关系来思考中国特色社会主义实践过程，我们曾经有过计划经济的结构，计划经济的结构所决定的经济要素的流动方式和市场经济结构所决定的经济要素的流动方式迥然不同。

如何理解社会主义市场经济结构？社会主义市场经济是政府和市场分别起作用的一个双重结构，用十九大报告的话说，有“两个毫不动摇”，即毫不动摇地发展民营经济，毫不动摇地坚持公有经济，既要发挥市场在资源配置过程中的决定性作用，又要更好地发挥政府的作用，这是个双层结构交织在一起的复合结构。那么在这个结构下，我们要设计任何一个领域的机构，必须要注意到两个方面的过程，这两个过程怎么衔接？这就是给我们今天的模式创新带来的一个现实性的问题，需要考虑的一个现实背景。

现在，我们讨论方式。方式是什么？实际上就是社会规则，是操作方法和办事程序，比方说我们手头有五个元素，如果按照循环的方式排列，是一种排列方式，它可能具有一种功能；如果按照核心对称的方式排列就是另外一种方式，它可能具有另一种功能。这两种方式里面都包含着不同的规则，也包含着不同的过程，一个是循环的过程，另一个是从中心向四边发散的过程，两者的程序都会不一样。举个例子，比方我们现在的民主集中制，来自我们的民主理念和民主的模式，我们选举过程的规则，首先要摸底、调查研究，听取群众意见，还要听不同工作部门的意见，在充分听取各方面意见的基础上，还要协商，最后提名，在确定是等额选举还是差额选举后，再举行选举大会。这个就是体现民主集中制的方式，其中有程序规定，也有方法设计，还有规则因素。所以方式是程序、规则和方法的统一体。

关于方式，还可以举一个例子。大学里面有职级评聘，你首先要报名，然后审核基本条件，比如说你三年以后才能晋升有资格评副教授，那么两年半，甚至两年 11 个月也不行。要审核，然后还要答辩，答辩要按照副教授任职条件去答辩，有标准，然后经专家委员会投票后再公示，最后决定并公布。这就是一个方式，就是评聘模式中的操作方式。如果没有方式的话，这个模式就没有操作性。所以模式是什么？就是结构、过程和方式的统一体。

关于模式，还可以再举一个例子。现在，大学里边，都在推行本硕博贯通培养模式。它与原来的本科、硕士、博士分阶段培养，本科毕业考硕士，硕士毕业考博士的模式不同。本科、硕士、博士分阶段培养模式中，各个阶段是相互独立的。本科毕业以后可以先去工作，几年以后再考硕士；也可以本科毕业马上考硕士。当你硕士毕业的时候，再选择是否继续读博士。如果是本硕博贯通模式，则不会经过那些不同的阶段以及相应的考试，而是从本科一直读到博士毕业。本硕博贯通培养，也必须有特定的结构支撑。这就是实行这个模式的学校不仅有学士学位授予权，还必须有硕士学位授予权、博士学位授予权。学校的学科结构必须有这样的支撑，然后还得有一些规则和程序，比如学校怎么样挑选这些苗子，还有课程，还有培养方式，怎么个培养法？本硕博贯通培养方式肯定和本硕博分阶段培养方式不同。这个例子也说明模式是结构、过程和方式的统一体。

第五，建构模式的思维特点。模式建构的思维特点最能体现社会工程思维的特点。因为社会工程主要是设计模式，所以模式设计思维就是社会工程思维最突出的特点。关于模式建构的思维，在工程哲学界已经讨论得比较多了，这里，我把它按照我的理解概括成几点——不一定很全，但是能够掌握它的基本特点。模式设计的思维方法就是综合集成的思维方法。如果我们讲工程设计、工程知识、工程思维的时候都强调综合集成，它和科学发现的方法不一样。那么，综合是什么？我个人认为综合是知识的综合，就是把不同类型、不同性质的知识，按照一个目标综合成一个新的知识类型。在综合当中还有知识的转换，使不同层级的知识类型发生转换。其中一个重要的转换过程是从抽象度高的层次转换到抽象度低的层次，即要把抽象度最高的知识慢慢地往下还原，还原的过程要不断地增加条件，把它还原成层次比较低，比较具体的层次。从抽象度最高的，一步一步地增加条件，然后转化为最具体的一个知识。因为只有综合了以后，才能使命题具体化。所以它是一个从抽象到具体的过程。所以首先得层级转换、知识转换，这是知识形态发生变化，使抽象性的水平下降。然后不同的学科的知识还要合取，一项设计，不能光有一个学科的知识，比方我们设计社会经济政策，我们就至少要有经济学的知识，还要有社会学知识，那么经济学我们强调效率和效益，社会学强调平等和公平，这两类知识要素和原则都得综合起来。

不同类型的知识，有理论形态的知识，有经验形态的知识，还有显性知识、默会知识，等等，这些不同类型的知识，都要进行对接，无缝对接，它就是综合集成。这里重点说说集成。首先是要素集成，然而要素都是具有功能的，所以不仅有要素集成，还有功能集成。另外，模式是有结构的，这结构里面还有子结构，因而有不同子结构的集成。如果从过程的观点看，要素是有过程的，所以也有子过程的集成，这并行的过程和交叉的过程都是不同方式的集成。把这些都整合在一起，就是整合型思维，也可以叫作系统辩证法的运用。

我们在综合集成的时候要有系统思维和辩证思维，也就是系统辩证法或者辩证系统法的应用，要考虑到系统，还得考虑到矛盾关系，所以在这个问题上，我觉得我们中国的阴阳五行的这种思维方式，对我们在进行系统思维和辩证思维相结合的时候，是一个很好的启示。它关于相生相克的关系虽然只是用金、木、水、火、土这五个要素描述，但却表达了一种整体性的思维方法。虽然我们知道世界万物不是那么简单地用这五个要素构成的，但是这个思想的方法却是很值得我们借鉴和继承的。阴阳五行思维体现了系统论思想和辩证法思想的结合。当一个要素对另外一个要素起促进作用的时候，会引起另外一个要素的正向变化，第二个要素的正向变化，却可能引起第三个要素的正向变化，但是第三个正向变化的要素又可能反过来作用于第一个要素，反过来削弱初始要素的作用。这种经过两个三个或者几个中介以后又回到起点，具有回路关系的相互作用，在我们运用综合集成方法时是需要认真把握研究和感受的，往往非常复杂。但是我觉得中国文化中的阴阳五行学说，既考虑对象之间的矛盾关系，又考虑系统之间的多矛盾相互作用的关系，这种思想方法是中国人思考问题的优势，在社会工程运用的过程当中，这种方法的启发性还是很大的，这种方法在中医思维中体现得最为充分。我请一些老中医先生给我讲中药配方的道理，其实我对中医不懂，但他们讲的中药配方道理，对我们用于模式构建的思维还是有帮助的，这就是配方时的君、臣、佐、使四种类型药物的相互配合。就是说中药在配方的时候，都要根据病情考虑 4 种类型的药物综合使用，即君药、臣药、佐药、使药。君药起主导作用，或作用到病情的主要部位；臣药起辅助作用，或者加强君药的作用，或者作用于病理的次要部位；中医认为有些药在起到治疗作用的同时还会产生副作用，这些副作用由佐药来平衡，消除相关的副作用；使药可能是路径的引导，作用方式的引导。这几类药要同时搭配，所以中医配药有一个搭配性思维。我不懂中医，也许理解和表述的不准确，但是这种搭配思维对我们模式构建具有启迪的意义。这种搭配性思维、匹配性思维，也是综合集成的体现，它不纯粹是推理性的，它是搭配和推理的统一。

第六，综合集成的逻辑特点。综合集成的思维方式有很多表现特点，这里很难全面概括，但是我觉得至少有这么三个要点。其一，构建模式的时候，不是每一个要素都要达到最优，如果每一个要素达到最优，这个模式的总体功能可能不优，所以差异性匹配是它的一个逻辑特点。差异性匹配，我觉得在中药配方的君臣佐使的搭配思维里，就体现得比较充分。其二，模式建构时要进行价值整合，就是它的价值共识的形成。价值整合的逻辑要有妥协的特点，各有进退，统筹兼顾。现在习近平总书记强调，我们在价值多元化的时代，必须要有核心价值观，形成价值共识。这里有两个要点，一是社会主义核心价值观我们要坚持，最核心的东西一定要坚持，所以提出了核心价值观。另外他还提出了一个形成价值共识的方法，就是寻求最大公约数的方法。实际上，对于某个具体问题，你可以有你自己的要求，他可以有他的要求，但必须寻求共识，找到最大公约数。每个人都把自己的目标实现和别人的目标实现能够同时考虑、联系起来，大家的目标都可以实现，实现共赢。其三，不同的真理性命题的实践效用是需要权衡的。我们应当注意到，模式建构的时候，真理性命题的效应之间的相互冲突是常见的现象。某一个真理性命题，或某一个学理性的命题，它会产生一个效应，这个效应和另外一个命题作用下的另外一个过程的效应，可能是相互冲突的。这在我们的社会模式构建过程当中是常见的现象，我们处理的就是这些冲突，两个具有冲突效应的真命题，不可能都同时坚持一样的标准，同时满足的程度都不可能是一样的。这个和科学思维有所区别，需要权衡。

三、 社会工程研究中的设计对象和内容

1. 社会工程研究的设计对象

社会工程学认为，社会模式的转换就构成社会过程的内容。首先，社会工程的核心环节就是进行模

式设计，设计什么样的社会模式，怎样设计社会模式？这是一个方法论问题，比如说我们社会工程强调社会设计，强调顶层设计，强调过程设计，强调结构设计，但是这个时候我们设计的都是些什么？也就是说，我们的设计对象是什么？什么是我们的设计内容？我们必须进一步明确。西方有一些学者，对社会工程问题有意识形态的误解和偏见。他们认为，如果社会工程的活动面向社会，而社会是由人构成的，我们怎么能去设计人，人是不能设计的，人是有自由意志的，如果我们设计的对象是人，这是违背人的存在与发展规律的，因而社会工程是难以成立的。

所以在这里我要特别地强调这个问题，我们的设计对象不是指向人本身，而是指向人们之间的关系。如果说设计对象是人的关系，就是说我们要构造一个新的人的关系模式，使人的活动从旧的关系模式当中解放出来，进入新的关系模式，这样就可以使人得到进一步的解放，他的能量能够得到进一步的发挥。正如有西方学者指出，人是生而自由的，但总是处在某种限制之中。所以，社会工程活动正是通过社会模式的设计使人进一步摆脱限制，获得自由，创造人的自由意志发挥的社会空间。因此，社会工程设计的对象不是指向人本身，而是指向人与人之间的社会关系。马克思讲人的本质是社会关系的总和，有什么社会关系总和，有什么社会关系总和的性质，就有什么样的人。社会工程活动是通过建构设计合理的社会关系来促进人的发展的。那么设计人的社会关系模式的依据是什么？是人们的社会活动本身的逻辑要求，最根本的是社会发展运动的规律性。人的本质要求的社会体现，就是人们追求的社会活动秩序。有的人提出了两种秩序的概念，一种秩序叫作内在秩序，即内部秩序；一种秩序就是外部秩序。内部的秩序是什么呢？就是说社会的人们内在要求那么一种秩序，外在的秩序就是我们所设计的秩序。所以，我们所设计的秩序要与人们所追求的秩序尽量地一致，这是我们设计社会模式时的根本要求和基本原则。这就是说，要依据人的社会活动本身的逻辑要求，使内在秩序和外在秩序尽量地一致。如果离开人们社会活动的内在秩序的约束，任意地进行秩序设计，去强求规范人的行为，如果是这样的社会设计，那设计的秩序可能就达不到效果！但是不能否认，社会模式设计过程可能犯错误，产生不好的社会设计，因此就会有好的设计，不好的设计，有善意的设计，也会有恶意的设计。但是不能因为存在不好的设计、失败的设计就否定社会设计这一客观现象。要实现好的社会模式设计，首要的是坚持马克思主义的指导思想，通晓社会发展规律，坚持以人民为中心的观点。

2. 社会工程与社会系统工程的区别与联系

这个问题涉及我们对社会工程的不同理解。在我的理解当中，社会工程和社会系统工程是两个有区别的概念。社会系统工程是一种研究社会系统的系统工程的方法和理论，我们用这种系统的方法论思想去研究社会系统，形成了社会系统工程的理论和方法。系统工程一般是指研究复杂系统的理论和方法。如果把系统工程的理论和社会系统论结合起来，我们就会产生一个社会系统工程的理论和方法。社会工程是一种社会活动，既是一种实践活动，也是一种研究活动。

在社会工程的研究过程当中，我们需要用到社会系统工程的方法，社会系统理论的思想，系统工程的一些思想、理论和方法。但是除了系统工程的方法以外，我们还有其他学科的理论和方法。比方社会科学的理论，甚至还有哲学的理论、经济学、社会学、政治学等等其他学科的理论、方法都要用。所以社会工程这门学问它是一个综合性的，具有交叉性特点的学问，它的一个十分重要的特点就是社会系统理论和方法的运用。所以，社会系统工程理论对于社会工程来说，是十分重要的，但不是唯一的。

3. 社会模式设计的边界和方式

我们讲社会模式的设计，那么我们就要讲设计边界在哪里。设计是人们的思想行为，但是我们要充分地注意到我们设计者作为个体是有知识边界的，我们不可能什么东西都知道！而且我们对设计有宏观的理解和微观的理解，社会系统也有不同的层次，每一个设计者都处于某一个社会系统的具体的层次上，因此他的设计也是有受限制的。这是我们在进行设计的时候，必须有自知之明的一点。因为每一个参与设计的人，他的知识是有边界的，他的知识是有限的，他所位于系统的层次也是具体的。所以钱学森提出的总体设计部就是非常重要的一个方式，是弥补个人知识不足的一个方式，它能够把处理系统内不同系统层级的人的知识整合起来。所以，我们进行系统设计的时候，一个人是设计不出来的，必须有总体设计部。通过总体设计部，能够把系统里面处于各个子系统位置上的经验和知识综合起来。如果不是这种总体设计部的方式，位于上位系统的设计者去设计下位系统模式，或者下位系统的那些微观规定，这是跨层次设计，肯定会出现设计错误。因为你知识是有限的，你信息是有限的，所以我们一般进行宏观设计，如果没有微观层次的人参与，那么一般尽量地不要涉及下面更仔细、更具体的设计。在这种情况下，如果你要设计得很仔细，必须要有下位系统的人参与。

4. 社会模式设计的重点和目的

社会工程的设计对象实际上就是人们的社会关系模式。社会关系模式的具体表现就是社会组织形式及其组织之间的关系。关于社会组织形式设计，就是进行组织创新，组织形式的创新，就是社会的结构创新。在我们中国的改革开放的过程中，有很多新的组织形式的设计。通过组织形式的创新，不断推进改革开放的进程。

比方说我们改革开放一个非常重要的经验，就是建立开发区。各种类型的开发区就是一个又一个新的社会经济组织形式。这些组织形式有新的结构、新的组织形式、新的活动规则、新的交往方式。同时，也要注意到，新的组织形式和原来的组织形式之间的关系，也是社会工程研究的重点。如果设计了新的组织形式，就要设计组织的目标和功能，还要设计组织的规则，以适应人们社会创造的目的。所以社会工程的目的，它是从组织设计入手设计功能和规则来给人们创造自由活动的空间，给人们创造他的社会创新空间。我们要防止通过社会工程的设计，把人设计得都没有自由创新的空间了，这样的话，就会把本来有活力的社会变成一个没有活力的社会。

四、 谈谈对治理和管理的理解

我认为治理和管理是两个层次的概念。管理，表现在根据目标制定规章，制定工作标准，执行规章，执行标准。管理针对的是系统的元素，管理是以项目运行为核心的。管理的主体是职能部门。治理是以系统为对象，是从整个系统出发，以结构、功能、过程的总和效应为对象。具体地说，治理是以管理体系为指向，其基本问题是：设计一个什么样的管理体系？如何设计管理体系？或者如何完善和改进整个管理体系？研究管理体系中的权力关系配置，以及特定权力配置体系与系统总体效能之间的关系。简单地说，治理就是对管理的管理。什么是好的管理，如何建构一个好的管理，它是一个什么样的管理结构？这是治理的一个主题。我认为治理的主体是领导机关，当然少不了他的参谋部。但是主体还是领导机关，他要处理职能部门管理当中的矛盾。这是我的关于治理和管理的一个理解。

就治理体系和管理体系来说，我认为治理体系集中表现为治理模式，管理体系也可以理解成管理模式，但是治理模式包含着管理模式，是处理各种管理模式之间关系的总模式。治理模式设计的思维，首先要确定治理模式之理念，综合处理价值、真理和情境的关系，治理模式的设计就是处理结构、过程和方式关系。至于管理模式设计的问题，就是把已经确定的治理理念和治理模式具体化、细节化、标准化、程序化。所以以管理为对象和基础的治理当中，它包含着管理体系或管理模式问题。治理体系改革的原因和重点是治理体系或者治理模式的变化，这种变化又会引起管理体系或管理模式的变化，所以我们谈治理的时候不能离开管理，因为它包含着管理，但是治理本身不是管理，它是管理的管理。这是我个人的理解，在这里请教各位。

谢谢各位，请大家进行指正。

试论人工物分析的“形态”维度

——荷兰学派人工物分析的现象学拓展

邓 波 杨 凡 韩 茜

摘　要：荷兰学派的人工物理论是对当代技术哲学、工程哲学乃至一般哲学都将产生重要影响的成果，但是，其功能与结构之间的“逻辑鸿沟”以及由此导致的“心物二元论”等问题使得该理论面临困境，其根本原因在于荷兰学派持有的分析哲学立场，因此突破困境的出路在于转向现象学，仅从结构和功能概念对人工物进行逻辑分析是不够的，必须增加形态维度的现象学分析。进而提出从结构、功能和形态三个维度去建构现象学人工物理论的初步设想它的必要性和可能性可从形态学和设计史两方面进一步论证。

关键词：荷兰学派；人工物；结构；功能；形态；现象学

以分析哲学为根本立场的荷兰学派要构建的人工物本体论，仍然是以“存在者”为对象的传统本体论。实际上，任何人工物都是在人类实际活动中构造和生产的“生成之物”，因此，应从存在本身(动词)而不是从存在者(名词)来理解人工物的“存在”，即应以朝向实事本身的现象学态度，去探讨人工物如何从概念型、知识型变为物理型，然后运行使用直至废弃这样的“从生到死”的整个生命周期过程。本文认为荷兰学派仅从结构和功能概念对人工物进行逻辑分析是不够的，必须增加形态维度的现象学分析，从形态学和设计史拓展出人工物分析的“形态”维度，并以此构建结构、功能、形态三维分析的现象学人工物理论。

一、 荷兰学派人工物理论的历史贡献与存在的问题

把荷兰学派的人工物理论纳入技术哲学、工程哲学发展的历史乃至哲学史中，才能更清楚地看到其历史贡献及其存在的问题。众所周知，技术与工程的历史比科学悠久得多，但由于科学拥有自然哲学或自然本体论的强大基础，因此科学认识论、知识论、方法论乃至整个科学哲学的研究历史悠久、成熟丰厚，而年轻的技术哲学(1877 年)和更年轻的工程哲学(2002 年) 却显得幼嫩青涩。哲学史上认真严肃地讨论技术的哲学家并不多，柏拉图尤其是亚里士多德仅有所涉及。除了对工匠的蔑视，究其内在的、最根本的原因大概还在于技术哲学和工程哲学的研究对象——人工物的本体论一直没有建立起来。

20 世纪技术哲学的发展大体可分为“人文的技术哲学”和“工程的技术哲学”两支。前者就技术的效

基金项目：国家社会科学基金项目“工程知识与工程思维的哲学研究”(13BZX027)阶段性成果。

作者简介：邓波(1963—)，男，贵州贵阳人，西安建筑科技大学工程技术与社会研究所教授，研究方向为技术哲学、建筑哲学、工程哲学；杨凡(1993—)，陕西延安人，西安建筑科技大学马克思主义学院硕士研究生，研究方向为工程哲学；韩茜(1989—)，陕西西安人，西安建筑科技大学建筑学院博士研究生，研究方向为建筑文化。

用或者说技术人工物发挥的功能对人类社会和自然生态所产生的各种价值进行价值论的研究；后者就技术或人工物本身的发明创造、设计制造进行本体论、认识论/知识论、方法论的研究。前者由于有海德格尔在内的一些大哲学家的参与，成果蔚为壮观；后者的成果则不尽如人意，虽然有德绍尔这种具有一定工程背景的哲学家天才地提出在康德三大批判之后应该增加“对技术制造的批判”作为第四批判，但在技术人工物的本体论上仍没有实质性突破。加上20世纪70年代以后，资源问题、环境问题、生态问题突显，技术哲学在学界大多数人的眼里就成了技术批判哲学，拥戴技术的构成了技术乐观主义的“乌托邦”，批判技术的则构成了技术悲观主义的“恶托邦”，两派各不相让的争论笼罩了20世纪下半叶国际技术哲学的舞台，并陷入了一种无解的死循环。20世纪的最后10年，技术哲学圈普遍感觉到必须走出这种死循环！技术究竟是什么？人工物究竟是什么？这一存在论/本体论的基本问题都搞不清楚，价值层面的争论就不会有结果。正如斯蒂格勒所说，当今哲学的任务就是要反对乐观主义和悲观主义。

如何走出这种死循环？欧美技术哲学界提出的道路就是“经验转向”，即深入到技术或人工物本身的研发、设计、制作和使用等工程实践中去，用经验研究的方式打开技术的黑箱。这相当于“工程的技术哲学”在当代的某种复活，并且这种复活与20世纪现象学运动和分析哲学运动两大背景真正对接起来了。以分析哲学为立场的荷兰学派，其代表人物彼得·克劳斯于1998年提出了技术人工物功能和结构双重属性理论[1]，即“由人所设计制造的技术人工物，一方面具有结构属性，即技术人工物的几何性质、物理性质和化学性质等；另一方面具有功能属性，即技术人工物可以‘用来做什么’，即‘用途’(For-ness)”[2]对人工物的功能描述和结构描述是构建人工物最基本的两个范畴，通过发现功能与结构范畴之间的逻辑关系，从而建立起技术形而上学，或技术人工物的本体论(ontology)。关于本体论，按照黑格尔的界定：“本体论①，论述各种抽象的、完全普遍的哲学范畴，认为‘是’以及‘是’之成为一和善，在这个抽象的形而上学中进一步产生出偶性、实体、因果、现象等范畴。”[3]据此，建构技术人工物的本体论就是要找到它最普遍的范畴。荷兰学派认为他们已经找到了，这就是功能与结构，进一步建立起他们之间的逻辑关系，就可以完成技术人工物本体论的构建。可以说，这是荷兰学派最重要的贡献，恰如英国哲学家汉森所说，技术人工物双重属性研究纲领的提出及讨论是对技术哲学有深远影响的事件。

如果要从哲学史上进一步谈论荷兰学派人工物双重属性理论的历史贡献，笔者认为他们是自亚里士多德以后用哲学方式言说人工物的真正代表。众所周知，亚里士多德虽然未专门谈论人工物，但在论及自然物时往往用人工物举例来谈论自然物、解释自然物的理论模型——四因说实际上来源于人工物的制作模式。他说：“(1)事物所由产生的，并在事物内始终存在着的那东西是一种原因，例如塑像的铜，酒杯的银子以及包括铜、银这些‘种’的‘类’都是。(2)形式或原型，亦即表述出本质的定义，以及它们的‘类’，也是一种原因。……(3)是变化或静止的最初源泉。……(4)是终结，是目的。……但是后三者常常可以合而为一，因为形式和目的是同一的，而运动变化的根源又和这两者是同种的(例如人生人)。一般地说，凡自身运动而引起别的事物运动者皆如此。”[4]即用质料因、形式因、动力因、目的因作为四种“内在”的“本原”来解释自然物的产生与变化。亚里士多德根据运动和静止的“本原”是否必然在一个事物之内来划分“由于自然的事物”和“不是由于自然的事物”，自然物和人工物的区别在于，前者因为在其自身之内能够必然地把四因内在地包容起来并且有机地结为一体的“本原”；而后者自身却没有这种本原，诚如亚里士多德所说：“没有一个人工产物内含有制作它自己的本原”[3]，也就是说，人工物的“本原”并不在它自身之内，而在它之外的工匠的技艺中，是工匠作为动力因以其技艺把四因结合在一起，这种结合是外在的，不存在内在的、必然的逻辑关系。人工物由于缺少内在性的“本原”，这就吊诡地造成了本质上来源于人工物的“四因说”可以构成自然物的形而上学本体论，却不能构成人工物的形而上学本体论。或许这正是西方哲学史上一直建立不起来人工物本体论的内在原因。荷兰学派用结构与功能取代亚里士多德的四因，企图通过发现功能与结构内在于人工物的逻辑关系来建构人工物的本体

① 需要说明一下，传统上除了“本体论”这个译名，还有“万有论”(陈康)、“有论”(贺麟)等译名。当代除了继续沿用“本体论”这个译名外，常见的还有“存在论”和“是论”两种译法。这三种译法在不同的语境下使用，意思存在较大的差别。一般而言，“本体论”用于传统哲学，“存在论”用于海德格尔的现象学，“是论”多用于分析哲学。

论或技术的形而上学，无疑是值得赞誉的技术哲学乃至一般哲学的新进展。

彼得·克劳斯的人工物双重属性理论引发了激烈的争论，经过几年的研究，克劳斯等人自己发现人工物的功能与结构之间存在“逻辑鸿沟”(Logical Gap)，即彼此不能相互演绎推理得出，二者之间没有逻辑上的对应关系。“逻辑鸿沟”的存在导致持有分析哲学立场的荷兰学派面临根本的困境。然而，理论上、逻辑上功能与结构之间没有必然的逻辑关系，并不代表它们在现实中不能建立起联系。事实上，人类建造出的人工物，其结构与功能绝大多数情况下都能良好地结合在一起。

理论与现实的矛盾，使我们不得不重新思考荷兰学派的立场。根据工程师日常使用的语言，对其进行语用、语义的逻辑分析从而确立人工物的基本范畴，再通过寻找范畴之间的逻辑关系，建构传统本体论意义上的人工物本体论。这里存在三个根本问题：① 人工物的功能和结构是不是仅通过概念分析、逻辑分析就能够通达。② 传统意义上的本体论，是关于“存在者”的本体论，这意味着要把人工物当成“现成的存在者”来进行思考；③ 人工物功能与结构的二分，导致心物问题、心身问题的产生。事实上，任何人工物都不是“现成存在者”，它们都是在人类实践活动中建构、生产出来的，我们只能从存在本身(动词)而不是从存在者(名词)去理解、领会人工物的“去存在”，它作为此在的“上手之物”而不是“在手之物”“现成的存在者”而“去存在”。这意味着我们要从荷兰学派的分析哲学、理论哲学的立场，转向实践哲学、现象学的立场。

二、 荷兰学派人工物理论的困境分析

彼得·克洛斯在其《技术人工物：思想与物质的创造》一书中指出：“由于技术的这种特殊性质的功能，技术人工制品不同于物理对象和社会对象，它们具有混合、双重的性质，因而它们需要概念的组合。从物理的和意向性的概念框架来表征技术人工物。……技术人工物必然涉及三个关键概念，即物理结构、技术功能的概念和人类意向性行为的背景。……到目前为止，我主要以概念的形式提出了双重属性(the dual－nature)的观点，主张对技术人工物的充分描述必须利用来自物理的和意向性的概念框架。这种观点也可以用认识论和本体论的方式来解释。从认识论的角度来看，双重属性理论表明关于技术人工制品的知识可分为截然不同的两种知识。当工程师从事建造时，就触及了认识论的解释，即他们使用结构和功能这两种不同特征的技术人工物知识进行建造。从本体论的角度来看，双重性质理论又可被解释为表达了技术人工物以某种方式由物理客体和人类心灵的意向性所构成。这种构成关系意味着技术人工物在本体论上与纯物理客体不同，它依托于精神。一个只有物理特性的客体不能算作技术人工物，技术人工物必须包括意向性的功能特性。”[5]

彼得·克洛斯一方面以概念的形式提出了双重属性的观点，主张对技术人工物的充分描述必须利用来自物理的和意向性的概念框架，可对这些概念、命题进行逻辑语义分析。另一方面，结构和功能又是来自日常工程活动中工程师使用的概念，可对其进行日常语言的语用分析。由此确立了荷兰学派人工物双重属性理论的分析哲学基本立场。从认识论/知识论的角度来看，双重属性理论表明关于技术人工制品的知识可分为截然不同的两种知识，当工程师从事建造时，就触及了认识论的解释，即他们使用结构和功能这两种不同特征的知识进行建造，这两种知识在逻辑上存在什么关系呢？从本体论/存在论的角度来看，双重性质理论又可被解释为表达了技术人工物以某种方式由物理实体(结构)和人类心灵的意向性(功能)所构成，心物二元论是否不可避免。因此，对该理论充满争议。本文无意加入争论，只是在这些争论的基础上，对荷兰学派展开进一步的研讨，在笔者看来其面临如下困境：

1. 分析哲学和实在论立场的困境

荷兰学派以分析哲学径路把人工物当作现成性的、客观化的、实在性的、自足的、对象性的存在者进行分析。第一，所谓现成的，指的是荷兰学派不考虑人工物的设计、建造等创造的发生过程，如霍克斯所说的“我们把它们视为已经被创造的物体”[6]，只把它们当作已经建成的、现成的存在者来加以概念表征；第二，所谓客观的，不仅指物理结构是客观的，而且指他们把来自人的意向性所构造的主观欲

求，也客观化为人工物的功能(用途及其使用计划)这一客观属性，它们可表征为客观知识，从表征知识论上做命题分析；第三，所谓实在性的、自足的，指的是他们把功能属性与结构属性作为不可还原的内在本质属性(nature)赋予人工物这样一个实在性的存在者，人工物是自足的，即不需要结构与功能之外的其他范畴来描述；第四，所谓对象性的，指可以像科学对象性地看待自足的自然物一样，对象性地看待自足的人工物。这样，在确立了人工物的本体论地位之后，就可以用分析哲学的路数去探寻结构与功能之间概念的逻辑关系。然而，荷兰学派自己的研究结果否定了自己从逻辑上、表征知识论上探求结构与功能内在关系的努力：人工物的结构与功能之间存在逻辑鸿沟。霍克斯、梅耶斯进而提出规定技术人工物本体论的两条标准：其一，功能与结构之间双向的非充分决定性(UD)；其二，功能与结构之间双向限制性的非充分决定(RC)。这实际上已经放弃了人工物本体论的追求。因此，结构与功能之间逻辑鸿沟的存在，导致分析哲学的立场面临根本的困境。

2. 认识论/知识论的困境

克洛斯承认在本体论/存在论的层次上，技术人工物存在心身、心物的二元关系，但他认为这并不会影响人工物在认识论、知识论、方法论上操作性的知识关联，工程师可以不理会本体论/存在论上的“心身问题”，可以把它悬置起来存而不论，只要把心灵意向性客观化为功能属性，就可以从知识论上处理结构与功能的结合问题。心灵的意象性如何转化为表征性的客观知识呢？霍克斯等认为心灵的意象性即要达到某种目的意图，它可以通过使用某人工物的行为来实现，如何使用该人工物的知识或程序计划(客观化为使用说明书)，就是设计者设计的该人工物的“专属功能”。人工物的物理结构从理论上可以推出种种物理化学性能，它们被视为“可能功能”，“专属功能”应该包含在其中。在正常的使用情境下，用户按照人工物的使用计划操作就能实现“专属功能”。这样，就可以视为物理结构从理论上推导出了其功能，从而在知识论方面实现了结构与功能之间的理论关系。但知识论却面临如下困境：其一，设计者究竟怎样把用户的主观意向客观化为人工物功能？其二，用户究竟如何按照人工物的使用计划进行操作，它们都是表征—计算客观知识的符号运作过程吗？霍克斯已经意识到光有理论陈词是不够的，必须加上实践陈词才能完成以上操作。而实践陈词往往是难言知识，实践运作是具身性的知觉过程，表征与具身这两个异质过程如何综合在一起，这是技术人工物的表征知识论面临的困境。

3. 本体论/存在论困境

克洛斯把技术人工物在本体论/存在论层次上的心身、心物问题悬置起来存而不论，显然是回避问题而不是解决问题的方式。霍克斯、梅耶斯引入心灵哲学金在权的随附性理论和贝克的构成性理论，力图借助它们来解决问题。按照随附性理论，人工物是结构基础层，而功能则是随附层，它们之间构成随附性关系。经分析，这种关系并不能满足霍克斯、梅耶斯自己提出的人工物必须满足的UD和RC两个标准。按照构成性理论，结构与功能是构成人工物的基础种类，它们依一定的组织性构成人工物。“专属功能”作为技术人工物与其他人工物相区别的基础种类，与结构种类一样是客观的，并非来自心灵的主观意向或历史上选择留下的类型。因此，技术人工物是像自然物一样的真实实体，具有本体论的地位。然而，贝克的技术人工物构成性理论同样不能满足UD和RC两个标准。可以说，荷兰学派在分析哲学和实在论的框架内，为其本体论所做的努力，仍然面临困境。

4. 解释范围过于狭窄的困境

霍克斯等人认为：“通过关注技术人工物，我们的分析首先排除了一些物体，如法律和组织(‘社会人工物’)、雕像和交响乐(‘审美人工物’或‘艺术品’)、理论和模型(‘科学人工物’)。”[6] 显然，通过排除艺术品、理论和模型等将人工物限定为技术人工物，自然地把工具、用具、机器、器具等囊括在技术人工物的名下，可进行结构—功能双重属性分析，结构—功能双重属性成为划分是否技术人工物的分界标准。但这样的划分周全吗？会遇到许多难题，比如，建筑物究竟是艺术品还是技术人工物？纯粹的技术人工物存在吗？众所周知，工业设计是针对技术人工物，但它不是针对结构—功能的设计，那它设计什么呢？这个“什么”已经超出了结构、功能的范畴。

5. 意义缺失的困境

克洛斯当然不会否定艺术品的创作依靠艺术家的精神活动，艺术品是出于美学原因而制作的，无疑具有审美意义、精神意义。但技术人工物则是出于实用功能而制造的，无须讨论其精神意义。克洛斯说：“一种传统的划分方式来自技术人工物的艺术作品，是通过将艺术作品描绘为物体出于美学原因而制作，而技术人工物则是为实用原因而制造的。”[5]所以，把艺术品之类的人工物排除出，只需要从结构与功能两方面，就能全面把握住技术人工物了。但是，正如李三虎教授所说，即使是物质性技术人工物，也有非物质层面的意义，如建筑物的象征性。艺术品（如画、雕塑等）虽然就其物质载体而言也是人工物（非物质性技术人工物需要以物质为载体），但其本质不在于其技术效用而在于其审美价值。与艺术品相应，技术人工物也并不单纯是结构的功能承担，它更多的意义从其物质载体中显现出来。如果仅从物理结构和实用功能双重属性分析技术人工物，势必造成各种丰富意义的缺失。李三虎的解决思路是诉诸符号学，把技术人工物作为符号，以隐喻的方式生发出丰富的意义。[7]本文赞同李三虎追问技术人工物意义的诉求，但是，把技术人工物强行转化为符号，始终是附加上去的、外在的做法。

三、 荷兰学派人工物理论的现象学突破

荷兰学派技术人工物理论，是在其经验转向的口号下提出来的。他们把研究的主题从传统技术哲学注重人工物使用及其后果的价值研究，扩展到人工物的设计与使用等具体的发生过程，为打开技术黑箱开辟了道路。但是，由于他们持有分析哲学和实在论的立场，他们对于人工物设计与使用发生过程的经验，认为是一种借助于概念的对象性经验，设计者与人工物，使用者与人工物，都处于传统的主客二分关系之中，总是从一种现成的、对象性的人工物本体论出发，从人工物实体固有的结构和功能属性开始进行分析，用回溯到设计的方式去探讨人工物结构和功能之间的知识论关系，遵循了一条从本体论到知识论的颇有传统形而上学意味的路线。霍克斯等学者认为：“人工物通常被认为是人造物体；相反，设计在哲学和其他领域通常被理解为创造人工物——也可能是创造蓝图，即对创造人工物的过程的描述，出于我们的目的，‘设计’被更广泛地重新理解。我们首先将其描述为建构使用的计划，这些计划意在促进其他主体实现其目标。有时，还会补充创造人工物和/或蓝图。我们把这种从属活动表示为‘产品设计’，并将它明确重构为我们对设计的广义概念中的一种。”[6]显然，新生代的荷兰学者力图突破克劳斯结构与功能双重属性理论面临的心物二元论的困境，把人工物理论归结为使用功能一元论，把“设计”变成了使用“功能”计划的建构，而人工物的“结构”变成了次一级的、从属的“产品设计”问题，实际上，这等于消解了技术人工物功能与结构的双重属性理论。

荷兰学派人工物理论所面临的种种困境表明，摆脱困境的出路不能在分析哲学的圈子里打转，而是要走出分析哲学画地为牢的樊篱。出路或许在能够克服主客二分的现象学，人工物理论靠概念分析是没有出路的，唯有现象学分析才有可能会给人工物理论打开新的天地。人工物现象学分析的范式针对荷兰学派的研究范式带来如下突破：

1. 分析起点的突破

从现象学看人工物，起点就不是传统本体论的存在者，也就不会像荷兰学派那样从对象性的人工物实体概念及作为其本质属性的结构和功能概念出发，而是从存在者之所以存在的存在本身出发，人工物之所以被人所创制而存在，恰恰就是为了人自身的生存。因此，人工物必须纳入到人类生存论意义上的切己存在论，才能呈现出真正的开端。从生存需要到对某人工物的欲求，正是在身体的意向性活动中形成的。此时，该人工物尚未存在，它以缺席的、被想象的方式被我们意向，被我们构建，被我们充实，它既不是功能，也不是结构，而仅仅是某种“形态”的 image。因此，在生活世界中，对人工物 image 的意

向性构造，是现象学人工物理论研究的起点。

2. 分析路径的突破

由于荷兰学派以现成的人工物为出发点，因此只能以回溯的路径从人工物使用计划的制定反过来重构设计，认为设计本质上就是编制人工物的使用计划(即确定人工物的功能)。霍克斯甚至认为结构问题是低一级的，是从属于使用计划(功能问题)制定的一个子集——产品设计。这样的路径与人工物实际的生成与使用过程是背道而驰的！人工物现象学分析的范式遵循人工物从无到有、从设计到使用的发生学过程，是真正实施现象学意义上的经验转向，真正深入到人工物的决策、设计、制造、使用、废弃的全过程。用户以人工物的“形态”(image)展开意向性活动生成功能需求，设计者再根据用户的功能需求，通过人工物的“形态”(image)展开设计，即搜索人工物的结构和“形态”(morph)，进而依此知识进行建造，构成实物“形态”(form)的人工物，然后投入运行使用直至废弃。

3. 分析范围的突破

由于荷兰学派固守人工物结构—功能双重属性分析，不得不把具有艺术性、审美性、符号意义性的人工物通通排除在外，把分析的范围局限在技术人工物之内。问题是根本不存在纯粹的技术人工物。比如机床也总要以某种“形态”(form)出厂，总会引起我们对其“形态”(morph)的知觉，产生某些好、坏、美、丑等感觉。如果人工物现象学分析范式把形态维度引入人工物理论，必将使该理论的分析范围得到极大扩展，并与人工物设计史联系起来，成为更具有解释力的人工物理论。

4. 分析方法的突破

荷兰学派最有价值的研究成果是，结构和功能之间存在逻辑鸿沟，结构和功能必须满足 UD 和 RC 标准。他们尽管面临本体论探索的失败，仍然通过悬置结构与功能在本体论上心物、心身的二元问题，坚持不断地探索结构与功能在概念、在知识上的逻辑推理关联，可以说，走的是从概念到概念的表征知识论路径。与之不同，人工物现象学分析的范式走的是具身知识论的路径。因为立足生存论，既不存在传统本体论上心物、心身二元对立问题，也不存在本体论与知识论的割裂问题。具身知识论把身体与人工物关系的知觉分析放在首位，对于用户而言，人工物总是首先以某种“形态”(form、morph)呈现于人的身体的知觉关系之中，人才能与人工物打交道，人工物才作为“上手之物”呈现出其用途(即功能)，当有问题时，人工物又作为“在手之物”呈现出其结构，这显然是知觉＋概念的分析路径。

从以上分析不难看出，“形态”(image，form，morph)一词几乎呼之欲出，显然，在人工物现象学分析范式中引入形态维度不仅必要而且可能。

四、 人工物分析形态维度的现象学拓展

如果说人工物理论的现象学突破与转向，呈现了引入“形态”作为分析维度的必要性，那么我们将从形态学和设计史两个方面进一步论述人工物分析形态维度现象学拓展的可能性。

1. 形态学论证

实际上，有许多学者早已意识到形态问题，并提出了“形态学”(morphology)。比如，歌德在《植物变形记》中通过对树叶“形态结构”的“变形”(morpha)的讨论，提出了“形态学”。他关于“造形”的论述尤其体现了“形态学”观念的精髓：“艺术在成为美之前就是造形的，而它当时就是真实的、伟大的，甚至常常比美的艺术更加真实、伟大。人都有一种造形的天性，一旦其生存得到保障，这种天性就会活跃起来，一旦他无所忧虑、无所畏惧，宁静中活动的半神就会四处摸索材料，把精神灌注其中。”[8]鲍桑葵敏锐地从“形态学”的视角捕捉到了这一问题的关键所在：“不管是好的坏的，歌德对艺术和科学的近似简直着

了迷。在他看来，两者的近似在于它们的同典型性或特征有着共同的关系。很明显，歌德的'形态学'美学观念对现代性文化富有启示。歌德始终认为，在任何动人心弦的作品中，中心问题都是意义，性格或意蕴，甚至在任何大自然的产物中，中心问题也是这样。"[9] 在 1808 年致策尔特的书信中，歌德又一次明确主张"自然和艺术的最高和唯一活动是造型"。[10] 继歌德之后，还有生物形态学、数学形态学、实验形态学、文艺形态学等发展出来。米切姆也意识到了形态在人工物设计中的作用：工程师还是利用了"一系列来自时间经验中的"思考；它们只能通过熟练操作技巧表现出来，由人造物呈现出来。而且，它们在技术设计中引导工程师进行创造性思维，很多时候是'视觉的意向'。[11]

笔者认为，这些形态学大多和以牛顿物理学为代表的机械论科学不同，牛顿科学是对象化、客观性、排除主体知觉的第三人称视角的科学。形态学则强调第一人称的视角，从主客体相互贯通的角度看问题，而不是从主客体二元对立的对象性去开展研究，这无疑与现象学的分析视角极为亲近。歌德的形态学对人工物的现象学研究拓展出"形态"维度极具启发。歌德的形态学思想具有一种发生学意义，可以从对事物形态变化、形态定形的感知来把握事物的生命发生过程。从现象学的角度来看，人工物从决策、设计、建造、使用到退役的全周期生命过程，与大自然之物从起源到生长再到灭亡，其"形态"由初形、变形到定形再到无形的过程是相通的。因此对人工物的形态研究，甚至建立人工物形态学，都十分有利于人工物进化理论的深入开展。

2. 设计史论证

当前国内外学界共同存在的一个问题是工程哲学、技术哲学研究与设计史研究的严重割裂。除了学科上的壁垒，造成这种割裂的内在原因是，前者讨论人工物往往以结构和功能两个范畴进行，而后者讨论人工物则以形式范畴展开。为了保持各自研究的"纯粹性"，前者不惜将建筑、艺术品、文物等人工物切割出去，称自己研究的是技术人工物；而后者则把结构和功能当作既定的事实，不予讨论，只讨论人工物的形式在风格上、审美上、文化上的演变历史。荷兰学派的做法正好深刻地反映了前一种倾向，他们所讨论的技术人工物脱离了与历史和文化的内在联系，势必造成人工物意义的缺失。

从设计史看，设计一词的使用开始于文艺复兴，直到 18 世纪工业革命之前，设计的词义仍限定在艺术范畴之内，1786 年版的《大不列颠百科辞典》对设计的解释是：设计的构成是由平面、立体、解耦等多种要素融合成一体的。18 世纪之前的设计活动属于"艺术设计"，偏重艺术表现，偏向人工物形态、形式的考量。所谓设计就是以形态为主的设计，注重人们身体对人工物形态、形式的切身感受，注重视觉化。随着工业革命的到来，产品设计和建筑工程等工业设计活动越来越成为设计概念的主导方面。到 19 世纪中叶，设计活动所呈现的"工程设计"，往往偏重技术构造，工程往往被理解为技术的运用，对工程设计的理解也就过于技术化，即只侧重于结构的设计。通过大机器生产的工业品，由于其设计只注重实用功能和技术结构，忽视了其形态、形式的设计，往往显得粗陋，缺少美感，甚至丑陋。这引起拉斯金、莫里斯等人的强烈批评，他们故而掀起"工艺美术运动"，企图恢复人工物设计与制作应有的美感。这场"工艺美术运动"让我们深刻地领会到，工业时代的人工物绝不是纯技术的人工物，其设计必须考虑结构、功能与其呈现出来的形态、形式之间的关系。20 世纪上半叶的现代主义设计则强调排除符号、装饰的功能主义。随着工业文明的发展到达巅峰的状态，社会进入"丰富"的阶段，作为消费前沿的大众来说，已经不满足于人工物耐用的实用功能要求，这一思想的转变产生了后现代主义设计。后现代主义设计强调设计在形式风格符号上的多意向性、多元性、拼装性和装饰性。当代设计开始注重把艺术与技术相结合，在明确的意向目标或功能定位的前提下，用艺术、技术和工程等手段组织各种资源进行筹划，实现意向目标或功能。当代美国学者布坎南这样定义："设计是所有以实用为目的的形式创造活动的共同之处。它提供智力、思想或者构思，'design'，这个词的一种解释是思考和计划，即组织各种水平的创造，无论是平面设计、工程设计和工业设计，包括建筑设计或者城市规划的更大型的综合系统的设计。"[12] 他继承了设计与形式创造有关的传统，并把设计扩展到了包括工程设计在内的众多领域。

设计发展史充分证明荷兰学派固执于人工物结构与功能双重属性的理论存在严重缺陷。克洛斯等人为了让自己的理论能够自圆其说，强行把建筑物、工艺品、艺术品、文物等明显有形态、形式设计要求的人工物排除去，称自己的理论只适用于技术人工物。但是，设计史告诉我们根本不存在纯粹的技术人工物，任何人工物的存在总会以某种形状、形态、形式呈现出来，即使没有专门有意的形态或形式设计，人工物也会以其结构自然而然形成的某种形状呈现出来，这样才能被使用者所感知。只有在这种切身的感知中才谈得上对人工物的真正使用，才能使其功能发挥出来。这种形状总会给予使用者某种或好或坏、或美或丑等等的体验。当然，通过有意识地设计就可以使物理结构相同的人工物呈现出不同的形态，让使用者产生美的、好的体验。人工物的形态相对于它的结构具有一定的相对独立性，既不由结构绝对决定，也无须还原为结构的几何、空间关系。反过来，人工物的结构关系嵌入在人工物形态所给予的空间关系之中。

人工物的形态不仅和使用者个体或群体的切身体验关联，而且其确定化、类型化、系列化、演进化等会构成某种社会物质文化的形式，呈现出历史性、地域性、民族性、审美性、宗教性、时尚性、生态性、科技性等特征，与人类的历史、文化紧密地关联在一起，构成人的存在方式和生活方式。设计史告诉我们，无论是前工业阶段，还是工业化的阶段，无论是现代主义，还是后现代主义，无论是工艺美术运动，还是包豪斯运动，任何人工物的设计都是嵌入在社会文化之中的，形态设计是不可缺少的。工程设计也不例外，必须从功能、结构、形态三个维度去思考人工物的设计与建造，工程人工物、技术人工物同样充满美感、文化甚至伦理的意义。

3. 建构功能、形态、结构三维分析的现象学人工物理论

建构人工物现象学分析的范式，并不是要全盘否定荷兰学派范式的成果，荷兰学派挖掘出的结构和功能概念，仍然富有较高的学术价值值得借鉴。在现象学的范式里，结构和功能不再只是概念，仅对其进行逻辑分析和知识论的分析，它们将作为分析的“维度”，而不是“概念”，与形态“维度”一起构成“功能、结构、形态”三维分析的人工物现象学理论。建构的初步设想大致如下：

第一，由于三者是分析维度，而不是概念，所以首先不能用概念思维的逻辑形式进行推理，应该从形态维度进行知觉分析和意向性分析。

第二，应用皮尔士提出的溯因推理，确定功能，寻求结构。皮尔士认为溯因推理不是概念推理，而是以知觉形态进行的推理，是真正具有创造性的推理方式，这恰好有利于说明人工物设计的创造性。通过溯因思维创造性的获取功能、结构、形态三维关联的方案。

第三，借鉴荷兰学派的研究成果 ICE 理论（即意向性理论、因果性理论、进化理论三者相结合的理论），在功能、结构、形态三维关联方案的基础上，经研究、试验后，建立功能与结构之间的逻辑关系，并将三维关系表达为图纸、文字、表格、公式等符号性文件，完成人工物的设计。

第四，从具身性角度深入到人工物决策、设计、制造、评价、使用和废弃的全生命周期过程，进行功能、结构、形态三维现象学分析。

★ 参考文献

[1] KROES P. Technological explanations: The relation between structure and function of technological objects [J]. Society for philosophy and technology. 1998, 3(3): 20.

[2] 潘恩荣. 工程设计哲学[M]. 北京：中国社会科学出版社，2011.

[3] [德]黑格尔. 哲学史讲演录(第 4 卷)[M]. 贺麟，王太庆，译. 北京：商务印书馆，1978.

[4] [古希腊]亚里士多德. 物理学[M]. 张竹明，译. 北京：商务印书馆，2009.

[5] KROES P. Technical artefacts: Creations of mind and matter. A Philosophy of Engineering Design[J]. Springer Science, Business Media B. V. 2012: 3.

[6] [荷]威伯·霍克斯，彼得·弗马斯. 技术的功能：面向人工物的使用与设计[M]. 刘本英，译. 北京：科学出版社，2015.

[7] 李三虎. 技术符号学：人工物的意义解释[J]. 自然辩证法通讯，2018, (7).

[8] [德]歌德. 论德国建筑[A]. 黄燎宇，译. 十九世纪西方美学名著选(德国卷)[M]. 李醒光，主编. 上海：复旦大学出版社，1990.
[9] [英]鲍桑葵. 美学史[M]. 张今，译. 北京：商务印书馆，1985.
[10] [德]汉斯·尤尔根·格尔茨. 歌德传[M]. 赵其昌，任立，译. 北京：商务印书馆，1997.
[11] [美]卡尔米切姆. 技术的类型[A]. 邹栅刚，主编. 技术与技术哲学[M]. 北京：知识出版社，1987.
[12] [美]维克多·马格林. 设计问题：历史·理论·批评[M]. 柳沙，张朵朵，等译. 北京：中国建筑工业出版社，2010.

工程是什么和它应该是什么

——一种基于“可供性”视角的研究

曹东溟

摘　要：透过“可供性”视角去追踪工程创新的实际发生过程，会发现工程创新实质上就是对“可供性”的“摆弄”过程；在工程创新的发展和演化过程中，会对“可供性”进行模块化和生境化的显现；在工程造物过程中会显现“工程性可供性”，它与自然的“可供性”之间存在差异，因而成为技术异化的根源之一。

关键词：可供性；工程创新；可供性模块；小生境

“可供性”是心理学家詹姆斯·J. 吉布森在其1977年发表的《可供性的理论》[1]中创造并首次使用的一个术语，后来在他1979年出版的《视觉感知的生态学进路》[2]中又得到了系统性的展开与完善。此后，这一理论就成为众多研究领域中新的研究焦点，无论在心理学、哲学、社会学等理论方面，还是在工程创新、人工物设计、学习研究等实践当中，“可供性”都逐渐成为一个理解人与自然发生关联时的生态性的基础概念。在“可供性”的视角下，工程技术就成了一种在人与自然的界面进行的造物活动；每一个工程都是对大自然的某种模仿；工程创新面临着价值悖论，即工程给我们带来了兴奋的同时也带来了不安，则源于这种对“可供性”的不完全模仿。

一、“可供性”的理论背景及作为工程哲学研究进路的理由

作为20世纪最重要的认知心理学家之一，吉布森的“可供性”理论不仅为认知心理学、环境心理学开辟了新的领地，也逐渐成为一个理解人与周围环境发生关联时的基础性概念。到目前为止，关于“可供性”的研究文献已经如汗牛充栋般充斥在许多研究领域，也为哲学尤其是技术哲学提供了一个基础性的启示。

除了吉布森的妻子埃莉诺·J. 吉布森后来对“可供性”理论进行的进一步研究，在《知觉学习与发展的生态学进路》中创建了她的知觉学习理论之外，20世纪早期，雅可布·冯·岳也曾系统地讨论了这个概念。1988年，唐纳德·诺曼在《设计心理学》[3]中首次将“可供性”概念引入到“人机交互”(human - machine interaction)设计领域，用来特指那些可供行动者感知的可能性。他使这个概念不仅依赖于行动者的生理功能，也可以依赖行动者的目标、计划、价值观、信仰以及过去的经历。此外，“可供性”也将为哲学尤其是技术哲学提供某种基础性的启示。罗玲玲认为“可供性”理论将在技术认识论和方法论等方面对技术哲学研究产生重要影响，比如，从“可供性”能够激发和产生动物相应的行为方面，探究

作者简介：曹东溟(1971—)，女，汉族，辽宁沈阳人，哲学博士，现为东北大学文法学院科技哲学研究中心讲师，主要研究方向为创新哲学与创新伦理学。

“可供性”与人类的技术行为之间的密切关联；从“可供性”关乎有机体依赖周遭环境生存的角度，探索技术人工物的起源问题；从“可供性”属于关系范畴方面，寻求由本能性技术向智慧性技术过渡跨越的生态依据；通过了解人如何在自然物中预先嵌入未来的感知和行为，从而了解如何产生能够提供新的“可供性”的人工物；“可供性”理论的具身性特征可能带来技术现象学的某种突破。[4]

在本文中，我们选择脱开语义、概念上的哲学大战，另辟出路，秉承吉布森的原意，到具体的活动中去“看”“可供性”如何“演出”。通过解剖工程创新过程来观察“可供性”是如何存在、发生、发展的，问题设定为“可供性”在工程创新中是如何变化的。其理由如下：

首先，既然“环境的‘可供性’指的是环境为动物提供了什么[5]”，那么很显然技术环境或曰人工环境（或曰人化自然 Humanized Nature[2]）也存在“可供性”。如果“可供性既不是一种主观属性也不是一种客观属性。……你也可以认为它同时具有两种属性。”“可供性既是环境，也是一种行为。可供性既是物质的，也是精神的，或两者皆不是。”“可供性指出了两个指向：一个指向环境，一个指向观测者。”[5]那么“可供性”就可以成为研究工程技术发生、发展与演化新的出发点，至少是新的视角，因为工程技术正是这样一种关系的直接承载者。

其次，既然“可供性”是能够激发和产生动物相应的行为的某种关系实在，那么就可以从技术的实际生成和演化角度——准确地说是从工程创新的发生过程和累积演化中去看“可供性”是如何展现、运动和变迁的，并可依据其在场的特征，勾勒出可供性变迁的模式。因为技术正是人类某种特定“行为”的产出和积累的产物，其中必然蕴藏着“可供性”的踪迹。从这个角度看，如果能够将技术的发展演化——工程创新过程——清晰地描述出来，那么“可供性”的面貌就有可能得以窥见一二。

第三，选择工程过程作为分析对象是因为相对于技术发明与技术设计，工程过程更完整。工程固有的经济内涵使得“可供性”在“引发行动的机制上”[6]与诸如伦理、价值、文化、惯例甚至宗教都发生了关系，这使得“可供性”与属于人（因为“可供性”论域是涉及所有动物的）的一些特性之间的关系也能得到比较集中的展现。另外，从“可供性”的恒常性（invariant）以及恒常性与其在场性等问题都可能在工程创新这个完整的“人类认知并改造世界”的过程中得以展开。

二、“可供性”模仿：工程造物的本质

从过程论的视角来看，每项工程都是一个对创意的产生、量化、物化、意义化、共识化的过程。具体来看，任何一次工程行为都必然起始于工程设计者的某个理念，即设计者对其设计结果的一种期待或想法。创意的来源常常不同，有的来自设计者个人的期许，有的来自设计者对市场的理性分析，有的是从调查中得到的直觉，这理念会因人、因时、因地而异的。任何一次工程活动都必然经历将创意量化为技术目的的过程。一般来说，技术目的就是指具体的、明确的和定量的指标，通常依赖于已有的技术基础以及当时的客观环境条件来设定。[2]将创新理念付诸生产的实际物化过程，也就是技术目的的物理实现过程，即实际的实施过程，也是创新者利用一切可利用的资源主动建构的过程。在这实施过程中很重要的是，要通过某种方式向消费者或用户再现物化在产品中的原始创新理念，让使用者理解、知情并有兴趣参与——实际的消费或使用，而这个过程一般是通过广告等各种营销方式来进行的。广而告之的意思是让“更多人知晓”，但是“知晓什么”，就是广告的真正意义所在，真正成功的是那些能够准确地向消费者传递“创新者的那个最初的理念”的广告，因此这是一个将创新产品意义化的过程。最后的成功实际上是用户和创新者之间达成了共识，这个共识可能是信息对称的也可能不是，可能是平等的、自愿的也可能是权力（广义的，比如，某种资源、社会价值观形成的话语权力）压迫下被迫接受的。

以上是对工程创新过程的一种深层次外在描述。下面以具体的工程创新案例——福特 T 型车的创新过程——重新“看”一下这个过程，旨在发现“可供性”是怎样变化、发展的。

1. “可供性”的聚集

工程创新的发生过程本质上是“可供性”的聚集与结构过程。福特在 1908 年研制 T 型车时的理念可

以概括为要制造一种“更多、更好、更便宜”的汽车。这源于福特鲜明的个性，福特过分节俭的个性在其传记中都有详尽的描述。[7~9] 福特依据当时北美的整体技术水平，作出了战略性的技术选择：福特公司将致力于标准化生产，只制造经济实惠的单一品种。具体技术指标的设定：耗油量为20英里/加仑、发动机设计简单、底盘离地净空间距离高于其他车辆，等等。“高底盘”的目标是因为当时美国许多乡村地段崎岖不平的道路，当时城外最好的道路是在光秃的泥土上铺了两英寸左右原沙土的灰沙路，农场都是羊肠小道。T型车具有较高的离地净空间和坚固的构造，适应这种路面，更具无法比拟的优势，甚至在坑坑洼洼的田野行驶也没有问题。因此，T型车技术目的的设定是在当时的技术水平上做出的。1890年美国的钢产量已占世界产量的1/3；橡胶工业已经成熟；从19世纪50年代起，轮胎已用于马车；气阀理论在汽车发明前半个世纪就由奥古斯特·施鲁德提出；美洲大陆上已有的精密制造技术；具有大规模生产中关键性的对于机器、机械、生产人员管理的直接经验；机械加工工厂的制造工艺，等等。这些构成了当时的技术背景。

技术目的实际上就是创新者所觉察的能够为进一步的工程创新行动所利用的“可供性”的技术形式的描述与表达，也就是说，技术目的就是将创新理念与当时的技术水平和未来技术产品使用的客观环境等因素结合起来形成的一种量化了的理念。技术目的的实质就是福特和他的工程师对当时汽车和汽车使用环境之间的“相协性”、相互的“赋予性”——也即“可供性”的知觉的技术语言的表达。这些“可供性”是由北美当时的技术环境所决定，由福特所知觉，并通过语言这种特殊的表达方式加以转译形成特定的技术性语言。总之，所有这些“可供性”因行动者是创新者的选择而聚拢起来，被简单地组合之后，形成了技术目的，即一种更精致准确的技术语言的表达。

2. “可供性”的结构过程——可供性模块的形成

众多的“可供性”聚拢组合的过程同时也是一个筛选的过程，进一步的筛选表现为某种“结构性选择”。福特在T型车的工程创新过程中就是“可供性”的分别组合，进而为产品创新、市场创新、生产工艺创新等不同的分系统服务。三者在结构上构成了工程创新的核心层，其中，产品创新是指创造了一种新车型——T型车；生产工艺创新是指流水线生产方式在汽车业的应用；市场创新则是指由福特首创的网络式销售方式，这个网络遍布当时福特可以触及的各个角落，目的是使尽可能多的人不仅是听说过T型车，而且能够直接接触到T型车。这种对技术产品的直接感受是培养消费群的最佳方式。三类创新之间的关系：产品创新提供一款目的明确、特点突出的汽车产品；市场创新让更多的人知道了T型车，了解T型车的优点，从而扩展消费者群；工艺创新很好地满足了所拓展的市场对创新产品的需求，并将创新的整体性成果推向更大。每一类创新为了T型车这个特定的目标形成了“可供性”的模块。模块一旦形成，后来的类似状况就经常会被“模块化打包”应用，从而变成实际上的“新”的“可供性”。比如网络销售方式一经诞生就被广泛应用起来，直到现在。这种方式成为“新的可供性”的原因可能在于其高效性。福特当时的销售网络图覆盖地区广阔，带来的订单可用“铺天盖地”来形容，订单进一步形成了需要生产方式创新的“机会位”，而这种“机会位”又引发了新的生产方式的诞生，这就是大工业生产的标志性生产方式——流水线生产方式。三类工程创新相互支撑形成了一种内在的有机结构，因而使整个工程创新发挥了最佳功能，进一步模块化起来，形成了更为复杂的“可供性模块”。一旦“可供性”模块化起来，今后就常常会以类似惯例(convention)的方式起作用。

3. “可供性模块”的固化——一种文化向度的视域融合过程

例如，凌志汽车的一个广告，为了既要表现澎湃的动力和闪电般的速度，又要有处子般的沉静和平稳，就采用一辆豪华汽车在试验台上模拟高速行驶，同时在发动机罩上叠放玻璃杯，观众看到的是这些杯子不振不颤，没有发出任何一丁点声响。这就是经过复杂“可供性”组合结构后，优良品质的汽车——一个新的、好的小生境——要传递给人的感受。在工程创新的最后阶段，为了让新的技术产品被制造者之外的人知道并最大限度地接受，也就是到了广而告之的阶段，新的模块化“可供性”则需要一个叙事方式的通约努力。这也可以解释为什么从创意、制作到发布，许多惊世之作都需要巨额投入的原因。在美国，汽车商们1990年的广告投入，仅广告发布一项，在报纸和杂志上花费了17.4亿美元，在广播上耗资2.3亿美元，在电视上的费用超过368.5亿美元[10]。广告的信息传递如果是准确的而且能够激发消费者潜在地、模糊不清地应用某种技术物的共鸣，从而使尽可能多的消费者认可进而消费创新产品的时候，就是新的生态形成的时候，也就是工程创新成功的时候。

综上，技术目的是对最初的理念(idea)的技术性解构，会成为一个技术目的群，然后围绕着这个技术目的群，各种“可供性”会聚集显现。如果时机恰当，有可能出现一个技术目的性系统。此时，围绕着技术目的会出现“可供性”的“族簇可供性”，从外部看许多相关要素会自动向目的聚集，这正是系统自组织开启的结果。从技术目的的实现到实现生产，则是工程创新的内在诉求。与单纯的发明创造不同，商业性的技术发明，即工程创新有着明确的经济诉求。反过来说，只有追求经济目的的技术创造才是工程创新。这个转译过程是要将单品技术的制造方式向批量生产的制造方式转换。因此，目的又一次被结构，同样如果时机恰当，一个产业性系统将可能出现，一场产业系统自组织也将随之开始。批量的创新产品一经产生就面临了几种考验，一是这个产品是否最初理念的表达或表象，即中间是否出现了“可供性”引导的异化；二是这个产品如果完成了理念的表达，它是否能够引起用户的共鸣，即消费者是否在“看”这个产品时，直接“pick up”(吉布森用这个动词来表达知觉的动作)到产品的“可供性”，从而愿意并有能力接受。这些考验将决定着上述一系列活动的最终成败。总之，从创新idea到idea的量化、物化过程就是一个“可供性”聚集、结构、模块化，从而形成新的“可供性”的过程。而这个新的可供性的所有构成元素都是自然界原有的“可供性”，其“新”表现为经过带有目的性的组合之后，某几种“可供性”有了更为紧密的联结，进而形成了经常被打包在一起呈现的习惯或者惯例。

三、 技术性生态：工程造物的后果

生态学有“小生境(niche)”(生物居所的特定区间)的概念。一个动物种群被认为是利用或者说占据环境中一处特定的小生境。这与种群的“栖息地”不尽相同，小生境主要所指的是动物怎样生存而不是它们在哪儿生存。吉布森认为小生境就是一套“可供性”[11]。

“可供性”在工程的变迁演化过程中呈现出阶段性的演化特征，而演化的方式是出现了“可供性”聚集并结构化之后的生境性的显现、成长与固化，演化的机制是“可供性”的自展式累积。但是需要特别注意的是，这种工程活动建构出来的小生境是技术性的，与自认的小生境有着深刻的不同。

1. 新生境的显现

在福特T型车占据主导地位之前，美国汽车产业的演变实际上就处于流动状态，此时产品创新是主导创新。流动阶段是发生大量变化的阶段，这个阶段的成果非常不确定，无论是公司的产品、工艺、竞争的领先地位还是公司的结构和管理皆如此。当时有上百家企业进行汽车生产，但是，产品创新都面临着目标不确定和技术不确定。产品变化速度快，新的产品技术常常粗糙、昂贵并缺乏可靠性。工艺创新在流动阶段的早期通常不如产品创新。

2. 新生境的成长

T型车时代标志了美国汽车产业转换阶段的到来。如果新产品市场增长，该产业就进入了所定义的转换阶段，市场接受了产品创新和出现了主导设计是这个阶段的标志。随着对用户需要的了解愈益清楚，竞争所强调的是为更多的专门用户生产产品，企业的焦点开始从创新者的工作台转移到工厂车间，采用大规模生产方式制造新产品。在这个阶段，产品创新和工艺创新是更为重要的联系，材料更加专门化，工厂装上了专业设备，出现了局部的自动化，管理控制突然显得重要起来。生产运行方面不断增长的刚性表明，考虑产品变化需要更高的成本。

3. 新生境的固化

当通用汽车公司以其市场细分的战略创新在1920年后超越了福特公司，并成为美国汽车产业的龙头老大，这标志着产业已经发展到了特性阶段。此阶段除了产品创新以外，工艺创新也成为主导创新。特性阶段的产品都有十分明确的界定，竞争者产品之间的差异小，共同之处较多。即使像汽车这种非常复杂的产品，都趋向于采用极为相同的设计和制造方案，基本上是同样的空气动力学形状，类似的发动机和内部设计，等等。在特性阶段，产品和工艺之间的联系极为密切，产品和工艺的任何细小变化可能都是困难的，而且支出也大，并需要另一方发生相应的变化，即使是小变化。例如，流水线上实现工艺步骤的重组，也会被制造领域视为革命性的变化。从组织方面看，由发明者执掌权利的日子已经过去，代之以守夜者，由他们监控生产系统的平稳运行。守夜者不是专指工人，也包括那些工作和技能反映工人工作的人，以及那些同样被技术变化改变了角色的管理者和工程师。此时，通用汽车公司的全产品创新战略似乎不会再给竞争者任何可乘之机了，但是产业发展并不会停止，新的阶段终将来临。

吉布森说，“可供性”客观存在于环境中，只有在动物在环境中活动时，才会显现[9]。据此可以这样理解，“可供性”大多数是“深藏地下”的，如果不去发现或开采是不能显现的。吉布森还说，“可供性”指向两个方向，一个通向环境，一个通向观察者。[2]因此，对于人类来说“可供性”的库存是随着人类活动的演化而演化的。经历漫长的时间，随着人类活动复杂程度的加深，“可供性”将一片一片地、缓慢地、偶然地显露出来。浅表“可供性”的显露，比如摩擦木头可以生热并因之生火，是意外事件或偶然性的开发的结果并被人类在早期学会驾驭。有些深层“可供性”，比如化学“可供性”一类的，是为早期的炼丹术士所发现的。“可供性”的积累是前后相继的，一个“可供性”引发另一个，然后再一个，直到最后相关“可供性”的整体脉络都被发掘出来。一套“可供性”形成了一个小生境，不同的小生境由于人类新的目的性活动进一步相互勾连，从而形成进一步的生境。因此，“可供性”的揭示从自身建构其自身。“可供性”通过自展(bootstrapping)累积式前进：“可供性”被俘获，应用“可供性”的设备被制造，进一步的“可供性”被揭示。

四、从“可供性”的不完全模仿到全模仿：工程的应该

工程造物过程是对自然“可供性”的非充分模仿，它在创造产品的同时也产生废物，这是我们对工程感到不安的根本原因。进一步地，社会对应这种非全面模仿的后果，会进行一种“有用”或“无用”的主观性的衡量，这是一种人类中心主义的、狭隘的道德和伦理观念。对“可供性”的这种不完全模仿或者非充分处理又潜移默化地进入社会制度体系当中，这种有缺陷的社会制度体系反噬人类，客观上形成了Zygmunt Bauman笔下的浪费的生命[2]。

通过工程的视角，也可以看到工程造物引发的自然“可供性”的变化。通过对工程过程的全景描述，可得出这样的结论，可供性的变化可以在两个维度发生：一个是工程在发展过程中的产生和模块化，包括装配、构建和模块化为“新”的“可供性”；另一个是工程是通过形成、发展和固定一套新的“可供性”(也称为小生境(吉布森))而演变的。工程中经过对“可供性”的负载媒介——各种表面——的模块化和递归性的构造、覆盖，以及建构新的“可供性”系列——技术性生态环境——将对自然生态系统造成未知的影响。

正如前面论述，可供性模块化和生境性的演化的基础是简单的“组合”机制，即在每一个具体的情境之下，行动向前推进的根本动力都是若干“可供性”的聚集、组合。但是，正是这种组合机制使其未来的变化潜力将非常巨大。对于任何特定数量的“可供性”，组合的可能性是有限的，在数量很少的情况下，它们看起来并不很大，但是一旦超出这些小数量，它们就立即变得极为庞大起来。如果其中允许可能有冗余存在，则会出现更惊人的数量，而且实际情况是冗余的存在通常是更常见和更自然的。问题是，这种冗余会被模块化到新的生境中去，而对于未来的新的该领域(环境)的进入者来说，其冗余形成的过程很可能已经被遗忘了，因此对于这种冗余会作为学习的内容照单全收——即努力学习，从而形成适应性

的演化。随着小生境的演化，冗余叠加起来构成的环境和原初的自然环境相比，非常有可能会走向一条“可供性异化”的道路，而那条道路通向哪里，是好是坏，我们还不能确切地知道。

工程价值悖论的根源在于我们对自然的业余模仿。我们在可供性问题上做出了功利主义的选择，但并没有对如何对待我们创造的可供性冗余给予深思熟虑的考虑。结果是，我们的世界被更多的、混乱的、未完成的“可供性”所笼罩。那么我们在实践中能做些什么？

首先，当我们关注如何在设计和制作人工制品中使用可供性时，需要关注以下问题：如何应对可供性的模块化带来“可供性”的冗余，生态位的本质应该是什么，生态位自然与否对我们来说重要吗，什么样的生态位对人类真正有好处，人类能做些什么来影响可供性的变化。

其次，可以尝试推广 3R 的伦理原则，即要进行负责任的工程(Responsible Engineering)，重新设计“废物”(Redesigning of the Waste)，重新思考制度设计的整体性(Rethinking the integrity of system design)。

五、 结语

吉布森认为，“可供性”是“不断变化的不变性”[2]。其不断变化则是说“可供性”是一个不断被揭去面纱，从而不断地露出新的面貌的过程。通过工程创新的视角，“可供性”经过了的目的性聚集、模块化结构、生境性叠加，逐渐融合于人类生存环境之中，形成了与人类共生演化的图景。同时，我们也看到了“可供性”的不变性，即“可供性”是不依赖于人的客观存在，具有其自身的恒定性。

看到了工程是什么也就知道了工程应该怎样。因为对于像我们这样的陆生动物来说，地球和天空是所有次级结构所依赖的基本结构，我们不能改变它。我们都是以不同的方式融入了环境的子结构，因为，我们都是由它们形成的。我们是由我们生活的世界创造的，正像吉布森认为的那样，“有机物需要依赖它的环境才能生存下去，而环境则不需要依赖有机物而存在。”

★ 参考文献

[1] GIBSON J J. The Theory of Affordances[M]. Hiusdale: Robert Shaw and John Bransford, 1977.

[2] GIBSON J J. The Ecological Approach to Visual Perception[M]. Boston: Houghton Mifflin, 1979.

[3] NORMAN D. The Design of Everyday Things[M]. New York: Basic Books, 2002.

[4] LUO L L, LI S. The theory of Affordance and technology Epistemology. http://www. unipv. it/webphilos_lab/courses/propra5.

[5] 陈昌曙. 技术哲学引论[M]. 北京：科学出版社，2012.

[6] COSTALL A. Socializing Affordance[J]. Theory &Psychology, 1968, 5(4): 471 - 474.

[7] THOMAS A. Stoffregen: Affordances and Even Mouvement & Perception[J]. Lawrence Erlbaum Associates, ECOLOGICAL PSYCHOLOGY, 2000, 12(1): 1 - 28

[8] 陈昌曙. 技术哲学引论[M]. 北京. 科学出版社，1999.

[9] 王玮. 汽车神话[M]. 北京. 北京大学出版社，1998.

[10] [美]亨利·福特. 亨利·福特全集[M]. 北京：改革出版社，1998.

[11] [美]迈克尔·保拉德. 亨利·福特与福特公司[M]. 北京：世界图书出版社，1997.

绿水青山向金山银山转化的方法论及工程属性解析

赵若玺　赵建军

摘　要：“绿水青山”向“金山银山”的转化作为一项工程实践活动，体现了重要的方法论价值与工程属性特征。推动“绿水青山”合理、高效地转化为“金山银山”，同时利用“金山银山”反哺、保护“绿水青山”是“两山”理论实践的重要方面。通过对“绿水青山”与“金山银山”二者关系的内在逻辑、方法论及工程属性、转化路径进行分析，对于我们推动生态文明建设实现美丽中国绿色发展具有重要的理论与实践意义。

关键词：“两山”理论；方法论；工程属性；转化路径

习近平总书记在2005年提出了“绿水青山就是金山银山”的重要论断。他指出：“我们追求人与自然的和谐，通俗地讲，就是既要绿水青山，又要金山银山”。[1] 在经过多次阐释和深化之后，“两山”理论被正式写入中共中央和国务院出台的文件《关于加快推进生态文明建设的意见》之中，成为指导我国生态文明建设的重要理论思想。习近平总书记高度关注生态议题，在十九大报告中他强调加快生态文明体制改革，建设美丽新中国，并进一步明确“必须树立和践行绿水青山就是金山银山的理念，坚持节约资源和保护环境的基本国策，像对待生命一样对待生态环境。”[2]“两山”理论这一科学论断被写入中国共产党章程，明确要求中国共产党领导人民建设社会主义生态文明，树立尊重自然、顺应自然、保护自然的生态文明理念，增强绿水青山就是金山银山的意识。习近平总书记关于“绿水青山”与“金山银山”的系列论断，简明扼要地阐述了生态环境与经济发展的辩证关系，为我们处理发展中的人与自然的关系问题提供了思想理论与方法实践上的指导。在进行“两山”理论的具体实践探索中，我们需要深入挖掘探索“两山”理论所蕴含的丰富的方法论及工程属性，以此构建合理的转化路径与机制，推动绿水青山向金山银山合理地转化。

一、“两山”理论的方法论解析

党的十九大报告强调“建设生态文明是中华民族永续发展的千年大计”，并首次提出“必须树立绿水青山就是金山银山”的理念。其中，“绿水青山就是金山银山”的理念，是我们推动生态文明建设的理念指导与实践遵循。通过对“绿水青山”与“金山银山”二者关系的内在逻辑和转化路径进行分析，对于我们建设富强民主文明和谐美丽的社会主义现代化强国，实现美丽中国绿色发展具有重要的理论与实践意义。

作者简介：赵建军(1962—)，男，中央党校哲学部教授，博士生导师。

1. “两山论”是马克思主义生态自然观在当代生态实践的本质表现，体现了生态学、系统科学的方法论基础

系统自然观、人工自然观和生态自然观共同构成了马克思主义自然观，马克思主义生态自然观也是马克思主义自然观的丰富与发展。它是以现代生态科学、系统科学为基础形成的系统理论，强调人与自然的协调发展，其本质是一种以人为本的全面、协调、可持续发展的理念，放在首位的还是要发展，只不过将这个发展限定在以人为本、全面、协调、可持续这个基本要求之内。

习近平总书记所讲的“绿水青山”就是“金山银山”，实质上指明了马克思主义生态自然观下人类生存、发展的前提基础与价值归宿的关系。[3]“绿水青山”泛指自然生态环境，也是人类生存发展的基础与前提，而“金山银山”指的就是在绿水青山这一基础上进行的实践活动与经济发展。习近平总书记赋予“两座山”以更加深刻的理论与实践内涵，将对自然生态环境的态度置于人与自然和谐发展的态度内来加以考虑，将二者作为一个辩证有机的系统加以对待。“绿水青山”放置不理就仅仅只是自然环境与生态系统，不会对人类社会发展产生重大影响，带来有利于人类发展的价值体系，不符合人类发展的理念；但是如果将“绿水金山”通过人类有意识合理地科学实践就必定会变成满足人类发展理念，并为人类社会发展提供更多价值的人工生态系统“金山银山”，从而实现“绿水青山”源源不断地转化为“金山银山”，也就是说由“绿水青山”到“金山银山”就是一个“人化自然”的过程。

“绿水青山”变成“金山银山”的过程，其本质就是马克思主义生态自然观应用于生态文明建设实践的过程，就是要以生态学、系统科学为方法论的科学基础，不断加强人类的生态意识与生态实践，促进人类与自然生态系统协调发展，完成由思维意识到生产实践的转化。

在美国生态学家E·奥德姆看来，生态学就是要“研究生物有机体与其非生物环境之间不可分割又相互联系相互作用的关系。”[4]对这些“关系”的认知与理解是循序渐进的，从最初研究生物个体到对群落和系统的研究，生态学的方法论进步也是以一系列概念的提出和理解为基础的，标志着人对自然的认识、对人与自然关系理解的逐步深化。而系统研究已不仅是一种理论，更成为一种方法。[5]从这个意义上看，系统科学与生态学的关系是十分密切的。从“绿水青山”到“金山银山”的转化过程就是一个不断协调自然环境(生态系统)与人工系统(社会系统)的动态过程，充分体现了生态学和系统科学的方法论基础。

2. “两山论”指明了实现经济社会发展和生态环境保护内在联系、相互促进协调统一的方法论

习近平总书记指出，“正确处理好生态环境保护与发展的关系，也就是我说的绿水青山和金山银山的关系”。因此，“绿水青山就是金山银山”，从认识论上讲，就是要求经济发展和环境保护协调统一，实现发展与保护的相互促进；在行为实践上，是要形成绿色发展方式和生活方式；在价值理念上，就是要实现十八届五中全会提出的绿色富国、绿色惠民。“绿水青山就是金山银山”形象化地指出了经济发展与环境保护的辩证统一关系，为人与自然从冲突走向和解指明了方向，实质上也就回答了发展与保护的本质关系问题。生态危机环境问题出现于人类社会的经济发展过程，解决生态危机问题也应从经济发展处入手，这是认识论和方法论的统一。“两山”理论指明了实现经济社会发展和保护自然生态协调统一的新路径，形成了绿水青山和金山银山互为一体、和谐统一的辩证关系。绿水青山和金山银山的关系，直接反映了生态环境与经济发展的关系，同时也内在地反映着人与自然、人与人、人与社会的关系。传统的发展观往往突出强调经济建设社会发展，忽视自然生态系统的保护，导致发展与保护相剥离，这也是目前存在的制约生态环境保护与经济社会实现共同发展的一个体制机制问题。因此，要求我们务必以“绿水青山就是金山银山”为发展理念，构建发展与保护内在统一的绿色发展道路，实现经济社会发展和生态环境保护的共同实现。

“绿水青山就是金山银山”所体现的方法论内涵是对发展理念、发展思路、发展方向、发展重点的认

识飞跃和重大变革，是实现绿色发展创新的最新成果和显著标志。绿色生态资源是最大财富、最大优势、最大品牌，它打破了简单地把发展与保护对立起来的思维束缚，指明了实现发展和保护内在统一、相互促进和协调共生的方法论，是对马克思主义生态自然观的重大飞跃。

3. “两山论”标志着从科技理性到生态理性方法论认知的嬗变过程

“两山论”所倡导的生态文明建设理念，从以前“只要金山银山，不顾绿水青山”到“既要绿水青山，又要金山银山”，再到“绿水青山就是金山银山”，体现了以科技理性为主导理念的实践行为到以生态理性为主导理念进行实践行为的发展历程。生态理性是对近代科学革命和工业革命以来所建立起来的科技理性的批判反思，并由此建构起新理性哲学形态。科技理性哲学建立在具有悠久历史传统的理性哲学基础上，发扬了普罗泰戈拉“人是万物的尺度”思想，主张康德式“人为自然立法”的思想观念，宣扬传统人类中心论和自然资源无限论，把物质财富作为人类生存与追求的最高目标，以此强调科学技术的至上作用，带有浓厚的物质主义与功利主义色彩。因此，以科技理性哲学为整体推动力所构建起来的人类现代文明之果，其肥实丰腴的机体是大机器工业文化和后工业(即新技术革命的成功)文化，但其硬核却是全球化的生态危机。所以，要消除当代人类存在的全球性生态危机，必须重建理性，而这种理性只能是生态理性。[6]

习近平总书记深刻地认识到“绿水青山可带来金山银山，但金山银山却买不到绿水青山”这对辩证矛盾。如今的哲学之光是生态哲学，时代精神呼唤生态理性。科技理性在工业文明时代给予了人类进行自然实践的强劲动力，短短数百年的时间，人类的生产、生活方式发生了巨大的变革，而且这种趋势毫无休止。人类改造世界进行自然实践能力的无限扩大，最终使得人类文明自食生态危机的恶果，以科技理性为主导的理性形态难以支撑未来文明范式的发展与转型。“两山”理论顺应了时代发展的潮流，顺应了生态理性哲学的呼声，将生态文明建设提上了日程。生态理性作为一种系统整体、主客统一、事实与价值相契合的思维方式[7]，能够“认识与把握客观世界的本质与联系，并以此指导实践和规范自身的能力。”[8]因此，只有践行生态理性，才能推动绿色可持续发展，人类永续发展才有可能。

因此，“两山”理论顺应了时代精神，扭转了科技理性的舵头，厘清了发展思路，重新定位了人在自然中的地位和所扮演的角色，使人担负起保护地球生态的重任，从而走绿色环保、生命体共繁共荣的新生态道路。

二、“两山”理论的工程属性

生存是发展的前提，发展是更好生存的保障，而工程是人类在生存与发展过程中的基本实践活动。工程是人类有目的、有组织、有计划地利用自然资源和相关要素建构人工物的实践过程，其本质特征是集成(包括技术要素与非技术要素的集成)和构建(构建出一个新的存在物)。[9]推进生态文明建设从本质上讲也是一项工程，蕴含着丰富的工程属性。生态问题的诸多根源(科学技术、资本制度、发展理念等)以及生态文明的诸多特征(构建人与自然和谐关系、转变发展方式生活方式等)无不体现着工程属性与工程特征，这要求我们必须改变思维方式，树立工程思维，用工程思维及工程方法以此来把握生态文明建设。“两山”理论也体现了重要的工程属性特质。

1. “两山”理论的实践转化是一项系统性和复杂性的工程

李伯聪教授最早提出了“科学—技术—工程”三元论的观点，在此基础上，中国工程院殷瑞钰院士进一步提出了“ 科学—技术—工程—产业—经济—社会”六元链条的理论，可以看出工程位于该链条“知识链”和“知识网络”中的重要位置，因此工程是将知识理论转化为现实生产力的重要中间环节，表明了工程具有系统的整体性，同时也具有复杂性。工程是通过对不同要素进行整合，建构形成一个复杂的系统。在“两山”理论中，“绿水青山”是能够向“金山银山”转化的自然资源，“金山银山”是经济收入以及与收入水平关联的民生福祉，二者间相互支撑、相互补充、相互转化，构成了彼此关联的复杂系统。

从工程哲学的视角来看，“绿水青山”和“金山银山”之间并不是孤立的，而是相互联系、不可分割的，既对立又统一，是矛盾的统一体，并且处在不断的变化和发展过程中。正如恩格斯指出的：“劳动和自然界在一起才是一切财富的源泉，自然界为劳动提供材料，劳动把材料转变为财富。”[10]所以，“绿水青山”和“金山银山”是不可分割的有机整体。“绿水青山”向“金山银山”转化是一个综合性的目标概念，作为一个系统的有机整体，正确处理它们之间的相互关系就是要辩证地认识二者转化之间复杂关系，从整体性和全局性上把握转化工程系统中的“度”。“绿水青山”向“金山银山”的转化，犹如鸟之双翼、车之双轮，缺一不可。“金山银山”以“绿水青山”为基础支撑，而“绿水青山”得益于“金山银山”的保障，“两山”之间具有互相依赖、共同发展、持续共生的关系。所以，“两山论”体现了新时代“保护与发展”的系统性与辩证性。良好的自然生态环境，即“绿水青山”在社会发展中占有根本性地位，“金山银山”是在保护好“绿水青山”的基础上得来的，同时，有了“金山银山”才能对“绿水青山”有更好地保护和发展，这是一个不可分割的系统整体。

“绿水青山”向“金山银山”的转化本身就是一项工程活动，在满足人类生存和发展需求的同时，也必定要注重人与自然的和谐共处和协调发展，减少其对自然和社会的负面效应。建构“两山”理论的实践路径与自然、科学、技术、产业、经济、社会、环境的联系密不可分，因为，“两山”理论的实践转化工程本身就处于一个非常宽泛的自然背景和社会背景之中，不仅具有科技诉求，更要兼顾人文关怀，需要非常多的角色和部门参与整个工程活动过程，并且要实现这些要素的协调作用。“工程设计需要不同的角色参与，他们以不同的方式看待设计目标，他们眼中的设计不尽相同，甚至可以说他们身处不同的‘世界’当中，犹如藻类和菌类昆虫的世界全然不同一样。”[11]，“两山”理论的转化与实践过程本身就是一个集理念设想、设计规划、论证决策、实地考察、立项实施等环节构成的复杂的系统的科学工程，这些环节构成了“两山”理论转化工程的整个生命期。同时，从学理上分析“两山”理论的转化路径，也可以发现这是一个涉及多领域的复杂的交叉学科问题，特别是需要生态学、环境科学、环境社会学、工程科学、经济学等相关理论的指导，同时也离不开相关自然科学的支撑保障。因此，“两山”理论转化路径的探索工程作为人类的社会实践活动，不仅包含理念、思想、价值观、知识、技术方面的因素，同时也必然涉及自然资源、资本、设备、土地、市场、劳动力、环境等要素，而且还必须对这些知识、工具、方法和要素进行选择、整合、互动，才能集成一构建出有益于地方经济发展的工程实体。充分说明了推动“绿水青山”向“金山银山”的转化是一个复杂的系统性工程活动。

2. “两山”理论的实践转化工程具有演化性和动态性特点

演化是事物发展固有的现象，是指事物从一种存在状态到另一种存在状态，是一种动态的变化过程。演化作为自然界客观存在的普遍现象是根植于物质间相互联系、相互作用、相互转化的客观规律而发展的。工程的演化性和动态性源于人类实践活动的能动性和创造性。工程作为人类实践活动的典型形态，随着人类实践活动的内容、方式、领域与环境的变化而不断地演化和发展着。因此，我们要用发展的、动态的观点看待工程实践活动的变化过程，在其动态和演化的过程中把握工程活动的内容、形态和本质。工程作为科学发现、技术发明到产业发展的中间桥梁，是促进产业变革和经济社会发展的有力杠杆。

“绿水青山”向“金山银山”的转化作为一项系统的实践活动本身就具有演化性和动态性的工程属性，它是不同要素之间（自然资本、社会资本、物质资本、人力资本、特定的自然社会环境）相互作用、集成建构的一个动态过程。“两山”理论实践转化工程活动随着其不同要素、结构、环境、系统、空间参数等的变化不断变化，不断催生新的产业模式，转化新的产业形态。另外，从时间维度上讲，“绿水青山”向“金山银山”的转化也是一个动态的演化过程，它不是一朝一夕甚至十年、二十年就可以实现完成的，可能需要几十年、上百年的实践，因为将生态自然资本转化为现实生产力的周期十分漫长。这也充分体现了“两山”理论实践转化工程活动的演化性特征。

“绿水青山”向“金山银山”的转化是具有价值定向的工程实践活动，它是自然选择、人工选择和社会选择的结果。工程并非仅仅是科学的单纯应用，工程合理性并不等同于科学合理性[12]，一项工程也只有在相适应的自然和社会环境下才能变为现实的工程，发挥其应有的价值。“两山”理论的实践转化工程也不例外，需要我们用动态的、发展的、演化的视角来对发展路径、转化机制、转化动力、产业特征等因素进行合理的把握与认识，才能更为深刻地把握从“绿水青山”到“金山银山”这一转化过程的过去、现在及未来走向，也有利于我们充分反思总结“两山”理论的转化规律与路径建设。

3. “两山”理论的实践转化是普遍性与特殊性统一的工程活动

“两山”理论转化的路径探索本身就是一项工程活动，是普遍性与特殊性统一的实践活动。所谓普遍性是指“两山”理论的实践转化作为一项工程活动，不仅要受到工程活动一般性普遍规律的制约，同时也要遵循工程实践活动的一般性方法论原则指导。工程活动的普遍性属性表现在它具有一般性的共同本质(例如结构化、功能化等)、共性规律(例如程序化、协同化等)和一般价值的理论(例如和谐化、效率化、效益化、优质化等)[13]。从“两山”理论实践活动的一般工程属性来讲，它具有普遍性的理念规划、指导思路、路径建构、评价方法及其一般规律，工程的普遍性属性的核心和本质就是各种工程实践活动所具有的共同特性和工程方法所应遵循原则和规律，这也是“两山”理论在实践转化工程活动中必然要遵循的根本原则。

“两山”理论实践转化工程活动的特殊性表现为要因地制宜地构建具体的转化机制与转化路径，正确地看待不同区域的转化速度与转化成效。辩证唯物主义认为，任何事物的发展都要在一定的条件和限制下进行，“绿水青山”向“金山银山”的转化也不例外。在进行“两山”理论转化的实践中，不同的地区发展阶段不同、发展方式不同、自然底蕴不同、资源禀赋不同，等等，这就决定了在“绿水青山”向“金山银山”转化的过程中，要因地制宜地规划建构合理的转化路径与转化机制。仅从主体功能区的规划来看，我国的国土就可分为四类开发区：优化开发区、重点开发区、限制开发区和禁止开发区。对于不同类型开发区来说，进行“两山”理论转化工程的实践重点、转化程度、转化方式也不同，需要由地区的特殊性来决定，其中转化程度和方式一定要与地区的特殊属性相适应。正是基于这种考虑，习近平总书记2016年在参加十二届全国人大四次会议黑龙江代表团审议时就表示：“绿水青山是金山银山，黑龙江的冰天雪地也是金山银山。”这就表明，黑龙江天寒地冻的自然条件，也是一笔宝贵的生态财富，关键在于如何转化它们、如何发展它们。不仅“绿水青山”“冰天雪地”是“金山银山”，草原、戈壁、沙滩、海洋等地区都可以通过发展建构与当地自然环境相适应的转化机制与经济产业，将生态价值转变为相应的经济价值，变成“金山银山”。

三、“两山” 理论实践转化的具体路径

“两山”理论虽然为我们指明了实现经济社会发展和生态环境保护双赢的道路，但“绿水青山”只有在一定的条件下，才能转化为“金山银山”，如果缺乏现实的条件基础，“绿水青山”只能是“穷山恶水”。因此，要真正让绿水青山充分发挥经济、社会和生态效益，实现百姓富、生态美的有机统一，将良好的自然生态“绿水青山”转变为社会财富“金山银山”，使经济发展与生态资源形成良性循环，推动经济和生态的协同发展，是我们面临的实际问题。党的十八届三中全会提出编制自然资源资产负债表，党的十九大提出建立市场化、多元化生态补偿机制，就是要探索生态产品价值的实现方式，探索绿水青山变成金山银山的具体路径。

如何推动“绿水青山”合理、高效地转化为“金山银山”，同时利用“金山银山”反哺、保护“绿水青山”是“两山”理论实践的重要方面。“两山”理论实践的转化路径包括加强自然生态环境保护、积累生态资源资产、推动生态资源经济化发展、推动产业生态化和生态产业化协同发展、发展相关关联产业、完善转化机制等方面。

1. 实现“两山”理论的合理转化，需要积累生态资源资产、推动生态资源经济化发展

习近平总书记明确指出了社会主义现代化建设的“绿色属性”，他指出：“我们要建设的现代化是人

与自然和谐共生的现代化，既要创造更多物质财富和精神财富以满足人民日益增长的美好生活需要，也要提供更多优质生态产品以满足人民日益增长的优美生态环境需要。“绿水青山”本身包含着“金山银山”，包含着物质财富，“金山银山”是通过人类实践行为而物化的金山银山，是“绿水青山”的物质化表现形式。物质事物是不断发展变化的，从人类的发展实践行为来看，“绿水青山”可以转化为“金山银山”，人们通过一系列智力与体力的实践行为，可以从“绿水青山”中创造出生存发展所需要的“金山银山”与物质财富。科技发明、物质生产等都是人类从“绿水青山”所代表的自然资源中就地取材，将“绿水青山”转化成“金山银山”的实践成果。

在正确处理经济社会发展和生态自然环境两者的关系上，“两山论”指明了有效的解决路径，即加大环境保护力度，积累生态资源资产，努力实现生态资源经济化和经济生态化发展。早在2004年，习近平总书记就曾经强调：“既要GDP，又要绿色GDP。”[14]因此，“两山”理论就是要求我们走资源节约型、环境友好型的绿色发展道路，走生态资源的经济化发展道路。

自然界是人类生存、发展的前提，人类能够通过有意识地实践活动来认识、改造自然。在这一过程中，人类必须尊重自然、顺应自然、保护自然，行为方式符合自然规律才能够实现与自然的和谐共生，要求人类对自然的实践行为要符合规律性与目的性的统一。“绿水青山”泛指自然环境中所包含的各种类型的自然资源。人们理解“两山论”中的“绿水青山”一般是水、大气、森林、土壤等维持生态安全与物种平衡、保障生态调节功能、提供良好人居环境所形成的各种类型的生态系统，从更广义的角度来看，“绿水青山”还应包括各类生态产品、生态工业品等经过自然实践加工的绿色产物，以及以生态系统功能为基础的生态服务。“绿水青山”除了具有生态系统所具有的一切自然属性之外，还具有显著的公共资源属性。

推动“绿水青山”向“金山银山”的合理转化，需要实现生态资本经济化发展。生态资本也被称为自然资本，是将资本进行生态性的使用。生态资本理论认为，自然不仅包括人类所利用的资源，如水、大气、森林、矿藏等，还应包含整个生物圈在内的有机系统。“自然资本是一国现存的自然资源的价值，包括渔场、森林、矿藏、水和环境……正如投资能够增加后天资本的存量一样。”[15]生态资本符合一般经济规律的运作方式，也具有一般资本的共有属性，即它是以利润增值为目的，但它同时又具有自然生态的属性特征，讲求人与自然和谐共生的生态规律。自然资源是有限的，而人的生存发展需要依托自然资源，人类若想实现长久的发展，必须考量自然的内在价值，合理地进行自然资源开发，实现“绿水青山”源源不断地向“金山银山”转化。总的来讲，推动生态资源经济化发展，我们必须将自然系统内在的有机性、人与自然和谐的共生性作为基本的发展因素进行考虑

因此，推动“绿水青山”向“金山银山”合理转化，需要构建人与自然互惠互利的实践路径，也就是说，我们在对“绿水青山”进行开发利用、进行生态资本积累时，应充分考虑自然资源的可持续性和循环性，把“绿水青山”真正看作“金山银山”去保护、去重视，合理推动自然资源经济化发展，也就是对生态资本进行理性应用。

2. 实现“两山”理论的合理转化，需要推动产业生态化与生态产业化的协同发展

“两山”理论的核心在于寻找合理的转化路径，以此实现绿水青山源源不断地转化为金山银山。“绿水青山”是“金山银山”的自然基础，“金山银山”是“绿水青山”的实践成果。马克思主义认为，人类的一切实践活动中，生产实践活动是最基础的，因此，推动“两山”理论合理转化的过程，就是我们进行生产实践的理性行为。在2018年5月召开的全国生态环境保护会议上，习近平总书记指出了要加快建立健全“以产业生态化和生态产业化为主体的生态经济体系”，这一论断对促进生态保护和经济社会协调发展、实现“绿水青山”向“金山银山”合理转化具有重大理论指导与具体实践意义。

“生态产业化”中的“生态”一般指“自然生态系统”，也就是通常所理解的“绿水青山”。生态产业化就是以自然资源为依托打造和实施的生态工程，形成满足人类经济需要的物质产品和相关产业。生态产业化按照自然生态规律、产业发展规律推动生态资源开发建设，推动生态要素向生产要素、生态资本向物

质财富进行转化，本质上就是把“绿水青山”变成“金山银山”的过程。产业生态化是指遵循“绿色、低碳、循环、可持续”的发展要求，以先进的绿色技术为依托，发展建构资源利用率高、污染少、生态效益好的新兴产业，同时用绿色技术改造传统产业，促进产业绿色化发展，在不同产业之间建立循环经济生态链，降低产业的能源消耗、污染排放，提高产业的经济发展效益，这本质上就是用“金山银山”反哺“绿水青山”的过程。

“产业生态化”和“生态产业化”突出强调了生态和产业的统一性，双方互为依存和转化的条件。产业中有生态、生态中有产业，产业能变成生态，生态能变成产业，这是推动“绿水青山”转化为“金山银山”和利用“金山银山”反哺“绿水青山”的现实体现。因此，产业生态化是产业发展到一定阶段的必然要求，是生态产业化的基础；生态产业化的推进需要以产业生态化为前提，是巩固、扩大和转化产业生态化成果的保证。[16]例如，重庆武隆地区打造的生态旅游的生态产业化绿色发展道路，实现了“绿水青山”向“金山银山”的合理转化。武隆自然生态和旅游资源异常丰富，是全国少有的同时拥有“世界自然遗产地、国家5A级景区、国家级旅游度假区”三块金字招牌的地区之一，先后获得了30余项品牌荣誉，可以说，武隆发展生态旅游产业既有得天独厚的资源优势，又是现实发展的必然选择。武隆区坚持将生态旅游业作为战略性主导产业进行培育打造，走出了一条将“绿水青山”转化为“金山银山”的现实路径。

3. 实现“两山”理论的合理转化，需要完善相关体制机制，保障转化的合理进行

要推动“绿水青山”向“金山银山”的转化，离不开政府的布局规划、引领护航。比如，要加强相关交通运输等基础设施建设，推动宏观规划的原则性与配套操作的灵活性相结合等，需要构建行之有效的市场体制机制和转化的商业模式，利用地方的生态底蕴因地制宜地发展生态优势产业，推动相关产业融合发展，加强生态产品的品牌服务建设，大力推行相关生态文化。具体来讲包括如下几个方面：第一，构建相关体制机制，包括健全资源税、环境税、碳税等财税制度，矿权、水权、林权、用能权等自然资源产权制度，同时利用生态补偿、低碳补助、绿色金融等手段，引导“绿水青山”自身价值的回归，形成与生态建设和环境综合治理的良性互动，实现“绿水青山”保护者和“金山银山”受益者间的利益均衡。第二，大力发展与“绿水青山”相关联的内生外联产业。例如，开发生态养老、生态旅游等基于绿水青山的内生产业，通过相关机制市场化运营合理，就是“绿水青山”成为“金山银山”的核心途径。同时还可以发展与“绿水青山”配套的外联产业。例如，完善相关基础设施，开发物流、服务、绿色金融的产业，让绿水青山在地方产生辐射效应，更加有效地推动转化。第三，加强生态文化建设，助力绿色发展。要深入发掘我国传统文化中的生态思想，弘扬尊重自然、顺应自然、保护自然的绿色发展理念，发展与生态文化相关的产业，开展富有地方特色的生态文化活动，打造生态文化产品，从理念与价值层面上引导“绿水青山”向“金山银山”的有效转化。

★ 参考文献

[1] 习近平. 之江新语[M]. 杭州：浙江人民出版社，2015.

[2] 习近平. 决胜全面建成小康社会夺取新时代中国特色社会主义伟大胜利：在中国共产党第十九次全国代表大会上的报告[M]. 北京：人民出版社，2017.

[3] 赵建军，杨博. “绿水青山就是金山银山”的哲学意蕴与时代价值[J]. 自然辩证法研究，2015(12)：104-109.

[4] [美]E·奥德姆. 生态学基础[M]. 5版. 陆健健，王伟，等校译. 北京：高等教育出版社，2009.

[5] [美]詹姆斯·格雷克. 混沌：开创新科学[M]. 张淑誉，郝柏林，校译. 北京：高等教育出版社，2004.

[6] 唐代兴. 生态理性哲学导论[M]. 北京：北京大学出版社，2005.

[7] 牛庆燕. 必要的生态转向：从“科技理性”到“生态理性”[J]. 天府新论，2010，(3)：32-35.

[8] 王若宇，冯颜利. 从经济理性到生态理性：生态文明建设的理念创新[J]. 自然辩证法研究，2011，(7)：123-128.

[9] 殷瑞钰，汪应洛，李伯聪. 工程哲学[M]. 北京：高等教育出版社，2008.

[10] 马列著作选编[M]. 北京：中央党校出版社，2011.
[11] BUCCIARELLI L. Engineering Philosophy[M]. Delft：Delft University Press，2003.
[12] DURBIN P T. Broad and Narrow Interpretations of Philosophy of Technology[M]. Dordrecht：Kluwer Academic Publishers，1990：120－155.
[13] 殷瑞钰，傅志寰，李伯聪. 工程哲学新进展：工程方法论研究[J]. 工程研究：跨学科视野中的工程，2016，(5)：455－471.
[14] 吉利斯·波金斯，罗默，等. 发展经济学[M]. 4 版. 黄卫平，彭刚，等译. 北京：中国人民大学出版社，1998.
[15] 黎祖交. 生态产业化、产业生态化[J]. 绿色中国，2018，(11)：42－45.
[16] 王金南.生态补偿是迈向生态文明的"绿金之道"[EB/OL].北京：中国水网. 2017－11－16[2017－11－27]. http：//www. h2o-china. Com/news/266514. html.

工程知识传承

钱学森：28 岁跻身顶尖人才的关键因素

朱亚宗

摘　要：本文对钱学森 28 岁成为顶尖人才的关键因素进行了分析，认为天赋的早期开发、敏锐的方向意识、大师的专业引领和科艺的交叉融合是钱学森成长为杰出人才的重要因素。本文的研究期望对中国教育模式的多元化和年轻顶尖人才的培养有所启示。

关键词：钱学森；顶尖人才；教育模式

年轻的顶尖人才是任何领域的稀缺资源，他们创造的奇迹是人类文明进步的强大动力。科学技术发展史上，年轻的顶尖人才更是大显身手，有些人甚至成为各学科专业的巨星。爱因斯坦 26 岁创立狭义相对论和光电效应理论；玻尔 28 岁提出新的原子结构理论；马可尼 24 岁使无线电波越过英吉利海峡，实现首次国际通信；海森伯 24 岁创立量子力学理论；费米 25 岁提出费米统计理论，33 岁发现原子能工程技术基础的慢中子效应；格拉塞 26 岁发明检测微观粒子的实验新装置——气泡室；库柏 27 岁、施里弗 26 岁提出微观超导理论(BCS 理论)；格拉肖 29 岁提出弱电统一理论；沃森 25 岁发现 DNA 双螺旋结构；华罗庚 28 岁完成了数论中三角和的积分平均估计；吴文俊 32 岁创立了拓扑学的"吴方法"；钱伟长 29 岁创立弹性力学的"钱伟长公式"；杨振宁 32 岁创立规范场理论；李政道 30 岁、杨振宁 34 岁提出宇称不守恒定律；钱三强 33 岁发现铀核的三分裂和四分裂现象；本文事主钱学森在 28 岁与导师合作提出"冯·卡门－钱学森近似"，登上了空气动力学的世界最高峰。

对这些年轻的顶尖人才，人们予以极大的关注，并表示惊叹和崇敬。但是从教育学和人才学的视角看，目前中国仅有的严厉的升学淘汰而平常考试容易过关的教育机制，似乎更适合于培养按部就班逐渐成长的人才，这种成才途径成才过程较长，适合于大多数人。诚如曾国藩所言："古来如颜子立德，周郎立功，贾生立言，均在少壮。然千古曾有几人？其余贤哲代兴，树立宏达，大抵皆在四十岁以后耳。以仲尼之圣而不惑亦待四十。"但是，年轻的顶尖人才的科技贡献影响力巨大而持久，虽然稀缺，仍然层出不穷，代不乏人，这类人才可以超越常规，快速成长，直达峰顶。

识别、选拔和培养这类顶尖人才，是中国建设科技强国的需要。深谙中西高等教育特点的钱学森经深入思考后指出："问题在于，中国还没有一所大学能够按照培养科学技术发明创造人才的模式去办学……没有自己独特的创新东西，受封建思想影响，一直是这个样子。我看，这是中国当前的一个很大问题。"钱学森在谈话中回顾了自己攻读博士学位并工作过的美国加州理工学院，指出它在培养杰出人才方面的非凡成功："光是为中国就培养出许多著名科学家，钱伟长、谈家桢、郭永怀，等等……我们中国学生到加州理工学习的，回国以后都发挥了很好的作用。"加州理工学院为中国培养的著名科学家，多在年轻时快速成为顶尖人才。对于如何快速造就年轻的顶尖人才，钱学森结合自身的经历和体会，指出了两个重要方面：一是"创造精神的熏陶"，二是"提高艺术素养"。这对于现行的人才培养模式是一种

作者简介：朱亚宗(1944—)，男，江苏无锡人。国防科技大学文理学院教授，博士生导师，主要从事科技史和科技哲学研究。

观念革新，对于总结快速造就年青顶尖人才的规律有重要的启示作用。但是快速造就年青顶尖人才的因素并不止这些，当代世界和中国教育界虽有一些试验和探索，然而迄今未有成熟公认的相应教育模式。中国在规律的探索途径方面似有两条：一是继续少年班、钱学森班、华罗庚班等试验总结工作；二是深入分析少成大器的杰出科学家的成才经历，通过一批个案研究得到某些规律性认识。本文以快速成为年青顶尖人才的典型钱学森为案例，尝试深入分析促进其快速成才的基本因素。

钱学森以第一名的成绩毕业于国立交通大学(以下简称交通大学)，又以提出“卡门·钱学森公式”获加州理工学院博士学位，28岁即成为空气动力学领域世界顶尖科学家。究其快速成长的原因，大致而言，钱学森天赋卓异，得中外最优秀的教育资源，又有主观能动性的充分发挥。笔者通过更深入的具体分析，认为有四方面的关键因素使钱学森快速成为顶尖人才。

一、 天赋的早期开发

1924年1月17日，钱学森就读的北京师范大学附中邀请到鲁迅先生来校作了“未有天才之前”的著名演讲。鲁迅阐述了天才与后天培养之间的辩证关系：“不但产生天才难，单是有培养天才的泥土也难。我想，天才大半是天赋的，独有这培养天才的泥土，似乎大家都可以做。做土的功效，比要求天才还切近；否则，纵有成千成百的天才，也因为没有泥土，不能发达，要像一碟子绿豆芽。做土要扩大了精神，就是收纳新潮，脱离旧套，能够容纳、了解那将来产生的天才，又要不怕做小事业……泥土和天才相比，当然是不足齿数的，然而不是艰苦卓绝者，也怕不容易做。”读初一的钱学森听后有什么感想不得而知，少年钱学森是不是天才的苗子也难以说清。但是，自家庭教育到北师大附小，再到北师大附中，钱学森有幸遇到了当时社会条件下最优异的早期教育，并在这样的培育条件下茁壮成长，在人生起步阶段就成为全面发展的优异生。

钱学森出生于杭州一个富裕而有文化品位的家庭，父亲钱钧夫毕业于日本高等师范学校史地科，回国后任浙江两级师范学堂史地科教员，兼任浙江高等法政学校心理及伦理教员，后又任浙江省立第一中学校长，1914年赴北京出任北洋政府教育部视学，是鲁迅的同事与好友。钱钧夫是一位思想开明的教育家，不遗余力地培养钱学森。钱学森后来称父亲是“我的第一位老师”，并高度评价父亲兼顾文理的教育理念及做法：“我的父亲钱钧夫很懂得现代教育，他一方面让我学理工，走技术强国的路；另一方面又送我去学音乐、绘画这些艺术课。我从小不仅对科学感兴趣，也对艺术有兴趣。”钱学森的母亲章兰娟是大家闺秀，仁厚纯朴，不仅在品性方面引导孩子行善，而且她还颇有几分数学天赋，心算很快，在钱学森小时候，她常跟钱学森做心算游戏，从小培养钱学森的数学爱好。

1917年9月，尚不足6岁的钱学森进入国立北京女子高等师范学校附属小学读书，3年后又转入国立北京高等师范学校附属小学。这是当时北京最好的高小，也是最有气派、最漂亮的小学，校长由北京高等师范学校校长陈宝泉兼任，他为这所小学拟定了非常先进的办学宗旨：“吸纳世界最新学理加以试验，为全国小学改进之先导。既为实验，须敢为前人所不为之事，创前人所未创之先。”

钱学森在北师大附小接受的是当时中国最好的小学教育，一方面是优中选优的精英模式；另一方面，又是开明的现代性教育。“钱学森幸运地躲过了当时刻板、严酷的中国传统教育。在这里很少体罚，教师们即使生气时也不会对学生大声呵斥。这里的教育哲学是身教胜于言传。”在具体知识学习方面，文理兼顾，平衡发展，老师的素质也很高。钱学森后来回忆说：“记得我在师大附小读书时，级主任于士俭老师教我们书法课，小学生可以按照自己的爱好，选择颜真卿、柳公权、欧阳询、赵孟等人的字帖临写，老师如果看学生写得不好，就坐下来，照着字帖临写一个字，一笔一画地教。他写什么体的字，就极像什么体的字，书法非常好，使你不得不喜爱书法艺术。”幼年的钱学森在师大附小和父亲钱钧夫的教育下，形成了探索自然的兴趣和热爱艺术的性情。小学毕业后，钱学森顺利进入中国第一流的中学——国立北京师范大学附属中学。19世纪20年代的中国，大学尚不普遍，高水平中学常常是藏龙卧虎之地，北师大附中更是名师辈出，在深刻影响过钱学森的12位老师中，北师大附中的老师最多，占7位。这些老师当时资历不深，但身手不凡，潜力巨大。其中伦理学老师林砺儒后来成为国学大师，中华人民共和国成立后出任教育部副部长；几何老师傅钟孙后来成为著名数学家，曾任北京师范大学副校长；美术老师高希舜后来成为国画大师；国文老师董鲁安后赴解放区，中华人民共和国成立后当选为政协第一届全国委员会委员。钱学森回忆说，“那个时期高中分一部、二部，一部是文科，二部是理科，我在理科。高中毕业时，理科课程已经学到我们现在大学的二年级了……讲附中那时的情形，有点像神话……我们的美术老师高希舜(后来成为著名的国画大师)，暑假里开办暑期绘画训练班，教画西洋画，父亲很支持我去，我买不起油彩就用水彩学画，也学画中国画。后来我画得还不错。国文老师是董鲁安，他思想进步，常在课堂上议论时弊，厌恶北洋军阀，欢迎国民革命军北伐，教我们读鲁迅的著作和中国古文学作品。到了高中一年级时，我对用文言写文章小品特别感兴趣。我们的音乐老师也非常好，上课时，他用一部手摇的机械唱机(当时没有电唱机)放些唱片，教我们学唱中外名曲，欣赏各种乐曲，如贝多芬的第九交响曲等，后来，贝多芬憧憬世界大同的声响，一直在我心中激荡。”自然科学方面，傅钟孙老师的几何课非常吸引学生，有一段关于数理哲学的论述对钱学森有极大的震撼：“我讲的道理是纯推理，得出的道理，不但在教室里是如此，在全中国也是如此；不但在全中国如此，在全世界也是如此；就是到了火星上，也还得如此！”这无疑为少年钱学森开启了科技哲学思想的大门。

一个人天生的禀赋无法纯粹显现，天才也需要一定教育条件的滋养，而有幸受到优异中小学教育和家庭教育的钱学森，天才潜质在少年时代即已明显展现。虽未显示出控制论创立者维纳或杨振宁早年那样的科学才华，更没有像16岁的爱因斯坦，已经深入物理学前沿，并提出启示相对论的“追光理想实验”。但是，钱学森还是创造了旧中国人才成长的奇迹：一个集合了中国优秀传统教育与西方现代教育优长，而在思想、人格、科学、人文等领域全面发展并远远超越一般中小学生的优异生。在初小升高小时，北京市大约有1600名学生报考北师大第一附小，录取名额只有160名。“然而，钱学森却是例外。他的学习成绩十分突出，以至于老师将他作为保送生之一……老师为他下了‘学业上、身体上和精神上都出类拔萃’的评语”。钱学森的中学与小学同学，后来的两院院士张维回忆说，钱学森是个极为聪颖的小男孩，叠的纸飞机比谁飞得都快都高，“他叠得非常精细，非常小心，让机身严格对称，折痕又光又平。这样，当飞机掷出时，就可以很稳定地飞很远。从这个小游戏中就能看出，尽管年纪还小，要做什么事的时候，他就已经习惯于周密思索，用科学的办法达成目的”。少年时代的钱学森不仅科学素质优异，而且已确立远大的志向，心中已树立两位了不起的大师偶像，其中一位就是科学大师爱因斯坦。钱学森还从图书馆“借了《相对论》，带回家天天翻看，晚上躺在床上想象宇宙中的星球……翻来覆去睡不着，他觉得这玩意儿真是太有意思了。钱学森就这样迷上了相对论”。在艺术上，钱学森也有非凡的兴趣和才华，“他告诉自己的儿子钱永刚，如果没能成为一名科学家的话，他很可能会当一个画家”。当时的钱学森虽是少年，但已是文理兼修，才气毕露，犹如升火待发的巨轮，可以驶向任何一片自己向往的知识海洋。1929年，18岁的钱学森以第三名的成绩考入交通大学。

二、 敏锐的方向意识

外在教育是成才的重要条件，在人生的早期可能起决定性作用，但是到一定的学习阶段，个人的主观能动性可能成为成才的关键因素。其中预测能力极为重要，它涉及价值观与智商等多种因素，决定年轻人的方向选择。但是，实际情形异常复杂，不仅因人而异，而且因学科专业而异，因时因势而异。钱学森快速成长为顶尖人才的过程，同时也是钱学森在人生与学科专业上，形成敏锐的方向意识和很强的预测能力与选择能力的过程，并由此开启了钱学森一生8次专业成功转向的先河。具体来说，早期钱学森有三次重大的方向性选择：

第一次是高考时选择了交通大学的铁道机械工程专业。

进入高中三年级后，“钱学森开始考虑上大学的问题。在一次班级组织的远足旅行中，他参观了两所北京城里最好的学校——清华大学和北京大学。他的同学回忆道，钱学森非常细心地考察了两所学校的实验室，并给出了敏锐精确的评价”。以钱学森的学习成绩，可以考入全国任何一所名牌大学，但是钱学森没有选择清华和北大，他有自己的人生大目标，没有为名而名的虚荣心。“他充满着‘实业救国’的理想，即‘习西夷之长，救中国之短’。那时候，他关注的目光是在铺轨上飞驶的火车……中国的国土如此辽阔，大批铁路亟待兴建。钱学森决心献身于‘铁道救国’”。最终报考了交通大学的铁道机械工程专业，这是全国排名第一的学科专业，并以总分第三名的成绩考入交通大学。钱学森的这一选择是综合考虑个人兴趣、已所擅长与社会需要的选择，是志存高远、奉献社会而脚踏实地的选择。令人惊赞的是，尚未读过马克思著作的钱学森，18 岁时选择志愿的原则竟与青年马克思关于职业选择的考虑如出一辙。1835 年，17 岁的马克思撰写了《青年在选择职业时的考虑》一文，提出青年人选择职业时，不要用“辉煌的光彩……激起虚荣心”，不要“为名利的恶魔所诱惑”，也不能“为激动所欺骗，为轻率所引诱”，也不宜选“力不胜任的职业”。马克思指出：“我们在选择职业时所应遵循的主要指针，是人类的幸福和我们的自我完善。不能认为这两种利益会彼此敌对，互相斗争，一方必然要消灭另一方。人类的天性生成是这样：人们只有为了同时代人的完善、为了他们的幸福而工作，他自己才能达到完善。如果人只是为了自己而劳动，他绝不可能成为真正的完人和伟人。”在第一次面临职业选择时，钱学森虽无马克思那样的理论深度，但是超越自我与自我完善相统一的基本思想不谋而合，这一人生起步的高尚境界，是钱学森天才禀赋的重要内涵，预示着钱学森不可限量的前程。

第二次是赴美留学转向航空工程。

难能可贵的是，青年钱学森的第二次转向也是超越纯粹专业层次的综合性人生选择。钱学森大学期间全面发展，因品学兼优而获得免缴学费等多种奖励，以第三名的优良成绩进入交通大学。当时，推行严厉的精英教育，考试分数在 70～80 分之间已属不错，而钱学森平均成绩大都超过 90 分。1934 年，钱学森以 89.10 分的总平均成绩(第一名)毕业于机械工程学院。

取得这样骄人的成绩，铁道工程又是国内吃香的专业，从事铁路方面的工作，时称“铁饭碗”。“钱学森几乎可以万无一失地在交通部谋得一份起薪 60 元大洋的铁路设计师的美差，这足以让他过上相当舒适的生活”。然而，钱学森的价值观是如此不同，他不想止步于此，大学就读期间爆发的上海“一·二八”事件深深地触动了志存高远的青年钱学森。1932 年 1 月 28 日午夜，爆发了震惊中外的“淞沪抗战”，日本军国主义肆无忌惮地侵略中国，凭借空中优势，在上海狂轰滥炸，军民惨遭杀戮。十九路军抵抗失败，国民政府与日本签订了丧权辱国的《淞沪停战协定》。淞泸抗战的失败极大地影响了当时的舆论，钱学森父亲钱钧夫的好友鲁迅在上海《申报》发表了《航空救国三愿》，指出：“只有航空救国较为别致，是应该刮目相看的。”上海还修建了一幢“飞机楼”，从空中俯瞰，状如飞机。一时间，孙中山早年提出的“航空救国”理念变成社会热潮。“在‘航空救国’的热潮中，钱学森决意为‘航空救国’做出自己的贡献。他得知交通大学由外籍教师 H. E. Wessman 开设了航空工程课程，就于 1933 年下半年开始选修这门课程，两学期平均成绩为 90 分，是选修这门课程的 14 名学生中成绩最好的一个。”钱学森回忆说，还到图书馆借读了“飞艇、飞机和航空理论的书……美国火箭创始人戈达德的书也借来看……还借过一本英国格洛尔写的专讲飞机机翼气动力学理论的书来读。当时虽没完全读懂，但总算入了空气动力学理论的门，这是我后来从事的一个主要专业”。有这样博大的家国情怀和超强的学习能力，钱学森于 1934 年参加了清华大学留美公费生考试，并成为唯一的航空留美研究生。

第三次是从美国麻省理工学院转学加州理工学院，师从空气动力学大师冯·卡门。

关于钱学森离开麻省理工投奔加州理工冯·卡门的原因，一般认为是环境所迫被动而为：“美国飞机制造厂只准许美国学生去实习，不接纳外国学生”。其实，外在环境限制和压力只是部分原因，不能去飞机工厂，还可以从事飞机设计。钱学森进入航空的引路人——清华大学教授王助，在麻省理工学院获硕士学位后，曾被聘为美国波音公司总设计师。钱学森离开麻省理工还有自我完善和扬长避短的高层次主动追求。钱学森在麻省理工攻读硕士期间探讨的是湍流边界层问题。当时的麻省理工特别重视实验，与钱学森擅长理论而弱于动手的特点不合，再加上在当时科技水平下，湍流边界层问题不可能通过实验获得重要结果。据钱学森的一位朋友 A·费耶尔回忆，“钱学森曾经对他说，当他跟项目主任杰罗姆·亨塞克表达他对航空项目过于重视实验的不满时，亨塞克回答道：‘听着，如果你不喜欢这里，你最好回中国去’”。在旧中国的教育环境和家庭条件下，国内培养的优秀理工类学生，绝少能像王淦昌那样兼具理论与实验两方面优长，而多似杨振宁、钱学森一般擅长理论而弱于动手。麻省理工时代的钱学森尽可在理论方面傲视同侪，但在重实验轻理论的氛围下成就感较少也是自然的，这与他后来只是高评师大附中与加州理工学院两所学校是一致的。钱学森有家国情怀与自我完善高度结合的马克思式的精神追求，天赋、兴趣与训练使他更适合在高水平的理论平台上发展，而不适于在偏重动手实验的氛围中成长。钱学森毅然离开麻省理工到加州理工冯·卡门麾下发展，表明钱学森不仅在宏大的价值取向上有崇高的选择，而且在具体专业选择上也有切实而准确的方向意识。

经过三次兼顾社会需求和自我完善的非凡选择，年轻的钱学森已似渴望攀登珠穆朗玛峰的登山队员来到了珠峰大本营，只差登顶的最后准备和冲刺。

三、大师的专业引领

钱学森一生的一大幸运是在专业发展的关键时刻，遇见了“超音速飞行之父”冯·卡门。冯·卡门是现代流体力学第一代大师普朗特的传人，德国哥廷根大学教授，以发现流体尾流的“卡门涡街”而享誉学术界。这一科学发现已成为飞机、轮船、赛车设计的理论基础之一。后来他领导的团队又在超音速飞行、火箭研究方面引领世界。1934 年流体力学的第二代权威冯·卡门从欧洲移居美国，而钱学森恰在 1934 年考取航空工程专业的留美研究生，1935 年赴美学习一年后，在麻省理工学院获得硕士学位，为求更好的专业发展，钱学森投师冯·卡门，而冯·卡门也十分欣赏钱学森的敏锐思维和过人智慧。天才的导师遇到天才的学生，又十分投缘，互相欣赏，并有攀登科学新高峰的共同目标和愿望，必可待“会当凌绝顶，一览众山小”的境界。杨振宁留美未有这样的好运，与名师泰勒的学术风格殊异，一喜爱理论一擅长实验；李政道留美师从学术泰斗费米，但费米肩负原子弹研发的秘密任务，不可能与李政道共进退；王淦昌留德时的导师迈特纳也是大家，但学术敏感性不能共鸣，以致否定王淦昌提议的有可能发现中子的实验设想。钱学森遇见相契的名师大家是何等幸运。

转入加州理工学院的钱学森尽管非常优秀，并有巨大的发展潜力，但是转学的空气动力学专业，与交通大学的铁道机械工程专业不属同一门类，与麻省理工学院的航空工程专业，也有科学与工程的重大区别。在冯·卡门的指导下，研究生期间临时转专业的钱学森，竟从补专业基础课开始，仅用短短 3 年时间就攀登到空气动力学的科学峰顶，提出著名的“冯·卡门—钱学森近似”，未满 28 岁即跻身世界顶尖科学家之列，创造了人才学和教育学的一个奇迹。在通向顶尖人才的道路上，由于冯·卡门的具体指导和示范效应，钱学森在以下几方面飞速成长：

1. 空气动力学专业基础与专业知识的补课

鲁迅先生曾感叹中国文学青年的不幸是缺少文艺家教。学自然科学的青年也一样，钱学森天赋优异，自小数理能力出众，但是缺乏数理方面的家教。钱学森的父亲钱钧夫是文科知识分子，不像杨振宁的父亲杨武之是留美数学博士、大学数学教授。钱学森大学本科就读的是铁道机械专业，“那时候，上海交大课程是以美国工科高等学校为楷模设置的，基础内容比较贫乏，数学只学到高等微积分、常微分初步；物理课没有原子物理、量子力学；化学课程没有分子结构……自从 1935 年夏来到美国学习，他逐渐感到需要充实基础知识。特别是来到加州理工学院搞高速飞行问题研究时，矛盾就更加突出了。钱学森下定决心，一定要补上欠缺的知识，他如饥似渴地去研究现代数学、偏微分方程、积分方程、原子物理、量子力学、统计力学、相对论、分子结构、量子化学等现代科学技术的基础理论。开始研究空气动力学的时候，钱学森遍阅各国有关空气动力学的文献，力求掌握这门科学的全貌。他每天工作十几小时，白天一半时间看书，一半时间讨论，晚上接着再搞。这样苦战三年以后，他不仅掌握了这门科学的根本，而且已经站到了这门学科的最前沿，为攀登新的科学高峰做好了准备。”

钱学森下苦功厚实基础，符合高水平科技创新人才的训练要求。钱学森求学期间三学高等数学(北师大附中、交通大学、麻省理工与加州理工)，“三年出货”(钱学森语，指 1935—1938 年的基础学习)，等于掌握了一柄斧背厚重的斧子，再加上锋利的刀口(创新思维与方法)，就能所向披靡。事实上，钱学森立足深厚的基础知识进行航空器结构研究时，仅用一年时间(1939 年)就取得重大突破。钱学森以切身的经验告诫后学："有些年轻人觉得三年出货太慢，很着急，可是做研究工作性急是不行的。基础打得不牢，总是要吃亏的，一定要先积下足够的看家老本"。

2. 高效的学习与研究方法

理论学习与研究的效率，一方面决定于思维能力与基础知识，另一方面也与经验诀窍有关。诀窍是指以专业的知识与理论为基础，但又是隐性的个体性知识或经验，在正规的专业书籍上难以见到，要靠师徒间的传授与后学者的悟性。钱学森从冯·卡门示范中悟到的一个方法是如何高效阅读与评价一篇论文。"有时候，钱学森请卡门审阅论文，而论文的内容卡门事先并未研究过，但卡门把一篇论文拿到手后，先把第一页看一看，然后顺手很快一页一页随便翻过去，最后再把结论看一下，便立刻发表自己的意见。开始，钱学森感到有点'神秘'，后来，他才知道这无非是因为彻底熟练地掌握了这门学科的结果，而且他也慢慢能这样做了。原来，冯·卡门看第一页主要是了解论文提出了什么问题，作者对这个问题看法如何以及作者用什么方法解决这个问题，等等。由于卡门对这门学科彻底掌握了，因此虽然自己没有研究过这个具体问题，但是一看到论文的作者用了什么方法，就能大致估计这个方法对不对，这种方法大致应导致什么样的结果。最后，再看看论文的结果，和自己的估计相差远不远。如果相差很远，甚至结果相反，那么论文本身就很可能有问题"。

3. 攀登空气动力学高峰的方向和路径指导

钱学森在攻读博士期间，冯·卡门不仅在学术方向上引领钱学森进入空气动力学研究的国际前沿——高速空气动力学领域，而且指明了正确的突破路径。从低速飞行转变为高速飞行时，一个重要问题是空气阻力与热效应将会发生怎样的变化。当时的科技文献普遍认为，在高速的超声速飞行中，空气阻力主要是击波阻力，表面摩擦阻力并不重要，冯·卡门建议钱学森深入探讨这一理论问题。面对高速飞行时空气密度显著变化，导致数学方程不再是线性，而产生求解方程困难的问题，冯·卡门预先给钱学森以深入具体的指导。《钱学森手稿》一书影印了冯·卡门提出的 3 页书面指导意见。在这一资料中，导师冯·卡门建议钱学森试试冯·米塞斯的方法和逐次迭代近似方法。钱学森遵照导师的指导，运用所建议的数学方法，成功地将低速不可压缩流动的解推广到可压缩流动情形，并得出两个创新的结论：一是高速飞行器的摩擦阻力超过击波阻力，二是当飞行马赫数增大到一定数值时，飞行器表面的热效应会十分显著，高速飞行会面临新的障碍——"热障"。这一创新研究成果写成博士论文时，冯·卡门还亲笔做了多处重要修改，完稿后成为钱学森博士论文的一部分。

冯·卡门接着指导钱学森攻克另一个空气动力学难题——飞行器高马赫数飞行时的表面压力。当时风洞实验技术有限，不能通过风洞试验直接获得高马赫数飞行器的表面压力，而必须借助数学方法，将低马赫风洞试验数据修正为高马赫数条件下的数据。对于这一数学方向的研究，1902 年俄国查普雷金在其博士论文中创造了一种"速度图法"，把非线性方程化为线性方程，又建议将等熵关系曲线用它的切线来代替，进一步简化了方程，后经丹姆千科与布兹曼改进后，可以对低马赫数(小于 0.5 倍声速)飞行作近似计算。冯·卡门谙熟这一路径的发展历史和前沿问题，"凭着对物理问题的洞察力，建议作者(钱学森——引者)在求解由速度图变换得到的线性方程时，用来流状态处的切线作近似，结果可能更好。钱学森证明，虽然同样是切线近似，采用'Karman－钱'所用的来流状态处的切线近似，可以计算高亚声速的流动，而且得到很精确的计算结果……在第二次世界大战及战后一个相当长的时期，在现代计算手段——电子计算机出现以前，这一近似计算方法被广泛应用于飞机翼型的设计，且被人们称为'Karman－钱近似'方法"。训练有素而聪慧刻苦的钱学森由于导师冯·卡门的指引，在攀登科学高峰时势如破竹，仅用一年时间，未满 28 岁的青年钱学森就站立空气动力学峰巅，获得航空与数学双博士学位，成为享誉世界的杰出科学家。

此外，钱学森还从导师冯·卡门的示范中学到高水平的集体研究方式——学术讨论班，以及科学技术的组织管理才能，并创造出面向开放复杂巨系统的从定性到定量的综合集成研讨方式，成为一代学术大师和科技帅才。

四、科艺的交叉融合

从古到今的科学文化与人文文化一直存在不同程度的分裂，在近代科学异军突起并高度专业化后，这种分裂现象甚至还有所加剧。但不争的事实是，人类文化史上科学与人文兼修乃至双创，或者说科艺双馨的复合型人才层出不穷。在中国古代，张衡是一流的天文学家和一流的汉赋作家；沈括的《梦溪笔谈》，是中国历史上首屈一指的科学创新与人文创作兼得之作；徐霞客的游记则是地质地理科考与旅游写作合璧的千古奇书。近现代，丁文江是一流的地质矿产专家兼文化学者，竺可桢、苏步青、华罗庚、杨振宁、李政道等科学大师均有高度的人文修养。在西方，达·芬奇是文艺复兴时代的科学大师和伟大的艺术家；康德是德国古典哲学的重镇，也是人类第一个天体演化科学假说的提出者；电磁场理论的创立者麦克斯韦，在爱丁堡上中学时，不仅数学比赛获第一名，诗歌比赛也获最高奖；量子力学的先驱普朗克有很高的钢琴演奏水平；相对论创立者爱因斯坦则是小提琴高手。

钱学森也是一位跨越科学与人文两种文化而全面发展的杰出人才。“钱学森从幼年开始就喜欢背诵诗词，学绘画(师从国画大师高希舜)，后来有人在香港看到钱学森早年的绘画习作售价不菲；少年时代又喜欢写作韵文，爱好摄像和音乐，以至于中学毕业时老师认为他如果报考中文，也许会成为一代文学大师；在上海交通大学上学时，钱学森是学校出色的圆号手……1935 年他发表在《浙江青年》(1935 年第 1 卷第 4 期)上的《音乐与音乐的内容》一文……表明他在音乐方面已经具备独特而深刻的见解”。看《钱学森手稿》中的书写，无论是英文、数字、图表、公式都非常整洁、娟秀而流畅。课堂板书之整齐、流畅也如艺术品，随手画出的一条火箭洲际飞行曲线，无工具绘制之刻板，有书法线条之灵动，曲线之优美流畅，令人惊赞。钱学森还深入研究建筑艺术与园林艺术并有独到见解，从艺术的爱好发展到对美学、哲学的理论研究，读过普列汉诺夫的《艺术论》、布哈林的《辩证唯物论》等名著，直到最后学习钻研马克思主义。

文化史和人才学的现象表明，科、艺兼得的人才往往有非凡的创新精神和创新能力，而且快速成名的青少年英才中有不少人科艺双馨、全面发展。那么，科艺双馨的全面素质究竟如何影响一个人的成长发展和创造能力呢？可以说，这是一个至今尚未破解的人才学、教育学与认识论的重大课题。科艺双馨而成就卓著的大师虽然也无法明确说出从科学与艺术相结合通向成功的具体机制，但是他们的某些回忆、思考和总结，可以为进一步研究提供重要的启示。

爱因斯坦是有高度艺术修养的科学大师和哲学家，他曾回忆广义相对论创立时的原始思维过程：“有一天，我正在伯尔尼专利局的一张椅子上坐着，一种想法突然袭上心来：如果一个人自由落下，他将不会感到自己的重量。我不禁大吃一惊，这个极简单的思想，给我以深刻难忘的印象，并把我引向引力理论。沿着这条思路我继续想：下跌者在加速，他的感觉和判断都发生在加速参照系中，于是我决定把相对论扩展到加速参照系中。我觉得这样一定可以解决引力问题”。启迪广义相对论的“人自由落下”的想象，与启迪狭义相对论的“追光”想象，有异曲同工之妙。爱因斯坦最伟大的两项科学创造——狭义相对论和广义相对论，它们创新过程的思维结构与思维程序惊人地相似，均由形象思维产生的非凡想象力引发，然后再运用严密的抽象思维进行定量论证。这样的科学创新经验，使爱因斯坦大胆地将想象力在科学研究中的地位和作用，提高到前所未有的程度：“想象力比知识更重要，因为知识是有限的，而想象力概括着世界上的一切，推动着进步，并且是知识进化的源泉。严格地说，想象力是科学研究中的实在因素”。奇妙的大自然深处的科技规律常常蕴藏在美的形式之中，科学研究的成果也常常呈现“真即是美”“美即是真”的科学之美，甚至有的科学家开辟了以美启真的科学探索路径，最典型的是麦克斯韦和狄拉克的科学创新。麦克斯韦比较前人发现的电磁规律时发现，安培定律与法拉第电磁感应定律不相对称，也即法拉第定律反映了变化的磁场可以感生电场，而安培定律却没有反映变化的电场可以感生磁场。麦克斯韦便径直从对称性的美学考虑出发，在安培定律中添加一项 E，意即变化的电场可以产生磁场，以与法拉第发现的变化的磁场可以产生电场的规律相对称。对于麦克斯韦从美学判断出发的大胆科学猜测，杨振宁予以高度评价："加了这一项，就变成相容的了，而且又不违反原来法拉第的定律和安培的定律。这是物理学史上一个非常重要的发展。这样，他的方程组就有了完美的对称形式，有了这四个方程，再利用数学方法，麦克斯韦竟然推出电磁场的波动方程，而且发现光也是一种电磁波"。狄拉克也主要从美学性判断出发，构造出狄拉克方程，最终以美启真，不仅从理论上创立量子场论，而且预言的正电子被观测证实，成功开辟出人类探索反物质的科学新方向。

钱学森关于高速空气动力学的创新性研究，在冯·卡门的指导下，也是先有流线模型的形象思维，并有形象化的流线切线想象，然后再运用流体力学方程和相关数学方法进行定量计算。高速空气动力学的创新性研究，必须形象思维与抽象思维交叉运用，互补融合，而钱学森既具备高度的艺术修养，又拥有坚实的科学理性基础，是完成这一重大科学使命的极佳人选，当历史机缘降临的时候，钱学森就成为揭示大自然奥秘的杰出人才。富于哲学探索兴趣的钱学森结合自己的科技创新实践经验，对科艺交叉融合的方式与机制进行了有价值的探讨："从思维科学的角度看，科学工作总是从一个猜想开始的，然后才是科学论证。换言之，科学工作是源于形象思维，终于逻辑思维，形象思维是源于艺术，所以科学工作是先艺术，后才是科学……在过去，人们总是只看到后一半，所以把科学与艺术分了家，而其实是分不了家的。科学需要艺术，艺术也需要科学"。

科学与艺术之间迷人的关系，人类虽然知之甚少，但是科艺的交叉融合可能催生重大科技创新已是不争的事实。因此，科艺双馨无疑是钱学森快速成长为杰出人才的重要因素之一。

★ 参考文献

[1] 唐浩明．曾国藩书信[M]．长沙：岳麓书社，2016．

[2] 涂元季，顾吉环，李明．钱学森的最后一次系统谈话[N]．人民日报，2009-11-05．

[3] 鲁迅全集(第1卷)[M]．北京：人民文学出版社，1981．

[4] 叶永烈．钱学森[M]．上海：上海交通大学出版社，2010．

[5] 张纯如．钱学森传[M]．北京：中信出版社，2011．

[6] 涂元季，莹莹．钱学森故事[M]．北京：解放军出版社，2011．

[7] 中国共产主义青年团中央团校．马克思、恩格斯、列宁、斯大林论青年[M]．北京：中国青年出版社，1980．

[8] 鲁迅全集(第5卷)[M]．北京：人民文学出版社，1991．

[9] 文洋．钱学森在美国：1935—1955[M]．北京：人民出版社，1984．

[10] 郑哲敏．钱学森手稿[M]．太原：山西教育出版社，2000．

[11] 王文华．钱学森学术思想[M]．成都：四川科学技术出版社，2007．

[12] 杨建邺．物理学之美[M]．北京：北京大学出版社，2019．

[13] 爱因斯坦文集(第1卷)[M]．许良英，李宝恒，赵中立，等译．北京：商务印书馆，1977．

别具一格的科学大师

——高伯龙院士学养分析

朱亚宗

摘　要：针对中国原始创新人才培养、管理方面的战略需求，从科学志趣、创新风格、跨界才情等方面，试述中国激光陀螺之父高伯龙个性鲜明的大师风范，以期对中国高端创新人才的培养和管理提供启示。

关键词：高伯龙；科学大师；科技素养；科学志趣；创新风格

1997年，中国激光陀螺之父高伯龙当选为中国工程院院士。其后不久高伯龙清华大学的同班好友何祚庥院士到国防科技大学演讲，报告会后，我有幸陪同高伯龙院士与何祚庥院士共进晚餐。席间何院士对当年清华物理系的两大尖子高伯龙与周光召的才华赞赏不已，并对高伯龙说：我和周光召都认为，以你的才华若在北京工作，早就应该当选为院士了，何待等到1997年。何院士的感叹和惋惜不无缘由，周光召早在1980年遴选学部委员（院士）。虽然高伯龙院士虚怀若谷，谦让有加，却使我产生深入了解高伯龙院士的好奇心。令人惊奇的是，这位常常身着旧军装，在校园里踽踽独行，被许多人认为脾气古怪的老人，在近乎刻板的平静外表之下，潜藏着炽热的赤子之心、坚定纯正的科学精神和令人惊绝的深湛科技学养。深入研究并揭示高伯龙院士科技学养的形成与特点，不仅能为中国科技史留存一份珍贵的史料，而且对中国当前高水平科技创新人才的培养有重要的启示作用。

2020年1月15日，我国公布了《教育部关于在部分高校开展基础学科招生改革试点工作的意见》，也即已引发各方关注的“强基计划”。这一计划的公布，表明中国高校的人才培养进一步分类细化，将金字塔尖的基础学科拔尖人才的培养列入高校人才培养的重点，是中国为突破科技原始创新瓶颈所作出的人才培养重大战略决策。中国科技由大向强的发展过程中，已在宏观组织、人才总量、科研经费、社会需求、专利申请、重大工程等方面取得重大进展并位列国际先进水平，然而在高端芯片与软件、智能科技、新材料、先进制造、生物医药、国家安全等关键领域的原创性成果明显不足，其深层原因即是原创性拔尖人才不足，全球最有创新能力的顶尖人才稀缺。

清华大学—中国工程院知识智能联合研究中心和清华大学人工智能研究院最近联合发布了2020年人工智能全球2000位最具影响力学者榜单，“该榜单跟踪了全球25万多名学者2009年—2019年人工智能领域论文的发表情况……其中各领域排名前10的学者获颁AI2000最具影响力提名奖。榜单显示，在学者数量方面，美国占有绝对优势，1128人上榜，占比61.4％……中国虽然在学者规模上位列第二，但与美国差距很大，只有171人，占比9.3％。与此同时，我国高水平学者集中的研究机构也很匮乏，这表明我国人工智能领域的人才队伍亟待加强”[1]。而在更具普遍性和引领性价值的诺贝尔自然科学奖方

作者简介：朱亚宗（1944—），男，江苏无锡人，国防科技大学文理学院教授，博士生导师，主要从事科技史和科技哲学研究。

面，也表现出中国高端顶尖人才的匮乏，迄今仅有屠呦呦一人荣获诺贝尔生理学或医学奖。各国获奖绝对人数美国第一，英国则在人均获奖数上占优，而日本近年的崛起令世界瞩目。日本在 20 世纪 80 年代从技术立国逐步转向科技立国，于 21 世纪初提出未来 50 年获 50 个诺贝尔奖的战略目标，截至 2019 年，日本已获得 19 个诺贝尔奖，平均每年一个。

上述情况表明，在顶尖人才与国家科技原创能力方面，中国的短板还十分明显，扭转这一局面，是一个复杂的系统工程。其中，高校按拔尖人才培养规律选拔施教无疑是一个关键环节，而在大学时代就出类拔萃、在逆境中锲而不舍又能面对国家重大战略需求攻坚克难的高伯龙院士，其非凡的、深厚的科技学养对深入理解科学大师的魅力与智慧有重要的启迪，对于正在推行的选拔培养拔尖人才的“强基计划”的落实，也可助一臂之力。

一、 高远坚定的科学志趣

成就任何一项事业，都必须有相应的才智和持久的动力。人才成长的一个普遍规律是先蓄积强大的动力，再训练良好的才智，有机遇再登上优越的平台一展风采。爱因斯坦的伟大和难以企及，不在于前两步，而在于驰骋于自己书房里和思想中独创的无形平台，一举创造相对论。但是爱因斯坦成才之路上的前两步还是启人心智、可以学习效仿的，这里仅说他早年如何确立强烈的科学志趣与情怀。1896 年，17 岁的爱因斯坦在高中即将毕业时写了一篇文章《我的未来计划》，在文中理性而强烈地表达了以科学为职业的远大志向：“一个严肃认真的青年，对于自己渴望实现的目标要有一个明确又能做得到的想法……我个人的性情喜爱抽象的和数学的思维……人总是爱做那些自己所擅长的事情。何况科学职业还有一定的独立性，那正是我非常喜爱的。”[2]这自然是早年读书、思考与实践的结果。在此之前，爱因斯坦经历了两次震撼心灵的观察实践：“当我还是一个四五岁的小孩，在父亲给我看一个罗盘的时候，就经历过这种惊奇，这只指南针以如此确定的方式行动……这种经验给了我一个深刻而持久的印象。我想一定有什么东西深深地隐藏在事情后面……在 12 岁时，我经历了另一种性质完全不同的惊奇……当我得到一本关于欧几里得平面几何的小书时所经历的。这本书里有许多断言……这种明晰性和可靠性给我造成了一种难以形容的印象。”[3]其次是科普阅读“令人神往”的吸引力：“在 12～16 岁的时候……我幸运地接触到一些书，它们在逻辑严密性方面并不太严格，但是能够简单明了地突出基本思想……这个学习确实是令人神往的；它给我印象之深并不亚于初等几何，好几次达到了顶点……我还幸运地从一部卓越的通俗读物中知道了整个自然科学领域里的主要成果和方法。这部著作(伯恩斯坦的《自然科学通俗读本》是一部五、六卷的著作)几乎完全局限于定性的叙述，这是一部我聚精会神地阅读了的著作。当我 17 岁那年作为学数学和物理学的学生进入苏黎世工业大学时，我已经学过一些理论物理学了。”[3]爱因斯坦在中学毕业确立科学兴趣时虽然只有 17 岁，这个远大而切实的兴趣却是建立在观察实践、认真读书、深入思考及自我评估基础上的，它不似今日不少中学生和大学生肤浅无底蕴的兴趣，一遇困难与其他诱惑就放弃或转向。爱因斯坦进入大学后又进一步强化了自己的科学志趣：“在那里，我有几位卓越的老师(比如胡尔维兹、明可夫斯基)……我大部分时间是在物理实验室里工作，迷恋于同经验直接接触。其余时间，则主要用于在家里阅读基尔霍夫、亥姆霍兹、赫兹等人的著作……在这个领域里，我不久就学会了识别出那种能导致深邃知识的东西，而把其他许多东西撇开不管，把许多充塞脑袋、并使它偏离主要目标的东西撇开不管。”[3]爱因斯坦在中学毕业时确立的并经大学强化的科学志趣，经历了大学应试教学、大学毕业即失业、早期工作岗位远离科学界、德国法西斯迫害、国际科学界的明星式追捧以及晚年美国科学界的冷落等多重考验，数十年间始终不渝，彻底的科学探索精神至死不变，终成人类科技史和引领未来科技探索的光辉巨星。

科学志趣可以完全寄托于纯粹基础科学，如爱因斯坦早期和中年，也可以寄托于国家战略和民生福祉。科技界绝大多数优秀人才，不是纯粹科学家，而是应用基础科学家、技术科学家、工程技术专家等，他们早年求学成长时期或许有深厚的纯粹科学志趣，但是最终致力的研发工作服务于国家需求或民生福祉。这些早年的科学志趣转入应用性科学志趣的时间有早有迟。

袁隆平学农志向的确立源于小学时代参观一个园艺场的经历和思考。在中学毕业选择志愿时，袁隆平对农学已情有独钟，这不仅违反流行观念，而且与父母意见相左，“他父亲觉得学理工、学医学前途会很好，但他想学农，最终把学农作为了自己报考大学的‘第一志愿’。对此，他说出了一个……原因……在汉口扶轮小学上一年级时去参观一个资本家的园艺场，给他留下了太美好的印象……‘随着年龄的增长，愿望更加强烈，学农变成了我的人生志向。母亲也不赞成我学农，她说学农很辛苦，那是要吃苦的，还说要当农民，等等。我说我已经填报过了，还说她是城里人，不太懂农家乐，有美好的地方她没看到。我说我以后办了园艺场，种果树、种花卉，那也有田园乐！我还跟她争辩农业的重要性，说吃饭是第一件大事，没有农民种田，就不能生存……学农还有个好处，它的数学少，只要搞方差分析，说是统计方面的一点数学，其他没有。那时没有计算器，都用笔算或是算盘打，讨厌死了，都是些数字’”[4]。袁隆平之所以成为大师，从中学毕业时的志愿选择和农艺志趣，已可看出大半，兼顾社会需求、个人兴趣与扬长避短的志向与智慧，在今天的中学和大学毕业生中有几个能如此独具匠心而完美无缺？

同爱因斯坦与袁隆平一样，高伯龙科学志趣的确立也很早。1928 年，高伯龙出生于一个书香门第，父母均受过高等教育。父亲高元勋是高氏一族出类拔萃的人物，毕业于上海交通大学，曾任广西省立工程专门学校校长，有一定的数理特长，学校开设微积分课程无人可胜任，由高父兼任。高伯龙的小学时代，因战争随父转辗各地，由于一些学校教学水平不高，曾有一段在家自学的经历。高父以自己特长的数学指导高伯龙学习，严格的训练使高伯龙大有长进，对算术的知识和兴趣与日俱增。高父还买来两套丛书：《万有文库》（简编）和《小学生文库》，高伯龙对文库中的《三国演义》《水浒传》《西游记》等古典名著非常喜欢，许多故事情节数十年不忘，并常常在大学课堂上灵活运用。对少年高伯龙影响更深的是文库中的人物传记，尤其是爱迪生、富兰克林等科学家传记，“看科学家的传记，除了使高伯龙萌发当科学家的理想外，最直接的影响是激发起高伯龙做科学实验的浓厚兴趣。当时高伯龙一家住在梧州乡下，没有什么实验条件，但小动物还是容易得到，于是高伯龙就常做生物学实验。他买来一群鸽子，养着做实验。做这些实验也成了他乐此不疲的玩耍内容之一。他回忆说，书里讲的一些生物实验，他几乎都做过。因此那段时期他曾一度很想将来当生物学家”[5]。早年的广泛阅读与动手实验，已预示着中国将会产生一位兼具理论与实验能力，有理实交融创新风格的科学家。

“少年起微童子功”是极其宝贵的人生资源，虽说勤能补拙，但童子功再加上勤奋，常可决定一个人未来发展的高度。优良家教、大量阅读和动手实验，使少年高伯龙比一般少年更早、更强烈地形成科学的志趣。高伯龙在晚年回忆说：“从小深受父亲和大量科普读物与人物传记的影响，希望将来能成为数学家、科学家。”[6]以这样的知识基础和精神世界，高伯龙先后顺利考上两所名牌中学——广西的汉民中学与上海的上海中学。两所中学都实行高质量的超前教学，数、理、化教学采用英文原版教材，毕业生不仅数理化水平高，而且要过“语文关”和“英语关”。确立科学的志趣不容易，坚持科学的志趣，尤其是锲而不舍、终生不渝更为艰难。高伯龙在高中毕业填报大学志愿时就遇到了第一个挑战。高母“希望高伯龙学习政治，中学毕业后报考中央政治大学，将来从政。而高伯龙早就立下当科学家的志向。母亲的这个想法使高伯龙十分苦恼，甚至反感，并以父亲也不劝他学政治及政治腐败等理由与母亲争辩……后来母亲见高伯龙执意于自己的想法，也只好做出让步，不再坚持”[5]。

1947 年，高伯龙以高中二年级学历提前参加高考，在数理学科方面出类拔萃的高伯龙被清华大学物理系录取。在清华物理系求学期间，高伯龙再次脱颖而出，与后来的“两弹一星”元勋周光召成为年级的两大尖子。由于 40 年代末到 50 年代初中国处于历史大转折时期，社会、政治以及大学无不经历翻天覆地的变革。一方面，革命工作急需大量有文化的应用型人才，另一方面，未来建设又必须有一支埋头奋斗、潜心一志、学养深湛、为国奉献的高级知识分子队伍。个人如何选择？毛泽东给留学苏联的毛岸英的信，思路开阔，不拘一时，启迪人心：“唯有一事向你们建议，趁着年纪尚轻，多向自然科学学习，少谈些政治。政治是要谈的，但目前以潜心多习自然科学为宜，社会科学辅之。将来可倒置过来，以社会科学为主，自然科学为辅。总之注意科学，只有科学是真学问，将来用处无穷。”[7]当时革命的浪潮荡涤着每一个人的心灵，也考验着清华学子的智慧，“在这热火朝天的革命大潮中，总体上说，物理系学生的业务学习成绩是很好的，但也有一部分同学坐不住了，他们不安心学物理，热切地想提早出去参加革命工作，参军、南下、参加北京市的管理工作，或者转学更热门的工科专业……当时还有不少同学转到工学院的电机、机械、土木、建筑、航空等系，这在清华物理系历史上从没有过的”[8]。面临这样的形势和环境，已经树立远大科学志向的年轻学子高伯龙审时度势，“放尽樽前千里目，洗空衣上十年尘”，在内心与实际行动支持革命变革的同时，毅然走扬长避短、学业为重、专心念书的发展路径，并于1951年以优异成绩毕业于清华大学物理系，成为物理系两名学业优秀毕业生之一[9]。高伯龙赢得了这场人生的大考，着眼祖国未来建设，进一步坚定了献身科学的志向，坚实地奠定了未来长远发展的学养基础。可以说，高伯龙的选择与前辈钱学森于全面抗战在即的1935年赴美深造有异曲同工之妙，蓄之愈深，发之愈烈，钱学森和高伯龙都成为未来中国科技突破不可替代的领军人物。

有科学志趣，想献身科学的青年才俊，若没有爱因斯坦那样翻出如来掌心而自创平台的本领，就不得不加入已有的科学平台，成为团队的一分子，在学科带头人的领导下，在科学研究的实践中磨炼成长。无论是从清华大学物理系的训练出发，还是从自己的长处出发，高伯龙觉得适合自己的发展方向是成为一名理论物理学家。但是事与愿违，高伯龙未被分配到理想的中国科学院近代物理研究所，而是进入了中国科学院应用物理研究所。现代物理学有一个庞大的学科专业体系，分工极为复杂精细，喜欢理论物理的高伯龙要转向应用物理谈何容易，加上个性与其他方面的因素，高伯龙仅在应用物理所工作3年，虽然所里公认高伯龙数理基础比一般大学生要好，但3年的工作成绩平平。1954年，高伯龙又被调到哈尔滨军事工程学院从事教学工作，8年以后的1962年，34岁的高伯龙晋升为副教授，晋升材料写道：“该同志学术水平较为突出，1951年毕业后，对理论物理刻苦钻研，来院后仍不间断，除担任教学任务外，每周仍用约50小时进行进修自学，所以理论基础较强。从1956年起担任教研室的教师进修指导工作，除教研室全体教师……都听他的进修课外，哈工大有些教师也前来听他的课……一贯坚持努力钻研业务，刻苦用功，阅读过的书籍和科学期刊较多，理论物理的基本知识掌握得相当扎实，知识面也较广……来院后因本人精力主要用于教学及个人业务进修上，未搞过什么成型的科研工作。”[5]。虽然身在工科院校的教学岗位，高伯龙仍然大量阅读科学期刊和书籍，并以惊人的每周50小时（每天7小时）自学进修业务，这表明高伯龙的科学情怀与志趣始终未变，以超常的勤奋坚定不移地向理论物理学前沿进军。1956年，高伯龙还曾成功考取中国科学院的研究生，但被哈军工领导婉言留下。在此期间及以后相当长的一段时间里，高伯龙未能进入充分发挥自己专长与才华的科技平台，科学的雄心壮志也消磨了不少，但是深入骨髓的科学志趣仍然支撑着高伯龙，高伯龙仍在期待着。高伯龙后来回忆说：“理论物理知识是在大学里形成的，毕业以后很多人劝我改一改研究方向，但我没有改，可以说在痛苦中坚持了20年。”[5]高伯龙那段时期承受的巨大精神压力是令人难以想象的，然而高伯龙心有所寄，潜心一志地钻研，“壮心未许全消尽”，不折不休地继续前进。十多年后，终于放射出耀眼的科学创新光芒。历史将永远记住这一代从苦寒中奋斗出来的中国脊梁。

高伯龙锲而不舍的高远科学志趣，不仅体现在早期的苦苦坚守，而且体现在中年出山后科研攻关受挫时的执着和勇气。1993年，高伯龙带领团队和激光陀螺工程样机到北京航天部接受专家鉴定。结果是陀螺在空间翻滚时出现热弛豫效应，“863”专家组成员大怒：“什么中国特色！原来犯了原理错误，浪费了许多钱，就此画上句号吧！”不想近20年的辛勤攻关得到这样一个评价。团队有的成员还在测试时就与航天部专家发生争执，但高伯龙冷静地对专家组说：“不是这回事，而是因为镀膜没有完全过关，接受了一位同志的建议，采用准内腔结构以减小镀膜困难。当时我非常犹豫，早有可能发生事故的心理准备……这不是原理有问题，是我们犯了原理服从工艺的严重错误，请再给我们一点时间进行镀膜攻关，能够把准内膜变成全内腔，就没有此效应了。”[5]专家组最后表态：立下军令状，顶多一年一定要干出来。高伯龙当场向专家组立下一年攻关成功的军令状。回到长沙，团队内部仍有人主张绕开难题，用“变通”办法求解，其实这是一条退回到准内腔结构，企图走捷径的老路。在这背水一战的关键时刻，深知问题关键，学风严谨坚韧的高伯龙说服大家严格按科学原理和技术原理要求的结构继续攻关。经一年锲而不舍的奋斗，1994年11月，全内腔四频差动激光陀螺工程样机终于研制成功，并受到以王大珩院士为主任委员的“863”专家鉴定委员会的高度评价。

从少年时代起，高伯龙的科学志趣始终不渝。成年后，科学的追求更成为血肉的一部分，科学的探索已是一种生活方式，并以强烈的社会责任感传播先进的科技理念。2012 年，高伯龙以 84 岁高龄之躯撰写 5000 字长文《对中国科技发展的思考和建议》，发表于《中国科学报》；同时又继续年轻时开始的科学之梦——广义相对论研究，直至健康状况恶化前的 2013 年。可以说，高伯龙将自己壮丽的一生献给了科学，献给了国防科技。

二、 理实交融的创新风格

近现代精密自然科学逐渐发展成一个科学、技术、工程、产品一体化的复杂体系，与此相应，科学技术人才队伍也包含基础科学家、技术科学家、工程技术专家、工程师、工匠等各种人才。现代科学技术创新项目也常常是一个复杂的系统工程，许多高、精、尖项目必须从科学原理论证或探索开始，再经技术原理、技术途径、工程设计到工艺流程等多个创新环节，这对创新团队来说有重大的压力，尤其对团队领军人物的品格和才智更是严峻的考验。人类科技史上，有极少数耀眼的巨星，集科学家、技术专家、工程师，乃至工匠、企业家、管理家于一身，为人类科技创新及其应用作出了不可磨灭的贡献。牛顿不仅在理论上创立了微积分、牛顿力学，而且发明了反射式望远镜。费米是现代量子力学理论的创新高手，也是核反应堆技术和曼哈顿工程创新的核心科学家之一。中国的袁隆平也从水稻杂交基础理论、技术路径的探索到稻田农艺操作无所不能，既能在《科学通报》发表高水平成果，也能在农田发现罕见的天然杂交水稻植枝。王选是决策跨越光机照排与阴极射线照排两代西方印刷技术，并直接研发汉字激光照排技术的战略科学家，也是破解信息量巨大的汉字信号压缩关键问题的科学家，又是开发汉字激光照排系统的工程技术专家。袁隆平和王选还是各自研发的创新产品市场化的企业家。中国现代物理学家中，理论创新与实验发现都做到极致的科学大师当推两弹元勋王淦昌，一方面首创中微子间接测量方法而与诺贝尔奖擦肩而过，另一方面在高能物理实验中发展反西格玛粒子而蜚声国际物理学界。但是科技发展史上，许多重大问题因为缺乏集合科学与技术才能的杰出科学家而长期搁置，如流体力学湍流这一世纪难题，直到出现费根鲍姆这位复合型人才，通过综合运用物理学理论、数学与计算机方法，才使难题取得突破性进展。而中国氢弹研发的快速顺利进展，则主要是兼具理论物理、实验物理、计算物理才能的于敏的重大贡献。

相比于上述中外杰出的复合型科学大师，高伯龙的成长经历更为曲折，学术训练更为艰苦。但是锲而不舍的高伯龙，早期蛰伏 20 年磨一剑，成为理论物理学家；中年出山后 20 年又磨一剑，成为工艺技术专家。高伯龙双剑并舞，独步神州激光领域，并令世界瞩目。

高伯龙自幼对数理学科有独特的敏感性，虽然生逢抗日战争时代，中学教育受中断、转学等影响，数理化成绩仍然非常优秀，在汉民中学时就已出类拔萃，转到上海中学后，在 48 届理科班中，“数学比赛高伯龙同学荣获第一”[5]。在清华大学读书时，物理系名师如云，其中叶企孙、钱三强、周培源、王竹溪、彭桓武、葛庭燧等皆为国际物理学界著名学者，各有名垂史册的独特贡献。清华物理系的教学思想非常先进而务实，“在教课方面本系只授学生以基本知识，使能于毕业后，或从事于研究，或从事于应用，或从事于中等教育，各得门径，以求上进。科目之分配，则理论与实验并重，重质而不重量。每班专修物理学者，其人数务求限制之，使不超过约十四人”，“在老清华物理系，课堂教育时间不多，课余时间就可以主动地自学，看大量参考书，选修其他课程，这是清华物理系的好传统，既符合通才教育又符合因材施教的原则。程度不同、天分不同的学生，在自学上各尽其能、各取所需，都有自由发挥的条件，而且名师在指导自学时得以发挥作用。这种宽松的学习环境对学生的成长极为有利。清华物理系一批尖子学生都兴趣广泛，涉足多个领域，成为许多高新技术领域的开拓者”[8]。在高伯龙之前，清华物理系已有王淦昌、彭桓武、赵九章、钱三强、钱伟长、杨振宁等蜚声国际物理学界的优异毕业生。高伯龙就读清华物理系时，以聪明善思与刻苦勤奋著称，据同班同学杨士莪回忆，“当时对学生学习时间做了一个统计，一天学习多少时间。高伯龙登记的结果是每周学习 70 个小时，也就是每天大约有 10 个小时用于学习”“那时候我们的学习有相当一部分时间是泡图书馆，阅读研习专业经典著作和重要的参考书，做书后附录的习题。高伯龙就是这样，他学得十分认真。比如高等数学我们学了两年，包括微积分、微分方程，但高伯龙觉得学得不够，又去自学了一本国外的很权威的线性分析，而且把这本书后面的习题都做了一遍。国外的那些专业书的习题，与国内的书不一样，不是简单地套用公式就能做出来的。这些自学的经历强化了他的数学、物理知识的训练，进一步加深了理解，所以他的数学、物理课程的成绩非常优秀”[5]。1951 年清华大学毕业时，高伯龙以优异的成绩成为物理系两个优秀毕业生之一(另一位是后来的“两弹”元勋、理论物理学家周光召)。

高伯龙一方面是清华大学第一流的本科毕业生，另一方面由于当时研究生培养制度尚未完全建立，不招收博士研究生，硕士研究生只是凤毛麟角。高伯龙虽想继续深造，但没有机会，这与王淦昌、彭桓武、杨振宁等优秀前辈的专业路径大不相同，也与改革开放后的许多年青才俊不同。为完善自己的专业训练，弥补本科基本知识与科学前沿之间的差距，高伯龙在承担繁重的教学任务之外付出了超常的努力独自钻研物理学理论，把自己训练成为有实而无名的理论物理学家，不仅出色地完成了自己的物理教学任务，而且还帮助许多教师提升了业务水平。但是没有相应平台支持的高伯龙在 20 多年间仅仅发表了物理哲学方面的一篇论文——《与钱学森先生商榷质能关系式的含义》(《自然辩证法通讯》，1958 年，第 2 期)。虽然是物理学哲学论文，却是成功挑战名家的高质量学术论文，高伯龙理论物理学造诣无疑已臻于一流。可惜在当时的社会大环境和流行观念影响下，不仅高伯龙个人没有沿此路径发展的条件，连高等学府也未能赏识这样一位难得的品学兼优的奇才。

“时人不识凌云木，直待凌云始道高。”机会常常垂青有准备的头脑，人才也总会在抓住机会后辉光四溢。1974 年 8 月，学校因一个重要科研项目——激光多普勒测速器研发进展不顺利，终于起用高伯龙。擅长从科学原理与技术原理入手的高伯龙不负众望，以《激光 Doppler 测速器一般介绍》等四篇论文从理论上指导研制工作，使项目摆脱困境而迅速进展。1975 年 7 月，高伯龙又受命参与湖南湘潭纺织印染厂的光电整纬机技术革新，写出《光电整纬理论分析》《行走布纹法的数学分析》等论文，攻关小组依此科学原理与设计路径，仅用三个月就制出了样机。

从此人们对高伯龙刮目相看，被调到学校激光陀螺重大项目研发团队。1975 年 11 月，全国激光陀螺学术交流会在长沙召开，近百名专家为破解中国激光陀螺研制难题而发愁。高伯龙被邀到会做报告，他一针见血地指出，激光陀螺的原理业界皆知，主要矛盾是国内的技术工艺水平相距甚远：“我国国内工艺水平特别是光学薄膜的水平与美国相差甚大，连美国都感到困难重重，我国的研制工作有多大困难，可想而知，因此十年以内想突破激光陀螺的闭锁区域关是不可能的事，必须要有持久战的思想。当前应该从理论上想办法，同时要加强基础工艺研究。”[9]他在指出问题的同时，向与会代表推荐了既有坚实科学理论基础，又适合中国国情的技术路径——四频差动激光陀螺研制方案。高伯龙高屋建瓴的演讲得到了与会专家的高度认同。两个月后的 1976 年 1 月，全国激光陀螺第二次学术会议在北京召开，会期共 6 天，特邀高伯龙做了 4 天报告。他再次以严谨深刻的原理论述和切实的技术分析征服与会专家，大家一致要求高伯龙将讲稿公开出版，供进一步学习参考。1976 年 5 月，我国第一部系统论述激光陀螺的专著《环形激光讲义》，由中国计量科学研究院印发。由此奠定了高伯龙本人与国防科技大学团队在中国激光陀螺研制领域无可替代的领先地位。1978 年初，高伯龙担任国防科技大学激光陀螺联合攻关小组组长，全权指挥和调度整个研制工作。

激光陀螺的研发在这位基础科学与技术工艺兼通的大师的领导下稳步展开，难关逐个攻克，成果层出不穷。针对激光陀螺研发的关键性工艺——镀膜，必须先研制一种定量检测镀膜质量的仪器。当时国外流行光强测量法，但国内光电与运算元器件水平有限，高伯龙通过严谨的理论分析和具体计算，另辟蹊径，独创差动测量法，设计制造出“DF 透反仪”，并在《长沙工学院学报》发表《DF 透反仪》与《镀增透膜的一些原理性问题》两篇论文(1978 年，第 4 期)，从基本原理到测量方法全面论述和介绍 DF 透反仪。1980 年，DF 透反仪荣获湖南省重大科技成果一等奖。这一独具特色的自立科技创新成果，受到国内外专家的高度评价。1984 年 9 月，国际著名光学专家、美国光学薄膜学会副主席 J. A. Dobrowolski 来华讲学，把 DF 透反仪列为最主要的检测仪器，“认为测量方便，精度高……西方各国实验室中也是非常罕见的”[5]。DF 透反仪的成功研发，只是激光陀螺创新的一个序曲，但已充分显示了高伯龙集科学原理、技术设计与工艺技能于一身的非凡才华，在激光器与激光陀螺攻关中，这一交叉综合能力更令人惊赞不已。

1984 年 9～10 月，高伯龙访问美国时，美国原先按“四频差动激光陀螺”技术路径研发的三家公司已先后下马。这一消息带回国内后，许多人吹起一股凉风：高伯龙“扼杀了国内的二频单陀螺，犯了方向性错误”、“国外有的你们不干，国外干不成的你们反而干”[5]。基于自己对科学原理、技术原理与工艺设计的信心，高伯龙在给国防科工委主任丁衡高的信中坚定地说：“我们相信四频差动陀螺一定能上天，根据是我们比美国三家公司干得好，我们从一开始就没有犯三家公司在结构上的原理性错误，他们甚至到下马仍然未发现和纠正……但是，仍有一些好心的同志在为我们担忧，凉风仍不断吹。这一情况一直继续到今年(1987 年)5 月。”[5]这一插曲生动地说明高伯龙在中国激光陀螺的研究中走在最前列，并为这项国际上尚在摸索的创新研发指明了正确的方向和路径。他深厚的理论物理功力及其与工艺技术的交叉融合，不仅超越国内同行，而且具有国际先进水平。高伯龙理实交融的才华获得了清华大学、国防科技大学同行们的普遍赞赏，他的一位同事丁金星更是钦佩不已：“有一件事情让我印象深刻。高教授 1975 年来了之后，参加激光陀螺实验，马上就发现我们干了好几年都没有发现的一个问题，就是分不清等离子噪声和陀螺信号。搞电路的人测出来锁区一会儿大一会儿小，实际上是等离子噪声混淆了锁区信号……高教授做了一个星期实验，很多事情就搞清楚了。自从高教授来了激光教研室，好像一个分界线，我们这些跟着参加实验的人，水平一下子就提高了一步。”[5]

理实交融的创新风格威力无穷，而相应的复合型人才殊为难得。中国不乏杰出的理论物理学家，而费米、王淦昌式的理论与实验双一流物理学家则寥若晨星。在艰难曲折中成长起来的高伯龙，其理实交融的创新风格竟直追费米与王淦昌，是中国物理学界的奇迹和骄傲，同时也为复合型拔尖人才的培养树立一个极高的标杆。

三、 积厚流光的跨界才情

人类科学史上的杰出科学家，常常跨越专业散发独特的光芒。数学家罗素是三大基础数学流派之一的逻辑主义的重镇，又是名著《西方哲学史》的作者，还以高质量的文学创作荣获 1950 年的诺贝尔文学奖。爱因斯坦是头等光辉的物理学巨星，又是科学史与科学哲学大师，且是有敏锐政治意识和强烈社会责任感的反法西斯战士，还是小提琴高手。钱学森一生跨越自然科学 8 个专业，且在人文社会科学方面多有建树。华罗庚是数论和多复变函数大师，又通过推广统筹法与优选法大力提高中国的劳动生产率，且是培养提携青年才俊的教育家。2020 年国家最高科技奖得主曾庆存，是国际数值天气预报的奠基人，又是卫星红外遥测的先驱者，还是知名的院士诗人。高伯龙院士身在军营，任务繁忙，性格内向，不事张扬，然而积厚流光，深湛的学养和高尚的品格也会偶露峥嵘，跨越专业绽放异彩。

1. 深邃的科学哲学探索

爱因斯坦曾坦言：“常听人说，科学家是蹩脚的哲学家，这句话肯定不是没有道理的。”[3]哲学，尤其辩证唯物主义哲学，常为科学技术的探索和创新指明方向和提供思路，将科学家引向创新的突破口。科学史表明，中外杰出科学家多对科学哲学有浓厚的兴趣和深入的认识，甚至对纯粹哲学思想的推进做出独特的贡献。爱因斯坦通过相对论的创立推进了人类时空观和物质观，一批量子力学大师也对哲学认识论的发展作出了贡献，但同时也有许多科技工作者囿于狭隘的专业领域，拙于哲思，成为爱因斯坦所批评的蹩脚的哲学家。高伯龙院士对辩证唯物主义哲学有深湛的学养，且能学以致用，常在科学哲学领域发表独到见解。笔者也算是长期在科技哲学领域摸索的人，每次看到高伯龙院士采撷的科哲奇葩，仍会钦佩不已。

1958 年，中国科技哲学权威期刊《自然辩证法通讯》(第 2 期)一篇文章横空出世，题目是《与钱学森先生商榷质能关系式的含义》，是由高伯龙起草，皆为名不见经传的3位年轻人署名的文章。起因是钱学森先生在《力学学报》(1957年第4期)发表的论文《远程星际航行》中，跨界进入理论物理与科学哲学领域，发表了他对爱因斯坦质能关系式的看法：爱因斯坦的公式不但指出质量和能量是联系着的，而且它指出质量和能量是不可分割的，是一体；不是两件东西，是一件东西，是一个"质能量"。针对钱先生提出的新概念"质能量"及其关于质能关系的理解，高伯龙等人的文章指出：质量与能量是不同的两样东西，否则就谈不上转化，二者在遵守爱因斯坦转化关系式的同时，也分别遵守能量守恒与质量守恒定律。钱学森关于"质能量"的提法及其理解是错误的，而且在哲学上会给唯心论开方便之门。文章最后超越具体讨论提醒一个质朴的真理："钱先生引入'质能量'这一概念的企图……我们并不想抹杀。问题是这种进一步的探讨，应当以对 $E=mc^2$ 的正确的科学理解为基础，否则，如果连科学理解都错了，进一步的物理意义和哲学意义的探讨就会落空。"[10] 钱学森先生以科学精神大度地接受了年青学者的批评："我以前的见解会给唯心论开方便之门。所以我的'质能量'质的一面转化为'质能量'能的一面的说法是有错误的，不正确的。"[11] 这一学术讨论无疑为中国学界留下了一段富有启迪的佳话。

这篇与学术权威商榷并指谬的科学哲学论文，表明30岁的高伯龙不仅在理论物理专业领域有精深的造诣，而且还具有深邃的辩证唯物主义哲学思维能力。若有合适的高水平科学平台支持，高伯龙很可能在理论物理方面大有建树。如果联想到人已中年的维纳也从发表科学哲学论文《行为、目的和目的论》起步探索控制问题[12]，并在5年以后完成控制论的重大理论创新，高伯龙未来不可限量的学术前景已是初见端倪。

2008年，功成名就年届80的高伯龙仍然探索不止，又在《科学时报》(2008-12-05，第2版)发表一篇颇有影响的文章——《对宇宙起源的一点看法》，融物理学与哲学于一体，对宇宙学领域将大爆炸模型推广为宇宙起源理论的思潮，进行了深刻的分析，坚持了辩证唯物主义的认识论和科学观。

2. 真切的科教治理建言

一些人觉得高伯龙院士刚直严厉，不留情面，甚至脾气古怪。然而人有多面，深入接触过或仔细阅读过他文章的人只要胸怀大局，不难领会到他冷峻风格背后的另一面——强烈的社会责任感和炽热的赤子之心。这样的情怀加上深湛的学养一旦面向现实，便感发为非凡的真知灼见。

2008年6月18日，《科学时报》发表了高伯龙的一篇文章——《论文厚度未必就是"国际第一流"标志》，有针对性地谈出了关于科学评价的独到见解，并为博士论文愈写愈厚但水平没有相应提高而充满焦虑。该文指出，爱因斯坦提出质能关系式 $E=mc^2$ 的鸿文，只有3页，参考文献只有1篇；沃森与克里克宣告DNA重大发现的文章还不足1页。最后高伯龙提议：是否应该向他们学习呢？我们博士学位的论文能否压缩到50页左右呢？

2012年1月9日，已是耄耋老人的高伯龙又一次建言献策，在《中国科学报》发表了《对中国科技发展的思考和建议》一文。鉴于数十年科学研究的实践经验和对科技界现状的深切关心，高伯龙从哲学思维、学风建设、科学管理、原始创新到人才培养等方面对中国科技发展提出了一系列见解和建议。一些肺腑之言，今天读来仍觉切中肯綮："笔者长期从事工程科研工作，在实践中深深感到用辩证唯物主义指导的重要性……有了辩证唯物主义的理论指导、科学民主和百家争鸣的精神，还需要有正确的科技导向……各种形式主义和搞形象工程的导向都是错误的……我们现在的科技往往跟随外国，文章中引用的参考文献，首先看国外的参考文献占多少。一个科研方向往往中国人说了不算，必须有外国人说了才算。一个成果如果不是跟着外国人干的，往往被否定。如果我们一直跟随外国人，又怎么能出原始创新呢……当然，适当的学术交流，虚心学习国外先进知识和经验，是大有好处，且非常必要的，但必须以自己的工作为主，正确的科技导向对我国今后的科技发展将起到最为直接和极其重要的作用"。文章发表8年以来，陆续出台的关于科技导向的许多政策与举措，就基本精神而言，竟与高伯龙系列文章惊人的一致：中共中央办公厅、国务院办公厅《关于深化项目评审、人才评价、机构评估改革的意见》《关于进一步弘扬科学家精神加强作风和学风建设的意见》，教育部《关于开展清理"唯论文、唯帽子、唯职称、唯学历、唯奖项”专项行动的通知》，科技部《关于破除科技评价中“唯论文”不良导向的若干措施（试行）》等。高伯龙院士确实不只一面——还有高层次科技战略咨询高手的素养：从问题出发的敏锐性、分析问题的辩证性和建言献策的合理性，可以毫不夸张地说，高伯龙是兼具科技创新才华、战略咨询眼光与强烈社会责任感的科学大师。

3. 神奇的哮喘治疗办法

高伯龙院士虽然一直喜爱并坚持游泳、登山等活动，但因长时期超负荷学习和工作，从年青时代起就罹患哮喘病，医院对这样的慢性顽疾束手无策。为了工作，高伯龙只能靠服药控制病情，并根据自己的身体和病情调整用药，“开始是一片麻黄素、一片异丙嗪。后来发现我的血压很高，就把麻黄素停了，但异丙嗪一直吃。说来奇怪，工作没耽误，病也慢慢好了。后来才知道，这与服用的一种激素有关系，原来这种激素服用后是不能马上停的，要慢慢停，不然症状会反弹。我是逐渐停止服用的，逐渐减量，到 80 年代末才完全停下来，服用了十多年。后来异丙嗪也慢慢减掉了。前些年北京一家知名医院的专家知道了我的情况，对我说你吃了这么长时间，你治好了你的病，现在国际上治哮喘病的最新疗法就是这样，可惜你当时没有写成文章发表。你的创造比国外早了 20 年”[5]。高伯龙院士治好自己的积疾哮喘病，无意中领先医学界实行了一种创新疗法，看似无心插柳，但在偶然之中有必然，运气之后有人力。这是一个智慧的心灵不断试探调整和长期坚持的结果，也是一个纯真的学人所得的上天的眷顾。奇人奇迹，真可谓“此曲只应天上有，人间能得几回闻”。

★ 参考文献

［1］ 计红梅．人工智能全球 2000 位最具影响力学者榜单发布［N］．中国科学报，2020-01-16(3)．

［2］ 爱因斯坦全集（第 1 卷）［M］．赵中立，译．长沙：湖南科学技术出版社，2002．

［3］ 爱因斯坦文集（第 1 卷）［M］．许良英，李宝恒，赵中立，等译．北京：商务印书馆，1977．

［4］ 陈启文．袁隆平的世界［M］．长沙：湖南文艺出版社，2016．

［5］ 王晓军．至纯至强之光：高伯龙传［M］．北京：中国科学技术出版社，2017．

［6］ 高伯龙．中国工程院院士自述［M］．上海：上海教育出版社，1998．

［7］ 毛泽东书信选集［M］．北京：人民出版社，1984．

［8］ 朱邦芬．清华物理八十年［M］．北京：清华大学出版社，2006．

［9］ 吕超，王晓军．高伯龙传［M］．长沙：国防科技大学出版社，2018．

［10］ 岳宗五，胡昌国，高伯龙．与钱学森先生商榷质能关系式的含义［J］．自然辩证法通讯，1958，(2)：10．

［11］ 钱学森．答岳宗五、胡昌国、高伯龙三同志［J］．自然辩证法通讯，1958，(2)：10．

［12］ ROSENBLUECH A，WIENER N，BIGELOW J．Behaviour，Purpose and Teleology［M］．Cambridge：Cambridge University press，2022，18-24．

工程教育的认知误区与改进思考

——基于工程哲学的视角

卢锡雷

摘　要：工程化能力是国家竞争力的重要标志，工程教育承担着将工程认知、工程知识、工程经验及时准确传递给后来者的重大责任。本文系统考察了工程教育的内容、方式和效果后得到如下结论：工程认知缺乏完整性，高度和深度也存在不同程度的不足。这影响了诸多相关问题的深入思考和探索。本演讲在介绍工程认知需要完善的八个方面之后，针对改进方法和路径提出了反省式的粗浅建议，由此得到一些能够引起人们思索的结论。

关键词：工程化能力；工程教育；工程哲学

一、 引言

传统的工程教育，尤其是中国的工程教育，过分拘泥于专业的细节，学生的思维容易蜷缩在狭小的专业空间[1]。其实工程问题需要大工程观。基于此，本文从工程哲学的视角出发，对工程教育的认知误区与改进进行了思考。

二、 工程教育的八个认识误区

1. 认知缺损

1）主题性

主题性指工程的 24 大工程相关的内容主题，见图 1。

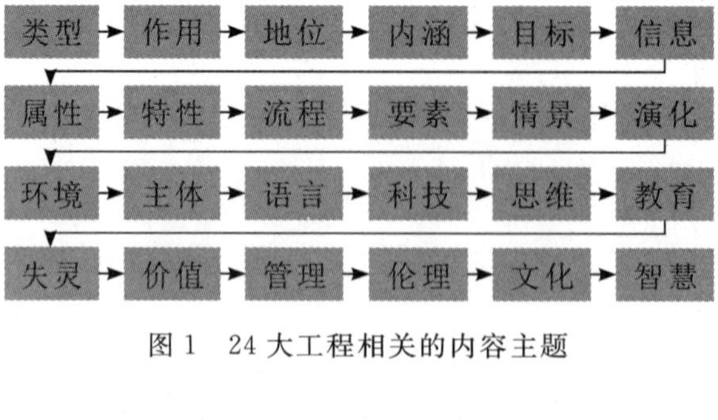

图 1　24 大工程相关的内容主题

作者简介：卢锡雷(1965—)，男，浙江东阳人。绍兴文理学院土木工程学院教授级高级工程师，硕士生导师，研究方向为流程管理、工程哲学、工程管理、企业管理。

根据 IEEE 学会在 2004 年推出的软件工程知识体系(SWEBOK)，将工程主题归纳为

$$工程知识体(EBOK) = \sum 能力 = 知识 + 技能 + 态度^{[2]}$$

知识：理论、原理和基本知识；技能：执行任务和运用知识的能力；态度：面对事实或情景时思考和感应的方式。[3]

2) 生态性

工程与生态向来是密不可分的，两者的关系可以描述为：工程的生态，生态的工程。工程生态性(见图 2)指工程的产业链、生态链、知识链、价值链。

3) 未来性

预见未来就是预见希望，而本质意义上，工程天生就是面向未来的。工程未来性(见图 3)可分为：工程未来需求、工程未来形式、工程未来模式、工程未来生态四个模块。通过这四个模块，我们可以分析工程对未来的影响。

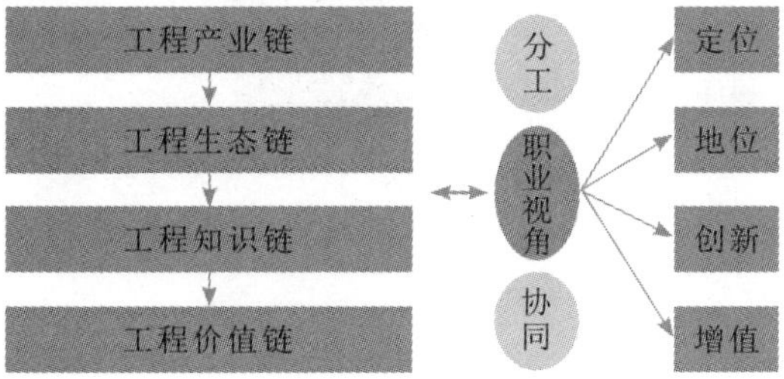

图 2　工程生态性

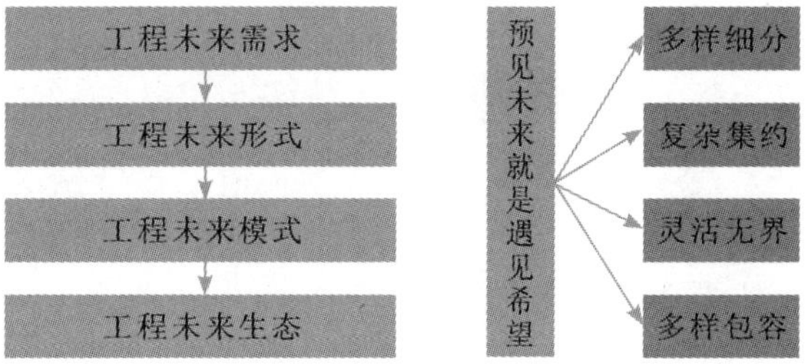

图 3　工程未来性

2. 认识肤浅

1) 工程在世界中的地位

中国科学院教授李伯聪指出：我造物故我在[4]。这表明世界无外乎由四大部分组成：自然界、人类、社会和工程(见图 4)。土木工程是工程的最重要部分(社会工程、机电工程、生物工程等是广义工程的内容)。

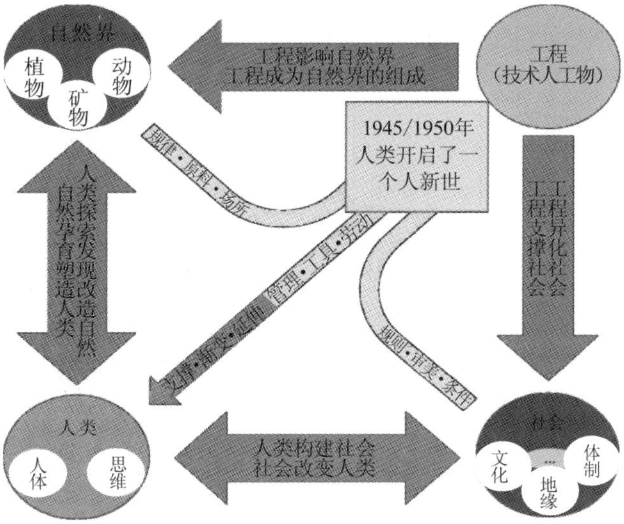

图 4　工程地位方形图

自然界对工程的输入包括规律、原料、场所。人类对工程的输入包括劳动、工具、管理。社会对工程的输入包括基础(或条件)、审美、规则(规则包括技术规范、政策法规和管理规范)。此外，技术人工物(这里特指工程)也是不可忽视的存在。

以工程为中心的四世界构成图如图 5 所示。这是一个高度概括的概念模型。可惜尚未为各界所熟知

和认识。

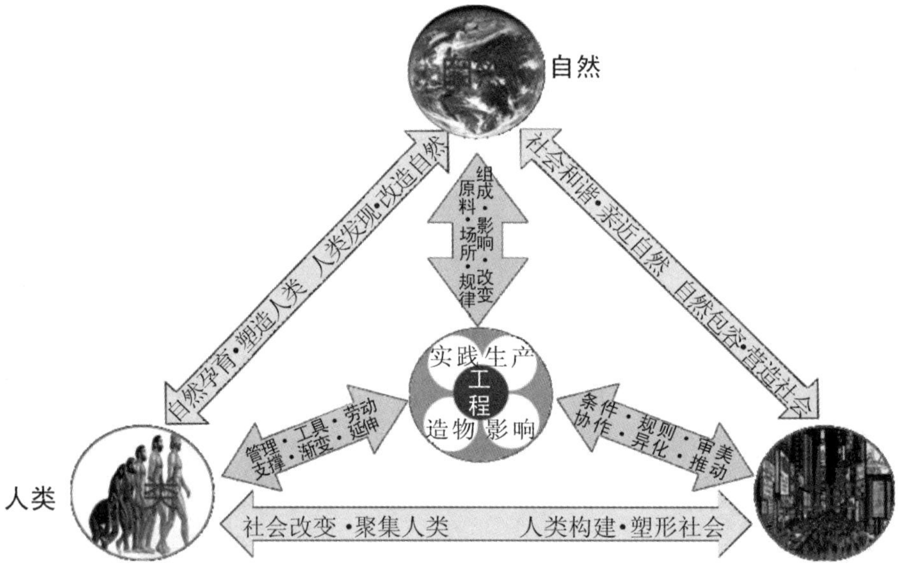

图 5　工程为中心的四世界构成图

2）工程融合一体的内涵

工程的本质包括实践活动、生产过程、造物结果和综合影响（见图 6）。实践活动中探索发现规律，生产过程中发挥工程管理作用，造物和用物是工程的追求目的，注意对自然、人类和社会的综合影响，是工程的内涵之一。深刻揭示工程内涵，对于融合科技与工程，理解工程与社会，工程与自然、人文的关系，至关重要。

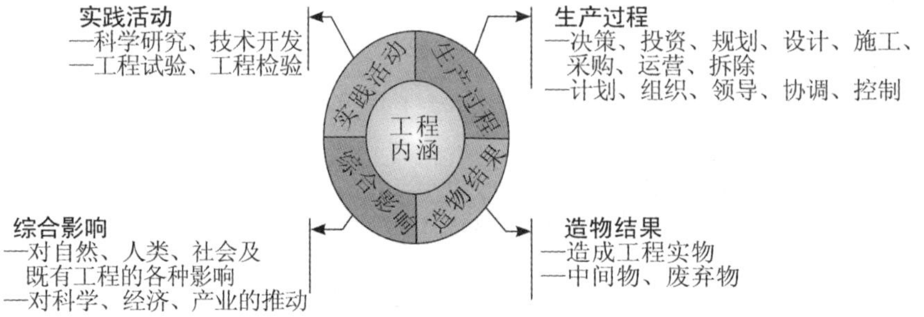

图 6　工程四内涵图

3）工程五作用四视角

从“工程”一词出现至今，我们可以将其关乎的内容概括为：衣食住行玩乐条件，吃喝拉撒作用对象，诗词歌赋曲舞内容。因此，它甚至是人类的生活方式，本文将其归纳为五个作用方面，详见图 7。

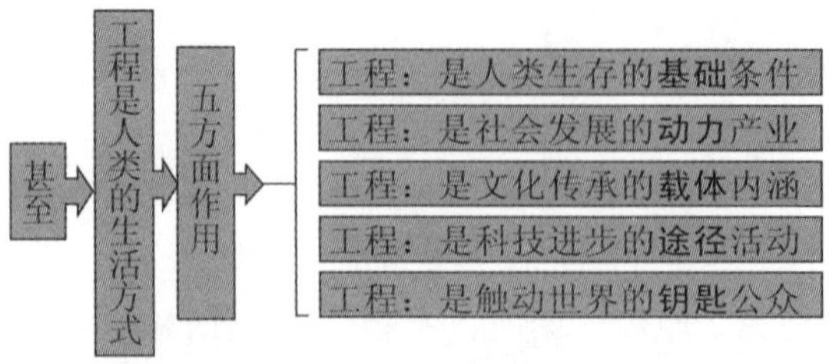

图 7　工程五方面作用

有了这么多的作用，工程的地位呼之欲出。对于工程地位，我们将其归纳为四个视角，详见图8。凡例不胜枚举。

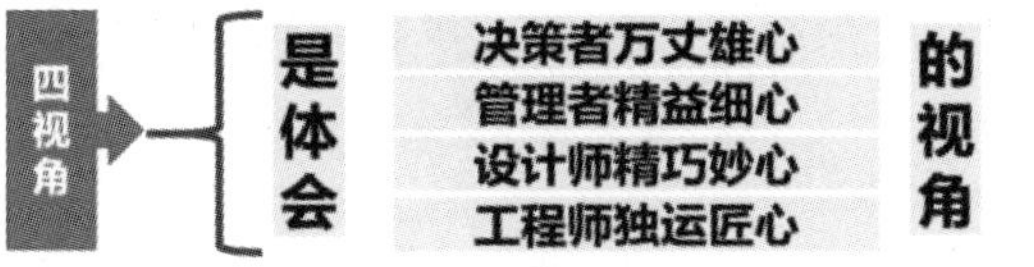

图8　工程四视角

4）工程九要素关联性

人类创造了工程，而工程将“人类”“自然”“社会”连接在了一起，可以说工程关乎一切。而发挥这些关联性作用的，便是图9所示的要素。

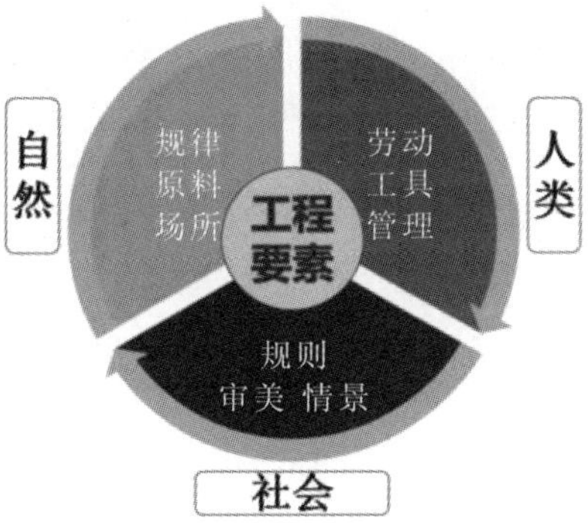

图9　工程九要素

5）工程目标之道与术

“工程”自诞生以来，有其一直在追求的目标。目标因施造者而异，可能是为了居住，可能是为了娱乐，但不论如何变化，总归逃不过人、自然、社会。因此，工程目标之道与术的归纳便不难理解，详见图10。

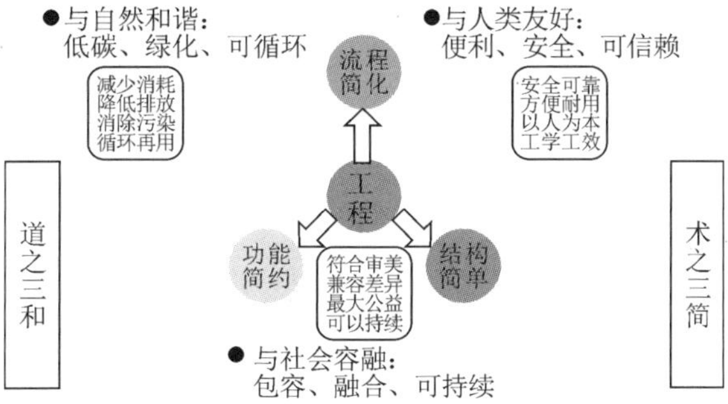

图10　工程目标之道与术

6）工程四情景

工程的三属性为：功能、结构和流程，四情景为：科研、设计、建造和使用，见图11。

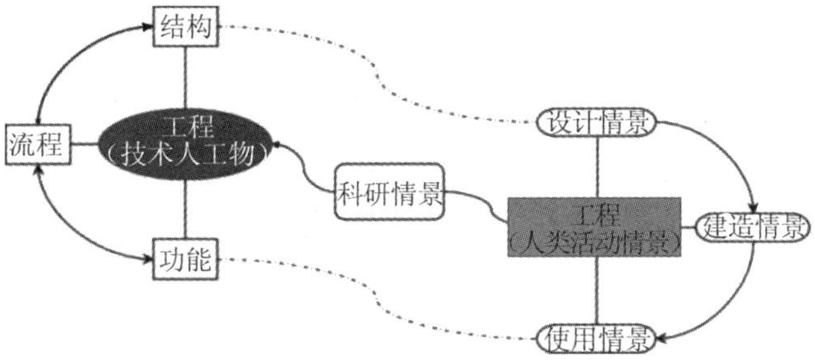

图11　工程三属性、四情景图

3. 链路短缺

崔京浩认为，就是在科技高度发达的今天，我们也很难找出一个与土木工程毫无关系的行业。[5]

因为“关门”办学，所以需要产教融合；如果开门办学，产教自然融合一体。图 12 为中国建筑业生态圈，由外向内详细划分了七大环境、30 个生态、18 种企业、25 类项目、12 个过程、八大主体、12 种产品、N 个资(质)格。

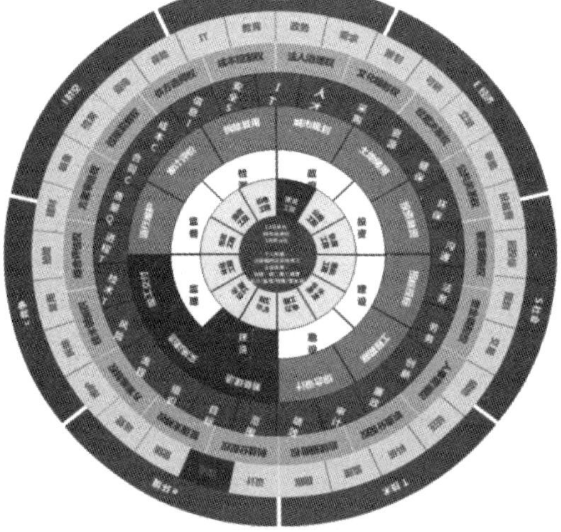

图 12　中国建筑生态圈

从知识价值维度认清其链路，有助于工程知识的价值高效提升。知识价值链如图 13 所示。

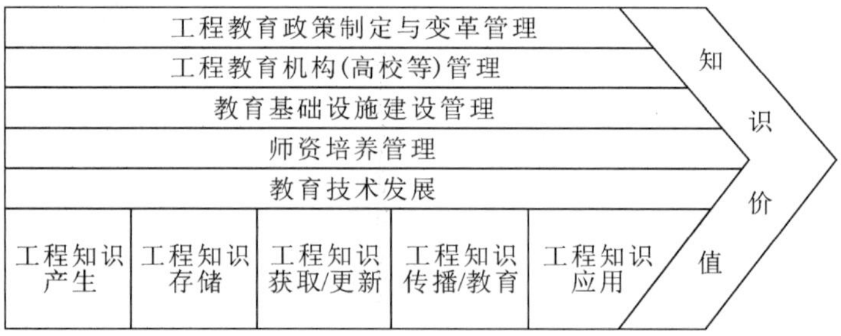

图 13　知识价值链

工程教育，成为工程知识传播的主要渠道，需要充分融合和解构其培养人才服务的对象——企业的需求，建筑企业价值链具有一定的独特性。图 14 为基于波特改进后的模型。

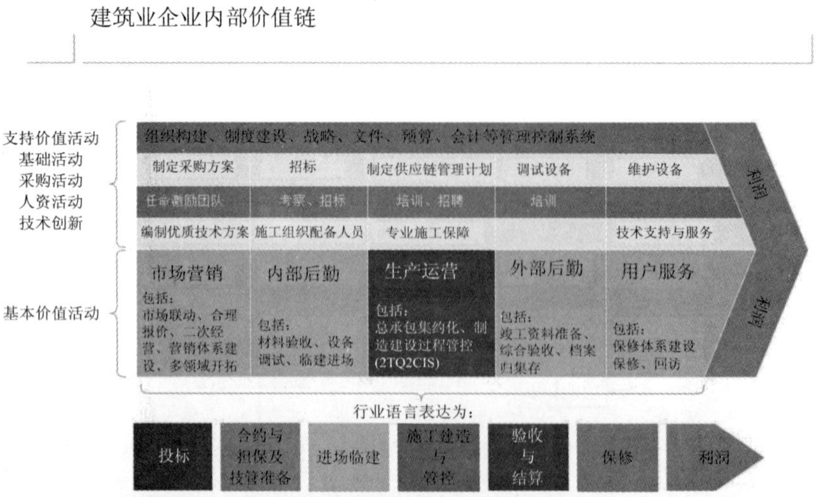

图 14　建筑企业内部价值链

工程知识，已经形成了浩如烟海的独立知识体系。工程能力对接工程知识体，需要在综合性和复合性上下功夫。工程知识体与能力关系图如图 15 所示。

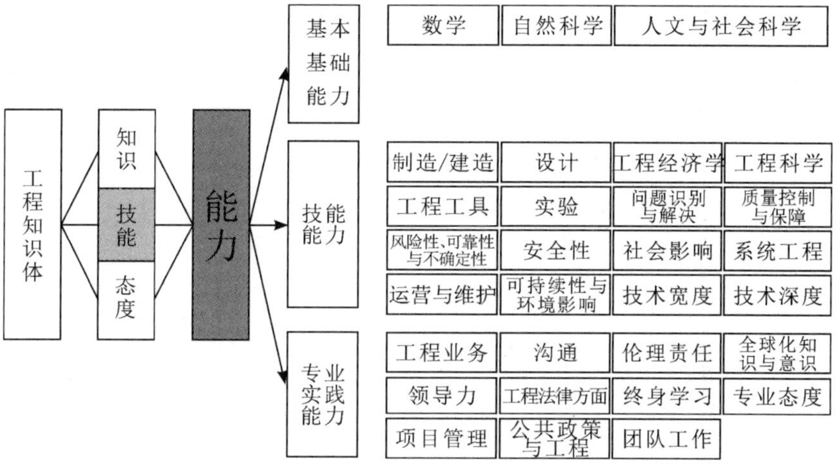

图 15　工程知识体与工程能力构成图

4. 远离景况

长期的围墙政策导致我们离实景实况越来越远。学生们只能通过枯燥的课本与二维的图像来理解晦涩的工程关系。那么何为实景实况？实景指工程产品及其形成的物理形态、场景；实况指工程过程的“管理场景”。

为了找回初心再出发，我们须借助“数字孪生”，用虚拟仿真来协助数字化、智能化建造的实现。

5. 特性偏离

工程特性：构建、集成、创新[6]，见图 16。

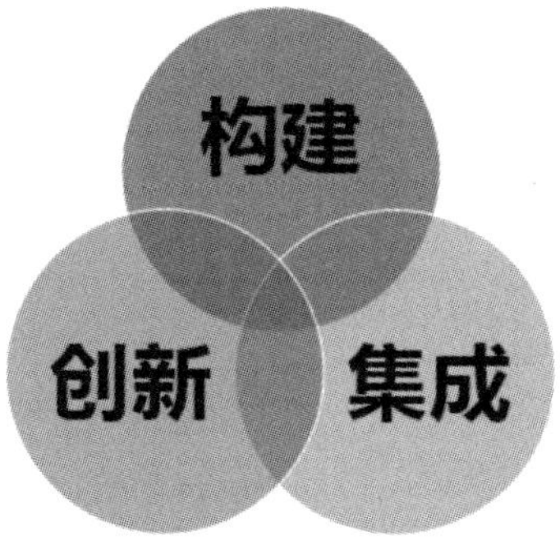

图 16　工程特性

构建的重点：不仅仅是必要性、重要性，而是如何，从无到有，构想建造，输入各种要素，输出合格的设计、建造“物”——造物；集成的重点：是如何、怎样；创新的重点：在“约束条件下，不同路径实现工程管理目标”。

“科学范式：问为什么？”“工程范式：如何实现？”，这是最大的区别。从科学教育范式到工程教育范式的转变顺利与否，其根本在于对工程特性的理解能否升级。

6. 创新疏离

李约瑟难题：尽管中国古代对人类科技发展做出了很多重要贡献，但为什么科学和工业革命没有在近代的中国发生？[7]我们的答案是历代累积导致——工程化能力弱了。坐而论道——干不过“循理造物”。

钱学森之问：为什么我们的学校总是培养不出杰出人才？[8]我的答案是——围墙、无争辩、顺从、不包容，折腾。徐匡迪之问，竺可桢之问，社会大众之问……在中国，笔者认为：高等教育存在的成本与效率不成比例问题是需要好好检省的。

既有工程的“大量、标准”建库和库存不足、分享不足、评价不足，再利用的价值需要大大再发挥。创新流于形式，结合当时当地性的人文要素被冲淡。

观点：把科学创新与技术创新，等同于工程创新，这是不对的。正确的观点应当是：科学→发现；技术→发明；工程→造物，即了解工程结构，融合工程功能，立足工程流程。

7. 跨界无能

长期的碎片知识、弱于思维和能力训教，联想能力差就无法进行更多跨界，本具系统性的工程领域却丧失了系统性，工程知识时空上分段、分片、分块，无法有机融合，导致应用困难，内跨界无能实现不了“小复合”，外跨界无能实现不了“大复合”，面对的社会现实是：界在逐渐被打破中……跨成了常态！而工程教育缺系统性将贬损工程人才的核心竞争力，甚至危及国家工程竞争力。

长此以往：只有蜷缩在一个自说自话的象牙塔内，自哀自怨，自以为是……自叹弗如！

8. 手段落后

1）仿真找到工程知识传播捷径

传统的工程教育，经过四次失真（1 次编码、3 次译码/1 次表达），工程知识失真的程度异常严重，如图 17 所示。

互联网已然是人类生存方式的革命，工程教育则亟待建设“敏捷高等工程教育”装备。VR 随着 ICT 发展，成为一场表达革命的承担者，为敏捷工程教育解决当下诸多共性问题提供了方法。仿真是系统解决当下之困惑的正确途径（为师解困、为生解惑），但存在问题是：智慧工程教育环境构建缓慢，智而不慧，华而不实。

知识（教育）传递的逻辑捷径：逼近视觉真实场景的仿真（VR/AR/MR）。图 17 所示为工程教育的知识传递路径（虚拟仿真教学的作用机制）。

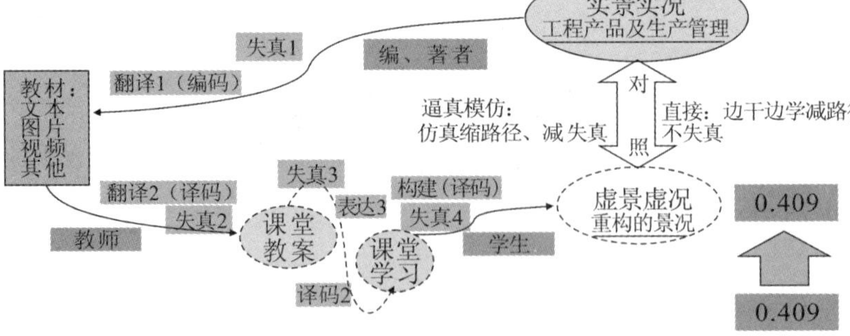

图 17　虚拟仿真教学的作用机制

外面发展得这么快，我们还能不能跟上。另外也有很多期盼，我认为也是有很多要面临的挑战。

2）BIM 成为核心工程语言

BIM（建筑信息模型）是回归自然“物质、能量、信息”三大主体之一的信息本质，是我们认识世界的新方法和工具。BIM 远远还没有发挥其技术、管理应有的权利。从操作层面，给细部描述整合提供技术手段；从技术层面，BIM 形成完整的技术体系之后必将极大提高产品形成的效率；从管理层面，它会形成新的管理思想、方法体系；从产业层面，会形成新兴推动工业化的信息产业链，这毋庸置疑，而且已经在爆炸性增长；从哲学层面，BIM 会演变成工程哲学本体论的研讨，实际我们是在重构工程语言(见图 18)。

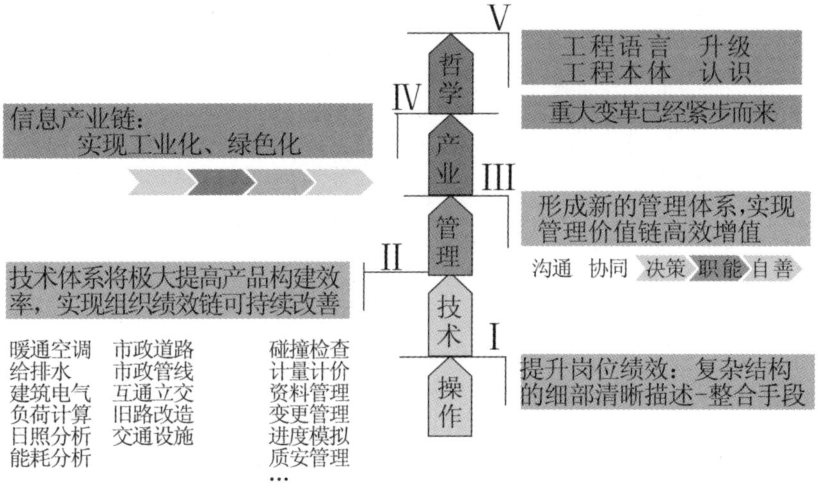

图 18　BIM 五层次图示

三、 工程教育改善的八个思考

1. 政策重心飘移

不停地变化，要么是不够深思熟虑，要么是无法深思熟虑，要么就是折腾……其本质是(工程)教育改革理论的肤浅。图 19 所示是 1995.11—2019.04 部分影响较大的教育政策。

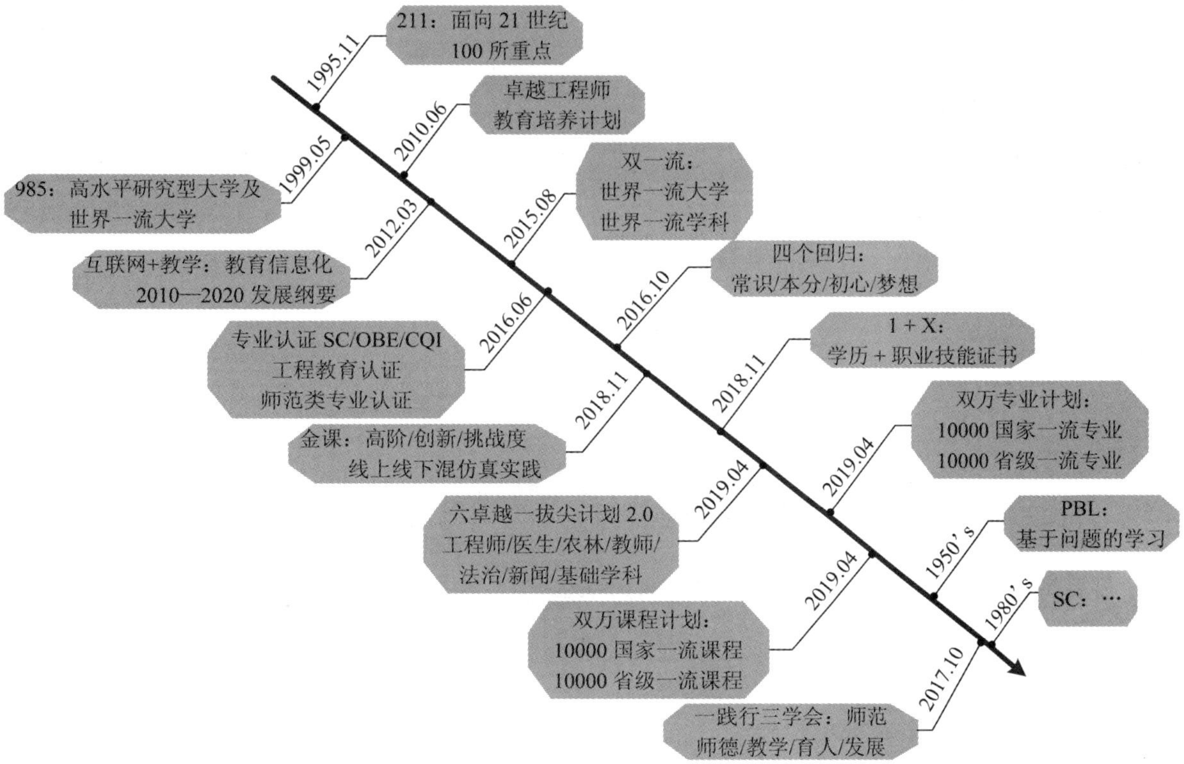

图 19　1995.11—2019.04 部分影响较大的教育政策

问题在哪？顶层设计，哪里是顶层？如何设计？谁来设计？图 20 所示是顶层设计的基本逻辑：环节与重点图，从复杂环境需求到均衡及耦合机制将内容与方式以高效率的教育方式传达给学生，最后通过综合评价以此来持续改进。

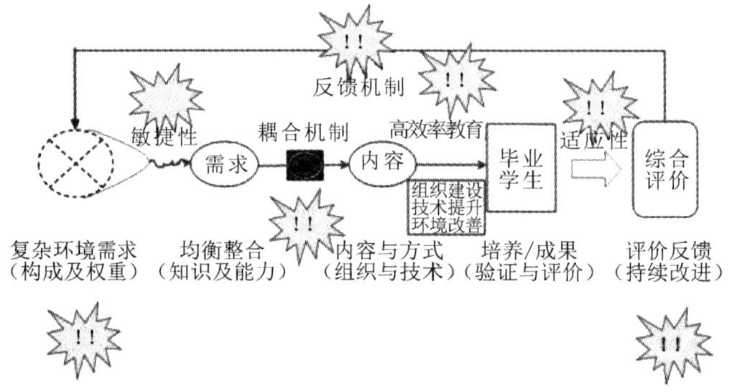

图 20　顶层设计的基本逻辑

引用习近平总书记的话说：“一张蓝图绘到底，三十年铸一剑成。”不断提高效率，提升适应力，降低办学成本。

2. 五年实践——校门到校门的胡同

没有实践经历的师资，哪会有实践能力的学生？工程师怎么离得开实践？业界反馈：没有 10～15 年，优秀项目经理是“炼不成”的。据统计，一个人 7 岁上学，从小学到博士毕业需要 23 年，正常毕业 30 岁。其时间分布如图所示 21。

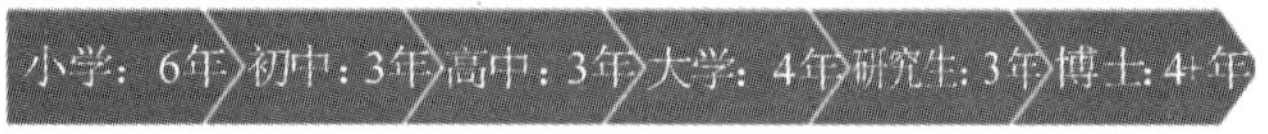

图 21　求学而成才的历程

3. 需求断路——主体与关键

面对社会需求、师资需求、行政管理团队的需求、校园衍生商业等各种需求，其构成应当是均衡（比例）、闭环（循环）的。图 22 是复杂需求耦合内容的方式示意图。在解决了“教育为谁”的问题之后，知能教育，应当更接近行业，接近工程一线。充分发挥自主性和能动性，不必过于以管控为主导思想。

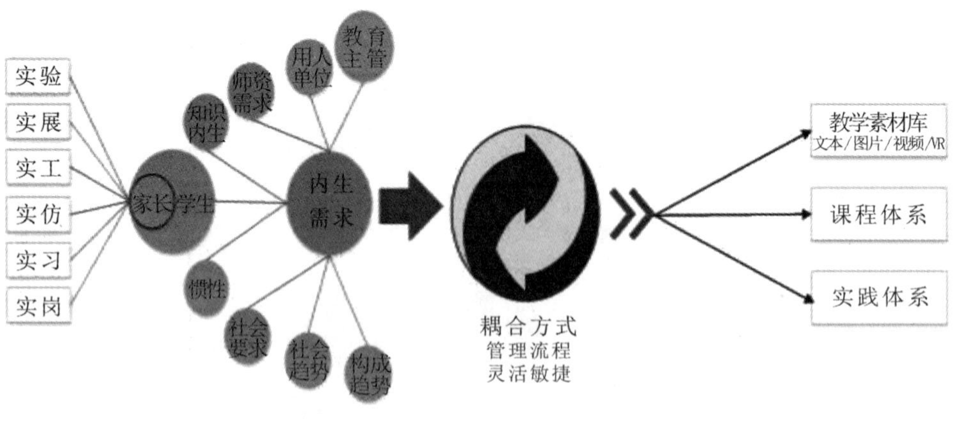

图 22　复杂需求耦合内容的方式示意图

对于工程界不是需要仅仅博学的人，而是需要能解决复杂工程问题的人。

4. 学生为中心

教师、用人单位和学校、社会，要以学生为中心(SC)[9](见图 23)，让学生成为受益者、参与者及自主者，是 SC 的最核心理念。

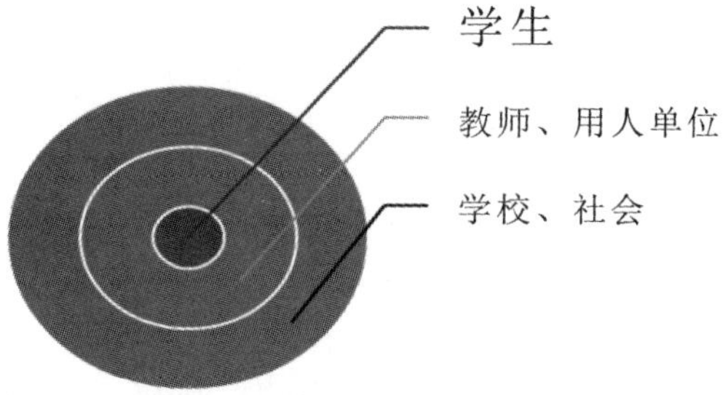

图 23　以学生为中心示意图

学生为中心(SC)的指标是成长和效率，是通过教育的品质、教育的价值、师生的收获、社会满意度增长、管理的效率等方面来体现的，见图 24。

图 24　敏捷高等工程教育价值目标图

在以学生为中心的前提下，帮助学生快速成长，需要围绕学生建构工程教育流程体系，即识别出复杂需求及评价，建立耦合机制，进行内容更新，与知识重组、表达升级、实施改进、评价验证依次循环，构建出围绕学生的流程体系，如图 25 所示。

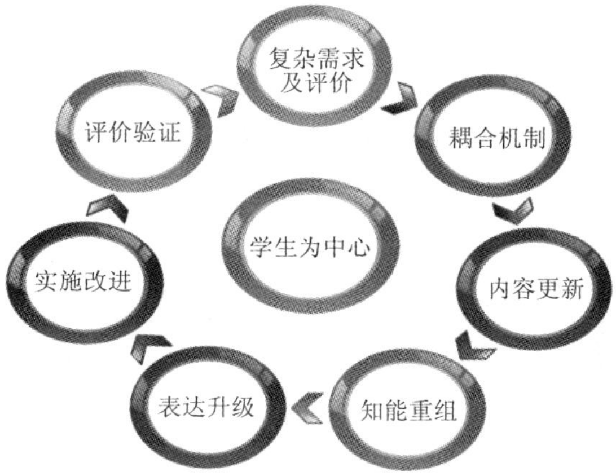

图 25　以学生为中心的流程体系

受益者中心基点的闭环思考，让学生提前参与、全程参与、设计参与形成基于管控的自主者角色实施过程。

5. 评价“失度”

评价一般采用五度评价(见图 26)。五度评价是指：培养目标达成度、社会需要适应度、办学条件支持度、质量检测保障度、学生和用户满意度。如果评价达不到要求，表明奖励就没有用在真正做教育贡献的人身上。

经验和研究表明：

① 教学过程的程序化管理是必要的；

② 内容的标准化是很难实现的；

③ 思维和能力的培养才是需要的，可是很难定量衡量；

④ 育人不等同于考试能力；

⑤ 健全的心智建设，奖励试错的氛围，老师负有很大责任；

⑥ 权变，即根据上课情况和学生实情调整是老师的权利和义务，硬性的规定很难达到效果。

思维和能力的培养，是教育改革最紧迫需要聚焦的，而改变“五唯”便是重要的突破口。

“五唯”是指评学校唯升学、评学生唯分数、评教师唯论文、评人才唯文凭、评官员唯帽子，见图 27。

“五唯”顽疾在我国教育评价中根深蒂固[10]。目前“五唯”对我国教育来说有很多弊端，主要是它的片面性，因此，需要建立一个全方位、多层次的评价体系，来完善我国的教育评价。

图 26　评价的“五度”

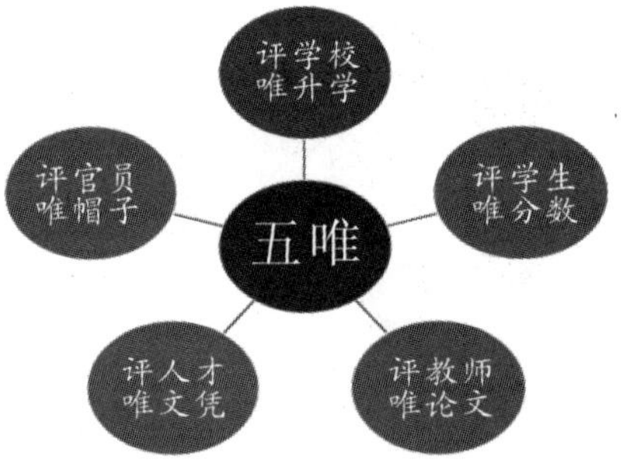

图 27　评价的“五唯”图

2020 春季不期而遇的新冠肺炎，使得科技部、教育部猛然醒悟，“要将论文写在祖国大地上”“不唯 SCI 论”[1]，教育具有非凡的特殊性，与研究的“生克制化”关系，使得教育不能简单化、教条化，尤其不能世俗化。

6. 批判断位

目前的很多批判失准、失言、失趣，工程批评缺位、缺才、缺效，而产生的背锅侠、站台侠、领奖侠等正是工程批判缺位的体现。

工程是在失败中总结经验与教训前进的。在无数的结构失效、功能失灵、流程失败、工程事故中，工程师渐渐认识到自然规律、创新更新技术、改善管理、积累知识，从而改良、进步。工程批判既为科学提供题材、技术提供需要，也为工程本身进步创造了条件。

工程最大、最快的进步方式是从工程的成功经验和失败教训中获得改进、开展探索的动力。批判是学术界应当担负的能力和责任。

7. 圈层固化

圈层固化体现在自娱自乐的双师型，半真半假的产教融合，有用无用的科研成果，仪式强烈的繁文缛节。教育界、学术界、工程界、哲学界、产业界、政策界，界界是圈；设计界、施工界、设备界、建材界、监理界、ICT 界，条条是规。导致知识纵向、横向的流动滞缓。

圈层教师面临项目焦虑、科研压力、考绩重责，工程师面临安全终身制、建设方无端追逼、农民工无序管理、政策多变增压。有心改变无力融合，沉淀累积，变革虽热热闹闹，但收效甚微。

圈层固化还不是最可怕的，更可怕的是思维模式的固化：知识面狭窄，把理想化当作现实，自以为是，自娱自乐，漠视浩浩荡荡的发展激荡，靠波浪运动式推动工程教育改革。

8. 师资提升

工程不是科技，教育不是驯养。现代教学必须以被教育者——学生为中心，教师的身份更应该体现在如何"引导"与"服务"学生学习，教师角色应从传统的主动者、搬运者、支配者、权威者转变为合作者、引导者、促进者、组织者。帮助学生更新知识库，建设前沿的系统知识框架，提高整合优化知识获取能力，开发和提高表达能力，营造和激发自助自主的学习氛围或文化，等等，才应该成为所有教育改革的重心。要担当如此重任，提升师资，则应当成为教改的重中之重。

四、结语

教学过程是一个权变过程，视情况而变是基本规律，不可能完全"按照事先设计"进行，即所谓的因材施教和权变施教。老师与学生的实际情况是不准确确定的，一个可变因素就几乎可能改变事先设计好的程序，如培养方案、授课计划，而可变因素要进行定量测定也几乎不可能。这给工程教育提出了严峻的挑战，对过于侧重静态的规划提出了质疑，因此，工程教育的敏捷性：高效性、快适性、长适性，成为亟待建设和完善的机制及途径。我们提出诸多尚不足以认可为严格论证（也许是无法严格循证的）的八点观察，是为了惊醒当前工程认知上存在的以致影响工程教育的效果的误区。同时提出八个建议，也仅仅是观点性的个性化表达，提供给大家批评素材而已。

总之，如何正确全面理解工程、营造工程化氛围、着重工程能力培养的工程教育，是当前工程教育相关各界面临的重要课题。

★ 参考文献

[1] 李培根. 工科何以而新[J]. 高等工程教育研究，2017，(4)：1-4.

[2] IEEE Computer Society. Now available：a new swebok guide[EB/OL]. [2014-07-25]. http://www.swebok.org.

[3] 李伯聪. 工程哲学引论：我造物故我在[M]. 郑州：大象出版社，2002.

[4] 崔京浩. 土木工程的学科优势和人力资源开发[J]. 土木工程学报，2017，50(5)：1-11.

[5] 殷瑞钰，汪应洛，李伯聪. 工程哲学[M]. 3版. 北京：高等教育出版社，2018.

[6] 陈嘉明. 中国哲学"知"的观念与"李约瑟难题"[J]. 中国德育，2015，(04)：41-45.

[7] 钱颖一. 教育决定中国经济未来[J]. 山东经济战略研究，2017，(08)：49-51.

[8] 赵炬明. 论新三中心：概念与历史：美国SC本科教学改革研究之[J]. 高等工程教育研究，2016，(3)：35-56.

[9] 朱德全，吴虑. 大数据时代教育评价专业化何以可能：第四范式视角[J]. 现代远程教育研究，2019，31(06)：14-21.

[10] 新华社评论员. 吹响建设科技强国的时代号角：一论学习贯彻习近平总书记在全国科技创新大会重要讲话精神[EB/OL]. (2016-06-03)[2016-12-18]. http://www.xinhuanet.com/syzt/xhsply20160603/index.htm.

[11] 教育部，科技部. 关于规范高等学校SCI论文相关指标使用 树立正确评价导向的若干意见[EB/OL]. http://www.moe.gov.cn/srcsite/A16/moe_784/202002/t20200223_423334.html.

面向新工科人才培养的工程文化教育：内涵、意义和路径

王章豹　朱华炳

摘　要： 工程与文化具有密不可分的内在关联性，高等工程教育与工程文化之间更有着天然的内在联系，必须加强工程文化教育，充分发挥优秀工程文化的育人功能。文章首先辨析了工程、工程文化、工程文化教育的概念和内涵；然后探讨了加强工程文化教育对新工科人才培养的重要意义，认为这是工程教育履行文化育人使命的有效途径，是培养适应新经济和大工程时代发展需要的创新型新工科人才的迫切需要，是增强新工科人才——未来工程师工程文化素养、伦理意识和社会责任感的客观要求；最后指出工程文化教育的实施是一个复杂的系统工程，需要在培养方案中落实，在入学教育中施行，在专业教育中渗透，在校企合作和实践教学中强化，在校园文化中浸润，从而将其贯穿于新工科人才培养的全过程。

关键词： 新工科人才；工程文化教育；工程；工程教育；实现路径；工程哲学

文化是民族的灵魂和脊梁。工程作为塑造物质文明和精神文明的造物现象和社会现象，与文化具有密不可分的内在关联性。高等工程教育的一个重要使命是文化育人，必须加强工程文化教育，促进科学教育、人文教育与工程教育的有机融合。那么，何谓工程文化和工程文化教育，工程文化教育对新工科人才培养有着怎样的重要意义，我们该如何将工程文化与工程教育相结合，培养一大批能够引领未来工程和产业发展的、既具有较高科学技术水平又具有较高工程文化素质的创新型新工科人才，本文将对工程文化教育的内涵、意义和实现路径等加以探讨。

一、工程、工程文化和工程文化教育的内涵

文化蕴含于工程之中，工程是社会文化领域中最具时代性、社会性、民族性和创造性的因素，它是人类历史的见证、文明进步的象征、文化传承的载体、人类智慧的结晶和社会文化面貌的折射[1]。工程与文化的结合日渐紧密，工程建构本身就是一种特殊的文化建构活动。可以认为，工程活动已经形成了一种特殊的亚文化——工程文化[2]。要了解工程文化的内涵，必须先要了解工程的概念。

朱高峰院士认为："工程是人们综合应用科学（包括自然科学、技术科学和社会科学）理论和技术手段去改造客观世界的具体实践活动，以及所取得的实际成果。"[3]李伯聪教授指出，工程产品即技术人工物不但包括满足人类衣食住行的消费品，各种生产资料和基础设施，而且还包括信息产业、服务业生产

基金项目： 教育部"新工科"研究与实践项目"我国新工科人才培养的若干问题研究——基于工程哲学的视角"。

作者简介： 王章豹（1963－），男，安徽桐城市人，研究员，享受国务院特殊津贴专家，研究方向为工程哲学与工程教育、教育经济与管理、科技与社会发展；朱华炳（1963－），男，安徽怀宁人，教授，博士，研究方向为机械电子工程、高等教育管理。

的各种“信息产品”和“服务产品”[4]。工程是技术人工物系统，是技术要素与非技术要素、自然资源与社会资源的集成体，是构成产业的基本单元。从工程哲学视角看，工程即造物，自然工程一般包括“技术人工物或工程技术系统”、“工程学科专业”、“工程建造活动或过程”这三种不尽一致却又密切关联的含义[5]。

总之，工程在不同的领域和场合使用，会有不同而又相近的意思。工程教育界则更多地将工程理解为工程学科专业。工程被理解为一种静态的、知识化的学科建制和专业，是将自然科学原理和生产实践经验创造性地应用到工农业生产部门而形成的各学科的总称，如土木工程、交通工程、机械工程、信息工程、生物工程、海洋工程、软件工程、智能制造工程等。这里的“工程”对应于英语中的 engineering，往往与“科学(science)”“人文(humanity)”等概念并用。系统传授工程学科专业知识和方法论的主要是工程教育机构，工程教育也常常与工程科学、工程技术和工程人才培养联系在一起。工科毕业生一般就业于工程单位和经济实体，因此，新工科人才应有更宽广的视野，既要重视工程学科的发展和工程科技知识的学习，要关注工程界和产业界的工程实践活动、过程及其结果，并自觉接受工程文化的陶冶。为了培养新工科人才，麻省理工学院启动了“新工程教育转型”(NEET)计划，提出要重构面向未来的新机器与新工程体系。其中，新机器是对工程师所制造出来的工程人工物的统称，新工程体系是指由新机器所组成的产业体系[6]。

工程文化是工程与文化相互融合形成的、集有形文化和无形文化于一体的一种群体文化。目前，对工程文化的定义众说纷纭，尚未达成共识。笔者认为，广义的工程文化是指工程共同体在长期工程研究与实践过程中逐步生成和发育起来的，为共同体成员所认同和共有的价值观念、思维方式、制度规范和行为准则以及蕴含于工程实体中的历史、理念、风格、传统、技术、艺术、品牌、质量等器物文化的总和，主要包括精神文化、知识文化、行为文化、制度文化和物质文化等层面的内容。工程文化渗透于工程活动的全过程，它与工程活动共生共荣，起着导向引领、支撑调节、规范约束、激励凝聚和辐射传播等诸多功能[7]。

高等教育是文化传承的重要载体，高等工程教育与工程文化之间更有着天然的内在联系。“新工科”建设的本质是培养适应时代和引领未来的，具有扎实工程科技知识和深厚人文底蕴的复合型、创新型人才。工程文化教育在其中起着关键作用，因此，必须加强工程文化教育，充分发挥优秀工程文化的育人功能。笔者认为，所谓工程文化教育，是指基于工程文化理念以及科学教育、人文教育与工程教育有机融合和理工文管多学科渗透的原则，以工程师文化教育为主线，以工程精神文化、知识文化、行为文化、制度文化和物质文化的教育为重点，以培养能够引领未来工程和产业发展的、既具备扎实工程科技知识又具有深厚人文社会科学素养和良好职业道德的创新型新工科人才为目标的一种工程教育新理念和新模式。

二、 加强工程文化教育的重要意义

1. 是工程教育履行文化育人使命的有效途径

高等教育具有鲜明的文化属性，文化的传承创新已成为中国大学的五大职能之一。高等教育必须坚守育人初心，充分发挥文化育人功能，坚持立德树人，以文化人，以文育人，培养大批德智体美劳全面发展的、能够担当民族复兴大任的时代新人。

工程活动、工程教育和工程文化三者是密不可分的。现代工程文化和中华优秀工程(工业)文化遗产是社会主义先进文化的重要组成部分，也是工科大学文化的重要源头和精神动力。高等工程教育应主动肩负起培育新工科人才、弘扬和传承优秀工程文化的使命和责任。新工科人才是卓越工程师和行业领导型人才的后备人才资源，是建设工程强国和制造强国的根本力量。实施工程文化教育，是培养引领未来的新工科人才必不可少的环节和举措，也是高等工程教育履行文化育人使命的有效途径。

2. 是培养适应新经济和大工程时代发展需要的创新型新工科人才的迫切需要

中国科学院原院长路甬祥院士指出：“有人认为第二次世界大战以后，美国依靠科学立国，日本依靠技术立国，中国依靠工程立国。目前的中国不仅是一个工程大国，而且正阔步走在建设工程强国的道路上。”[8]大工程时代的工程活动具有复杂性、集成性、创新性、社会性和可持续发展的特点，它具有明确的、特定的经济目的或社会服务目标，其结果是为社会、为产业发展、为人的需要和个性化需求服务的，并涉及经济、管理、法律、文化、艺术等诸多因素。随着新经济的快速发展，新产业、新工程、新业态、新技术、新模式层出不穷，学科交叉与跨界融合越来越强，这对传统工程教育提出了严峻挑战。一直以来，由于受传统的“重道轻器”、“重学轻术”、“重理轻文”思想的影响，加之长期实行文理分科教育和窄口径的专业教育，致使当前我国的高等工程教育存在一些突出问题，主要表现为：一是文化陶冶较弱，工科大学生较为普遍地存在文化底蕴不足、人文素养偏低、道德自律缺失、社会责任感弱化的问题。二是专业教育偏窄，理工文管相互隔离。三是学术导向过重，重视理论知识的系统传授和基于学科知识的认知能力的训练，而面向工程实践不够。为解决这些问题，现代工程教育理应有更深厚的文化意蕴和更突出的人文精神，切实践行工程文化教育理念和模式。

新经济、大工程背景下的工程文化反映了工程与自然、社会和人的相互依存、协调发展的关系，它是一门综合性很强的边缘学科，涉及文化学、工程学、建筑学、历史学、文学、哲学、人类学、心理学、经济学、制造学、环境学、法学等多学科，跨越政治、经济、文化、科技等多领域[9]。世界各国都越来越认识到工程文化教育对工程科技人才培养的重要性，许多国家都把工程伦理视为工程教育的必备内容和职业工程师的必备条件，如《华盛顿协议》和我国的《工程教育认证标准》对毕业生提出的12条素质要求中，不仅要求工程知识和工程能力，还强调工程与社会、环境和可持续发展、职业伦理等工程文化内容。工程文化教育是学科交叉融合、理工文管相互渗透的综合性教育，是“做事”与“做人”相统一的教育，是促进工程、自然、人类和谐共生的教育。新工科人才的培养过程应是一个学科交叉、理工融合、文理渗透的过程，加强工程文化教育，可以凸显文化底蕴和人文精神，促进自然科学教育、人文社科教育与工程技术教育的交叉与融合，帮助学生认识工程、理解工程与社会的关系，树立工程文化的理念，并使他们的价值观念、人格修养、道德水准、思维方式、人文情怀和世界眼光得以完善和发展。

3. 是增强未来工程师——新工科人才工程伦理意识和社会责任感的客观要求

在当今人类对自然的干预能力越来越大、后果越来越危险的工程化时代和风险社会，作为工程建构和技术活动的重要主体，工程师群体在发展工程科技、创造丰富物质文明的同时，也对社会和环境产生了诸多负面影响。这就要求工程师不仅要有渊博的知识和精湛的技术，还要肩负和兼顾各方面的伦理义务，即在解决技术问题的同时，还要承担起对他人、对社会、对环境以及对全人类可持续发展的伦理责任。随着工程活动中“豆腐渣工程”“烂尾工程”“政绩工程”等的不断出现以及矿难、爆炸、楼房倒塌、桥梁坍塌、环境污染和技术滥用等各种工程质量与安全责任事故的频繁发生，全社会都感受到了其中所暴露出来的功利主义盛行、短期行为严重、文化传承乏力以及工程师职业道德的缺失和伦理责任的滑坡问题。因而，工程师在进行技术研发、工程设计和工程实践时，既要回答“会不会做”的问题，更要回答“该不该做”的问题。工程师如果只关注工程的技术先进性、可行性和经济效益，而忽视工程的社会效益和生态效益，其结果就会与造福大众的终极目标背道而驰。工程主体的价值取向、道德准则和行为方式是由工程文化陶冶和塑造而成的，因此加强工程文化教育迫在眉睫。

工程文化教育是一种新的工程教育理念和模式，注重加强对历史文化、社会发展和生态环境等的认知与责任教育，能达到“内化于心，外化于行”的育人目的。在新工科人才培养过程中贯穿和融入工程文化(包括制造文化和工程伦理)教育，不断地将工程文化内化为学生的价值观念、道德修养、思维方式和行为习惯，外化为他们的自觉行动，帮助他们确立“以工程为天职的”强烈社会责任感，从而建造出更多造福人类的优质工程和绿色工程。

三、 工程文化教育的实现路径

杨叔子院士指出：“大学因文化而生，文化因大学而兴；没有高品位的文化，就没有高水平的大学；

没有科学与人文交融的文化，就没有创新人才的培养。”[10]工程文化教育是当今高等工程教育的一个薄弱环节，其实施是一个复杂的系统工程，需要在培养方案中落实、在入学教育中施行、在专业教育中渗透、在校企合作和实践教学中强化、在校园文化中浸润，从而使工程文化教育融入工科大学文化与大学精神的血脉之中，贯穿新工科人才培养的全过程。其具体实现路径和措施如下：

1. 在培养方案中落实

人才培养方案是高等学校实现人才培养目标和质量规格要求的总体设计蓝图。高校在制定、修订人才培养方案和设计、组织课程体系时，必须体现工程文化教育理念，充实工程文化教育内容，使学生在学习理论知识和进行实践训练的同时，也受到工程文化的熏陶与教育，培养具有深厚工程文化底蕴和高尚人文情怀的新工科人才。

一方面，在人才培养方案中，要将自然科学教育、工程技术教育与人文社科教育相结合，为新工科人才提供综合化的或多学科的知识基础。现代工程与传统意义上的工程相比，具有工程规模大，技术难度和系统复杂程度高，多学科交叉融合，社会影响面广以及高度的集成性、跨界性和协同性等特点。在新经济、高科技蓬勃发展的当今社会，科学技术在高度分化的基础上正走向高度综合化，理、工、文、管、经等学科的相互交叉与融通日趋紧密，新工科人才的素质也趋向交叉与综合。为了更好地适应多学科环境和复杂工程背景，工程师必须构筑科学、工程、人文兼具的综合化、集成化知识结构。

“新工科”建设要紧扣互联网革命、新技术变革、新经济发展、新工程建设和制造业升级的时代特征，打破自成体系、互不关联的课程结构，从学科内部的关联性和工程的系统整体性出发，以综合的或跨学科方式设置和组织相关学科课程，促进本专业与相关学科专业的交叉与渗透，特别要充分发挥人文社科课程在学科融合中的整合作用。为促进科学、人文与工程的深度交融，工科院校和工程专业必须通过开设必修课、增加选修课、开展专题讲座等措施，加强对工科大学生人文素质的培养，其中关键是要加强通识类工程文化教育。例如，华东理工大学鼓励教授通过撰写介绍现代工程和工程学科的书籍，更多地参与到工程文化的普及中来，并设立了出版基金，规划和出版了一系列工程专业的普及丛书，同时鼓励非工程类学生也选修这些课程，以强化通识工程教育[11]。

另一方面，在课程设置上，可采用单独设课与课程融合、通识教育与专业教育、必修课与选修课相结合的方式，实施工程文化教育。所谓单独设课，就是单独设立工程哲学、工程伦理学、工程演化史、工程方法论、工程生态学、工程师职业伦理、工程社会学、工程管理学、工程经济学、工程美学、工业文化遗产保护之类的工程文化类选修课，或开设综合性的工程导论课和工程文化概论课，以突出工程文化教育的重要性和特殊性。例如，黑龙江科技学院面向大学新生开设了“工程文化教育”课程，课程体系采用了“11＋9＋5＋1＋1”模式，即11个专题展板、9个专题讲座、5个实物展厅、1个创新理论讲座和一系列供学生实践的大学生创新室[12]。所谓课程融合，就是将工程文化教育内容有机地融入其他相关课程和教学环节之中，如人文通识课程、思政课程、创新创业教育课程、相关专业课程、课程设计、毕业设计(论文)等。

2. 在入学教育中实施

新工科人才的工程文化教育必须贯穿到学校教育的全过程。大学新生的思想意识处于正在形成但尚未定型的时期，可塑性大，并且他们都是从校门到校门，没有实践经历，缺乏基本的工程认知，对自己所学的专业也似懂非懂。从新生刚入学就有意识地引导学生树立正确的专业理想和良好的工程意识与工程精神，可以达到事半功倍的效果。

高校可结合新生入学教育，采取多种措施对新生进行专业思想教育、工程文化熏陶和工程意识的启蒙。具体措施：通过播放专业录像片、参观校史馆、举办入学典礼和师生座谈会、请专业老教师作报告等形式，让新生了解专业、认识工程，对专业有个宏观的认识，培养他们的学习兴趣和专业认同感；邀请工程院院士、知名企业家、卓越工程师和优秀校友来校做报告，向学生传经送宝，借助榜样的力量增强他们学习本专业的自豪感、自信心和内驱力；为一年级新生开设专业导论课或工程导论课，向学生介绍专业发展沿革、专业社会功能和作用、学科知识框架、国内外最新工程科技、专业精英人物、行业优秀文化、毕业生就业去向和发展前景等方面的知识，增强学生对本专业的历史、现状与发展趋势的了解，激发专业兴趣，使学生肩负使命与担当，在未来的工程活动中践行工程文化与工程(工匠)精神。

3. 在专业教育中渗透

在我国的工程教育中，往往注重工程科技体系知识的学习，而忽视工程文化的陶冶；专业课教师在教学活动中，也往往重视专业知识的传授，却很少注意结合专业教学对学生进行工程文化方面的知识教育。因此，在工科院校和工程专业的教学中，不论在编写教学计划、教材和教学大纲时，还是在进行教学设计、课堂教学和实践指导时，都要渗透工程文化教育的内容。特别要合理利用现有的专业教育资源，鼓励任课教师将工程哲学、工程伦理学、工程史等方面内容渗透和嫁接到专业课教学内容之中，使每位教师都成为工程文化的传播者。通过挖掘各类专业课程的文化功能，探索专业教育与工程文化教育相互贯通以及科学理性与人文灵性、工程精神与人文精神有机融合的新途径，使学生在工程专业知识学习过程中，能学到工程文化和工程师伦理责任等方面的知识，学会综合思考工程问题，培养系统的工程思维和良好的伦理责任意识。这种结合专业进行的工程文化教育，更加生动直观，具有说服力和感染力，也更容易转化为新工科人才普遍的道德行为准则、工程信念和伦理情怀。

教师在教学过程中，应注重相近学科和跨学科的交叉融合，注重工程知识的系统化以及教学内容的应用性、前沿性和综合性，并将工程文化教育与工程实际问题及案例相结合，将工程文化内容整合到工程科学、工程技术、工程设计等的教学过程中，把单一的教育体系改变为以工为主、文理工管经汇通以及工程文化内容与学科内容融合的教学体系。例如，以往单纯就材料讲材料课，就机械讲机械课等的教学模式，已跟不上新工科人才培养的需要。可以开设冶炼环境学、材料文化学、建筑社会学、建筑文化学、建筑美学、物理社会学等课程，让学生根据兴趣爱好跨学科选修或旁听，也可修读第二学位[13]。

在教学方法上，也要借鉴国内外成功的经验，采用角色扮演、问题导向、项目驱动、工程案例、情景模拟、团体合作、翻转课堂和智慧课堂等方法，积极采用认知、体验、实践、参与、互动、讨论、探究、协作以及线上线下混合的学习方式，提高教学效果。例如，专业课教师在进行工程伦理和工程法规渗透教育时，可使用真实或者虚拟的事件进行案例教学，培养学生的职业道德素养和法制素养，从而有效提高对大工程背景下道德问题的认知，了解在工程规划、设计、实施、评估和验收中所应遵循的道德原则和行为规范。

4. 在工程实践和产教融合中强化

工程活动和工程教育最显著的特征是它的实践性，工程文化教育也必须坚持理论与实践相结合的原则，将其渗透到校内工程实践教育和产教融合、校企协同育人之中。

校内工程实践教育，是使学生学以致用、激发工程情感和专业兴趣、经受意志磨炼、学会合作共事的最好形式。针对当前我国工程教育中实践环节薄弱的弊端，工科院校要努力构建由实验实习、工程训练、创新创业和社会实践构成的，融意识、素质和能力培养于一体的分层次、立体化的大实践教育体系。在渗透工程文化教育方面，要重点抓好校内工程训练和CDIO创新实践这两个环节。校内工程训练中心可以提供给学生较真实的工程环境和接触工程实际的机会，其训练环节一般可分为目标不同的基础训练以及项目训练和创新训练阶段。CDIO教学大纲将科学文化与人文文化相结合，把知识、思维、方法、原则与精神的培养作为一个整体，并突出了创新的教育思想和系统实践性这一特点。汕头大学工学院还创新性地构建了EIP—CDIO培养模式，将道德(Ethics)、诚信(Integrity)和职业素质(Professionalism)与构思(C)—设计(D)—实施(I)—运作(O)进行有机结合，并在培养过程中注重人文精神的熏陶，使培养出的工程师具备优秀的职业道德和崇高的责任感。

产教融合、校企协同是实践育人的重要渠道，也是对新工科人才进行工程文化教育的有效途径。高校可采取多种方式，如组织学生到工程现场、企业生产车间、产业园和高新区参观实习，聘请企业工程技术人员和管理人员担任兼职教师，校企共建工程实践教育中心、实践教学基地和工程文化教育基地，实行“3＋1”“订单式”等校企合作模式，毕业设计(论文)“真题真做”等，全面推进产教融合和校企协同育人，让学生近距离地接触企业，接受工程实践锻炼，促进企业文化与校园文化、人才供给与产业需求的对接。

通过行业企业全过程地参与人才培养，开展校企协同育人，可以让学生真正接触企业一线和工程现场的实际问题，亲身体验先进企业文化和工程文化，接受身临其境的工程环境熏陶和“真枪实弹”的工程实践训练，同时也加深了对专业的认知、对企业生产过程和工程现场的认识以及对工程技术人员脚踏实地、敬业奉献精神的了解，使他们的工程实践能力得到锻炼，职业道德、精神品质和社会责任感得到洗礼和提升，质量、环境、安全、标准、诚信、责任、纪律、合作和创新等方面的意识得到强化，并内化为良好的行为习惯，从而充分发挥行业文化和工程文化在新工科人才培养中的独特作用。

5. 在校园文化中浸润

校园是文化育人的重要环境和载体，健康向上、品位高雅、丰富多彩的校园文化生态，彰显着一所大学的特色、品位与风格。良好的校园工程文化氛围对大学生的专业情怀、工程意识、思想品德、创新精神和工程素质等都能起到春风化雨、润物无声的启迪、塑造和浸润作用。工科院校要将显性校园文化与隐性校园文化相结合，充分挖掘高校和社会丰富的文化资源，创建和营造以工程师文化为主线的、浓郁而和谐的校园工程文化氛围，使新工科人才毕业后能更快地融入企业文化和适应工程界、产业界的需要。

1）隐性校园工程文化的营造

隐性文化主要包括精神文化、制度文化、环境文化、网络文化等，其营造路径主要有：

一是利用理工科院校丰厚的历史积淀和独特的教育资源，加强校训、校歌、大学精神、办学理念、办学特色、校风学风、学科文化、杰出校友事迹等精神文化的建设，凝练工程师精神文化，打造自身文化品牌和行业特色文化。例如，哈尔滨工程大学坚持和发扬老一辈革命家倡导培育的“哈军工精神”，以“三海一核”为办学特色，形成了“以祖国需要为第一需要，以国防需求为第一使命，以人民满意为第一标准”的大学精神。

二是加强大学章程、组织机构、教学管理制度、考核评价机制等制度文化建设，并将工程文化贯穿于相关管理准则和规章制度之中，通过强制性规章与人本化管理，规范、约束和引导师生的行为。

三是通过建立工程专题网站、举办工程文化专题讲座、开设工程文化系列课程、编写工程文化读本和工程导论教材等途径，传播工程文化教育理念，普及工程文化知识。

四是借助校报校刊、广播电视、橱窗报栏等校园媒体，特别是校园网、官方微博微信、电子屏等新媒体，开展相关主题文化教育活动，宣传老一辈工程大师、新时代工程建设楷模、杰出校友、创业精英的事迹，大力弘扬新时代先进的工程理念和工程(工匠)精神，营造学工程、爱工程的浓厚氛围，构建工程文化的舆论宣传、榜样教育和网络传播系统。

例如，中国石油大学把传承弘扬石油精神作为学校打造特色、塑造风格的重要办学方略，促进石油文化与学校文化的水乳交融；以校风、教风、学风建设为重点，形成了以石大精神为核心的精神文化体系；通过制作学校形象标识、创建具有石油特色的人文景观，形成了独具石大特色的形象文化；通过建立石油地质博物馆、开辟“中国石油文化论坛”等方式，营造了全方位的石油文化育人氛围[14]。

2）显性校园工程文化的建设

显性文化主要表现于具象的、物化的人造景观、文本符号、图画符号和具体的文化活动之中[15]，它可以使工程文化教育从无形变为有形，其建设路径有：

一是把工程文化教育与校园物质文化建设相结合，充分发挥工程物质文化的育人功能。高校要精心规划设计和建设校园景观，把文化因子植入教室、图书馆、实验室、操场、宿舍、食堂、科研和文化设施、标志性建筑、校园雕塑等主体建筑和硬件设施之中，彰显工程的厚重感和底蕴。例如，北京科技大学建立的矿业数字博物馆系统既矿物标本陈列厅、材料虚拟现实科普展厅，合肥工业大学的工程认知博物馆、黑龙江工程学院的工程文化主题博物馆等，更能让学生身临其境地感受工程文化。

二是在教学楼、图书馆等建筑物命名以及校园道路标识、校徽、校旗、文化艺术产品等视觉识别系统之中，融入工程文化要素和意涵，突出其工程文化特色，让学生直观地感受到工程文化的巨大魅力和强大感染力。

三是积极开展丰富多彩的校园工程文化活动，如举办工程文化节、年度感动校园人物评选、卓越工程师事迹和学生优秀工程作品展览，开设传统文化讲座、工程师大讲堂、工程科技学术报告会和产学研合作论坛，组织开展工程类、创新创业类学生社团、学术沙龙和学科竞赛，寓工程文化教育于校园文化活动之中，从而增加学生的工程文化知识，培养学生的工程文化理念，提升学生的人文素养、道德水平和社会责任感。

★ 参考文献

[1] 王章豹，黄驰，李杨. 论工程的社会功能及作用机制[J]. 工程研究—跨学科视野中的工程，2018，(3)：237-246.

[2] 殷瑞钰，汪应洛，李伯聪，等. 工程哲学[M]. 2版. 北京：高等教育出版社，2013.

[3] 朱高峰. 工程与工程师学术报告厅：科学之美[M]. 北京：中国青年出版社，2002.

[4] 李伯聪. 工程思维的性质和认识史及其对工程教育改革的启示：工程教育哲学笔记之三[J]. 高等工程教育研究，2018，(4)：45-54.

[5] 王章豹. 工程哲学与工程教育[M]. 上海：上海科技教育出版社，2018.

[6] 大数据实验室. 麻省理工新提出：新工科人才的12种必备思维[EB/OL]. (2019-05-20)[2019-07-15]. http://www.sohu.com/a/315098745_236505.

[7] 王章豹，李才华. 工程文化系统的结构和功能分析[J]. 工程研究—跨学科视野中的工程，2016，(1)：73-83.

[8] 邱晨辉. 频提"卡脖子"问题！我国首次举办工程科学论坛释放什么信号？[N]. 中国青年报，2019-11-30(5).

[9] 张波. 工程文化[M]. 北京：机械工业出版社，2009.

[10] 杨叔子. 谈谈我对"CDIO：工程文化教育"的认识[J]. 中国大学教学，2008，(9)：6-7，30.

[11] 涂善东. 倡导全面工程教育[N]. 文汇报，2007-9-23(5).

[12] 宁姗，徐文娟，邹新凯，等. 从工程教育到工程文化教育的探析与实践[J]. 教学研究，2012，(6)：33-34，38.

[13] 朱传义. 人文文化在工程文化教育中的作用[J]. 武汉科技大学学报(社会科学版)，2003，(1)：56-58.

[14] 蒋庆哲. 融通行业优秀文化　提升行业特色大学文化建设[J]. 中国高等教育，2012，(2)：23-25.

[15] 武超群. 构建高校大文化[N]. 光明日报，2018-09-11(13).

工程创新专题

C-TRIZ：工程传统方法与 TRIZ 融合的工程创新方法

檀润华

摘　要：经过“理论—实践”的多个循环，已开发面向企业产品创新的一类工程创新方法 C-TRIZ，称其为发明过程解决理论。C-TRIZ 是企业工程传统方法与发明过程解决理论 TRIZ 相融合的产物。本文以方法融合为主线，首先介绍 C-TRIZ 研发的背景、企业产品创新系统组成、发明过程中的方法融合、C-TRIZ 分层、发明过程分类、发明过程选择方法及发明过程实例，从宏观上呈现 C-TRIZ 总体架构，最后通过面向企业的 C-TRIZ 转移模型及成果，展现 C-TRIZ 在企业推广应用的可行性、效果与可推广应用的赋能创新模式。

关键词：C-TRIZ；发明过程解决理论；TRIZ；工程传统方法；方法融合；工程创新方法；赋能创新模式

工程创新是通过创造人工物或新产品为用户创造价值[1]，同时为企业带来支撑其延续的经济效益。产品创新是打破已有用户需求、技术实现、企业可延续性三者间的平衡并实现新的平衡的结果。由于用户需求变化及技术实现的复杂性[2-3]，新的平衡的实现过程是不断发现和解决通常问题或发明问题[4]的过程，企业依据已积累的知识及经验即工程传统方法可以解决通常问题，但发明问题通常超出企业已积累知识的水平，变得很难解决。多年的实践表明，引入发明问题解决理论—TRIZ[5-6]等技术创新方法是企业解决发明问题的有效途径。

工程创新是指那些发生在工程活动中的创新，工程创新方法是指工程创新过程需要的方法。工程创新过程存在“壁垒”和“陷阱”[7]，即工程问题[8]，工程创新方法是为发现和解决这些工程问题而构造的。工程方法是方法的一个子集[9]，工程创新方法是工程方法的一个子集。工程方法分为一般工程方法与行业性、产业性工程方法[10]，工程创新方法同样也分为这几种类型。

经过多年的研究已形成若干种一般性创新方法，这些方法不仅适合于技术创新，也适合于工程或产品创新，如质量功能配置(QFD)[11]、P&B 设计方法[12]、公理设计[13]、TRIZ[14]等。在这些方法中，诞生于苏联的 TRIZ 专门为解决发明问题而开发，是基于跨学科创新知识、进化引导的技术创新方法，可以使创新者模拟世界优秀发明家们的逻辑与知识特征解决发明问题，已成为引入企业的优秀创新方法。

经典 TRIZ 从领域问题或“小问题”出发[6, 14]解决问题，不能更深入地影响企业的新产品开发过程并与该过程融合，尽管该方法在世界范围内很多企业均已应用且效果很好，但经济全球化及激烈的市场竞争需要 TRIZ 本身进一步发展。1998 年后，以经典 TRIZ 为基础，已推出若干种新方法，如 I-TRIZ、

作者简介：檀润华(1958—)，男，河北任丘人，河北工业大学国家技术创新方法与实施工具工程技术研究中心教授，博士生导师，研究方向为工程创新方法、创新设计、C-TRIZ/TRIZ。

xTRIZ、Oxford TRIZ、MAITRIZ、OTSM－TRIZ[15]等。分析这些方法发现，围绕经典TRIZ解决“发明问题”这一核心从未改变，但与企业研发过程融合仍存在一定困难。

我国引进TRIZ是一个渐进过程。1999年之前虽然有很少量从俄文翻译TRIZ的资料及著作，但由于当时经济社会发展需求造成这些译文并未引起工业界及学术界的关注。1999年，牛占文在《中国机械工程》发表了第一篇介绍TRIZ的论文[16]，2002年檀润华以TRIZ英文文献及对其初步的研究结果为背景，编著出版了《创新设计—TRIZ：发明问题解决理论》一书[17]，之后关于TRIZ的研究及推广应用逐渐发展。TRIZ在国内大范围推广应用起始于政府的推动。2008年，我国科技部等四部委联合发文《关于加强创新方法工作的若干意见》，提出在全国企业推广应用TRIZ等相对成熟的创新方法。科技部还设立了创新方法工作专项支持区域与企业开展此项工作。中国科协自2016年每年都组织创新方法大赛，如2019年中国创新方法大赛在湖南长沙举行，各省市从来自企业的2000支队伍中推选出198支队伍参赛，参赛创新方法应用项目水平很高，影响巨大。总之，由于政府的推动，TRIZ等典型创新方法不断被引入更多企业，推动了企业自主创新能力的提升。

为适应国内创新驱动发展的需求，TRIZ等创新方法的推广应用工作是以企业为主体进行的。某个企业一旦开展此项工作便对其产出提出很高要求，一次完整的推广应用或技术转移不仅要培养一定数量的创新工程师，同时还要产出一批新技术、新工艺，在可能的条件下还要产出若干新产品。满足企业这种需求的推广应用或技术转移过程的特点是TRIZ与企业已有研发流程的融合，而不能独立于该流程之外。因此，不仅要求以解决“发明问题”为核心的TRIZ理论要有所发展，同时还要开发与企业研发流程融合的新方法与新模式。

为使TRIZ更好地适应国内企业应用的高需求，河北工业大学国家技术创新方法与实施工具工程技术研究中心(简称国家中心)在多年推广应用以TRIZ为核心的技术创新方法的基础上，开发了一类工程创新方法C-TRIZ，称为发明过程解决理论[18]。C-TRIZ以“发明过程”为研究对象，将经典TRIZ过程与企业常用的研发流程或工程传统方法融合，形成了一系列新的发明过程，这些过程作为产品研发过程的组成部分形成了一类新型产品创新方法，即TRIZ与企业工程传统新产品开发方法相融合的工程创新方法。

本文以构建企业产品创新系统模型为背景，以方法融合为主线，梳理C-TRIZ开发的过程，试图以完整的概念呈现C-TRIZ。

一、 企业工程创新系统组成

1. 新产品开发的传统方法

企业工程创新的目标是开发市场有需求、技术可行、能为企业带来长期效益并使其延续的新产品。在企业内部，产品创新过程是一个动态且复杂的过程，创意开发、产品开发、市场开发三部分是其主要活动或阶段。创意开发在模糊前端阶段实现[19]，该阶段通过对企业外部与内部的扫描，发现潜在机遇或初始机遇并产生创意，并将创意输出给下一个阶段。产品开发过程将上阶段所输入的创意转变为产品，该过程由设计与制造两阶段组成，产品设计又分为概念设计、技术设计、详细设计三个阶段[12, 20-21]。新市场开发是将所生产产品商业化的过程。由这几个主要阶段构成的过程称为传统新产品开发过程，如图1所示。

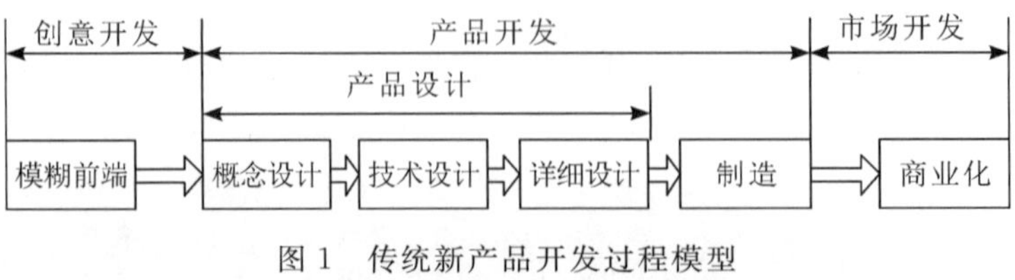

图1 传统新产品开发过程模型

从复杂的产品开发活动中抽出主要的活动，构建模型加以研究，是一个去粗取精的方法。图1所示模型滤掉了管理活动，保留了主要的技术活动，是一个基本的产品开发过程模型。我国很多制造企业目前依然按照该过程开发新产品。该模型能描述企业的新产品开发过程的主要活动，继承了国内外多年来企业、行业设计制造的经验及理论界的研究成果，即工程传统，工程师们可依据该模型及模型各阶段的活动开发新产品。因此，图 1 是传统新产品开发过程模型，或称传统新产品开发方法，即工程传统方法。

近年来，由于经济全球化导致企业内部及外部环境不断变化，各种矛盾凸显。一方面新技术及知识不断出现，产品技术升级及更新换代速度加快，对产品创新程度的要求越来越高，以图 1 为基础的工程传统方法越来越不适应市场竞争的需求；另一方面，企业尽管十分重视产品创新活动，但实践中的效果往往没有达到预期目标。

随着企业所处的环境竞争越来越激烈，工程传统方法不能处理含有发明问题的复杂情景凸显，并成为影响创新产出的重要原因。企业迫切需要引入适应变化的新方法，因此，继承工程传统方法并使之与创新方法融合并实现方法的创新，已成为新产品高水平开发的一类迫切及重大的需求。

2. 产品创新过程中的发明问题

处于全球竞争中的企业必须创新以应对其内部及外部变化。Drucker[22]将企业内外部变化细分为七种，分别是意外的成功或失败、不协调现象、基于流程需要的创新、产业或市场结构的改变、人口结构的改变、理解及意义的改变、新知识的应用等。前四种存在于企业或行业之内，是一些“征兆”，即已出现改变或只需少量推动便能促成改变的可靠指示；后三种为企业外部变化。Tidd 等[23]提出了企业面对的 11 种变化，分别是新市场的出现、新技术的出现、新政治规则的出现、已有的市场在萎缩、市场行为正在变化、新市场规则的出现、沿故障线断裂、未预测到的事件、商业模式创新、技术—经济模式变化、架构创新。还有一些学者均给出了关于变化研究的结果。

当企业管理人员或研发人员面对复杂多变的世界时，要发现机遇并通过创新推动企业从目前的平衡状态发展到未来的平衡状态。但满足这些新机遇的技术解决方案很难确定，因此寻求新的解决方案成为企业面临的挑战。寻求新方案的过程正是工程师们面对挑战、克服不利条件限制、实现技术与产品突破的过程。

2010 年 8 月至 2011 年 3 月，国家中心曾完成面向广东省科技厅所组织域内企业的一期技术创新方法转移，主要向企业转移 TRIZ 及部分 C-TRIZ。来自比亚迪、广汽、广州无线电、大洋电机等一批企业的 52 名工程师通过了答辩，完成了课程学习与创新项目实践的全过程。该期的成果为：52 名工程师应用所学 TRIZ/C-TRIZ 发现并选择了企业中的 52 个难题，通过应用所学创新方法成功地解决了这些难题，产出了多项新技术与新工艺，形成了后续产品创新项目源。

分析这 52 个项目有两个发现：第一是工程师们的研究起始阶段不同，模糊前端阶段 4 个，概念设计阶段 10 个，技术设计阶段 15 个，详细设计阶段 5 个，制造阶段 18 个。如图 2 所示。第二是工程师们所处理的主要问题不同，采用冲突解决方法处理问题 42 个，裁剪和标准解各 3 个，理想解、资源、预期失效、技术进化方法各 1 个。

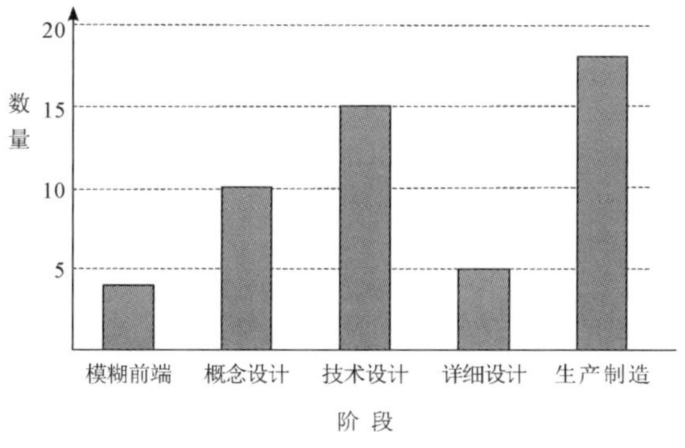

图 2　广东省一期技术创新方法转移项目起始阶段分布

该方法转移案例说明，企业的创新活动起点可以在传统新产品开发过程(图 1)中的任何一个阶段开始。工程师们将企业外部或内部的变化与本企业某些正在生产中的产品的各项性能指标相结合将察觉到必须改进之处。这些改进可大可小，既可以改进产品的部分结构，也可能改进某些子系统的工作原理，或通过对已有产品再设计实现颠覆性创新。总之，企业的内外部变化引发了创新的初始机遇及一系列的问题，而某个问题的诱因可以来自创一阶段的前面或后面阶段，也可以由本阶段自身产生，所有产生的问题形成了问题流，其模型如图 3 所示。

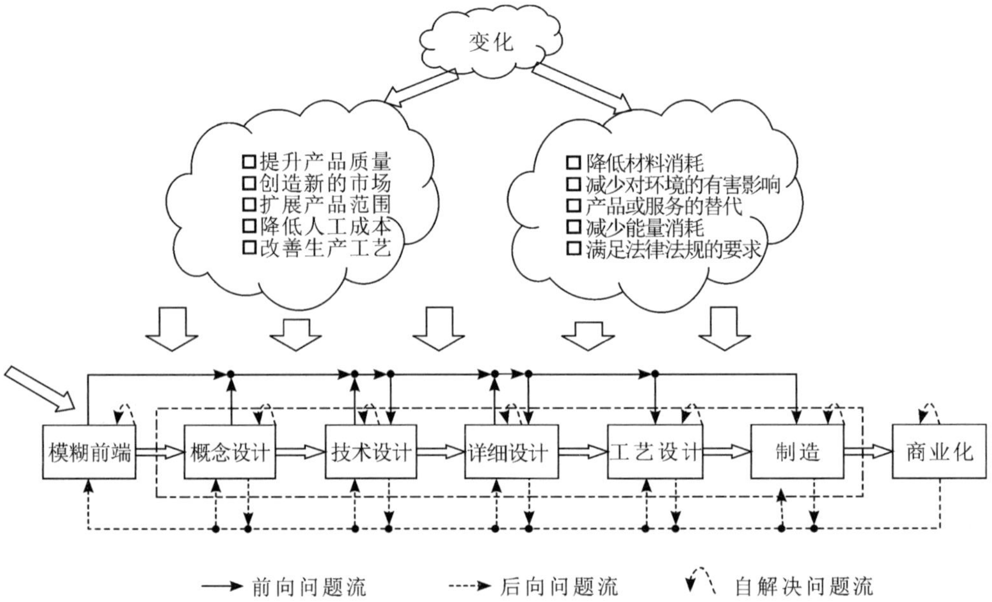

图 3　企业产品创新过程中的问题流模型

工程师们成功创新的核心是将初始机遇转变为一系列发明问题，之后应用经典 TRIZ 的基本原理与方法解决这些问题并获得领域问题的解。这些解并不是产品改进或再设计所需要的解，工程师们需要将这些解与产品设计制造的相应阶段的领域活动结合，从而获得能嵌入到产品设计与制造过程并实现产品创新的新技术，这类新技术称为领域解或领域发明。

实践中经常遇到下面 6 类重要的发明问题：

① 冲突问题(contradictory problems)：使质量与数量同时改进或更完善；

② 诊断问题(diagnostic problems)：寻找及预防缺点或不足；

③ 裁剪问题(trim problems)：简化系统或降低已存在技术的成本；

④ 类比问题(analogical problems)：已有知识、技术或过程的新应用；

⑤ 综合问题(synthesis problems)：通过整合已存在的解获得新解；

⑥ 生成问题(genesis problems)：创造从未有过的新技术以满足新需求。

发明问题的解决通常需要工程师所熟悉的学科或行业知识及跨学科的知识，而后者起着主要作用。跨学科知识的运用通常不仅超出了一般工程师的知识水平，还超出了企业所配置多学科工程师小组或团队的知识水平。因此，该类知识的运用成为发明问题解决的障碍。研究如何有效应用跨学科知识解决发明问题并为新产品开发及相应的研究活动提供支持成为工程创新领域的一个重要研究课题。

1956 年，诞生于苏联的 TRIZ，是 Altshuller 及团队多年分析全世界大量高质量专利，确认发明家创造与发明背后的规律所构建的发明问题解决理论，其核心是解决工程创新过程中出现的发明问题，并发现了如下三条重要原理：

① 问题及其解在不同的工业部门及不同的科学领域重复出现；

② 技术进化模式在不同的工业部门及不同的科学领域重复出现；

③ 发明经常采用不相关领域中所存在的效应。

TRIZ 包括具有特定含义的基本概念、发明的战略方法、战术方法及系统化方法。TRIZ 不仅是基于跨学科创新知识、进化引导的技术创新方法，还可以使创新者模拟世界优秀发明家们的创造与发明逻辑及知识特征，应用跨学科知识解决所面临的发明问题。

国内外的研究及应用案例表明，工程创新一方面要保持工程传统，继承多年来行业与企业形成的过程与方法，同时要应对企业内部及外部变化导致的发明问题，将工程传统与发现及解决发明问题的方法紧密融合是成功创新的保障。

3. 企业产品创新系统模型

将图 1 所示的工程传统方法与图 3 所示问题流模型集成形成企业产品创新系统，如图 4 所示，其中发明过程的核心是发现并解决发明问题的过程。企业产品创新系统由传统的产品开发过程及多个发明过程组成，发明过程可以出现在模糊前端、概念设计、技术设计、详细设计、制造，甚至是商业化中的任何一个阶段。每一个发明过程由发现与解决发明问题并形成发明的过程所组成，发明是发明过程的结果，可以是新技术也可以是新工艺，前者直接被工程传统过程应用并成为待开发新产品的一部分，后者作为新工艺是实现待开发新产品制造过程的一部分，如问题 C、E、D、M 及发明 C、E、D、M 分别是概念设计、技术设计、详细设计及制造阶段的问题与发明。创新由某一阶段的发明与该阶段之后的工程传统过程完成，如问题 E 出现在技术设计阶段，该问题的解为发明 E，获得发明 E 之后要通过后续的详细设计与制造形成产品，再经商业化实现产品创新全过程，这些后续的过程为工程传统方法中的一部分。

图 4 模型中的工程传统方法与发明过程是集成关系，即工程师按照工程传统方法开发新产品过程中的某一个阶段如果遇到发明问题，则应用该阶段相应的发明过程发现及解决发明问题并形成发明，之后进行工程传统过程中下一个阶段的开发活动。如果某一阶段仅存在通常问题，可采用工程传统方法解决问题，即工程师们采用本企业或本行业所积累的知识解决问题，不需要引入发明过程。因此，发明过程是否引入取决于工程传统过程是否存在发明问题。图 4 模型还表明，应用工程传统方法开发新产品并实现创新的过程，可能要引入一次或几次发明过程，也可能不需要引入这些过程，是否引入主要取决于项目或开发过程中产品的复杂性。

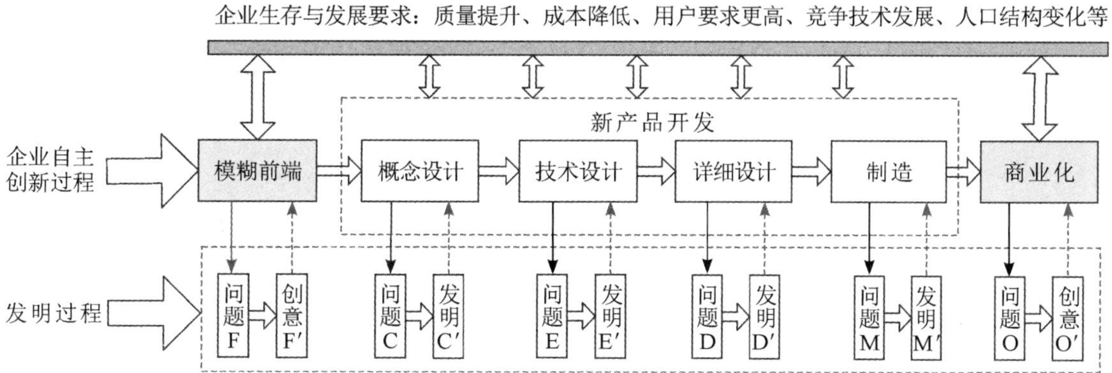

图 4　企业产品集成型创新系统模型

每次引入发明过程都是由初始机遇或创新情景诱发的。工程师通过一系列的研发活动将初始机遇转变为发明问题，之后应用 TRIZ 解决该类问题并形成领域问题的解，再将该类解返回到出现发明问题的工程传统阶段或关键创新子过程，按照工程传统方法与待开发产品的需求，转换领域问题的解成为领域解或领域发明。经过评估得到可行领域发明成为企业的创新机遇，即企业经过配置资源将该类发明转换成为市场需要的产品，再经过市场化过程将产品变成市场机遇，完成创新的全过程。因此，需要一系列的开发活动将初始机遇转换为创新机遇与市场机遇，实现发明与创新的全过程，如图 5 所示。

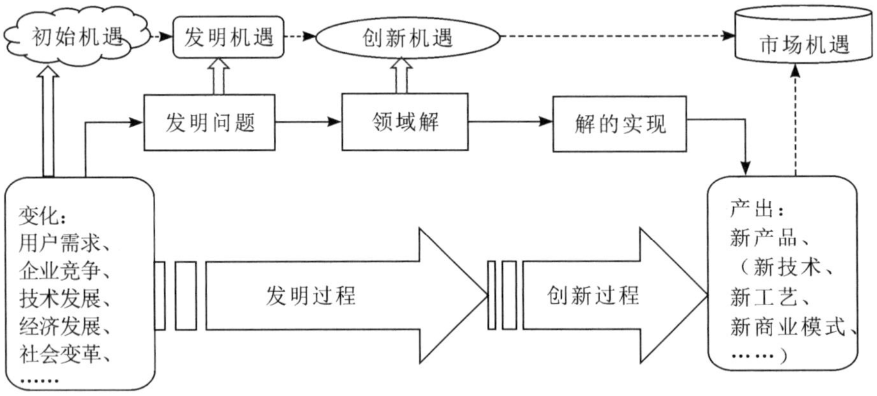

图 5　创新过程中的机遇转换

图 4 与图 5 表明，产品创新方法由工程传统方法与技术创新方法集成而成，但其中的每一个发明过程是一类融合创新方法，包括初始机遇与传统工程方法中关键子过程的发现、发明问题的确认与求解、领域问题的解向领域解的转换等过程。融合创新方法的特点是由一系列的子过程构成，上一个子过程的输出是下一个子过程的输入，各子过程不存在并列关系。该类创新方法的分类、构建发明过程通用模型及具体模型形成 C-TRIZ 的核心研究内容。

二、 发明过程中的方法融合

1. 发明的初始机遇识别

企业工程师或管理人员通过分析企业内外部变化，发现一些影响已有产品或需要开发全新产品的征兆或反常，这些征兆作用于已有产品或单独使用，将产生一些需要满足的新需求。工程师根据企业应用的工程传统创新过程及多年开发新产品的经验，能够判断为满足这些新需求应从哪一个创新子过程开始发明创新过程，该子过程即为关键创新子过程。对于原始创新或全新的产品，该子过程应为模糊前端。改变的结果应由传统创新过程中的后续子过程实现并产生新产品，该产品是对已有产品的改进或替代，若为市场从未存在的产品即为原始创新，从而满足了由于变化产生的新需求。因此，创新或发明的初始机遇包括变化、已有产品、新需求、关键创新子系统、可能的新产品预测等因素，所有这些因素构成了发明的初始机遇或创新情景。图 6 所示为创新的初始机遇构成要素。

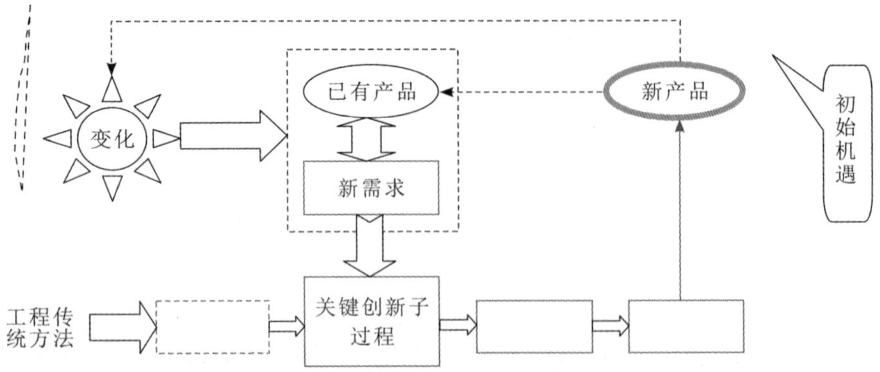

图 6　创新的初始机遇构成要素

确定初始机遇发现的步骤如下。

第 1 步：变化扫描。扫描企业内外部可能的变化，发现对本企业有影响的变化。

第 2 步：确定新需求。建立变化与已有产品的关系，判断产品需要改变的要素，如原理、结构、参数或加工与装配工艺等。

第 3 步：确定关键创新子过程。工程师根据新需求及关于产品开发的经验判断。如果新需求与已有产品无关，关键创新子过程为模糊前端。

第 4 步：预测改变后的新产品。该新产品应能满足新的用户需求，从而满足变化的要求。

初始机遇发现的第一步为变化扫描，是发明或创新的起点。通常采取"警觉等待"与"原型匹配"两种方法实现。警觉等待是企业工程师或管理人员对企业目前的技术与产品现状、未来的发展、知识储备等了如指掌，当企业内外部变化出现时，能及时判断其中的哪些变化对企业技术与产品的发展带来的影响，从而判断反常的出现，并将其转变为新的需求。原型匹配方法的基础是企业首先构建创新原型，如功能—行为—结构、功能—原理—结构、细分市场—产品、核心技术—产品、独特需求—独特产品等均为创新原型，当企业内外部发生变化时，工程师或管理人员判断哪些变化将对企业已有哪些原型产生影响，快速修改这些原型、实现技术与产品的创新是企业面临的机遇。

2. 方法融合的一般过程方法

创新方法属于方法类知识，是知识的一个子类。知识融合(Knowledge Fusion)是知识管理领域的一个研究方向，面对来源多样、结构各异的分散知识源，通过挖掘、集成、推理、匹配等手段，产生满足需求的新知识，同时实现了对知识结构和内涵的优化，并为管理决策过程提供支持[24]。Preece[25]认为知识融合是从多种异构源中定位并获取知识且对所获知识进行转换的过程，从而可以将这种结果运用于相关知识问题的求解。Smirnov[26]则认为知识融合的目标是产生新的知识，将松耦合来源的知识集成，从而构成一个合成资源，用来弥补不完全的知识。知识融合的显著特征为知识融合来源的多样性、多层次性、可描述性及增值性。

作为知识子集的创新方法之间的融合应同时具有知识融合与过程融合的特征。江平宇等[27]对技术创新方法集成与融合的研究表明：方法集成应用是指对企业难题同时使用多个创新方法解决，但各个创新方法分别解决独立的难题，创新方法之间既没有输入输出关系，也没有流程包含关系，使用过程互不影响；而方法的融合是指针对企业难题所应用的各创新方法之间存在输入输出关系，前一个求解环节的创新方法输出结果会作为下一个求解环节的创新方法输入，各创新方法之间关联关系紧密，使用过程相互影响。

这些研究表明，两种或多种方法融合的关键是设计这些方法之间的界面，通过界面将两种或多种方法用于解决企业遇到的一个或一类难题。图 7 是将三种方法融合的示意图。图中的界面将三种方法中各自的一子过程融合成为一个新的子过程，该子过程将三种方法融合成为一个有序衔接的整体方法。通过该界面三种方法形成了一种融合方法。

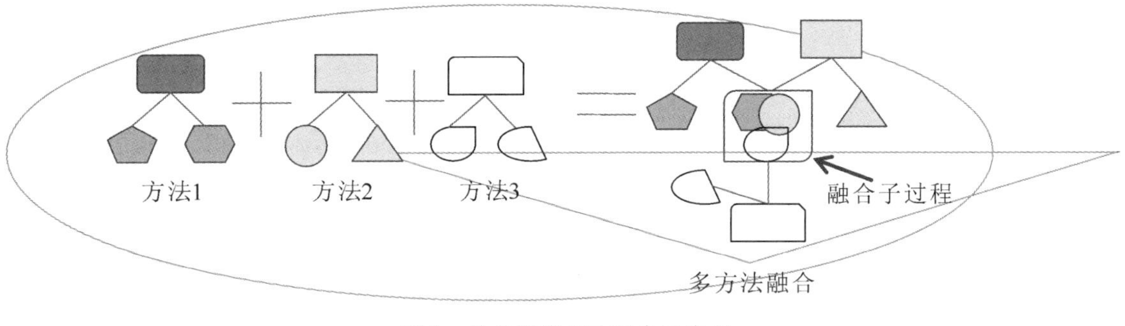

图 7　技术创新方法融合示意图

3. 发明的一般过程

图 1 所示的模型是企业新产品开发的工程传统方法，由于变化的影响，在实现传统方法的每一个阶

段都可能要发现和解决发明问题，即每一个阶段都有可能包含发明过程，如图 4 所示。发明过程的结果形成发明，后续传统方法的各阶段是这些发明的实现过程，最后的输出为新产品，即每个新产品的开发过程可能包含与该过程相融合的多个发明过程及产出的多项发明，每项发明可能是新技术或新工艺。该过程表明，企业的产品创新与技术创新是耦合且交织在一起的过程。

发明过程一般要引入外部创新资源，与传统开发过程中的其他活动相比是不连续的，即不能仅应用本领域已经成熟的方法解决问题，在出现发明问题的子过程或阶段应有一部分活动是独立于传统过程之外的研发活动。将创新情景的出现、创新机遇识别、发明问题解决及发明形成顺序实施的过程称为创新子过程或一次发明过程。

发明过程首先要决定企业外部与内部变化对工程传统方法的哪一个阶段有影响，之后确定满足变化需要解决的问题。如果所有问题都是通常问题，采用企业已熟悉的传统工程方法实现新产品开发。如果问题中存在发明问题，则启动与之对应发明过程，结果要返回到产生该问题的子过程或阶段，工程师要应用领域知识完善问题的解形成高水平发明，之后继续传统过程的后续子过程或阶段，并完成产品创新。

一次发明过程的核心是发现并解决发明问题，同时形成发明的过程。在该过程中，工程师经常发现自身及企业已积累的知识和经验不足，需要引入外部资源，如创新人才资源、专利资源、创新方法资源、科学效应资源等。因此，高效的引入并利用各种创新资源，快速提升工程师的水平，已成为很多企业，特别是传统制造业面临的重要的课题。

一次发明过程是一种融合创新方法，即由 TRIZ 等技术创新方法与传统新产品开发方法中某一关键过程的融合。这种融合方法既不是单纯的 TRIZ 方法，也不是传统方法，而是一类新方法，称为发明过程，是构成 C-TRIZ 的基本过程。技术创新管理领域对创新进行了不同的分类，如按照创新的强度分为渐进性创新与突破性创新，按对市场的影响分为持续性创新与破坏性创新(有译为颠覆性创新)，也可按导向方式分为问题导向与目标导向的创新等。这些不同类型的创新为发明过程的分类奠定了基础，有了明确的分类可以研究各类发明过程及其实现方法。

三、 C-TRIZ——发明过程解决理论

1. C-TRIZ 分层

C-TRIZ 称为发明过程解决理论，其组成如图 8 所示。该理论以 TRIZ 为基础，以发明过程为研究对象，每一个发明过程是企业工程传统方法与 TRIZ 等方法融合所形成的一种融合方法。C-TRIZ 分为 TRIZ 及其扩展、问题导向方法、目标导向方法、过程导向方法四个层次，目前已构建了 11 类发明过程，图 8 是 C-TRIZ 分层模型。

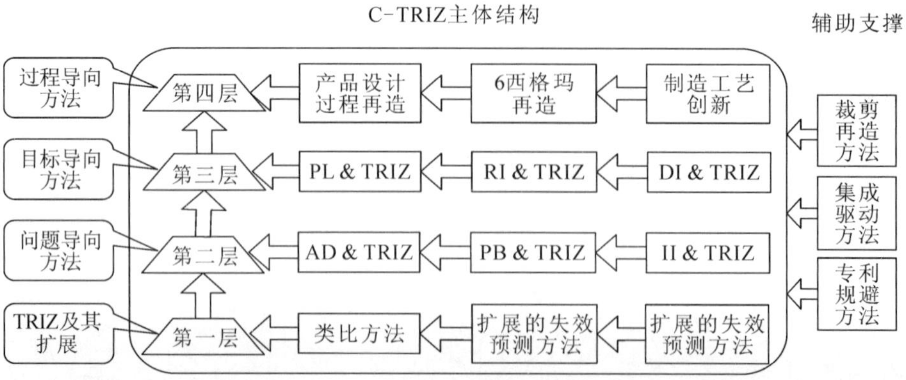

图 8　C-TRIZ 四个层次

C-TRIZ 有如下四个特点：

① 层次结构。以经典 TRIZ 及失效预测（AFD）、需求预测、裁剪等为基础，构建不同层次的发明过程。

② 附加过程。发明过程是企业工程传统创新过程的附加过程，在企业的关键创新子系统出现发明问题时，启动该附加过程。

③ 满足企业特殊需求。突破性创新与破坏性创新过程与方法的研究与推广应用是企业对创新提出的更高目标，为此专门构建目标导向的发明过程。

④ 辅助支撑。集成发明过程与专利规避发明过程等对各类发明过程形成辅助支撑，也可单独使用，其结果创新程度取决于过程。

C-TRIZ 由主体结构与辅助支撑两部分组成。主体结构分为 TRIZ 及其扩展、问题导向方法、目标导向方法、过程再造方法四层，辅助支撑部分分为裁剪再造发明过程、集成驱动发明过程与专利规避发明过程三部分。

第一层：TRIZ 及其扩展。主要研究目标是 TRIZ 本身的发展，拓展其功能，使这些方法能更好地适应工业界对创新提出的新需求。如深入研究 TRIZ 中的类比方法，将效应、失效预测发展成扩展的效应方法、扩展的失效预测方法等。这些新发展与经典 TRIZ 共同构成 TRIZ 及其扩展层。

第二层：问题导向方法，专门解决问题导向的发明问题。即应用各种系统分析方法解剖系统，确定出现问题的根本原因，应用 TRIZ 解决问题，形成问题导向的发明。如公理设计（AD）用于发现发明问题，而 TRIZ 用于解决发明问题，从而形成一种发现问题及解决问题的链式方法；应用 Pahl 及 Beitz 的概念设计过程模型，首先建立功能结构，但该模型出现的发明问题可能是两个功能之间的冲突，或功能的实现困难，需要应用 TRIZ 中的功能搜索方法发现需要的效应，从而实现 Pahl 及 Beitz 与 TRIZ 的有效集成。渐进性创新（II，Incremental Innovation）[28]是问题导向的结果，研究其实现过程与方法。这些新方法均是问题导向方法。

第三层：目标导向方法。专门解决目标导向的发明问题并形成发明。企业技术创新的“期望状态”或目标是突破性创新（RI，Radical Innovation）[29]、破坏性创新（DI，Disruptive Innovation）[30]，即颠覆性创新，实现这些目标并解决实现过程中的问题需要新的技术创新方法。面向产品生命周期（PL）的绿色设计也属于目标导向的设计方法。将技术管理中的突破性创新、破坏性创新等概念与 TRIZ 紧密融合所形成各种新过程模型，这些模型构成目标导向方法。

第四层：过程再造方法。按照创新的需求，将 TRIZ 用于已有过程模型改造，形成新的模型。如将 TRIZ 用于已有设计过程模型、西格玛过程模型的改造，均能构造出新的模型并形成过程创新方法。

C-TRIZ 的辅助支撑包括裁剪再造、集成驱动创新与专利规避创新三个过程，其结果可能产生渐进性、突破性或破坏性发明。裁剪再造可以应用裁剪的基本原理改造已有系统，形成新的发明过程。集成驱动发明过程是指通过功能集成、技术集成或功能与技术的集成所形成的发明过程。专利规避发明过程包括针对一个企业产品整体、针对一个产品族或针对一个特定专利的规避发明过程。这三个过程形成了 C-TRIZ 四层体系之外的支撑部分，也是 C-TRIZ 的组成部分。

C-TRIZ 以 TRIZ 为基础，继承了 TRIZ 解决问题过程中应用跨学科知识及克服思维定式的优势，同时构建发明过程模型中考虑与企业工程传统方法或主创新过程的融合。因此，C-TRIZ 应能更好地满足以大规模培养创新工程师为目标的企业创新驱动发展需求。

2. C-TRIZ 中的发明过程分类

C-TRIZ 称为发明过程解决理论，包括三大类 11 小类发明过程，其结构如图 9 所示。三大类包括核心发明过程、基本发明过程、辅助发明过程。其中，核心发明过程有三类，即问题导向发明过程、目标导向发明过程、过程再造发明过程；基本发明过程五类，包括类比过程、冲突解决过程、功能综合过程、物质—场综合过程、技术预测过程；辅助发明过程三类，即裁剪再造、集成驱动与专利规避发明过程。

基本发明过程：基本发明过程中的每一个过程解决一类工程中常见的发明问题并形成发明。这些基本过程还是核心发明过程及辅助发明过程要调用的发明过程。C-TRIZ 第一层主要支持基本发明过程的实现。

辅助发明过程：第一类辅助发明过程为裁剪再造过程，即通过裁剪解决技术系统或产品中存在的问题。第二类辅助发明过程通过功能集成、技术集成或混合集成完成发明过程，为后续实现集成创新提供支持。第三类通过专利分析与再设计提供一类发明过程，即充分利用已有专利资源实现再创造。这三类发明过程的结果可直接形成企业需要的渐进性、突破性、破坏性或工艺创新，也可为核心发明过程提供一类辅助过程。

核心发明过程：问题导向与目标导向发明过程主要用于企业主创新中的产品设计过程，是设计过程的附加过程，与工程传统过程一起形成产品创新设计过程，旨在形成创新设计新方法。过程再造发明过程研究解决企业工艺过程创新与设计过程创新中的发明问题的解决方法，旨在创造新过程。

图 9 所示的分类是开放式系统。随着研究的深入，新的基本发明过程、辅助发明过程或核心发明过程可根据不同行业的特点加入，从而形成基于该分类系统的扩展。

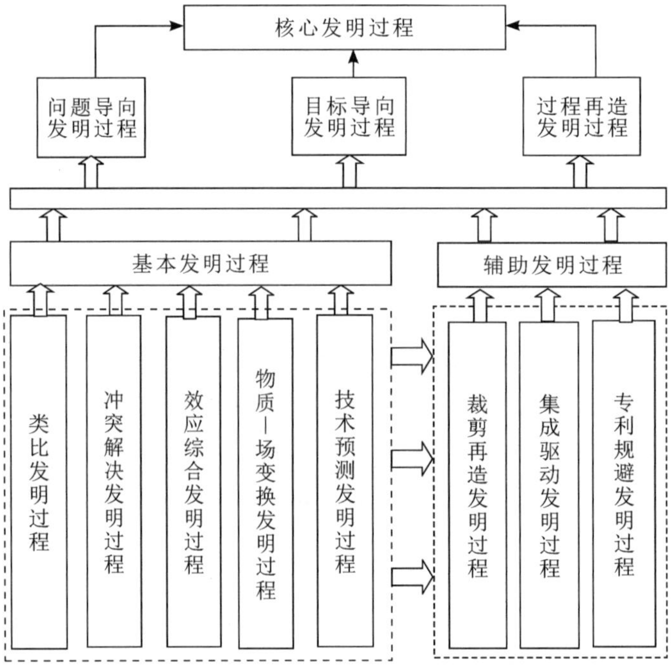

图 9　发明过程分类

由于每种发明过程模型中均包括领域问题的解反馈到关键创新子系统，工程师们要应用这些关键子系统的传统方法完善这些解，并经过评估得到能嵌入到正在开发的产品之中的可用技术，使后续的产品创新成为可能。如果认为应用 C-TRIZ 过程仅仅是获得发明，而不考虑这些发明是否能成为后续产品创新的一部分，则 C-TRIZ 是技术创新方法；如果认为 C-TRIZ 过程不仅要获得发明，而且这些发明必须变为正在开发产品中的可用技术，即发明所得到的新技术可以嵌入到正在开发的产品之中，成为产品创新的一部分，则 C-TRIZ 是工程创新方法。研发及在企业推广应用 C-TRIZ 的主要目标是使其成为一类工程创新方法。

3. 发明过程选择流程

图 9 中包含 11 类发明过程，实践中如何选择其中的一类或几类发明过程是需要解决的问题。图 10 给出了发明过程选择流程。

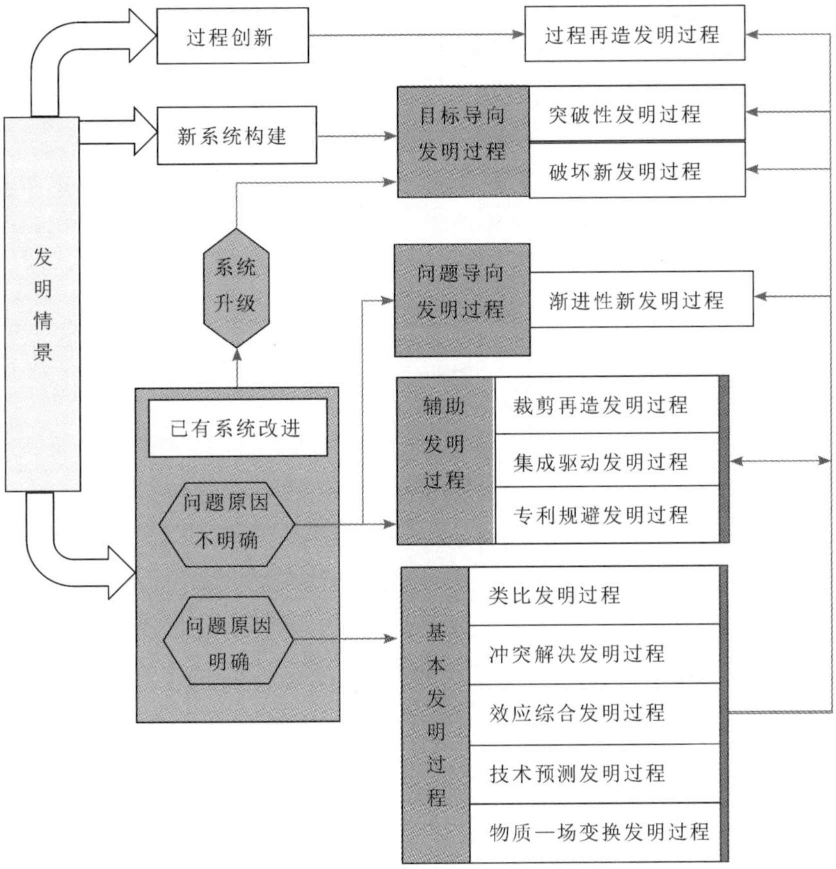

图 10　C-TRIZ 中发明过程选择流程

在确定的发明情景下，首先判断待开发的项目是过程创新、新系统构建，还是已有系统改进。对于过程创新只有一种选择，即过程再造发明过程。目前 C-TRIZ 中已给出了再设计发明过程方法，其余方法正在研究与整理之中。第二种选择是构建新系统，应采用目标导向的发明过程，可以选择突破性发明过程与破坏性发明过程。第三种选择是已有系统的改进，可以有三种选择：系统升级、问题原因不明确、问题原因明确。系统升级对应目标导向方法，问题原因不明的情景可以选择问题导向发明过程或辅助发明过程，问题原因明确的情景可以选择基本发明过程中的一种。

图 10 中，基本发明过程不仅可单独应用，还可被辅助发明过程、问题导向发明过程、目标导向发明过程及过程再造发明过程调用。各辅助发明过程既可以单独应用，也可被问题导向发明过程、目标导向发明过程及过程再造发明过程调用。

C-TRIZ 是一开放系 2D4N 统，未来将引入更多的发明过程，以丰富 C-TRIZ 并使之更好地在企业应用。因此，C-TRIZ 中发明过程选择流程未来将不断扩展。

4. 发明过程实例

问题导向的发明过程是一类发明过程，专门解决发生型问题，即已经发生或能够预先确定必然发生的问题，即产品的“期望状态”与“当前状态”存在距离，这表明问题已经存在。从设计的角度，发生型问题是指设计方案实施的结果没有达到设计目标或有异常产生。这类问题又可以分为未达问题和逃逸问题，前者是指期望的目标没有达到；后者指随着时间的推移，系统状态逐渐偏离期望状态。解决这类问题的关键在于确定产生问题的根本原因。

这类问题的解决往往是改变已有产品的局部结构，其结果形成渐进性创新。因此，所对应的发明过程为渐进性发明过程。图 11 所示为问题导向或渐进性发明过程模型，该模型有如下几个特点：

① 传统工程方法与发明过程紧密融合。传统工程方法是企业已经使用多年，并经过不断改进处于

成熟阶段的创新过程模型，或称新产品开发过模型。发明过程模型是一个响应市场需求、问题导向的发明过程。两个过程紧密融合形成一体化的过程模型。

② 领域解或领域发明是问题导向发明过程的输出。领域问题的解要反馈到产生发明问题的关键创新子过程，并应用领域知识将其转换成为领域解，即发明。

③ 发明问题的类型可用于选择 TRIZ 基本发明过程。通过问题诊断确定领域问题，之后要根据问题的类型，选择一类 TRIZ 基本发明过程。TRIZ 基本过程是发明问题解决的基础方法。

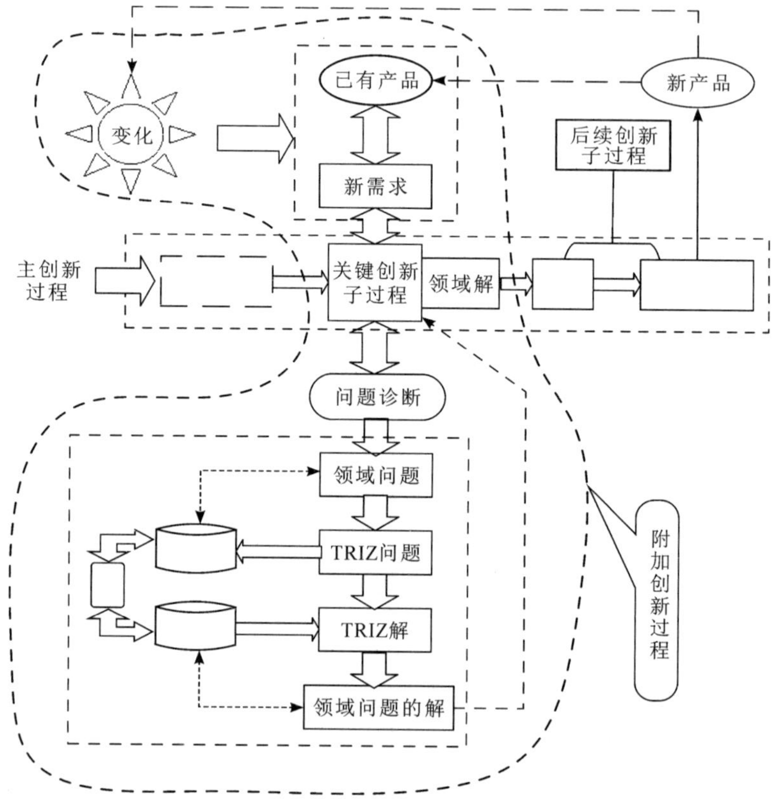

图 11 渐进性发明过程模型

渐进性发明过程由 6 步组成。

第 1 步：确定发明情景。经济社会发展及产品的现场应用引发了很多变化，并成为创新的初始机遇。工程师应根据企业与产品的发展现状，确定一些初始机遇引发后续发明过程。这些初始机遇即为发明情景。

第 2 步：确定发明的起始阶段。面对发明情景，工程师要根据已有产品特点，确定解决产品可能存在问题的关键创新子过程。模糊前端、概念设计、技术设计、详细设计、工艺设计、制造均为可能的关键创新子过程。

第 3 步：问题诊断。工程师要通过功能模型建立、裁剪、根原因分析等方法对存在的问题进行诊断，以确定其中的领域问题。这些领域问题应以发明问题表征，如技术冲突、物理冲突等。

第 4 步：选择问题解决方法。根据问题的类型，在基本发明过程中选择合适的方法。

第 5 步：求解发明问题。按照选出的基本发明过程解决发明问题，获得发明问题的解，即领域问题的解。

第 6 步：形成发明。将发明问题的解反馈到关键创新子过程，应用领域知识，包括过程与方法，完善该解并形成领域解。这些领域解是问题导向发明过程的输出，即领域发明。

图 11 表明，领域问题的解并不是工程传统过程所需要的解，这些解根据关键子系统的特点及领域知识进一步完善，形成领域解。该类解是渐近性发明过程的输出，或工程传统过程中后续创新子过程的输入。

关键创新子系统与技术创新方法融合是渐近性发明过程的特点，是典型的融合型创新方法。

四、 C-TRIZ 向企业转移模式

1. 批量“创新工程师—发明”创新方法转移过程

在研究技术转移原理的基础上，根据国内企业需求与现状，提出了如图 12 所示的面向批量工程师的技术创新方法转移模型(MEIM)。该模型是一个交互式七阶段技术转移过程模型，或称批量“创新工程师—发明”技术转移模型。

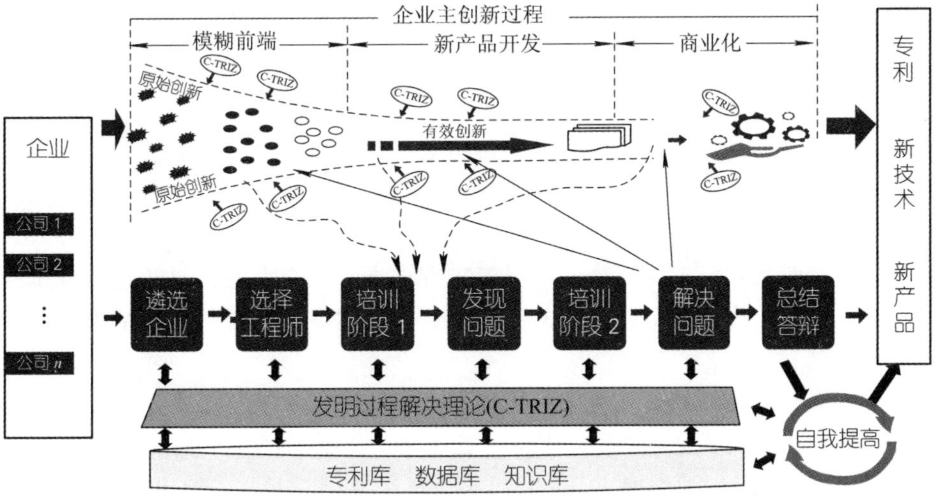

图 12 批量“创新工程师—发明”模型(MEIM)

此模型包含四个主要部分：参与企业、工程传统方法或主创新过程、培训与咨询过程、两过程的融合。其中培训与咨询过程分为七个阶段：遴选企业、选择工程师、培训阶段 1、发现工程难题或课题、培训阶段 2、解决工程难题或课题、总结答辩。两个过程的融合包括参训工程师们发现研发或生产中的发明问题、解决发明问题、将解返回到关键创新子系统并产生发明三个子过程，这三个子过程使得工程传统过程和培训过程有机融合，这种融合使渐进性发明过程能够实现。

七阶段技术转移过程一般持续 8～12 个月。一般参加一期技术转移的工程师人数为 60 人，来自一个或多企业研发、设计、制造等不同岗位。最后答辩的工程师已变成创新工程师。答辩是工程师们展示所创造的一批新技术、新工艺，并已形成企业发明的过程。由于参加技术创新方法转移的企业非常关注工程师们工程课题的研究进展，对于进度快的项目会及时评估并投资继续后续的开发过程，因此，在技术转移结束时偶尔也会诞生一些新产品，即成为幸运结果。

批量“创新工程师—发明”模型的详细内容为：

阶段 1：遴选企业。

对于面向区域的技术创新方法转移，区域内与政府有直接关系的中介机构负责遴选企业。对于直接面向企业的技术转移，高校可自主选择企业，也可与企业所在区域内的相关中介机构共同选择企业。无论采用何种方法遴选企业，承接技术转移的企业的管理层高度重视且有强烈的需求是基本条件。

阶段 2：选择工程师。

C-TRIZ/TRIZ 广泛适用于各类企业，但技术转移过程中应针对不同企业制定相适应的培训方案与内容，满足技术转移的要求。为了确保技术转移的效果，对直接参训的工程师也有技术素养、求知欲、创新潜力等方面的要求。一般建议选拔有一定学历、年富力强、有丰富工作经验、乐于探索的工程师参加技术转移。

阶段 3：基础课程学习阶段(培训阶段 1)。

培训师资团队向工程师传授 C-TRIZ/TRIZ 基础知识与技术。该阶段的培训着重于基本概念和基本方法，以经典 TRIZ 的方法与基本发明过程为主，主要包括系统建模、功能分析、根原因分析、技术进化、技术成熟度预测、冲突解决理论、物质—场分析与标准解、效应等。讲授中辅以大量实例以提高对发明过程的理解，使得工程师具备发现问题、分析问题和解决问题的基本能力。该阶段的学习过程特别强调系统思维、冲突思维、资源思维与进化思维的运用，以便后续工程师们发现发明情景或创新机遇，并有助于他/她们确定工程难题。

阶段 4：发现问题，也即确定工程难题或课题。

工程难题又称工程课题或项目，是 C-TRIZ 过程中的发明机遇。在完成第一阶段培训后，工程师可以从技术创新的新观点重新审视企业的工程实践，要发现工作中需要解决的技术难题，而非沿袭企业习以为常的发现问题流程。该类难题是领域问题，即发明问题，是发明机遇。

阶段 5：提高课程学习阶段(培训阶段 2)。

该阶段为定制课程学习阶段。师资团队根据企业需求与工程师们所选课题类型，决定应该学习的知识体系。

阶段 6：问题也即解决工程课题或难题。

工程师应综合运用所学知识，系统解决所选择的工程课题，从产生的设想转化为技术发明，如产出新的设计原型、新的工艺过程或者被企业接受的新概念，一般还要验证所产出的结果。

阶段 7：总结答辩。

工程课题的解决要形成新技术或新工艺，以申请专利、发表论文、形成效益或其他成果形式为衡量指标，偶尔也有一些成果已形成了企业的新产品，并已销售。工程师详细汇报问题发现与解决过程及成果，接受专家质询，用以评价工程师掌握 C-TRIZ/TRIZ 程度与运用情况，给出创新能力水平结论。

阶段 4 与阶段 6 要求参加技术转移的工程师不仅熟悉企业的工程传统方法、企业研发与生产与研发的问题，还要将学到的 C-TRIZ/TRIZ 与工程传统方法融合，不仅确认初始机遇、发明机遇，还要确定领域问题的解及领域解，为企业提出明确的创新机遇，供企业选择与决策。工程师按照图 12 所示模型的全过程完成最后的答辩是艰难的过程，他们要采用一种新的融合创新方法发现和解决工程难题并实现创新，但坚持到最后的工程师发现自己的创新能力确实得到了提升。通过答辩的一批创新工程师将成为企业创新驱动发展的核心力量。

2. 技术转移效果

2007—2019 年，国家中心按图 12 所示的模型在国内 20 多个省市、企业推广以 C-TRIZ/TRIZ 为核心的工程与技术创新方法，共实施面向企业的技术转移 152 期，接受技术转移的企业 1933 家，培养工程师 9821 人，如图 13 所示。

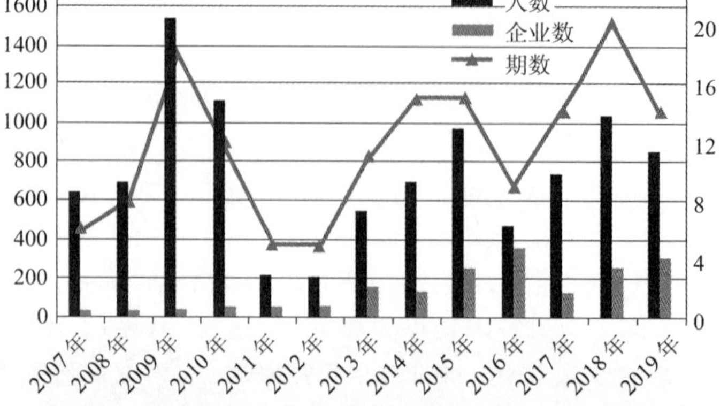

图 13　2007—2019 年在全国技术转移数据统计(右垂直坐标表示技术转移期数)

2010—2019年本中心对在全国实施技术转移成果进行了统计，在技术转移过程中，创新工程师们申请专利2029件，其中发明专利956件，发表论文211篇，技术转移期间产生新产品161件，创造经济效益22.05亿元。年度申请专利数见图14。

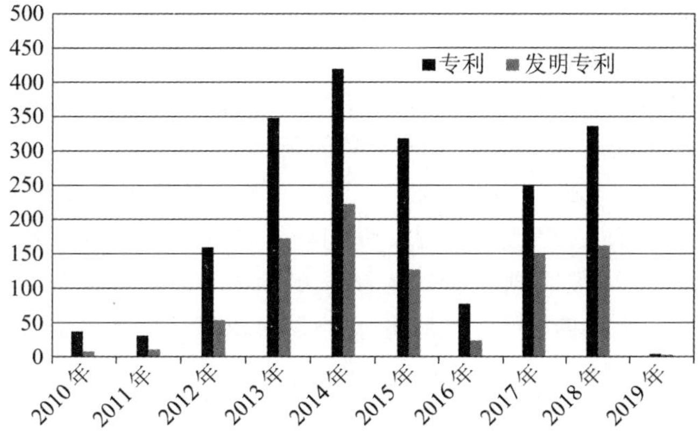

图14　年度申请专利分布

3. 赋能创新模式

创新方法向企业转移实践表明地方政府及其所属中介机构很重要，如各省市的生产力促进中心、科技服务中心、信息研究院等均属于该类机构，面向区域创新方法转移的很多项目由这些机构组织，即区域内参加创新方法转移的企业由这些机构体遴选，国家中心与中介机构共同组织并推进方法转移的过程。多年来国家中心与区域及中介机构合作以形成一种提升各类企业创新能力的服务模式，称为赋能创新模式，图15表示该模式的要素与基本流程。

图15表明，政府及中介机构、国家工程技术研究中心、企业组成相互促进的“三螺旋”创新方法转移系统。地方政府所属中介机构组织支持本区域内有需求的企业参加创新方法转移项目；企业遴选优秀工程师代表本企业参加项目；国家中心与国际TRIZ相关机构合作并根据国内的需求开展研究，产出能在企业更好应用的工程创新方法，按照MEIM模型实施创新方法向企业转移的业务活动。通过三方的共同努力，推进C-TRIZ/TRIZ向企业的转移顺利进行，其结果为区域与企业培养一批创新工程师，产出了一批新技术、新工艺或新产品，显著提升参加创新方法转移企业的创新能力。

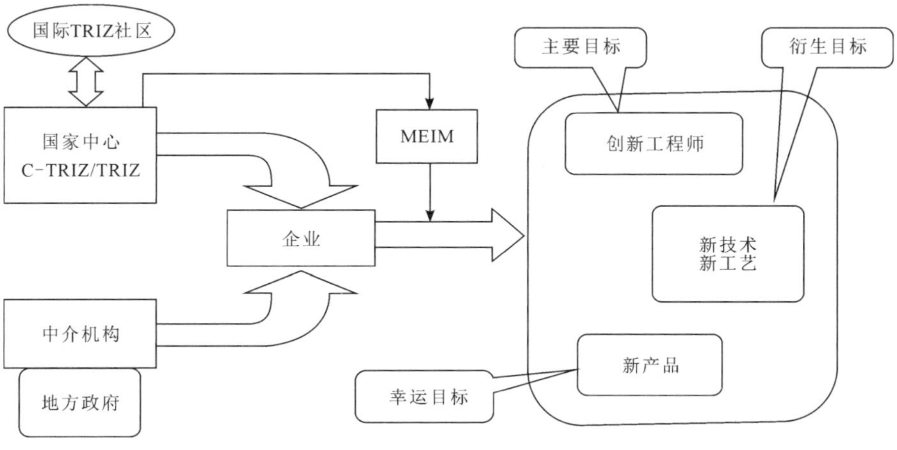

图15　赋能创新模式要素与流程

在我国与各级政府紧密相关的中介机构很多，图15是这些机构帮助高校实现C-TRIZ/TRIZ向企业转移的一种模式。这种模式仍需完善，特别是投入机制、利益分配等是需要研究解决的问题。随着国家创新驱动发展战略的实施，全球化竞争的加剧，大量企业需要应用C-TRIZ/TRIZ快速高质量且低成本地开发新产品，这种环境为 C-TRIZ/TRIZ 等工程创新方法的研究及进入企业创新主战场提供了机遇。

五、 结论

（1）以方法融合的特征为主线，对 C-TRIZ 形成过程进行了梳理，提出 C-TRIZ 是一类基于工程传统方法与 TRIZ 融合的工程创新方法。

（2）C-TRIZ 中每一类发明过程的输出称为领域解或领域发明。该类发明通过工程传统方法嵌入到正开发产品之中，即技术创新的结果直接应用于产品创新。

（3）通过批量“创新工程师-发明”过程，将 C-TRIZ 向企业实施技术转移的效果良好。实践证明 C-TRIZ 是值得在企业推广应用的工程创新方法，面向企业的赋能创新模式已初步形成。

（4）C-TRIZ 是开放系统，需要不断完善。随着研究与技术转移的继续，新的发明过程将引入到已有 C-TRIZ 系统之中，使其不断完善，更好地服务于企业创新驱动发展的新需求。

★ 参考文献

[1] 李伯聪. 工程创新是创新的主战场[J]. 中国科技论坛，2006，(2)：33 - 37.

[2] SNOWDEN D E，BOONE M E. A Leaders Framework for Decision Making[J]. Harvard Business Review，2007，(11)：69 - 76.

[3] DARRELL M. Boeing 737 Max[J/OL]. TRIZ Journal，2019 (11).

[4] SAVRANSKY S D. Attributes of the inventive problems[C]. //AAAI Spring Symposium on Search Techniques for Problem Solving under Uncertainty and Incomplete Information，Stanford University，1999.

[5] ALEXANDER C，CLAUDIA H. Solving complex problems and TRIZ[J]. Procedia CIRP，2016，(39)：27 - 32.

[6] 檀润华. TRIZ 及应用[M]. 北京：高等教育出版社，2010.

[7] 邢怀滨. 工程创新的“壁垒—陷阱”分析[J]. 工程研究—跨科学视野中的工程，2009，1(1)：58 - 65.

[8] 王大洲. 关于工程创新的社会理论审视[J]. 工程研究—跨科学视野中的工程，2018，10(3)：256 - 265.

[9] 李伯聪. 关于方法、工程方法和工程方法论研究的几个问题[J]. 自然辩证法研究，2014，30(10)：40 - 47.

[10] 殷瑞钰，傅志寰，李伯聪. 工程哲学新进展：工程方法论研究[J]. 工程研究，2016，8(5)：455 - 471.

[11] 王增强，李延来，蒲云，等. 基于 QFD 和前景理论的产品规划方案选择方法[J]. 机械工程学报，2013，49(4)：174 - 184.

[12] PAHL G，BEITZ W. Engineering design-a systematic approach[M]. 2nd ed. London：Springer-Verlag，2000.

[13] 江屏，张换高，陈子顺，等. 基于公理设计的产品平台设计方法[J]. 机械工程学报，2009，45(10)：216 - 221.

[14] ALTSHULLER G. The Innovation Algorithm[M]. Worcester USA：Technical Innovation Center，1999.

[15] SOUCHKOV V. TRIZ in the world：history，current status，and issues of concern[DB/OL]. The Netherlands，Enschede：ICG Training & Consulting. (2016)[2019 - 4 - 5]. http://www.xtriz.com/publications/Valeri-Souchkov-TRIZ-in-the-World.html.

[16] 牛占文，徐燕申，林岳，等. 发明创造的科学方法论：TRIZ[J]. 中国机械工程，1999，10(1)：84 - 89.

[17] 檀润华. 创新设计：TRIZ：发明问题解决理论 [M]. 北京：高等教育出版社，2002.

[18] 檀润华. C-TRIZ 及应用[M]. 北京：高等教育出版社，2020.

[19] CHRISTIANSEN J K，GASPARIN M. Managing controversies in the fuzzy front end[J]. Creativity and Innovation Management，2016，25(4)：500 - 514.

[20] FRENCH M J. Conceptual design for engineers[M]. 3rd ed. London：SpringerVerlag，1999.

[21] FRILLICIA F S，FIORINESCHIA L，CASCINI G. Linking TRIZ to Conceptual Design Engineering Approaches[J]. Procedia Engineering，2015，131：1031 - 1040.

[22] DRUCKER P F. The discipline of innovation[J]. HBR，1985，(8)：95 - 102.

[23] TIDD J. A Review of Innovation Models. Discussion paper 1/1，Imperial College London 2006.

[24] 唐晓波，魏巍. 知识融合：大数据时代知识服务的增长点[J]. 图书馆学研究，2015，(05)：9 - 14.

[25] PREECE A，HUI K，GRAY A. KRAFT：an agent architecture for knowledge fusion[J]. International journalof cooperative information systems，2001，10(1 - 2)：171 - 195.

[26] SMIRNOV A, PASHKIN M, CHILOV N. Multi-agent architecture for knowledge fusion from distributed-sources[M]. Berlin: Springer, 2002.
[27] 江平宇，张斌斌，郭威. 多创新方法集成与融合应用的 LCUE 矩阵法研究及实施[J]. 科技进步与对策，2019，36(4)：1-8.
[28] 张洪石，卢显文. 突破性创新和渐进性创新辨析 [J]. 科技进步与对策，2005，(2)：164-166.
[29] COLOMBO M G, KROGH G, ROSSI C. Organizing for radical innovation: Exploring novel insights[J]. Journal of Product Innovation Management, 2017, 34(4): 394-405.
[30] CHRISTENSEN C M, OVERDORF M. Meeting the challenge of disruptive innovation[J]. HBR, 2000, 78 (2): 66-76.

大科学工程建设面临的双重危机

李 侠 李格菲

摘 要：大科学工程的有效运行需要严格的基础支撑条件：知识、人才与资金，在支撑条件并不充分的情况下，仓促上马大量大科学工程项目会给科技界带来严重危害，主要有三点：首先，透支科技界的信任资本，造成信任红利消失；其次，在基础研究经费有限的情况下，大科学工程会挤占其他学科的发展资源，遏制其发展；第三，大科学工程由于资源过度集中，会造成科技界的割据化现象，随着边际效用的递减，路径依赖效应会导致科技界陷入退化模式。

关键词：大科学工程；信任；资源；危机

随着成为世界第二大经济体，以及创新驱动发展战略的实施，国家在科技的投入上也逐年提高，所有这一切都助长了科技界的冒进之风。各种上大项目的浪潮从各个领域渗透到科技界，科技界也开始出现各种大科学工程如雨后春笋般涌现的壮观景象。但是我们的科技投入养活得起这么多的大科学工程吗？现有的知识与人才储备支撑得起这些大科学工程吗？如果这轮“大跃进”之风不能得到有效梳理，将从根本上扭曲中国科技发展的正常轨迹。

一、 大科学工程的信任危机

大科学工程通常是指：“以大型科研装置、设备、工程等硬件设施为依托，集中多个领域科技资源组织开展的系统性科学工作。大科学工程是为国际公认的、主要以开展原始性科学创新为依托的工程项目。”[1]这类定义的一个共性特点就是突出其工程性，即工程规模的庞大与技术的复杂性。大科学工程首先要考虑到这个载体所承载的科学研究是否具有前沿性与创新性，但是，在当下语境中科学内容的首要性正在逐渐降低，而工程性则在快速增加。从这个意义上说，明确大科学工程立项的第一标准就是内容的前沿性，这一标准应该在所有考虑中占有绝对的优先性，否则非但不能促进科技的快速发展，反而会扭曲科学发展的整体布局。

由于大科学工程涉及的内容基本上属于基础研究领域，其未来产出的成果大多具有公共物品的特性，短期内难有商业回报，由于产权问题，市场不会主动投资基础研究，因此，这部分的投入只能依靠政府来推动，这就决定了基础研究从一开始就面临投入的先天困境。一个国家该如何安排科学结构的布局，这与该国的整体社会发展水平密切相关。中国仍然是一个发展中国家的现实，决定了中国在科研结构布局上的选择更偏好于应用研究，这种战略安排短期内很难改变。政策范式一旦成型就会潜在地产生

基金项目：上海市教育委员会研究项目：高校学术道德建设与印象管理(A1304)。

作者简介：李侠(1967—)，辽宁人，博士，教授，上海交通大学史与科学文化研究院，研究方向为科技政策、科学社会学与心灵哲学；
李格菲(1994—)，女，辽宁省人，日本早稻田大学国际文化与传播学院2017级博士生，研究方向为传播学、科技传播。

制度惰性，并呈现出高度的路径依赖性。因此，基础研究规模在当下无法达到理想的区间，这是由现实国情决定的。笔者曾撰文指出，中国科学刚刚实现了从“穷科学”向“小康科学”的过渡，决定了我们必须利用这段时间耐心与努力地夯实科学基础，切不可急躁冒进。近年来国家的科技投入增加了，可以适当发展一些大科学项目，但是不能出现“大跃进”现象。因此，大科学工程不是不能搞，而是应该进行仔细评估，尽量缩小规模，力争在资源的硬性约束下，评选出少而精的大科学工程项目，以此达到对科学发展的引领作用，而非科学界的圈地运动。

开展大科学工程需要具备一些基础支撑条件，除宏观层面的政策支持外，还需要中观层面的基础条件支撑，缺少这些基础支撑条件仓促上马的大科学工程很难取得预期效果。由于工程建设的不可逆性，一旦决策失误，这些项目未来极有可能成为科学界的烂尾工程。

根据图 1 所示的大科学工程支撑条件模型，简要分析我国开展大科学工程的边界条件问题。在知识储备方面，由于我国自然科学的诸多学科在国际比较中，尚没有一个学科排名世界第一，这就意味着我国在前沿知识领域整体上与科学发达国家还有一段距离，也就决定了我们不能盲目上马太多大科学工程项目。那么基于现有的知识与人才储备现状，大科学内容该如何选择呢？根据笔者的研究，通常有两个路径：其一，选择基础最好、实力最强的学科作为突破口，这样通过大科学工程的载体能够让该学科很快走到国际前沿；其二，根据美国科技管理专家斯托克斯（Donald Stokes）提出的“巴斯德现象（Pasteur's Quadrant）”理论，我国大科学研究内容的选择应该基于“由应用引发的基础研究”入手，其益处就是，从现实国情出发，虽然不能说是最前沿的研究，但可以解决当下面临的最紧迫的理论问题。如大飞机工程，这类研究内容的市场转化前景比纯粹的基础研究（玻尔象限）要容易，而且，也更适合中国的国情。在研究内容的选择上一定要避免那种理想主义的主张：即研究不要带有任何功利目的，为研究而研究。那种理想主义的主张听起来很崇高，但是，这种做法恰恰是对中国科技的最大不负责任：因为你所花的经费是纳税人的钱，研究者必须对他的投资人负责。在研究者与纳税人之间存在一个无形的“委托——代理”关系，科研人员作为具体研究工作的代理人必须全力以赴完成委托人期待的工作，由此，才能获得委托人的信任，从而在科技与社会之间形成良性循环的局面。如果完全不顾纳税人的期望与偏好，一味凭自己所好，为科学而科学，到最后就会失去社会对科学的信任与支持。

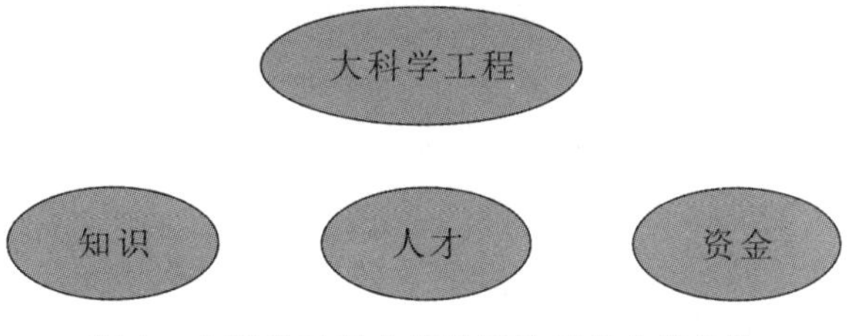

图 1　大科学工程中观层面的基础支撑条件

在人才储备方面，以获诺贝尔奖数量作为参考，高端人才严重不足，而中低端人才数量庞大，在总量上已经是世界第一，在世界主要国家的人才存量结构的比较中：“中国万人劳动力中科学家仅有 18 人，而第一梯队英、美则有 79 人，第二梯队的法国、澳大利亚等国家则有 68 人。”[2] 由于大科学工程的特点决定了其对高端人才存在高度的依赖性，现有的人才储备结构决定了我国开展大科学工程的数量与内容的选择模式：少而精与从应用切入基础研究。在经费支撑方面存在的问题更加明显，下面有详细的分析，在此不再赘述。因此，上述三项基础支撑条件决定了中国发展大科学工程的边界条件。

幸运的是，我国早期开展的大科学工程之研究内容的选择与数量配置大多处于“巴斯德象限”内，即由应用引发的基础研究，在资金的硬性约束下选取少量的大科学项目。如 20 世纪五六十年代，为了应对国际上的压力与威胁，开展的两弹一星工程，都是著名的大科学工程，其研究内容的选择与数量配置大多基于隐性的基础支撑条件而定。这也是早期大科学工程成功的内在机制。大科学工程的成败对于后续的科技发展意义重大，如果失败了，科技界整体将陷入规模萎缩与不被信任状态。幸运的是，两弹一星的成功，抛开其广泛深远的政治与社会影响外，对于科学界而言，为其自身赢得了持久的声誉与信任。客观地说，作为中国大科学工程的代表，“两弹一星”工程为中国科技界积攒下大量的信任资本，时至今日，国人对于中国的大科学工程无条件地充满信心，皆源于这份前期积累。这种充分信任对于任何行业来说都是一种宝贵资源，它对于未来的项目立项、支持与认同至关重要，这就是所谓的信任红利。那么，群体信任是怎么形成的呢？通常来讲，群体信任要处理好三者之间的关系：即国家偏好（国家目标）、机构偏好（科研目标）与个体偏好（个人诉求）之间达至兼容，这样就会形成共识，也会衍生出信任感，兼容度越大信任感越强，反之亦然。如果三者之间的偏好严重背离，将无法形成共识，也就无从谈起相互之间的信任。但是也要清醒意识到中国文化背景下形成的无条件信任暗含一种危机：毕竟这种信任源于对以往成功的认可，而非基于自己独立判断得出的结果，缺乏共识基础，这就意味着这种信任基础薄弱，信任红利也极容易随着不满与失败的增加而迅速消散，群体的盲从效应在信任领域比在其他领域要大得多。塔西佗陷阱恰恰是信任红利消失后的最好体现：不论你说什么，人们都不信任你！对于科技界而言，这是致命的，为了防止大科学工程泛滥导致的信任危机，我们需要从资源约束角度检视大科学工程面临的现实风险。

二、 大科学工程的资源危机

所有大科学工程的投入都是非常巨大的，资金约束是任何国家和地区在建设大科学工程时首先需要考虑的问题，我们不妨看看历史上的大科学工程的投入情况。据介绍：“ITER（国际热核聚变实验堆计划）是目前全球规模最大、影响最深远的国际科研合作项目之一，建造约需 10 年，耗资 50 亿美元（1998 年值），其目标是验证和平利用聚变能的科学和技术可行性。由于该计划是人类受控核聚变研究走向实用的关键一步，因此备受各国政府与科技界的重视和支持。为实现 ITER 计划的目标，七个参与方（中国、日本、韩国、印度、俄罗斯、美国和欧盟）签订相关协议，在东道国法国成立了独立的国际组织（ITER 组织）协调管理该计划的执行。”[3]再来看看科学史上的其他大科学工程的投入，就更能印证这些工程对于资金的高度依赖性。据英国历史学家彼得·伯克（Peter Burke，1937—）介绍：“曼哈顿计划很有名，也很昂贵：雇用了 25 万多名科学家，耗资 20 亿美元，而这些，不过只是一个更为庞大的故事的一部分……载人登月的阿波罗计划耗资 70 亿美元，而其实际花费高达 1700 亿美元。另一方面，非载人的空间探测任务则便宜很多，探测火星的‘维京计划’（1975—）和探索天王星的旅行者一号、旅行者二号（1977—），分别耗资 10 亿美元和 6 亿美元。”[4]欧洲核子研究中心（CERN）建造大型强子对撞机（LHC）花费近 90 亿美元，1990 年美国发射的哈勃空间望远镜计划（Hubble Space Telescope），耗资 30 亿美元。再来看看国内研究原子弹的投入也可以佐证这个问题，据学者介绍：“若从工程耗费总量计，从铀勘探到制造出第一颗原子弹，按 1957 年价格计，约 107 亿元人民币。而 1957 年全国财政总支出才 290 亿元，107 亿元相当于 1957 年国家预算的 37%。”[5]另据报道：“中国载人航天工程 20 年（1992—2012）的发展进程中投入 390 亿元人民币。”[6]笔者刚刚获悉，国内投资最大的重大科技基础设施项目“硬 X 射线自由电子激光装置”获批启动，该项目投资额达到 83 亿人民币（具体数额还有待确证）。联想到 2016 年国内学界热议的建造超级对撞机项目，即中国科学院高能物理研究所提出的建造正负电子对撞机—质子对撞机（CEPC - SPPC），据王贻芳测算，该项目需要投入 1000 亿人民币。而杨振宁则估计需要花费要高于 200 亿美元（1335 亿人民币）。[7]不列举了，目前还有一大批大科学项目在排队中，这种大科学项目如井喷式涌现的现象对于中国科学未来的发展有什么影响，还没有人对此做过详细的研究。暂且不论这个现象背后的动机为何，有一个问题是无法绕开的，即当下中国的科技投入是否能够支撑得起这么多大科学项目同时上马以及运行呢？大科学工程一旦建成就要运行以及改造升级，这些费用都是非常庞大的。据学者介绍，“大科学工程是科学研究的重要工具，本身没有产出效益。因此，建成后就应立即安排运行费，同时为保持其先进性，也需不断改进和改造。按照国际惯例，大科学工程年运行费是工程总投资的 1/10，技术改造费亦为 1/10。”[8]很多时候，实际投入比这个比例还高。如 1984 年兴建的北京正负电子对撞机（BEPC）投资 2.4 亿元人民币，2004 年北京正负电子对撞机重大改造工程（BEPCII）开始建设，投资人民币 6.4 亿元人民币。通常，运行与改造的费用合计约占总投资的 20%，对于超级对撞机，按照王贻芳的数据1000亿元人民币的投资来说，用于维护与改造费用也将达到200亿元，试问这些投入从哪里出？这笔庞大的投入对于其他学科来说会造成什么影响？

由于众多大科学项目都是基于基础研究目标立项的，很难产生经济效益，显然这类设施的投入无法通过市场融资来解决，它的建设只能依靠政府投入，而国家的科技投入在任何时期都是有限的，这势必造成对其他学科的挤压效应。为了更清晰地展示这种可能性，根据我国科技投入的结构，以R&D投入最多的2016年为例，当年R&D投入占GDP的2.1%，达到15676.7亿元，其中，全国基础研究经费822.9亿元，应用研究经费1610.5亿元，试验发展经费13243.4亿元，基础研究、应用研究和试验发展经费所占比重分别为5.2%、10.3%和84.5%。2016年全国基础研究经费823亿人民币，这些基础研究经费根本无法维持如此众多的大科学项目的建设与运营。随着经济运行下行趋势的常态化，尤其是基础研究经费绝大部分来自政府的财政拨款，在财政收入结构没有大的变动情况下，可以预期，短期内中国的R&D经费投入不会有太大的增加，这就意味着当下的科技经费投入规模与结构根本无力支撑如此众多的大科学项目的建设与运行。

图2是我国过去近二十年(1999—2016)的R&D投入占GDP比例的数据，基于此，笔者对未来的趋势作了一些推测。就整体趋势而言，国家对于科技的投入一直处于缓慢上升的阶段，2016年达到2.1%，随着创新驱动发展战略的实施，科技投入缓慢增加的大趋势不会改变，但是我们要考虑到，随着整体经济下行压力的加大，R&D投入增加的速度会变慢。乐观估计，未来五年置信上限将达到2.72%；悲观估计，未来的置信下限将达到2.26%，取个理想的折中值，2021年的R&D/GDP将达到2.49%，换言之，2.5%将是未来一段时间科技投入的上限。基于制度的惯性，未来的科技投入规模与结构都不会发生太大的变化。由于大科学工程大多集中在基础研究领域，那么，R&D的投入结构会发生大的改变吗？

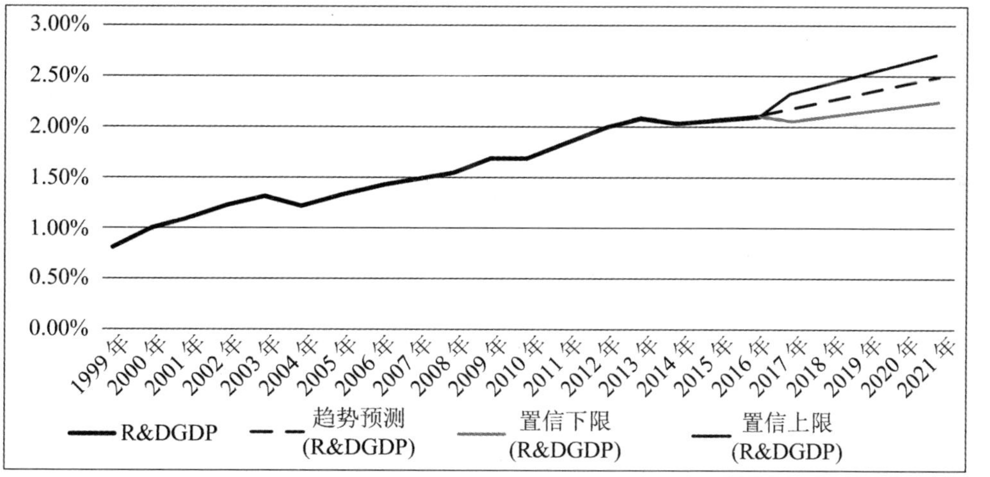

图2　中国R&D/GDP比例及趋势预测(根据统计年鉴相关数据整理)

关于科技投入结构，有两个问题需要厘清：其一，要清醒意识到中国科技投入的水分比较大，尤其是试验发展部分，这部分大多是企业的科技投入。中国科技统计公报的数据显示近10年间(2007—2016)，实验与发展经费占R&D的比例一直处于82%～85%之间，而国际上该数据通常在60%～70%之间，这种高投入状态与中国企业的真实表现不符。根据苏依依等人的实证研究显示："基于全球上市公司近10年(2005—2014)的研发数据，研究发现，相对于美德日韩，中印企业的研发回报率并不显著，部分揭示了两国企业研发不足的内在动因。"[9]企业的本性是追求利润，如果企业投入研发却不能获得理想的回报，那么企业是不愿意进行研发投入的。苏依依等人的研究显示，中国企业研发投入回报很不理想，但恰恰是在几乎同一时间段，我国企业的研发投入数据又处于高位运行状态，这种矛盾现象该怎样解释呢？显然，这部分虚增的研发投入只能看作是企业为避税而采取的一种手段而已，尤其是在中国企业税费负担严重偏高的情况下，否则很难解释企业研发投入占R&D接近85%的夸张表现。其二，当下科技界有一个普遍的呼声，即中国的科技投入结构不合理，其中，基础研究经费严重偏低，希望三大领域的投入结构在未来达到国际平均水准，即 10～15:20～25:60～65，这种说法学界已经呼吁了很多年，然而实际状况基本上没有任何改变。笔者通过对近 20 年中国科技投入结构的考察发现，基础研究的比例一直维持在 4.5%～6.0%之间，见图 3。

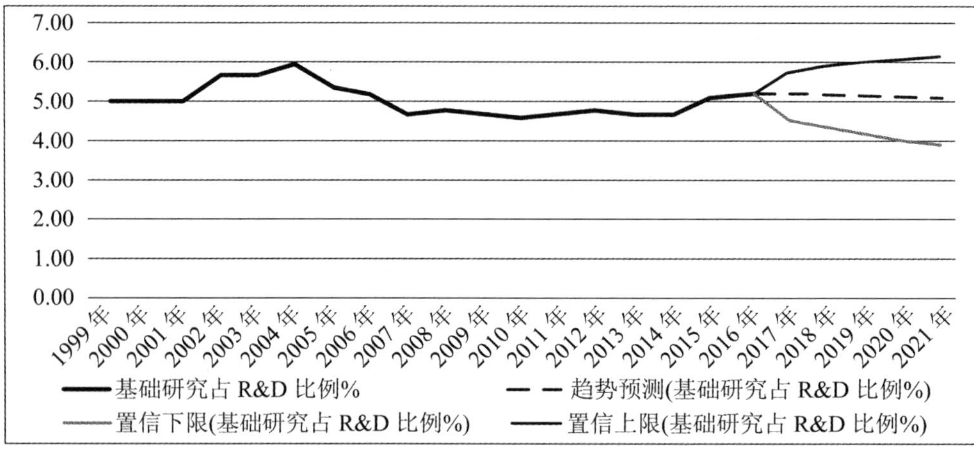

图 3　我国基础研究占 R&D 的比例及发展趋势

笔者也认为，这个投入比例严重偏低，但实际状况却很难改变。造成这种局面的原因有很多，清华大学刘立教授称这种现象为："基础研究经费 5%已成为中国特色的规律。"[10] 基于当下的科技投入模式，可以对未来基础研究投入的规模做出简单预测，乐观估计，2021 年，基础研究投入达到 6.19%，悲观预测未来将下降到 3.88%，折中预测是 5.03%，但考虑到全社会都认识到基础研究的重要性，出现置信下限的可能性基本不存在。从这个意义上说，基础研究投入在未来会占到 R&D 的 6%还是有可能的，甚至会更高一些，但即便达到了这种比例，基础研究的总盘子还是太小(见图 4)，根本无力养活这么多大科学工程。这种一哄而上搞大科学工程的喧嚣，无异于断送中国科学的未来，这场豪赌对于中国整体基础研究领域将会带来灾难性的后果。这种情形可以用"抽水泵效应"来解释，大科学工程相当于资金池里的巨型吸水泵，在基础研究经费原本就很有限的背景下，这些巨型吸水泵持续不断地侵蚀基础研究的资金池，毋庸讳言，基础研究经费很快会被其吸干榨尽，以崇高的名义形成资源的高度垄断与局部集中，其他学科自然会萎缩，毕竟任何学科的发展都需要资源的支撑。这些大科学工程会极大地改变科技界的生态结构样貌，科技界的割据化会成为全面均衡发展的阻力。因此，大科学工程不论怎样解释都会对其他学科产生强大的挤占效应。问题是，这种以大换小的选择是否符合国家的长远发展，中国的整体科学布局是需要几朵鲜花来点缀，还是趁着难得的国际和平时机采取快速的全面推进发展，值得思考。

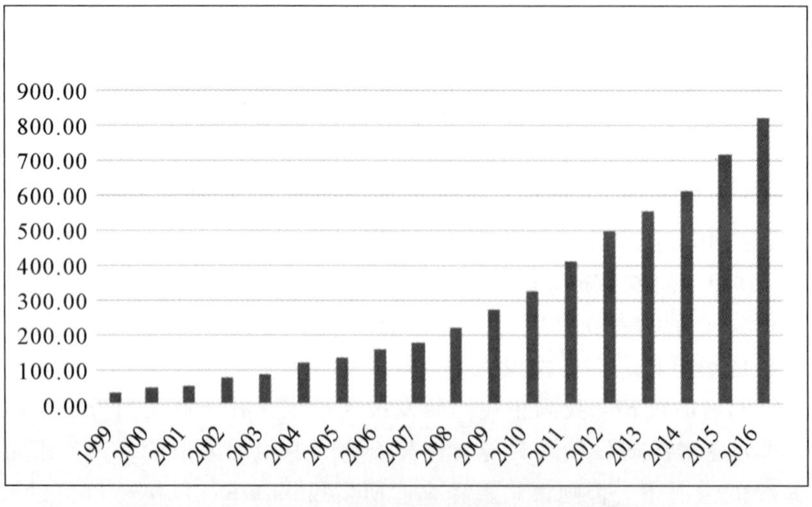

图 4　1999—2016 年我国基础研究的投入规模(亿元)

大科学工程建设中还面临两个难以回避的道德风险难题：其一，为了获得立项通过，申报者往往会尽量缩小预算，一旦审批通过，该项目就演变为“钓鱼项目”，成为投入的无底洞。在目前的制度下，项目一旦开工就不能建一半就放弃，也没有人敢责令其停下来，否则前期的投入都将变为沉没成本，这是国家、机构以及个人都无法承受之重。因此，国家被裹挟着不得不继续加大投入，没有人想把责任留在自己这一方，更多的是即便计划最后失败也无人负责。稍有工程建设经验的人都知道，由于施工面临的诸多不确定性，经常导致预算超概算，决算超预算。大科学工程涉及更多的高精尖设计要求，以及诸多的非标设备的制造等，都会导致项目投入严重超过预算，更为严重的是，这种情形会固化路径依赖现象。按照美国科技管理专家内森·罗森伯格的说法：“早期的压力和决策会在随后很长一段时间‘锁定’某一技术或市场结构，并可能远远长于社会最佳时间。一旦做出某种技术的决定，要逆转它就非常困难、也非常昂贵……未来的创新和抉择都建立在今天的选择上，未来创新的回报和代价，取决于今天技术采用的决策。显然，如果创新与当前的系统契合，其潜在的回报便会增值。由于要确保兼容性，决定一旦做出便很难逆转，因此，这些决定会左右未来决策者的算盘……实际选择的那一条道路，很大程度上是偶然事件，是早期贫乏的信息导致的结果。”[11] 坊间所谓：船小好调头，尾大甩不掉，说的就是这个道理。联想 20 世纪 90 年代美国国会果断放弃超导超级对撞机项目(SSC)，即便如此，也投入了 20 亿美元，做这个决定是艰难的，好在美国有国会这样的机构敢叫停 SSC，如果我们出现这种情况，又有哪个机构来终止错误决策呢？一旦路径依赖现象形成，由于改变的艰难与昂贵，不可避免地造成科技界的割据化局面，而割据化的最大危害在于它导致整个系统处于退化状态。

其二，资源的高度集中一定有利于创新吗？众所周知，科技界的发展水平是不均衡的，那些处于领先位置的学科凭借其优势地位以及话语权，通过影响决策，加速使自己成为资源集中的获益者，最近 20 年这种情况由隐性向显性转变已成不争的事实。遗憾的是，资源的过度集中是否会影响创新绩效以及科技界的布局，这些问题目前还没有多少人给予关注，鉴于市场与科技界在结构上的类似性，可以借助于经济学家的一些工作来推测科学界的一些变化。经济学家 Scherer(1967a)很早以前的一项发现备受无数理论家的关注，“一些证据表明研发强度与市场集中度之间存在非线性的倒 U 型关系……Blundel(1999)和 Aghion(2005)的研究指出：具备更强市场力量的企业开展创新活动的动力更大，目的是先发制人以超越新进企业，否则可能会降低其高于正常水平的利润……Aghion 等进一步解释了竞争强度与创新之间存在倒 U 型关系的原因。他们假设创新是逐步发生的，并据此构建了一个渐进式的创新模型。相较之下，竞争强度增加会减弱落后者的创新激励，因为落后者几乎无法从中有所收获……Koeller(1995)发现市场集中度对小企业的创新产出会造成负面影响。”[12] 只要把这句话中的企业换成学科，结论几乎完全适用。同理，资源的过度集中对于弱势学科的创新与发展而言会造成明显的负面影响，诸多大科学工程就是基于各个优势学科实现资源集中的最好载体。从宏观层面来看，倒 U 型关系的存在印证了边际效用递减的规律。资源的垄断与集中以及科技界割据化的潜在危害在于它阻止了后来者的进入，成为科技界新陈代谢的制度性壁垒。诚如徐匡迪院士最近在演讲中所说：中国颠覆性技术是被专家投没的。图 5 清晰展示了在未来科技投入增幅有限(外环上限 2.5%，内环2.1%)情况下，过多立项大科学工程项目所带来的后果。

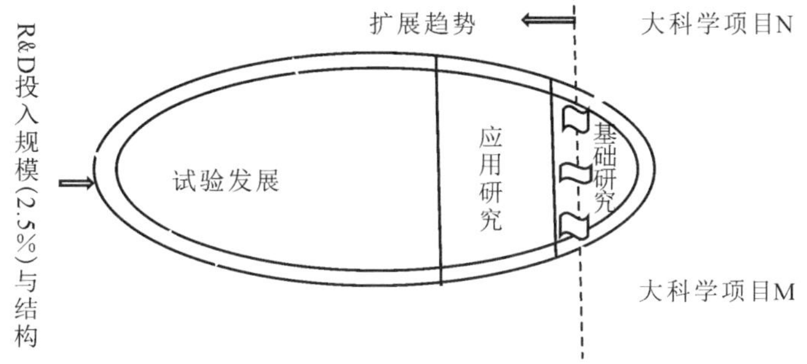

图 5　R&D资源分布结构与基础研究扩张示意图

三、结语

综上所述，在国家科技投入状况有较大改变的今天，量力而行，少而精地上马一些大科学工程项目有利于加速科学发展。由于大科学工程的建设需要比较苛刻的基础支撑条件，在知识与人才储备有限的情况下，更应慎重选择。在基础研究投入增幅有限的背景下，一窝蜂式的上马大科学工程非但不能促进科技的发展，反而会造成资源的非理性过分集中，导致资源边际效用递减以及阻碍其他学科的正常发展，并由此引发恶意透支科技界的信任资本以及造成科技界割据化局面，一旦这种路径依赖现象形成，将导致中国科技界的发展被锁定在退化模式中。在全球化时代，大科学本身就具有全球性，因此，可以采用国际合作共建与共享模式，既可以解决资金投入的不足，还可以解决知识与人才不足的短板。

★ 参考文献

[1] 邢超．参与或加入国际大科学工程(计划)经费投入模式刍议[J]．中国科技论坛，2012，(4)：22－24.

[2] NOORDEN，R V. India by the numbers：Highs and lows in the country's landscape[J]. Nature，2015，(521)：142－143.

[3] 王敏，罗德隆．国际大科学工程进度管理：ITER计划管理实践[J]．中国基础科学，2016，(3)：51－55.

[4] 彼得·伯克．知识社会史：从《百科全书》到维基百科[M]．汪一帆，赵博囡，译．杭州：浙江大学出版社，2017.

[5] 聂继凯、危怀安．大科学工程的实现路径研究：给予原子弹制造工程和载人航天工程的案例剖析[J]．科学与科学技术管理，2015，(9)：3－9.

[6] 中国载人航天实施20年 中央财政共安排390亿元[EB/OL]．(2012－06－29)[2018－03－23]．http://news.cntv.cn/china/20120629/110738.shtml.

[7] 中国该不该数百亿造大型对撞机 得回答这4个问题[EB/OL]．(2016－09－05)[2018－03－23]．http://new.qq.com/cmsn/20160905054509.

[8] 张厚英．大科学工程管理亟待规范和改革[J]．中国科学院院刊，2001，(3)：205－208.

[9] 苏依依，张玉臣，苏涛永．中国企业研发投入有效吗?：基于上市公司研发回报率的跨国比较[J]．工业工程与管理，2016，(2)：112－118.

[10] 刘立．再论基础研究经费5%已成为中国特色的规律[J]．科技中国，2017，(11)：31－32.

[11] 内森·罗森伯格．探索黑箱：技术、经济学和历史[M]．王文勇，吕睿，译．北京：商务印书馆，2004.

[12] 布朗温·H. 霍尔，内森·罗森伯格．创新经济学手册[M]．上海市科学学研究所，译．上海：上海交通大学出版社，2017.

“生物防御曼哈顿工程”倡议的工程科学背景

王小理

摘　要：美国智库“两党生物防御委员会”提出的“生物防御曼哈顿工程”倡议，旨在发起新的大科学计划。作为极有冲击力的战略符号，该倡议有多层次的工程科学背景。从社会工程角度，该倡议凝聚了美国战略智库与精英阶层的共识，源于美国政府对包括生物科技在内的高科技力求掌控先机的典型认知态度，并与当前国际秩序动荡态势紧密耦合。从科技工程角度，该倡议基于生物学科技创新向工程生物学研究范式转型以及其对国防科技创新的启发。从军事运筹角度，倡议反映出美国战略安全界对生物防御战略目标的精细调整。

关键词：工程生物学；曼哈顿工程；军事生物技术；社会工程；军事运筹

在“二战”期间，美国组织开展了“曼哈顿工程”国家级大科学工程，一举奠定其在诸多新兴科技领域的领先地位、全球军事强国地位。2019 年 7 月，美国生物防御与国家安全领域的知名智库“两党生物防御委员会”向政府和业界公开提出“生物防御曼哈顿工程”倡议[1]。与世界上许多其他倡议类似，该倡议也是一个时间和情景的问题。当前国际形势的复杂性需要冷静反思和客观分析。作为一项具有鲜明指向的重大科技计划倡议，“生物防御曼哈顿工程”倡议的提出绝非无中生有，而是有其深刻的社会工程背景、工程科学背景和军事运筹背景。因而，倡议的影响也非简单停留在倡议阶段，其未来动向值得密切关注。

一、 社会工程背景

1. 倡议发端于美国战略智库与精英阶层的主张

“两党生物防御委员会”的前身是 2014 年成立的蓝带生物防御研究小组，由高级政府官员和学术专家组成。其宗旨是“提供对美国生物防御工作状况的全面评估，并提出促进变革的建议”，代表性成果包括 2015 年发布的、引起广泛关注的《国家生物防御蓝图》，其中许多建议已经融入 2018 年 9 月美国官方发布的《国家生物防御战略》[2]。就专业领域的思想引领力、与国会与政府高层的互动深度而言，该智库在美国战略界首屈一指。

“生物防御曼哈顿工程”倡议指出，在第二次世界大战期间，在军事部门和联邦机构、学术界、工业界、政府承包商以及国家实验室共同努力下，美国实施的“曼哈顿工程”领导研发生产世界上第一枚核武器，为盟国建立了压倒性军事优势。当前，类似的挑战包括生物战、生物恐怖和传染病大流行等生物威

作者简介：王小理（1981—），男，河南登封人，中国科学院上海巴斯德研究所科技发展与合作处研究员，副处长，远望智库特约研究员，研究方向为生物科技与国家安全政策。

胁，对此美国处于“绝对不利的地位”。为彻底消除这种威胁，美国亟需实施一项旨在保护国家免遭生物威胁的国家级尖端生物防御研发项目——“生物防御曼哈顿工程”[1]。与《国家生物防御战略》实施路径近似一致，新倡议涉及健康、科技、外交、国防和安全、情报等多个部门的合作以及工业、学术界的利益相关者的协同，因而得到业界高度关注。美国生物防御协调机制主要成员、卫生与公众服务部负责防备与响应职责副部长罗伯特·卡德莱克(Robert Kadlec)表示，“现在是时候进行框架调整了，世界已经发生了巨大变化……需要采取一些戏剧性的行动才能使我们到达需要的位置”，希望“未来的曼哈顿工程一定要规模宏大、主题全面”。私营部门代表、管理国土安全部国家实验室的 MITRE 公司生物技术部执行总监莫妮克·曼苏拉(Monique Mansoura)表示，新曼哈顿计划是一个很好的概念，且可以参照“人类基因组计划”这一“解决科学的伦理法律和社会影响的惊人成功的科学计划”进行组织[3]。

倡议反映美国智库界对生物科技颠覆性应用的一贯战略思想：2001 年《战场上的生物技术》文集和 2002 年美国国防部净评估办公室《探索生物技术：国防部的机遇》；2010 年美国国防大学发布《生物科技创新与国家安全》研究报告，明确阐述了生物科技发展给军事领域带来的严峻挑战；2014 年 DARPA 生物技术办公室正式成立，“生物科技作为一项核心学科，代表了国防科技的未来”；2016 年和 2017 年国防科技决策核心智囊之一“贾森小组(JASON)”连续发布、引起国防和国家安全界轰动的《基因编辑研究》(2016)和《基因驱动研究》(2017)；2018 年国会生物防御核心组成立，《国家生物防御战略》发布、相关战略协调实施机制的建立，国防部委托的项目报告《合成生物学时代的生物防御》发布；2019 年国防部科学委员会生物学工作组提交《有望在 2040 年前实现突破的生物新技术》内部咨询报告，陆军作战能力发展司令部发布《2050 年半机器人士兵：人机融合及对国防部未来的影响》以及系列生物防御研讨会举办。诸多关联事件揭示出美军发展生物科技的态度、脉络与战略指向[4]。尽管发展美国国家生物防御与军事生物科技发展两者在战略目标、动力、路径上并不完全一致，但并不排除两者未来发展过程中的阶段性“殊途同归”。

2. 倡议根源于美国政府对新兴生物技术推行“放管服”社会工程

倡议体现了 21 世纪以来美国历任政府对新兴技术的认知态度，也是这一体系的自然产物。前小布什政府、奥巴马政府、特朗普政府基本都秉持了生物科技是 21 世纪科技前沿的理念，加强科技行政管理“放管服”组合拳，对外持续调整多重外交关系，引领新兴生物技术战略管控；先后抛出的 NBIC 会聚技术、合成生物学、基因组编辑、脑科学、微生物组学等具有引领性生物科技概念都得到突破性进展，新兴生物科技潜力得到极大释放。主要思路和举措包括：

① 明确鼓励新兴生物技术发展。美国政府《国家生物经济蓝图》、美国总统生物伦理咨询委员会《新方向——合成生物学和新兴技术的伦理问题》[5]、美国总统科技顾问委员会《美国迫切需要制定新的生物防御战略》[6]、美国国家科学技术理事会《美国国土生物防御领域科技能力评估》[7]等战略报告，在强调风险管控的同时，对新兴的合成生物学、基因编辑技术及其他新兴生物科技领域实际上打开绿灯。

② 加强生物安全源头管理。美国白宫科技政策办公室先后发布《美国政府生命科学两用性研究监管政策》[8]《美国政府生命科学两用性研究机构监管政策》[9]《关于潜在大流行病原体管理和监督审查机制政策制定指南建议》[10]《增强美国生物安全与生物安保的下一步举措》[11]，全面梳理和加强生物风险点管控。

③ 加强新兴生物技术产品市场化服务。2015 年发布《推动生物技术产品监管体系现代化国家战略》《实现生物技术产品监管体系现代化》[12]的备忘录，这是其三十年来第一次对主要监管机构在生物技术产品监管方面的角色和责任进行全面总结，以科技发展、经济发展与维护健康和生态环境、维持公众信心的均衡为目标的“生物技术产品安全监督管理体系”重大变革得以实质性推进。

④ 主导新兴生物科技的国际进程，包括政府部门支持，非官方学术机构出面，组织国际高端科技智库对话，政府部门牵头发起重大国际计划，或寻找国际体系漏洞，先发制人进行规则制定或领域设定，美国官方情报界发布的《2016 年度全球威胁评估报告》将基因编辑列入“大规模杀伤性与扩散性武器”清

单[13]；开展外交合作，保持对全球生物安全、生物技术能力、生物资源的精准感知，进行生物威胁方面的国际合作，保持对潜在敌对国家的威胁态势。美国国务院牵头对重点国家和地区实施"生物安全参与项目"(BEP)，主要地区包括欧亚、东南亚、南亚、中东、非洲和拉丁美洲，主要形式包括培训、技术支持、人员交流等。

3. 倡议紧扣生物安全成为战略新议题的国际背景

从更宏观角度看，倡议与国际大变局紧密相关。

首先表现在生物技术发展态势的巨大变化。2001 年，拉斯克奖得主、美国哈佛大学的分子生物学家马修·梅塞尔森(Matthew Meselson)将 21 世纪称为生物技术的时代。但在过去的 20 年中，生物技术发生了 4 个显著性变化：科学研究资金来源扩大化，包括了风险投资公司、公共众包、私人企业、慈善机构和政府等多种形式的资助者；物理、计算、材料和生命科学的日益融合；生物学从业者范围的拓展，包括公民科学家、非生命科学家和工程师等；生物技术能力的全球化。生物技术改变了现有生命科学潜能，也为应对生物、化学、辐射威胁、评估生物威胁带来了新机遇、新挑战[14]。

其次，生物安全已经成为大国政治和国际社会的一个严肃话题。在 2018 年 7 月 30 日，英国时任特蕾莎·梅政府发布英国首份《英国生物安全战略》，2018 年 9 月 21 日，特朗普政府发布了备受关注的《国家生物防御战略》，2019 年 3 月 12 日，俄罗斯总统普京签署《关于俄罗斯联邦确保至 2025 年及以后的化学和生物安全领域的国家政策》总统令。此前，2018 年 1 月 19 日，印度外交部对外宣布，印度已经完成所有相关手续，正式加入澳大利亚集团(Australia Group)，成为该集团的第 43 个成员国。大国之间正在不断调整其外交、经济和其他资源，与既有大国在太空、网络、海洋等其他具有战略价值的新边疆形成强烈的观念对峙和秩序冲突。因此，生物安全以及相关的生物科技、生物经济利益，自然成为国际政治经济秩序调整期大国竞争博弈的重要筹码。

二、 工程生物学背景

1. 生命科学开启以系统化、定量化和工程化为特征的"会聚"研究范式

生命科学是学科分化交叉的产物，与工程科学具有内在的贯通性。德国理论物理学家马克斯·普朗克指出："科学是内在的整体，被分解为单独的部门，不是取决于事物的本质，而是取决于人类认识能力的局限性。实际上存在着由物理学到化学、通过生物学和人类学到社会科学的链条。这是一个任何一处都不能被打断的链条。"自然科学学科内的分化和学科之间的交叉融合会聚，带动观察分析、计算模拟和工程制造工具或分析手段、研究思路的代际更新，系统提升生命科学原有的方法体系。而新的方法体系能够以新的解析维度或约束条件，更加精确地界定所研究的科技问题，提出新的理论假设，多层次、多尺度地观察、模拟、干涉、调控研究对象，并通过工程制造进一步验证科技理论和判断，扩大科技潜在应用。

与此对应，研究复杂生命现象过程与规律的现代生命科学的发展经历了三个研究范式阶段。20 世纪中叶，基于一系列生命分子结构功能关系解析的研究，生命科学研究进入以分子生物学为代表的第一范式阶段。20 世纪末，"人类基因组计划"和一系列"组学"研究的成功，使生命科学研究进入以基因组学为代表的第二范式阶段。2000 年以来，生命科学开启了以系统化、定量化和工程化为特征的"会聚"研究范式，进入工程生物学(Engineering Biology)时代。工程生物学突破了生物学以发现描述与定性分析为主的所谓"格物致知"的传统研究范式，为生命科学提供了"建物致知"的崭新研究理念。其工程学内涵是在人工设计的指导下，采用正向工程学"自下而上"的原理，对生物元件进行标准化的表征，建立通用型的模块，在简约的"细胞"或"系统"底盘上，通过学习、抽象和设计，构建人工生物系统并实现其运行的定量可控，这为更深入系统地认识生命、更精准有效地改造生物体提供了前所未有的机遇[15]。在创新过程中，新的一项技术或是一系列技术提供了一整套元件并能通过组合或重组产生新的产品和服务，从而

促进技术的蓬勃发展(见图1)。

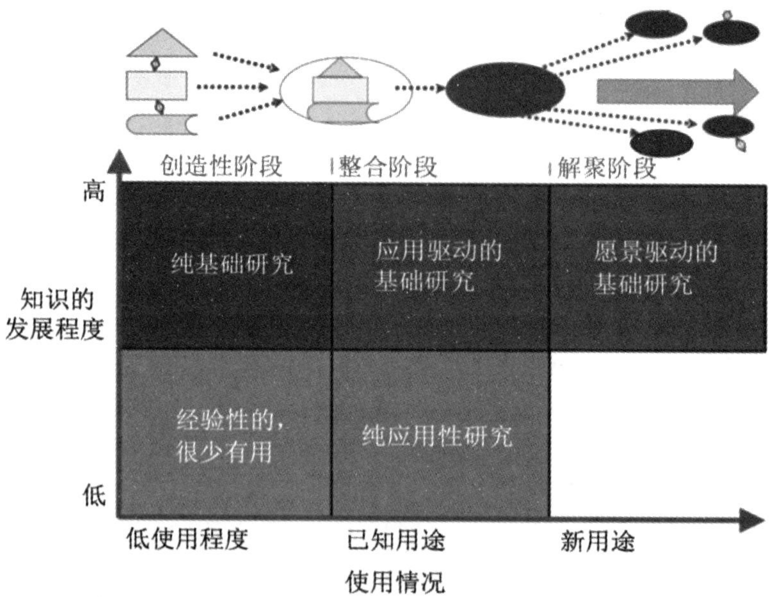

图1 “会聚—解聚”工程生物学模式[16]

工程化平台是工程生物学发展的典范。工程生物学研究中，海量的工程化试错实验远远超出传统的劳动密集型研究范式的能力范畴。工程生物学将原有的生物技术上升到系统化和标准化的高度，把生物技术推向平台化层次。工程化平台通过引进各类符合生产所需的智能装备，开展大规模个性定制模式创新，实现生命体的远程定制、异地设计、规模经济生产[17]。其中，美国国防高级研究计划局(DARPA)资助的“生命铸造厂(Living Foundries)计划”是实施最早、规模最大的计划之一，自2011年5月启动以来已累计部署经费近4亿美元。“生命铸造厂计划”的目标是利用合成生物学技术，以自然界已有的自然物质或合成物质为基础，构建基于生物体的新型制造平台，将生物设计、研发、制造过程变成工程设计问题，通过对自然生物的操纵来获取原创性新材料、新器件、新系统和新平台，实现军用高价值材料和设备的“按需设计与生产”。

生物科技理论与工具的双重深度变革，释放生物科技内在改造自然和人工自然的巨大能量。以高性能基因编辑技术、超高分辨率成像技术、光遗传学技术、生物大数据技术等为代表的新一代研究工具，将观测、分析、调控、还原、转化生命过程提升到前所未有的精细度，大幅度提升未来生物科技操控手段。围绕“生”和“命”主题，以认识生物、模仿生物、尊重自然为主干，从生命起源与演化、遗传发育、新陈代谢、免疫调控、脑与意识等经典生物命题，到生命过程微观结构、机制与中宏观功能、形态的贯通耦合，从单一的物质、信息模拟，再到物质、能量和信息的新融合、再融合，创生、再生、仿生、强生、共生、制生、新生等成为生物科技创新主题。生物科技应用范围加速扩展。38亿年的生物演化信息，为科技创新提供了“先天”的自然蓝图，而生命科学与工程机械、纳米科学、信息科学、材料科学等学科不断深入交叉，则为科技创新提供了“后天”的无限可能。美国工程生物学研究联盟于2019年6月发布的《工程生物学——新一代生物经济研究路线图》，对工程生物学4个核心关键领域(基因编辑、合成和组装，生物分子、通路和线路工程，宿主和生物群系工程，数据集成、建模和自动化)以及5个应用领域科技发展态势、未来20年技术发展和应用前景进行了系统展望，是这一新生物科技变革的代表性理论成果[18]。

2. 工程生物学技术驱动进攻之矛和防御之盾的进化

工程生物学打破既有攻防体系态势，攻防格局进一步演化。进攻之“矛”越发尖利，无处不在、无坚不摧。利用基因组定向合成技术等，解析病原微生物的致病基因岛、耐药基因簇及其他关键因子的快速增加与删除技术，超越自然进化速度，加速人工病原菌和病毒的基因组的遗传稳定性、鲁棒性和生物安全性设计，设计受温度、药物等环境因素控制的有限代复制病原生命体。基于以 CRISPR－Cas9 为代表的基因编辑技术和纳米工程技术，研发精确入侵、篡改神经系统的新型病原体和类病原纳米颗粒，以及加速、延缓、停滞甚至逆转生命体(而非有机体单个细胞)生物自主性与节律的操控技术开发成功，从而在微观、中宏观大时间尺度上控制着个体、群体的周期性复杂生物行为和生物事件的进程。新的技术超越《禁止化学武器公约》和《禁止生物武器公约》对生物武器和化学武器的界定范围。

同时，未来立体防御之盾越铸越厚、主动防御之网越织越密。例如，突破感染和毒理机制、抗药性鉴定和疫苗开发技术瓶颈，研发疫苗快速研制平台，实现病原体确认后 60 天内研制疫苗，接种三天内产生广谱性抗体。利用人工生命体的基因驱动技术，实现致病菌和潜伏病毒的宿主细胞去毒理化和去抗性化，实现烈性传染病的基因治疗。基于技术融合、物联网、大数据分析与数学启发，建立将传统监测方式与气象和人口动态背景数据等结合在一起的网格式、移动、远程监测装备及体系，组建病原体即时监测技术群与在线监测预警系统，提供对潜在病原体背景和峰值情况的即时、持续性监测，以便能够提前数日、数周感知重大疾病暴发。

3. 工程生物学为人类军事活动打开一个复杂而丰富的空间

生物作为具有信息处理功能的活体甚至“智能物质”，启发国防科技创新的新范式。先进的技术工具能够在纳米尺度表征、控制和操纵生命物质的结构和功能。这些工具的应用可能激发出以生物学为基础的其他技术创新，并催生新的制造技术。一些遗传技术，如“基因驱动”技术有可能会难以遏制地改变整个物种的基因组，发生不可预见的后果。通过改变人类基因库来改变人类的基本能力，提升智能或体能。计算技术、高通量测序和培养技术的发展将增强对人类微生物组的认识和操作能力。对神经元的光学监测和对神经活动的光调制技术，为人工智能仿生脑系统的构建提供帮助。包括具有标准化工具和编程语言的自动化“合成生物学”的发展，将使得个人具备制造致命的微生物的可能[19]。基于生物属性工程化操作提出笔者参照 DAPPA 文献[20]汇总的军事生物科技新概念见表 1。

表 1　基于生物属性工程化操作提出的军事生物科技新概念

生物特性	军事生物科技新概念
生物演化性	了解和改进生物体和物理世界之间的接口，从而研制无缝混合系统
生物层次性	开发并利用对控制生物系统行为的优先设计规则的基本认知
泛在性	开发利用生态多样性或支持人类在极端环境(海洋、沙漠、太空等)中作战技术
计算性	开发和验证新的理论和计算模型，确定生物有机体(从单细胞到全球生态系统)集群行为和交互行为基本要素与原则
生态性	了解生物种群和生态系统行为的动态，以保持生态平衡，提供战略机遇，避免灾难
生态演化性	在微生物、昆虫、植物、海洋生物以及其他非人类生命体范围内，开发和利用对其的最新见解
工程操作性	实现生物组件在以往工程化军事系统中的新应用

理论上，任何新颖的物质、能量或信息处理运行形式和机制，都具有形成军事科技运用手段的潜能。生物是自然界演化形成的作为物质、能量和信息处理过程的自为型综合体。虽然生物体对环境条件的鲁棒性、适应性特征只局限在特定范围，但与其他现代高科技军事技术装备相比，将“生物体”整体作为军事科技手段，会产生与单一运用物质、能量或信息行为截然不同的效果，形成未来科技迷雾、安全迷雾。例如，群体遗传操控技术可以将目标性状在群体之间进行扩散，也具有降低目标物种群体的效果。预计到 2025 年，生物技术发达经济体将发展可控的基因组编辑技术，对基因组编辑行为的空间、时

间和可逆性进行控制，实现基因驱动在限定的地理区域内进行传播，以便在选中的地理区域内有效和可逆地编辑当地生物亚群。

三、 军事与战略运筹背景

1. 调整生物防御战略意图

新倡议反映出美国战略安全界生物防御战略目标的精细调整。“两党生物防御委员会”联合主席汤姆·里奇在“打赢下一场战争——军事防御生物武器”研讨会表示，“期望生物武器永远不会用于对抗美军或美国，这是不合逻辑、不切实际和不恰当的”[21]。自 20 世纪 70 年代尼克松政府宣布放弃“进攻性生物武器”项目以来，直至进入 21 世纪，小布什政府、奥巴马政府，美国历任政府基本维持战略性防御姿态，虽有意模糊《国际禁止生物武器公约》允许开展的防御性生物研究与严格禁止的进攻性生物研究的界限，但军事生物科技研发均以打造防御能力为掩护。但特朗普政府入主白宫以后，美国战略界对未来生物科技应用于军事斗争的战略意图开始精细调整，发展进攻性军事生物科技能力主张有所加强。在官方主办的 2019“生物防御峰会”上，美国总统科学技术政策办公室主任开尔文·德罗格梅尔公开明确表态，“美国不是基于防御赢得竞争，而是必须要有很强的进攻能力”[22]，调整生物防御战略意图、采取先发制人的态度跃然纸上。因与国防战略理念相一致，有充分理由审视美国军事部门在塑造、推动“生物防御曼哈顿工程”中的独特地位与作用。

在美国政治经济军事实力相对衰落的情况下，其高端智库提出“生物防御曼哈顿计划”概念并非偶然。美国科学院 2018 年 6 月的《合成生物学时代的生物防御》报告强调，“美国政府应该密切关注(合成生物学)这个高速发展的领域，就像在冷战时期对化学和物理学的密切关注一样”。在新时代，信息科技和生物科技是新军事革命发展的重要技术变量，核武器、AI 智能武器和生物威胁等或将可能并列成为国家战略威慑工具，打破全球安全领域战略平衡，成为美国继续维持其霸权的战略载体。作为极有冲击力的战略符号，新概念或将唤醒美国抢抓生物疆域意识，进一步加速倡议的自我实现进程。

2. 实施“生物＋”军事运筹

美军正在重建新形势下生物安全备战能力。美国军事部门正在努力了解并预测包括基因改造、工程生物学在内的尖端技术的前景和潜在危险，美国总审计长也在对军队应对生物攻击准备情况进行战略评估。美国国防部负责化学和生物防御副助理国防部长宣称，“国防部没有一个进攻性的化学与生物武器计划，但有一个化学与生物防御计划”，在确保美军的杀伤力方面发挥着重要作用，并确保美军可以在所有环境中运作，包括被生物或化学制剂污染的环境，履行其防扩散和反扩散义务，并根据需要随时准备为民口部门提供支持[21]。美军将生物技术现代化作为国防部研发计划优先事项之一，加快制定国防生物技术发展十年路线图，升级现有技术体系，满足军队新型备战需求。

同时，建立非对称优势，确保战略威慑和打击能力。美军在《2020 年联合构想》中指出：非对称手段出现的可能性也许是美国即将面临的最重要的危险。生物科技锻造非对称优势，拓展战略威慑领域。作为美军军事科技创新的旗舰部门，国防高级研究计划局(DARPA)瞄准未来战争、作战手段和作战样式，打造生物化作战力量。继 2011 年提出“从宏观生物生态系统到微观量子的各个维度全面提升国防防御能力”的思想后，DARPA 于 2018 年提出将生物科技全面转换为战场感知、后勤保障、信息通讯、指挥控制领域高影响军事能力的源泉，打造“生物＋”的战略思想[23]。美空军、陆军、海军等军种研发部门，正积极从战役、战术和战略角度认识生物科技在军事斗争中的全新应用，打造“改变游戏规则、创造游戏规则”的战略利器。

3. 新的理论可能性：对生物安全与战争迷雾的战略设计

倡议可能导致一种新的可能性：对生物安全形态和未来战争进行战略设计。传统的生物武器是传统的物理战场下可见敌方的传统有形、快速部署应用，而未来的生物防御面对的是新一代生物武器的技术隐形、实施威胁模式的了无踪迹、被攻击范围的无边无界、敌方的无影无息。以反制技术措施提前储备和“己方”的基本保全为基本原点，与知己知彼的国家战略能力净评估、战争方案的精细化设计和总体效果的模拟预测、武器战略战术效果提前桌面演练为立足点，“彼方”的国家战略能力被削弱和战略意志妥协、“己方”战略目标的间接实现为基本终止点，达到低烈度、未宣示的“隐性战争”的基本可控和间接制胜。而且不排除基于深沉利益考量和战略布局，以自然发生的新发再发传染病疫情，甚至以人类遗传发育现象正常波动为外在掩护，精心设计生物战或生物恐怖行为，使技术欠发达国家有时甚至难以精准界定两者之间的清晰界限，难以跳出洞察力魔咒和思维窠臼，对是否发生了蓄意的生物攻击、攻击范围是军事人员还是更广泛的社会公众，都难以科学把握、及时断定。相对于可以科学解析的病原体谱系及其生理威胁，敌对行为体是谁、动机意图、实施威胁的方式方法、时机节奏等社会心理，虽然可以作出合理合情的推测，但特定时期难以第一时间精准判定、难以基于有效证据链条进行归因。总之，由于洞察力缺陷和思维的羁绊，被攻击一方则难以一针见血识别问题的本质。

考虑到生物科技演进的速度和加速度(特别是以交叉汇聚为特征的第三次生物科技变革正在加速推进)、潜在的国防和军事应用情景、国际政治经济格局动荡的幅度，可以大致推算，至2035年，国防生物科技将实现从微观量子到宏观生态系统各个层次全面提升国防防御能力。鉴于美国军事部门发展生物科技已经形成较广泛共识、国防生物技术发展十年路线图制定已经箭在弦上，美国军事生物科技的大发展已经势所必然。至于其发展的深度、广度，则要基于国际军事政治斗争的需要、军事斗争的方向和可用战略手段而不同，未来战争景观更加复合多样。

四、 未来走向与思考

“二战”期间美国主导开展的“曼哈顿工程”，成功研制出了人类历史上第一颗原子弹，从而使人类文明进入了一个新的时代——核时代，不但对世界军事科技，而且对国家军事战略、外交战略以及国际关系格局，甚至是人类的未来，都产生了划时代的深远影响。“曼哈顿工程”实施过程中，科学、军事、工业三位一体，规模之浩大、组织之严密、运作之高效，令人惊叹。这不仅是美国历史上的一项创举，也开创了现代大科学的新概念。生命科学领域的范式转变，特别是生物、神经、纳米、量子和信息神经科技的指数型会聚和工程化特征，已经改变了人类工作、生活与争斗的方式。“生物防御曼哈顿工程”的提出，在一定程度上隐喻了工程生物学引领未来社会发展的新时代。

但正如冷战后的“信息高速公路”战略、国际“人类基因组计划”揭示的规律，在国际和国内政治经济安全格局深刻变化、尖端科技的两用性日益凸显的时代，“曼哈顿工程”实施的时代背景和前提条件已经发生了巨大改变，国家内部很难就国家级大型军事科技发展计划达成战略共识。短期内，倡议将很大可能停留为一种意向性符号。然而，美国是一个学习型、研究型国家，美军也是一支学习型、研究型军队，美国的智囊政治家也是密切关注实际的研究型政治家，如果低估美国政治外交军事的应变能力和敏锐思维，如果不主动加强对未来生物科技与军事战争问题的研究与筹划，很可能会出现严重的预判失误。

大国需要在保持战略主动权与避免战略挤压之间取得平衡。需要综合考虑技术与现有经济社会的融合及未来应用场景，研究预判工程生物学对伦理、法律、社会、体制机制带来的冲突与挑战，完善前瞻性治理的框架。例如，生物武器属于大规模杀伤性武器，一直是二战后国际军事、政治斗争的重要和敏感议题，但国际社会禁止生物武器的努力一波三折。而且，生物安全与政治安全、军事安全、社会安全、科技安全、信息安全、生态安全、资源安全等安全领域相互交织，进一步加剧了安全形势的复杂性，使得国际社会面临新的安全管控态势。如果对科技发展与利益相关方的权责利主张处理不当，生物科技引发的积极变革就难以有序推进，全球性重大问题就难以得到有效治理并可能进一步恶化。因此，从人类社会和平角度讲，生物科技变革也是一个必须跨越的生物“核陷阱”，是关系人类命运走向的一个新的十字路口。

★ 参考文献

[1] Bipartisan Commission on Biodefense. A Manhattan Project for Biodefense: Taking Biological Threats Off The Table[EB/OL]. (July 11, 2019)[2019 - 07 - 18]. http://biodefensecommission. org/events/a-manhattan-project-for-biodefense-taking-biological-threats-off-the-table/.

[2] Bipartisan Commission on Biodefense. BLUE RIBBON STUDY PANEL ON BIODEFENSE IS NOW THE BIPARTISAN COMMISSION ON BIODEFENSE[EB/OL]. (Sept. 17, 2019)[2019 - 09 - 18]. http://biodefensecommission. org/blue-ribbon-study-panel-on-biodefense-is-now-the-bipartisan-commission-on-biodefense-2/.

[3] RILEY K. Experts support a future Manhattan Project for Biodefense to thwart new threats[EB/OL]. (July 12, 2019)[2019 - 07 - 18]. http://homelandprepnews. com/countermeasures/34774experts-support-a-future-manhattan-project-for-biodefense-to-thwart-new-threats/.

[4] 王小理. 美国"生物防御曼哈顿工程"倡议及走向[N]. 光明日报，2020 - 02 - 23(7).

[5] Presidential Commission for the Study of Bioethical Issues. New Directions: The Ethics of Synthetic Biology and Emerging Technologies[EB/OL]. (December 2010)[2011 - 1 - 1]. https://bioethicsarchive. georgetown. edu/pcsbi/sites/default/files/PCSBI-Synthetic-Biology-Report-12. 16. 10_0. pdf.

[6] PCAST. PCAST Letter to the President on Action Needed to Protect against Biological Attack[EB/OL]. (November 15, 2016)[2016 - 11 - 16]. https://obamawhitehouse. archives. gov/blog/2016/11/15/pcast-letter-president-action-needed-protect-against-biological-attack.

[7] Biological Defense Research and Development Subcommittee (BDRD) of the Committee on Homeland and National Security of the National Science and Technology Council. Homeland Biodefense Science and Technology Capability Review[EB/OL]. (December 2016)[2016 - 12 - 31]. https://obamawhitehouse. archives. gov/sites/default/files/microsites/ostp/NSTC/biodefense_st_report_final. pdf.

[8] Assistant Secretary for Preparedness and Response. United States Government Policy for Oversight of Life Sciences Dual Use Research of Concern[EB/OL]. (March 29, 2012)[2012 - 03 - 31]. http://www. phe. gov/s3/dualuse/documents/us-policy-durc-032812. pdf.

[9] Assistant Secretary for Preparedness and Response. United States Government Policy for Institutional Oversight of Life Sciences Dual Use Research of Concern[EB/OL]. (September 24, 2014)[2014 - 12 - 31]. http://www. phe. gov/s3/dualuse/Documents/durc-policy. pdf.

[10] Assistant Secretary for Preparedness and Response. Recommended Policy Guidance for Departmental Development of Review Mechanisms for Potential Pandemic Pathogen Care and Oversight[EB/OL]. (January 9, 2017)[2017 - 1 - 31]. http://www. phe. gov/s3/dualuse/Documents/P3CO-FinalGuidanceStatement. pdf.

[11] The White House. Enhancing Biosafety and Biosecurity in the United States[EB/OL]. (August 18, 2014)[2014 - 12 - 31]. http://obamawhitehouse. archives. gov/sites/default/files/microsites/ostp/enhancing_biosafety_and_biosecurity_19aug2014_final. pdf.

[12] The White House. Modernizing the Regulatory System for Biotechnology Products: An Update to the Coordinated Framework for the Regulation of Biotechnology[EB/OL]. (January 4, 2017)[2017 - 1 - 31]. http://obamawhitehouse. archives. gov/sites/default/files/microsites/ostp/2017_coordinated_framework_update. pdf.

[13] 王小理. 展望 2050 年国防生物科技创新前景[N]. 光明日报，2019 - 02 - 23(7).

[14] 刘晓. 美国《生物安保与生物防御政策路线图》解读[M]. 王磊，张宏，王华，主编. 全球生物安全发展报告. 北京：科学出版社，2019：104.

[15] 赵国屏. 合成生物学：开启生命科学"会聚"研究新时代[J]. 中国科学院院刊，2018，33(11)：1135 - 1136.

[16] [美]美国科学院研究理事会. 会聚观：推动跨学科融合[M]. 王小理，熊燕，于建荣，译. 北京：科学出版社，20015：16.

[17] 崔金明，张炳照，马迎飞，等. 合成生物学研究的工程化平台[J]. 中国科学院院刊，2018，33(11)：1249 - 1250.

[18] Engineering Biology Research Consortium. Engineering Biology A Research Roadmap for the Next-Generation Bioeconomy[EB/OL]. (June 19, 2019)[2019 - 06 - 21]. http://homelandprepnews. com/countermeasures/

32417-blue-ribbon-study-panel-on-biodefense-focuses-on-dod-role-in-protecting-u-s-against-bio-attacks/.

[19] Officeof the Director of National Intelligence. Paradox of Progress: Global Trends and Key Implications Through 2035 [EB/OL]. (March 4, 2017) [2017 - 03 - 25]. http://www. dni. gov/files/images/globalTrends/documents/GT-Main-Report. pdf.

[20] DARPA. Broad Agency Announcement Biological Technologies[EB/OL]. (April 28, 2016)[2016 - 04 - 30]. http://research-authority. tau. ac. il/sites/resauth. tau. ac. il/files/DARPA-Biological-Technologies-baa-16 - 33. pdf.

[21] Homeland Preparedness News. Blue Ribbon Study Panel on Biodefense focuses on DOD role in protecting U. S. against bio attacks[EB/OL]. (February 6, 2019)[2020 - 02 - 21]. http://homelandprepnews. com/countermeasures/32417-blue-ribbon-study-panel-on-biodefense-focuses-on-dod-role-in-protecting-u-s-against-bio-attacks/.

[22] Biodefense Summit Transcript. Remarks by Kelvin Droegemeier, Director, Office of Science and Technology Policy, Executive Office of the President[EB/OL]. (April 17, 2019)[2019 - 05 - 01]. http://www. phe. gov/Preparedness/biodefense-strategy/Pages/opening-remarks. aspx.

[23] DARPA. BTO Office Panel: Biology for Security-Warfighter Readiness and Resiliency[EB/OL]. (September 6, 2018) [2018 - 10 - 30]. http: //d60. darpa. mil/schedule/BTO-OfficeSession-BiologyforSecurity-WarfighterReadinessandResiliency. html.

基于实验思想的技术与战法协同演进研究

——以我国抗击高空侦察机 U-2 为案例

余永阳　王大洲

摘　要：采用案例研究方法，以 20 世纪 50 年代末至 70 年代初我国抗击高空侦察机历程为对象，从实验的角度，聚焦军事能力生成与释放的关键要素，剖析技术与战法的协同进化及作战能力螺旋式上升的辩证过程。表明：军事技术不能自动带来“红利”，需集成至整个作战体系并融合于战法之中方能发挥其应有的效力；这实际上是技术、战法和作战能力的协同进化过程，而要完成这个过程，实验在其中发挥着关键的“工具”性价值和基础性作用。本项研究有助于深化关于工程实验的哲学研究。

关键词：实验；技术；战法；军事实验；工程实验

人们谈及实验，往往指的是科学家在实验室进行的科学实验。这种类型的实验，是由 17 世纪的培根大力宣扬，由哈维、伽利略、胡克、波义耳和牛顿等实验哲学的拥趸们最终确立起来的一种新的知识生产模式。[1]“做实验就是创造、产生、纯化和稳定现象”[2]，目的是确定操作所带来效应相互之间存在的因果关系[3]，进而发现知识或真理。但实验并非仅限于自然科学领域，亦常见于社会经济等诸领域。其实，培根所宣扬的“果”亦即事功的实验思想[4]，已初步探讨了实验之于经济社会的力量，而提出的“探讨事物的本原和它们运行的秘密，并扩大人类的知识领域，以使一切理想的实现成为可能”的“所罗门之宫”[5]，则更像是今天无处不在的工业实验室的“原型”。人类为了进步，必须转向实验并依赖实验。[6]我们最为熟悉的社会实验莫过于四十年来的“改革开放”。对此邓小平曾指出：“我们的整个开放政策也是一个试验，从世界的角度来讲，也是一个大试验。”[7]这种情境下实施的试验或实验，① 有别于受控条件下的科学实验，面向的是非物化的对象，甚至是人们的日常行为，因而是在一种接近自然状态下展开的。此类实验与自然科学中的实验一样，都合乎拉图尔所发展的“实验的形而上学”的基本旨趣：“一个实验，正如词源学很好地证明的那样，是为取其教训，包括‘通过’一种试验而‘得出结果’。因此，它提供了一种在知识和无知之间的中介”。[8]实验强调的是过程，随着进程的展开，不断地摸索、学习、调适，逐渐地达成行动的目标。

实验在军事领域是否同样具有“用武之地”呢？按照上述逻辑，应该毋庸置疑。其实，在军事领域向来存在着实验传统。以美军为例，实验已深植于其文化之中[9]，甚至其 2001 年发布的《四年防务评估报告》，直接把实验视为军队转型变革的支柱。[10]一般而言，在军事领域实施的实验，主要用于“探索军事行

作者简介：余永阳(1981—)，男，福建长汀人，中国科学院大学人文学院哲学系博士研究生，国防大学军事管理学院讲师，研究方向为技术与工程哲学、科学技术与战争(Email：yuyongyang16@mails.ucas.ac.cn)；王大洲(1967—) 男，河南鲁山人，哲学博士，中国科学院大学人文学院教授，主要研究方向为技术与工程哲学(Email：dzwang@ucas.edu.cn).

① 本文对“实验”与“试验”不作区分，但通常用“试验”指称现实场景中的具体实验活动。

动方法创新的过程，尤其是用以评估其可行性、效用及局限性”[11]，“解决复杂的军事能力开发问题”。[12]由此可见，军事实验更类似于经济社会情境下的实验，需要尽量贴近现实，以探索军事能力生成、发展与释放过程中面临的诸多不确定性及其破解之道。犹如实验融合于科学实践领域能够涌现出新的知识生产范式一样，实验也必须贴合军事实践才能发挥如培根所言的“拧狮子尾巴”之力量。

本文选取20世纪50年代末至70年代初我国抗击美台高空侦察机这一案例进行研究，旨在探寻实验之于军事实践所发挥的力量。这场战争，敌我双方都使用了当时的尖端技术，进行的是非传统的“猫捉老鼠”般的对抗。因而，更像今天所说的“电子战”。[13]在这种新型军事对抗中，我军最初尽管拥有先进的苏式地对空导弹和防空雷达，但处处被动，后来通过逐步摸索、实验，改进了战法，发展了系列电子对抗技术，才以新的作战体系赢得了主动。对于这段历史，不少亲历者和有关学者进行了研究，形成了较为丰富的文献资料，①但大多采用历史叙述的手法予以还原。陈辉亭撰写的《中国地空导弹部队作战实录》[14]，岳振华撰写的《击落美制U-2飞机作战追记》[15]，何立波的关于时任空军副司令员成钧指挥这场战争的过程[16]，等等，而对于其中包含的技术、战法与作战能力之间的互动关系，特别是关于军事实验在其中扮演的角色，迄今还无人挖掘。那么，当时的参与者们，是如何突破“迷雾”，创造性地提出“机动设伏”作战思想，发明“近快战法”和系列电子对抗技术的呢？他们这种探索着走、尝试着做、从错误中学习的“做法”，正反映着实验之于军事实践的“工具”性价值。这值得我们回到历史中去一探究竟。

一、 我国抗击U-2历程概览

20世纪50年代末开始，美国与台湾当局利用高空侦察飞机对我国内陆实施战略侦察，以获取战略情报。1958年2月，我国海军歼击航空兵击落一架最大升限17 000 m的RB-57A型高空侦察机。此后，美台使用更先进的RB-57D型高空侦察机，继续入窜大陆纵深实施侦察。[17] RB-57D型升限达20 000 m，仅1959年前9个月，就窜入大陆20架次，遍及福建、江苏、北京、四川等13个省市[18]，对我国构成极大威胁。同时，美国开始使用U-2入窜闽粤进行侦察。[14]1961年1月，台接收2架U-2，旋即于2月1日成立了“三十五中队”，对外称为“空军气象侦察研究组”，从此拉开了美国利用台湾空军飞行员驾驶U-2侦察大陆的序幕。[19] U-2型高空侦察机，绰号“龙夫人”，由中央情报局授权洛克希丁公司承研，1956年11月定型生产，[20]该机性能卓越，升限大于22 000 m，航程超过11 200 m，续航能力8～9 h，装有先进的照相设备，侦察范围可覆盖整个中国大陆。[14]鉴于当时我国尚无应对武器，RB-57D和U-2入窜我国大陆如入无人之境。

1957年10月15日，中苏签订了“国防新技术协定”，据此我国购得5套C—75型地空导弹武器系统，导弹62枚[17]，西方称之为萨姆—2，是当时世界上最为先进的地对空导弹，作战半径约29 km，可打击24 000 m以下目标，在无干扰情况下使用三发导弹命中率可达98%。[14]这款武器对于抗击RB—57D和U-2入侵堪称最佳选择。1958年10月5日，空军组建地空导弹部队一营，12月26日组建二营，随后陆续组建了三营、四营等，对外统一称为“543”部队。[17] 地空导弹部队成立后很快形成作战能力，1959年9月底即担负首都防空作战值班。[17]此后，经过不断摸索，地空导弹部队发明了“近快战法”和系列电子对抗技术，有效抗击了美台高空侦察。综合本文参考的各种史料，“543”部队抗击高空侦察

① 这些文献主要包括六部系统翔实的著述，其中《保卫祖国领空的战斗》作者林虎为空军原副司令员，是这段历史的参与者和见证者；《中国地空导弹部队作战实录》作者陈辉亭是二营组建时的参谋，全程参与该营的机动设伏作战，后任空军副参谋长；《中国空军击落U-2纪实》作者谢雪畴曾任空军高级航空学校政委，亦是这段历史的亲历者；《高空反间谍大战》作者杨世瑛曾任某导弹营雷达指挥车操纵员、引导技师等，是这段历史的参与者；《黑猫中队：七万尺飞行纪事》作者沈丽文则为黑猫中队飞行员沈宗李之女；《黑猫中队》作者翁台生、包柯克，翁台生为中国台湾地区《联合报》的资深记者，包柯克为英国航空史作家。

飞机的总体情况如图 1 所示。

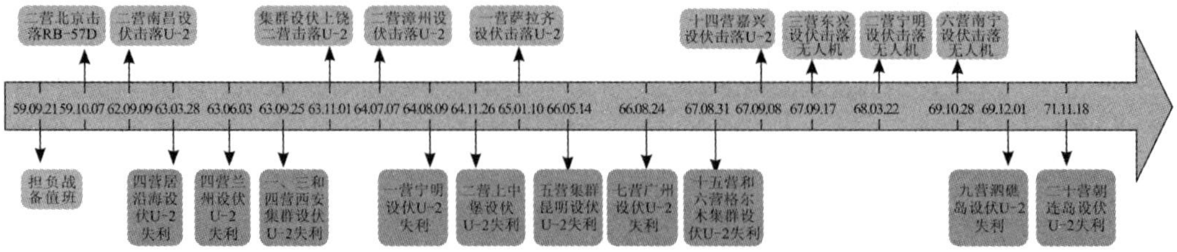

图 1　地空导弹部队抗击入侵高空侦察机情况

从图 1 可以看出，利用地空导弹武器打击高空侦察机并非易事。这期间统计到地空导弹部队与美蒋高空侦察机遭遇①19 次，9 次成功，共击落 9 架敌机，其中包括 1 架 RB－57D、5 架 U－2、3 架无人机。十多年的机动设伏，成功抑或失利，均给对手造成很大威慑，加速了这一入侵行为的终结。1972 年后高空侦察事件逐渐减少。1974 年 11 月 1 日，台湾黑猫中队即三十五中队撤销[19]，宣告这段历史的终结。对于这段历程，曾任红旗一2 导弹雷达主任设计师张履谦院士说："打 U－2 飞机，是我军高级领导指挥，作战部队苦练本领，技术专家作后盾，采用最先进的技术和设备打下来的，体现了当时的最高军事、技术水平。"[21]

二、 基于实验的技术进化与战法进化

运用地空导弹打击高空侦察机，是一场高技术、高智商的较量。在技术上，运用了当时最为先进的地空导弹技术、电子干扰与反干扰技术；在武器装备的运用上，产生了"导弹打游击"的机动设伏思想，创造出"近快战法"。下面分别阐述基于实验的技术与战法的演进过程。②

1. 基于实验的技术进化

在这场抗击中，始终贯穿着电子干扰与反干扰的博弈。刚开始，电子对抗并非焦点，转折点发生在第一架 U－2 飞机被击落之后。国防科委某研究所对所获电子侦察设备残件进行研究和实验，发现该设备记录有包括萨姆-2 在内的多种雷达波长和频率。[18]但是，这些电子设备及其记录的电磁信号，到底对地空导弹的使用有何影响，当时人们并不知情甚至都未引起注意。

地空导弹部队击落首架 U－2 后，继续进行机动设伏。1963 年 3 月 28 日，设伏在甘肃酒泉地区居延海以南的四营当面遭敌，先后两次打开制导雷达天线，每次照射，敌机似乎感应到什么，总是立即转向远离。此后 6 月 3 日、9 月 25 日的失利与"3. 28"如出一辙。对此，军委和空军机关及作战部队组织反思与检讨，逐步确认敌机加装了"某种无线电侦察测向装置"。[17]，遗憾的是，我国当时尚不理解测向技术原理，因而难以采取技术措施。但这个问题，却为我国科研院所和作战部队探索电子对抗技术标定了方向。

1963 年 11 月 1 日，设伏上饶的二营击落一架 U－2，缴获了经飞行员叶常棣确认的预警装置，美国人称之为"12 系统"。经技术专家修复并安装在一架伊尔－28 飞机上，飞临导弹阵地进行功能试验，终于弄清了其预警原理。[14]这样，如何应对就成为急需解决的问题。经反复研究，空军的技术专家田在津首先提出使用假频率探测目标，待首枚导弹发射后换用真频率照射的"假设"，后经技术实验，最终得到验证。与此同时，空军高射炮指挥部有关同志针对"12 系统"工作特点，提出安装新照射天线的技术设想。经工业部门设计、制造、安装和调试，照射天线不到 3 个月即得以研制。[17]假重复频率和照射天线两项技术分别称为"反电子预警 1 号"和"反电子预警 2 号"[22]，使得我国初步具备了抗干扰的技术条件。1964 年 4 月 15

---

① 将我地空导弹部队打开制导雷达照射敌机界定为遭遇。

② 本文所指称的技术，主要是指实物形态的，如：可把地空导弹武器本身视为一种技术，或者某种具体的电子对抗电路、天线等；而战法则强调的是运用作战力量如某种技术或装备的方法，它在一定程度上类似于操作形态或知识形态意义上的技术。

日，空军司令部向总参呈报《对 U－2 飞机活动特点的研究及我采取的对策》报告，明确提出加装照射天线，增加假重复频率的技术措施，以提高反电子干扰能力。[17]然而，这些技术仍需实战检验。

此前，空军有关部门已经意识到电子对抗的重要性，也在想办法攻克这一难题。1963 年 6 月，空军从击落的电子侦察机上缴获新型电子干扰设备 BSTR 回答式干扰机。该设备交予工业部门后，因残缺不全难以修复而暂放待修。1964 年 4 月，由田在津等组成的抢修小组，经过艰苦攻关和数十架次的飞行试验，最终修复成功。[17] BSTR 设备的修复，对于当时的中国空军而言意义重大。时任空军高射炮兵指挥部技术处处长文绶曾撰文说："通过修理和干扰飞行试验，使有关同志进一步掌握了电子侦察、反侦察，干扰、反干扰的科学技术理论和实践技能，为以后分析研究、解决问题奠定了基础，从不懂、不熟悉电子战，走上了独立自主地解决电子战问题。"[14]

证实新技术能否有效反掉敌机干扰的机会很快来临。1964 年 7 月 7 日，设伏福建漳州的二营采用"近快战法"和假重复频率技术，第三次击落 U－2。当时，远在台湾桃园的指挥塔台只听到飞行员李南屏连喊三声"十二号高频灯亮起"后就陷入寂静。[23]可以想见，这会促使美军反思并升级其电子对抗技术，后续发展证实的确如此。而且更为重要的是，新发明的电子对抗技术，即便技术上得到了验证，但也可能因战斗失利或别的诱因而被打入"冷宫"。此后的实践证明，不使用或不能正确使用电子对抗技术，就不可能击落 U－2。

1964 年 8 月 9 日，加装照射天线的一营设伏广西宁明，遭遇 U－2 失利。事后调查却错误地把原因归咎为新加装的照射天线，随即将其打入"冷宫"。1964 年 11 月 26 日，设伏在兰州上堡村的二营再次失利，从锁定目标到发射导弹似乎都正常，唯独除了雷达荧光屏上原先端正的大"枣核"在导弹发射数秒后变为漏了底的"小元宝"。[22]由总参和空军联合组成的工作组赴兰州调查，研究电子战的技术干部王笃敬、肖丙元、田在津等认为，"小元宝"的出现是由于敌机新安装了回答式干扰机的缘故，使用照射天线就能解决这个问题。为此，空军副司令员成钧亲自组织三营使用照射天线进行实弹射击试验并取得成功。至此，照射天线得以"平反"。[17] 1965 年 1 月 10 日，一营使用照射天线和"近快战法"干脆利落地击落了第四架 U－2，并在残骸现场找到了用英文标注的"13 系统 A"电子设备。空军会同技术专家弄清了该系统的构造、原理并成功修复。成钧又专门组织二营按照上中堡战斗的全过程，与装有"13 系统 A"的飞机进行实兵模拟试验，成功复现雷达荧光屏的"小元宝"。[14] 随后，破解"13 系统 A"成为工业部门和部队急需解决的问题。田在津和二院工程师张云龙给出了一种解决方案，两次组织部队进行反干扰试验，证实该措施能有效反掉"13 系统 A"。这项命名为"26 号反干扰电路"的装置很快在部队推广使用。[17]

然而，技术问题的解决，依然无法保证击落敌机。1965 年 5 月 14 日，设伏云南昆明的三营遭遇 U－2 失利。此后在北京举行了小型作战会议，认为同 U－2 斗争，干扰与反干扰问题是关键，并现场观摩了尚在研制的"切割法"反干扰实验，统一了战术技术对策。[17] 即便如此，8 月 24 日设伏广州的七营同样失利。两次失利原因均是错误使用了"26 号反干扰电路"，随之发现该干扰电路存在一定缺陷。[14] 1966 年 12 月 2 日，空军推广使用升级过的反干扰电路并命名为"27 号"。不久，又发明推广"28 号反干扰电路"。1967 年 8 月 31 日，集群设伏在新疆格尔木的十五营、六营遭遇敌机皆失利，主要原因均是操作错误。由此可见，技术本身的解决，如果使用人员不能理解并适应因其嵌入整个作战系统所带来的变化，仍无法获得新技术可能带来的"红利"。格尔木"8.31"失利仅一周后的 9 月 9 日，列装国产红旗－2 的十四营设伏浙江嘉兴遭遇 U－2[24]，利用"28 号反干扰电路"和"近快战法"击落第五架 U－2，并缴获标有"13 系统 C"的电子设备，由此判断美军对该系统进行了升级。1969 年 12 月 1 日，遭遇 U－2 的九营因操作失误而失利。[17] 1972 年 11 月 18 日，二十营遭遇 U－2，因受敌机新式干扰失利。为此，军地技术专家先后研制了"20 号电路""41 号电路""42 号电路"等新的电子对抗技术。

从 1962 年击落第一架 U－2 至 1972 年底十余年间，我国从电子对抗几无基础，到有招拆招、敌变我变，对抗技术不断进化，对抗能力亦日益增强。对于当年参与者而言，要开发什么技术、解决什么问题、何时需要升级、往哪儿升级，一开始都是未知数，面临着很大的不确定性。这些不确定性既源于敌方施加的诸如干扰技术升级等外部变量，也与自身技术积累不够和装备运用不当有关。然而，他们不仅能够大胆假设，也注重小心求证，每提出一个设想、开发一项新的技术，即组织相应的验证性实验。即便对于被打入“冷宫”的照射天线，仍能适时组织严密的实验来加以确证。可以说，正是靠着这种实验精神及其方法工具，不仅明晰了技术进化的方向，还找到了技术开发及应用的具体路径。

2. 基于实验的战法进化

战法即为作战之法。在抗击美台高空侦察机过程中，战法主要涉及两个方面：一是“机动设伏”作战思想的形成；二是“近快战法”的创造。

1）“机动设伏”的作战思想

机动设伏实际上就是用“导弹打游击”。这个作战思想的提出并不容易。首当其冲的是政治和技术难题：可堪使用的几套兵器均用于首都防空值班，不敢贸然“挪动”；萨姆-2导弹原本用于要地防空，阵地要求高，装备复杂，自成体系，能否机动出征还需要实践检验。再者，将宝押在何处，同样需要摸索检验。事实上，美台在1962年元旦后启用U-2飞机实施侦察，都绕开了守在北京的地空导弹。在一次空军小型作战会议上，一位参谋无可奈何地说：看得见的打不响（指雷达），打得响的够不着（指歼击机和高炮），够得着又能打得响的挪不动（指萨姆-2导弹）。[17]

1962年3月1日，U-2再次入窜我国大陆。[22]军委贺龙元帅、聂荣臻元帅要求空军认真研究对付U-2的办法。[17]截至6月底，U-2共出动11架次，活动范围除新疆、西藏外，遍及全国各地。[25]1962年6月，空军刘亚楼、成钧再次召开小型作战会议，研究抗击U-2入侵问题，围绕萨姆-2导弹“挪不动”的问题，经过“数不尽的分析、比较、设想、论证、查询，像蜜蜂的蜂房里酿蜜一样……最后，他们酿出了一个古老而又新奇的战法——把‘543’部队撤出北京，转移到外地去机动设伏”，于是就有了“导弹游击战”。[22]但是，将“宝”押在何处却是个相当冒险的问题。萨姆-2导弹作战半径约30 km，置于“何处”犹如大海捞针，而且还只能守株待兔。空军首长机关经过分析、比较U-2侦察航迹和企图，决定派二营先行“试点”，到U-2进出比较频繁的湖南长沙地区设伏。

二营克服各种困难，顺利将导弹“挪”至长沙，正式开启了机动设伏之旅。在长沙“守株待兔”近两月后，空军根据U-2新近入窜航迹将二营调至江西南昌向塘机场设伏。此次设伏，一改之前的被动等待，变为主动“钓鱼”。1962年9月6日至7日，空军调动驻南京的轰炸机大队多次飞往南昌向塘机场。[14]这个“变量”的植入，果然引起台湾注意，9月9日上午即派一架U-2经福建平潭岛进入大陆侦察，随即被二营击落。二营机动设伏成功，开创了地空导弹武器使用的新方式，为其他营设伏蹚出了一条路子。刘亚楼在战斗报告里写道：“导弹部队机动设伏，就同赌局上的押宝一样，不是押一次就能赢一次，而往往是押几次都落空了，最后才能押中一宝……”[14]其实，即便“宝”押中，也不等于能打下U-2。1963年“3·28”“6·3”两次押中却皆失利。同年6月中旬，聂荣臻在阅读两次伏击U-2憾失战机的报告后，批示空军：“将四个营集中统一部署，组成大面积有机结合的火网”。[17]

从单独设伏到集群设伏，可谓前进了一大步。如何实施集群设伏，也经历了一个探索、试错的过程。1963年9月25日，U-2窜入兰州，集群部署的三个营先后七次打开制导雷达天线，敌机都得以逃脱。战后检讨分析，各营独自为战、未能发挥整体优势被认定为原因之一，亦即，尚未建立与集群部署相适应的指挥和行动方式。11月1日，集群部署在江西上饶地区的四个营迎来U-2。此次设伏，四个营分工明确、整体作战，实施佯动的一、三营按预案将U-2“顶”到二营上空，二营成功将其击落。[14]此后，仅有数个营的地空导弹部队转战大江南北、长城内外，进驻海岛，对入侵之敌形成了巨大威慑。

2）“近快战法”的创造

地空导弹部队对武器具体使用之法大抵经历了两个阶段：最初严格遵照苏军教令、复制苏军打法；之后则超越苏军教令，逐步提出和形成了符合我军实践的新战法——近快战法。

按理说，有现成的操作方法，还有苏军教官培训，掌握苏制地空导弹兵器应该不难。然而，20世纪50年代末，新生的地空导弹部队官兵，即便文化程度相对较高，也大多是新中国成立后的初、高中毕业生，要理解和熟练掌握结构复杂、原理深奥、涉及数十种专业的地空导弹兵器，的确并不容易。令人称奇的是，地空导弹部队从1958年底成立到次年9月即担负战备值班，数十天后便打下一架RB－57D型高空侦察机，尽管采用的“作战方法是按照苏军教令规定的射击指挥程序和射击方法进行的”。[17]之所以短时间内就形成战斗力，或许从二营的训练方法可见一斑。1960年，因科研需要，二营使用的装备被替换为各项性能不稳定、元器件老化的训练装备，而新的元器件因中苏合作停摆无法再获得。二营经过摸索尝试，找到颇具创意的训练路径。亲历者陈辉亭写道：“训练上来一个‘瓜菜代’：能制作代用品训练的，我们就制作代用品训练；不能制作代用品训练，也不能多动用兵器训练的，就‘口头练’‘模拟练’；不能开机练的，我们就默画兵器线路图，在‘纸上练’……”[14]正是这种立足现有条件，尝试探索各种途径的创新精神，有效保证了学习效果，缩短了掌握兵器的周期，为“巧用”“熟用”奠定了基础。

但是，机动设伏这种全新的使用情境，必然要求突破和超越苏军拟定的条令规范。事实上，在南昌上塘设伏阵地的选择，就已然打破了苏军教令规定的“制导雷达应与发射架置于一个水平面上”。[14] 1963年四营遭遇“3・28”失利后，地空导弹部队面临全新的电子对抗，在技术未突破前，唯有突破战法，方能出奇制胜。为此，空军组织工作组进行现地调查，向总参提交了《3・26战斗活动情况报告》，明确提出了突破苏军教令、“适当压缩开天线距离”的要求。[17]但到底压到何处，一时谁都拿不准。苏军编写的萨姆－2地空导弹的教令规定：导弹发射是一个快速、连贯、统一的操作过程，共有14个具体动作，并严格规定着各项数据，如距离敌机120 km打开制导雷达等，完成这套动作总时间是8分钟。[18]这些数据和动作都是经过严格计算和实验验证确定的，牵一发而动全身，不可轻易改变。对此，空军领导机关组织作战和技术部门，经过模拟飞行、反复计算、对比、推断，得出U－2改变飞行状态约需20秒时间的结论。1963年5月，空军高射炮兵指挥部向部队下发《抗击U－2新对策(初稿)》征求意见，强调“敌变我变”“压缩开天线的距离”“实行近战歼敌”的思想，明确开天线距离为41～45 km。[14]6月3日，四营再次失利，由上次120 km开天线减少到最近的65 km，敌机仍得以逃脱。究竟压缩到多少公里才行，既要考虑兵器实际，还得顾及训练水平，“所有这一切都要靠科学计算，还要组织试验”。[17]

以二营为代表的部队官兵开始迈上新战法的实验探索之旅。空军最初责成原北京军区空军负责指导三营“近距离开天线”的试点，一段时间后因其战备试点改由二营担任。二营此前已经开始“近快动作”实验，上级指导进一步促进了实验的开展。二营发挥驻在机场的优势，充分利用转场飞机进行实兵模拟演练，极大地推进了“近快动作”的实验进程。1963年6月24日，领导试点的原北京军区空军李际泰副司令员向成钧提交《关于“543”部队“近快动作”问题》的报告，介绍了他带工作组在二、三营进行“近(近距离开天线)、快(快速战斗操作)动作”的研究和试验，并提出压缩开天线距离为45～50 km。[17]这次经专门试验所确定的距离，甚至比空军5月份下发的《抗击U－2新对策(初稿)》还保守，也从一个侧面反映了解答“近”“快”问题之难。

1963年7月初，地空导弹四个营集群部署于西安。其间，群指挥部召开过一次秘密作战会议，重点研究压缩开天线距离，结果各营意见严重分歧，即便二营当时已经练到38 km，但当岳振华提出的50 km，其他营仍认为没有把握。8月8日，空军高射炮兵指挥部根据各部队的意见，正式下发《抗击敌U－2型飞机新对策(近、快动作)的意见》，明确打开制导雷达天线的距离为43～45 km。[17]然而9月25日的失利，再次逼迫部队进一步压缩开天线距离。此役，最近打开照射天线的距离为48 km，即便空军提出的45 km要求亦未达到。这次失利的主要原因有三：一是遭受敌电子干扰；二是虽采取集群部署，但未实施有效的统一指挥和行动；三是开天线的距离仍然过远。此次失利统一了认识，只有把开天线距离压到38 km以内，才有可能击落U－2。岳振华曾撰文回忆，根据U－2飞机在我开天线20 s后开始机动飞行，结合U－2飞机速度，计算出制导雷达必须在38 km以内开天线才行；这就必须快速完成射击操作动作，经过50多次开机实验，最终摸清了开天线后14个动作中9个可以提前完成，剩余5个动作可在4～8 s内完成。[15]

新战法的用武之地很快就来了。1963年10月，四个导弹营机动至上饶集群设伏。11月1日遭遇敌机，二营运用“近快战法”距离35 km打开制导雷达天线、8 s内连续发射三发导弹，终将敌机击落。[18]至此，近快战法得以形成和验证。二营四战四捷后，刘亚楼曾对战法演进作出概括：“1959年的第一仗，全是按苏联专家教给我们的办法打的；1962 年第二仗是一半对一半，既有苏军的经验，又有我军创造的经验；1963 年的第三仗完全是我们自己创造的经验；1964 年这一仗表明，地空导弹部队不但能在简单情况下作战，而且学会了在比较复杂的情况下作战。”[15]这个由刘亚楼亲自定名的“近快战法”，于 1978 年全国科技大会上被评为科技进步一等奖。[26]

三、 技术与战法的协同演进

我军抗击入侵高空侦察机的历程，包含两条基本线索：一是电子对抗技术及其进化；二是用兵和行动之法的进化。这两条线索不是孤立的，而是相互纠缠在一起并协同进化。

技术的发展升级，并不必然带来预想的“红利”。照射天线、各种反干扰电路的发明，尽管有潜力抗击美军的“12 系统”“13 系统”，但如果不能正确操作、无法适应新技术对整个作战体系带来的变化，就不可能发挥其效力。换言之，武器到部队手里，还须经历一个再创新的过程。①对于作为战法的用兵之法、行动之法而言，也必须与作战技术结合起来，形成人与武器的有机统一，并能随着敌方的变化而随时加以调整。例如，二营针对敌方干扰技术，率先进行研究并练成“近快战法”，一举歼敌，而其他各营则近快水平不一。其实，战法所蕴含的作战能力抑或解决问题的能力是有条件的，如果不能辅之以更好的技术配合，战法所能发挥的效用终究有限。二营第二次采用“近快战法”的确击落了敌机，这归因于战法创新对敌方干扰技术的消解。然而，倘若不能进一步发明抗干扰技术并集成到作战体系之中，只靠机动设伏以及集群部署，要连续击落敌机也几乎是不可能的。从图 2 可看出，二营第二次击落 U－2，采用的是“近快战法”，而第三次击落 U－2，则首次使用了假重复频率干扰技术。这意味着在战法进化趋于成熟时，特别是敌方技术升级后，就需要相应升级干扰技术并恰当集成于战法之中。由此可见，战法的进化需要技术支持，技术进化需要集成至战法体系，两者的叠加和迭代，就形成了作战能力的螺旋式提升。这个过程是一个“摸着石头过河”的实验过程。需要说明的是，图 2 中的技术、战术两条进化线曲率反映着进化的快慢，即进化存在一个由慢到快、由快到慢的螺旋过程；纵轴的螺旋线示意技术、战术叠加后作战能力的螺旋演进过程。

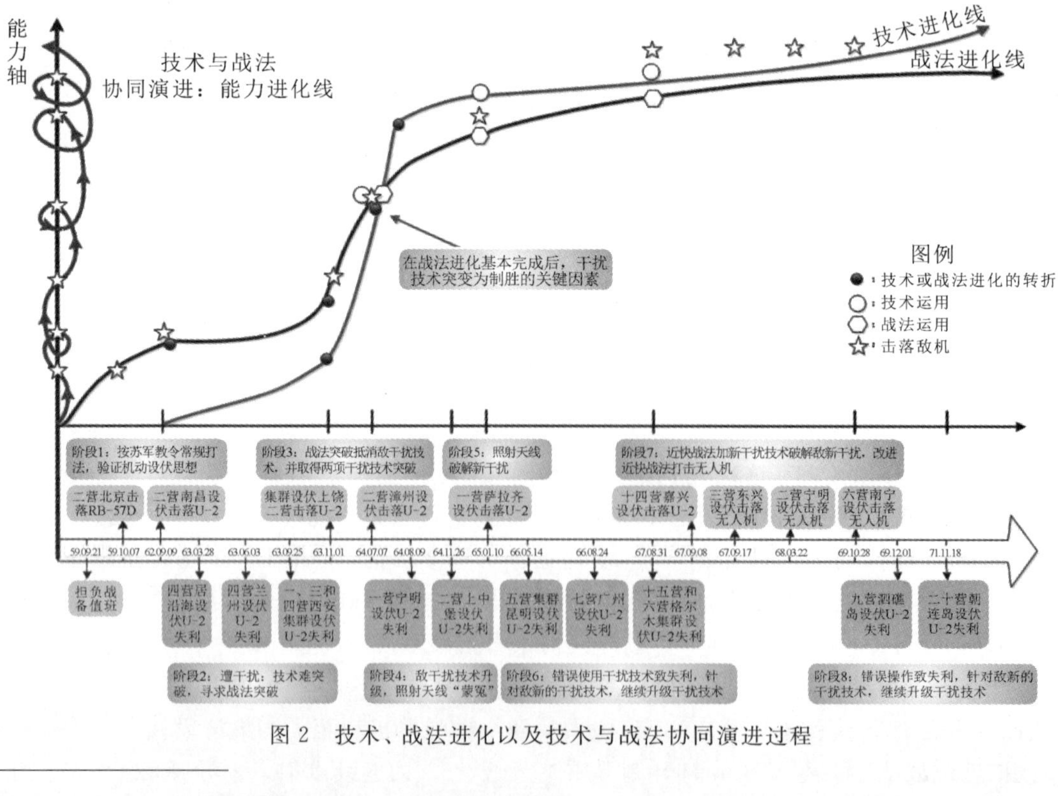

图 2　技术、战法进化以及技术与战法协同演进过程

① 此话为我国军事学者苏恩泽所言，转引自参考文献[27]。

为便于理解与分析抗击高空侦察机的演进过程，可以把这段历史置于一个动态演进的系统来分析。

阶段1：引进萨姆-2并快速形成作战能力，首次给系统注入变量并带来预期效应，成功打下一架RB-57D；美台随即使用U-2替代之。于是我军提出机动设伏思想，“押宝”击落U-2一架，验证了“机动设伏”假设的可行性。

阶段2：我军继续运用这个假设，不到一年接连三次将“宝”押中，可惜皆失战机，但并未证伪机动设伏思想，而是发现了新变量：U-2有预警装置。遂提出研制反干扰技术和压缩开天线距离两种“操作”。由于技术一时无从突破，只得压缩开天线距离、采用近快动作。但要多近、得多快，在不断争论和实验中取得突破，只待实战验证。

阶段3：二营首次运用“近快战法”，8 s一举歼敌，验证了战法效用，终结了此前各种争议；同时证实U-2安装有电子预警装置，并据此开发出两种对抗技术。漳州战斗，二营运用“近快战法”辅之以假重复频率技术，再次击落U-2。初步证实使用反干扰技术配合“近快战法”才能击落战机。

阶段4：“照射天线”出场。这个“变量”因对抗双方先后“干扰”而难以确证其可行性。首次加装照射天线的一营使用“近快战法”失利，照射天线蒙“冤”；尔后二营遭遇敌新式干扰而失利。两次失利确证反干扰技术的关键作用。

阶段5：空军专门组织试验确证照射天线可靠性并重新启用。经一营实战使用成功击落U-2。针对干扰变化，军地协同发明了新的干扰技术，并组织部队多次进行反干扰试验后列装部队，同时给部队使用兵器注入了新“变量”。

阶段6：地空导弹部队设伏连续三次失利，主要原因均在于装备操作或战法运用不当所致。针对新干扰，又试验开发出多种干扰技术。

阶段7：十五营利用“近快战法”和新的干扰电路成功击落第五架U-2飞机。此后，地空导弹部队针对无人高空侦察机速度快、机身小、干扰能力较弱的实际，优化“近快战法”，机动设伏打下多架无人高空侦察机。在对抗尾声，针对美台实施沿海飞行高空侦察新变化，地空导弹部队又前出至海岛进行设伏。尽管在两次遭遇中因装备操作不当憾失战机，也给敌方带来了直接威慑。最终，在各种因素作用下，特别是由于中美关系从70年代初开始缓和与不断升温，美台终止了对我国大陆实施的高空侦察活动。

今天回看整个过程，似乎每一个变化都理所当然：每当我军击落一架U-2，敌方就拿出新对策；而我国科研人员和作战部队更是不甘示弱，持续研究新的抗干扰措施并升级战法。[28]其实，当时我国无论是部队还是地方工业部门，几乎都是在黑暗中摸索前进的。即便“猜”到了可能对策，发明了可能有效的技术，却往往由于无法形成共识，或不当使用，或找错失利原因等而走回头路。但是，通过不断的摸索、实验，他们最终推动了技术的进化和战法的完善，实现了技术与战法的协同演进和作战能力的螺旋式提升，从而打赢了这场战争。

四、 结论

发生在六十多年前我军抗击美台入侵高空侦察机的这场特殊战争，在一定程度上推动了我国武器装备的现代化进程。今天，无处不在的电子对抗、航天航空侦察与反侦察，乃至远程精确制导导弹的使用，都可以在当年这场战争中看到影子。当年的军事实践者们拥有的智慧和运用的方法，可以称之为军事实践的“工具”或“工具集”，其中极具价值的便有实验思想及其内含的方法。反思这场斗争中所体现的军事实验思想，聚焦技术和战法这两个影响军事能力生成的关键要素，剖析两者的协同进化过程，可以得出一个基本结论：军事技术不能自动带来“红利”，需集成至整个作战体系并融合于战法之中方能发挥其应有的效力；这实际上是技术、战法和作战能力的协同进化过程，而要完成这个过程，实验在其中发挥着关键的“工具”性价值和基础性作用。正是靠着军事实验，当年的参与者们解决了一个又一个难题，走出了一条从实验中学习的制胜之道。因此，或可模仿阿基米德的格言作出断言：给我一场军事实验，我能打赢一场战争。

事实上，随着信息技术，特别是大数据、人工智能等新技术的发展和深度运用，军事实验正在发生根本性变革，远远超越了过去略显笨拙的实验形态，不仅可以在特定的物理空间更好地展开实验，更重要的是可以在虚拟空间或虚拟结合的空间中展开更大规模的体系化实验。那么，如何从哲学角度更加深入地探究军事实验的本质内涵、内在逻辑及有效性条件等，就成为亟待进一步研究的重要课题。从工程哲学的观点看，工程实践是一个实验性的异质要素集成与建构过程，在这个过程中人与非人彼此塑造并协同进化。[6] 作为建构或释放军事能力的特殊工程，军事实践当然也离不开实验。从这个意义而言，通过对军事实验的研究，或可从一个侧面为工程哲学研究的深化提供可能。

★ 参考文献

[1] W·H·牛顿-史密斯. 科学哲学指南[M]. 成素梅，殷杰，译. 上海：上海科技教育出版社，2006.

[2] 伊恩·哈金. 表征与干预：然科学哲学主题导论[M]. 王巍，孟强，译. 北京：科学出版社，2010.

[3] SHADISH W R, COOK T D, CAMPBELL, D T. Experimental and Quasi-Experimental Designs for Generalized Causal Inference[M]. New York: Houghton Mifflin Company Boston, 2002.

[4] 弗朗西斯·培根. 新工具[M]. 许宝骙，译. 北京：商务印书馆，1984.

[5] 弗朗西斯·培根. 新大西岛[M]. 何新，译. 北京：商务印书馆，2012.

[6] WANG D Z Toward an Experimental Philosophy of Engineering[A]. MITCHAM C, LI B, NEWBERRY B, et al Eds. Philosophy of Engineering, East and West. Boston Studies in the Philosophy and History of Science[C], Switzerland: Springer, 2018, 330: 37 - 50.

[7] 邓小平文选（第 3 卷）[M]. 北京：人民出版社，1993.

[8] 布鲁诺·拉图尔. 自然的政治：如何把科学带入民主[M]. 麦永雄，译. 郑州：河南大学出版社，2015.

[9] VERGUN D. Innovation, experimentation needed to keep Army relevant[EB/OL]. [2014 - 06 - 09]. http://www. army. mil/article/127576/kushnick_ macy_hoge_awards_reward_innovation_experimentation_needed_to_keep_army_relevant.

[10] U. S. Department of Defense. Quadrennial Defense Review Report[R]. [2001 - 09 - 30]. https://wenku. baidu. com/view/8bc025ed5ef7ba0d4a733b53. html.

[11] WORLEY D R. Defining Military Experiments[R]. IDA Document D - 2412, Institute for Defense Analyses, Alexandria, Virginia, 1999.

[12] The Technical Cooperation Program (TTCP). Guide for Understanding and Implementing Defense Experimentation[M]. Ottawa: Canadian Forces Experimentation Centre, 2006.

[13] 黄恽. U - 2 高空侦察机飞临大陆解密[J]. 文史精华，2006，(1)：7 - 9.

[14] 陈辉亭. 中国地空导弹部队作战实录[M]. 北京：解放军文艺出版社，2008.

[15] 岳振华. 击落美制 U - 2 飞机作战追记[J]. 百年潮，2002，(6)：17 - 22.

[16] 何立波. 成钧伏歼台湾 U - 2 飞机始末[J]. 党史纵横，2016，(3)：19 - 31.

[17] 杨世瑛. 高空反间谍大战[M]. 北京：蓝天出版社，2012.

[18] 林虎. 保卫祖国领空的战斗[M]. 北京：解放军出版社，2001.

[19] 沈丽文. 黑猫中队：七万尺飞行纪事[M]. 台北：大块文化出版股份有限公司，2010.

[20] 弗兰克，编译. 龙夫人出世：美国 U - 2 高空侦察机研制历程(1)[J]. 现代兵器，2009，(3)：46 - 50.

[21] 廖芳芳. 中国的"千里眼，顺风耳"：张履谦院士专访[J]. 大家，2011，(7)：20 - 27.

[22] 谢雪畴. 中国空军击落 U - 2 纪实[M]. 太原：山西人民出版社，2010.

[23] 翁台生，包柯克. 黑猫中队[M]. 台北：联经出版事业公司，1990.

[24] 苏虹. 上海驻军是怎样击落 U - 2 侦察机的[N]. 解放日报，2017 - 8 - 22(12).

[25] 振国. 昨日的秘密：空军地空导弹兵作战纪实(上)[J]. 党史纵览，2007，(9)：23 - 30.

[26] 王晓娜. 从 8 分到 8 秒：从近快战法细节追溯[J]. 中国空军，2011，(9)：49 - 50.

[27] 罗尔文，赵瑞. "英雄营"的武器哲学[J]. 中国空军，2010，(1)：51 - 53.

[28] 吕贤如. 揭开击落 U - 2 高空侦察机的谜底：访两次国家科技进步特等奖获得者、中国工程院院士钟山[N]. 光明日报，2006 - 10 - 19(9).

从技术设计走向设计技术的必然性思考

胡春立

摘　要：从现实发展需求来看，绿色技术对于当今生态文明制度的形成、绿色发展方式、人的全面发展等有着不可代替的推动与支撑作用。随着来自生活、生产、社会等各方面对绿色技术的呼唤，绿色技术理应得到研究者积极响应。根据理论与实践分析可知，目前阻碍绿色技术形成与应用的关键在于技术异化以及现代技术范式的社会运行。而设计正是贯穿于技术发生、发展、应用的全过程的构件，技术的异化实质是背后设计的异化。本文从关注技术异化问题和解决方式——技术设计切入，分析现有技术设计的局限性，尝试性提出设计技术的概念，以探索解决技术异化的本源方式。

关键词：设计；技术设计；设计技术

在传统技术哲学在对技术本质的认识和对技术异化问题的思考出现较大缺陷的背景下，技术哲学研究出现了“经验转向”，技术设计作为技术哲学的经验转向所指涉的重要概念，引导研究者将眼光聚集到了技术本身所展现的基本特性。然而指导技术设计的具体实践方式和思想，仍然受传统技术哲学理论的影响。此外，由于对技术本质认识的缺陷直接导致了技术设计的局限性，其中影响最大的为技术自主论和技术的社会建构论。二者对技术发生与发展等过程的动力和逻辑均存在片面性认识，这直接导致了技术设计的实践出现了设计主体、设计客体和设计过程的缺陷，再加上受限于科学发展水平、技术发展水平以及多年来受资本、技术绑架等因素的影响，人的理性也存在一定的不完备性，导致了技术设计并没有解决技术异化的问题。本文针对技术设计的局限，分析造成技术设计局限的原因，创新性地提出了“设计技术”的概念。需要特殊强调的是，本文所指的技术是指工程技术意义上的自然技术与社会技术的集合，而技术设计与设计技术也是工程技术意义上的“设计”。

一、 技术设计及其局限性研究

在传统技术哲学的研究思路出现明显缺陷的背景下，20 世纪 80 年代出现了技术哲学的“经验转向”。技术设计作为技术哲学的经验转向所指涉的重要概念，引导研究者将眼光聚集到了技术本身所展现的基本特性。技术设计、技术发明是技术生产过程中的基础、灵魂和核心，也是影响技术的价值形成以及进化方向的关键，处于技术生产活动的“上游”领域。技术设计思想连接了对技术形而上的理论理解与形而下的技术实践，是积极认识并探索更好解决技术问题的理论，把解决问题的突破口前置到问题产生之前的预设当中。因此，讨论技术发生、发展与应用过程，以及技术的异化与规避、解决的问题，离

基金项目：国家社科基金一般项目《新时代绿色生活方式的系统构建与实现路径研究》（18BZX055）阶段性成果。（本文系博士论文《技术范式视角下技术设计研究》的部分成果）

作者简介：胡春立（1988—），女，河北迁安人，北京工业大学讲师，研究方向为科技哲学，生态文明。

不开对技术设计的认识与讨论。因此国内外学者逐渐从技术设计角度展开研究。

1. 技术的设计性内涵

一直以来，技术与设计都是携手共进的，技术形成与发展过程的每一个环节都面临着选择，技术形成于设计之中，设计也是在技术的发展过程中随之演变的。人工物与天然物的区别主要表现为人工物是人类设计的体现。在设计新的技术人工物时，设计者必须能够创造性地将各个要素组合起来，从而满足实践手段、目的或功能上的要求。从原始社会发展到现在，再延伸到可以预计的未来，人类的设计可以分为造物设计阶段、手工设计阶段、工业设计阶段和非物质设计阶段，设计的阶段划分以设计对象——技术的背景和条件为依据。因为，在研究技术与设计的关系范畴内，技术与设计一直紧密联系在一起。

1）技术与设计的关系

关于技术与设计的关系，可以从二者的内在联系与外在关系两个角度来分析解释。

首先，要辩证地看待设计与技术的外在关系：技术与设计互为基础，技术是躯体，设计是灵魂。一方面，设计为技术制定了方向和目标。被渗透了设计的技术人工物能够更好地满足人的需求，展现技术产品与人之间形成的某种和谐关系、情态和生活状态，设计使技术变成有血有肉的技术。从另一个角度来看，技术也是设计实践的引领者或者是约束者。技术是进行实践活动的基础，技术水平是设计综合性组织和运用自然的、科学的或者人为的信息时的工具，技术基础承载的伦理、价值都影响着设计思考的方式与目的。总而言之，技术作为“硬件”推动设计完成更高难度的构想与现实的转换；设计作为“软件”，用自身蕴含的精神方面的内容使技术更贴近人们生产、生活的真实需求。在技术的发展过程中，用以中和技术纯工程主义的发展传统，设计的实践是作用在技术的具体环节中的。

其次，统一的技术与设计的内层关系：技术本体呈现出天然设计属性，设计也是一种综合性的技术活动。随着技术哲学经验转向的发展，荷兰代尔夫特学派提出的技术人工物双重属性的研究路径得到了广泛认可。彼特·克罗斯曾指出：技术人工制品依据客观定律形成特定结构，展现一定的功能。在技术的结构与功能之间，设计就像一个“翻译官”一样，将技术的功能描述转移为结构表达，再根据功能需求在构建结构的过程中发挥选择、设计的作用。马克思曾用“想象的存在”和“现实的存在”来谈论技术。“所谓‘想象的存在’就是‘观念的东西’，是‘表象的、期望的存在’；所谓‘现实的存在’就是已经达成的感性的存在，是‘从观念转化成生活’”。[1]设计就是完成从“想象的存在”到“现实的存在”转变过程中重要的实践活动，同时设计行为自身的信息存在向物理存在的转变也在这个过程中完成，即将设计的构想、联想之类的信息通过设计题材承载的方式转变为具体的器物、产品、工程等。技术的发明仅仅是技术生命起点，而技术的好坏、优劣和价值大小要从技术发生、发展、应用、解构全过程来判断。设计正是全程参与这个过程的关键因素。可以说技术本身内含设计属性。设计在工程与人文范畴内的变化，是形成技术发展呈现出工程主义和人文主义两大传统的根本原因。此外，根据苏珊·朗格对技术的研究，认为所有的表现形式的从无到有的创造都是一种技术，设计当然也属于一种创造的表现形式，可以说设计本身就是一种技术。从另一个角度来看，设计在中国的语境下可以被理解为“经营”，而经营的意思有筹划、管理、构思的意思，这属于广义技术的社会技术和思维技术。我们还可以根据米切姆关于技术的定义进一步了解技术与设计的内层关系。米切姆认为技术是包含若干层次的一个体系，具体而言分为作为对象的技术、作为知识的技术、作为活动的技术与作为意志的技术。设计不是一蹴而就的静态实践，而是展现为一个动态的实践过程。如此看来，设计的构思(基于社会需求和科学理论)相当于作为知识的技术和作为意志的技术；技术设计的实施及生产过程相当于作为活动的技术，技术设计的物化成果——人工物相当于作为对象的技术。

2）技术与设计的区别

技术与设计存在紧密的内层与外层联系，但是不能在全部意义上将技术与设计等同起来，技术应始终站在设计的客体位置上。具体而言，技术与设计的区别主要表现在以下几个方面。首先，二者关注的对象不同。技术本身主要侧重于关心客观的物与物之间的关系，其核心是要解决人为用物的问题；而设计则在人的主体行为中侧重于物与人的关系上，设计目标理想的状态是解决物用为人的问题。其次，二者与艺术在不同技术背景中呈现的关系不同。从出现时间来看，设计和技术的萌芽先于艺术、独立于艺术而存在。在手工艺阶段，实践活动中技术、设计和艺术三者有机结合，实践主体兼任技术主体、设计主体和艺术主体于一身，而设计与艺术的关系更为紧密。发展到工业化之后，随着劳动分工的进一步细化，设计师、工程师和艺术家分别开始作为专门化的职业而出现。随着近现代物理、数学等科学知识的发展，逐渐影响了人们的思维逻辑，艺术的地位明显低于功能与理性，与艺术交叉的技术美学这一规律性的审美也是以功能主义与理性主义为前提的。再次，二者的自然属性不同。作为与人类共同发展的技术与设计，都呈现了自然属性与社会属性。而技术与设计的不同主要表现为自然属性的区别。技术的自然属性表现为依据客观的自然科学知识，是对规律和现象的应用，充满理性与客观的色彩；而设计的自然属性是关注于人类作为自然存在时的自然需求与欲望，表现为感性与理性并行。

2. 技术设计缺陷的实然表现

工业社会以来所产生的一切人与自然相对立的问题，在很大程度上都可以看作是一种技术设计上的不完善。而技术的这种在设计上的缺陷更多地反映出现代技术范式的失范。现代技术范式中，技术的任何一方面的改变都有赖于能量的增长和资源的投入，衡量技术的标准为经济贡献率。更加严重的是，随着劳动分工日益细化，出现了人类知识的壁垒，人们被要求知道的更专而不是更广，人类多样化思维、多样化心理，逐渐被单一性思维、单一化心理所取代。现代技术范式对技术设计的理念、方法塑造有较强的引导作用，因此，在现代技术范式影响下的技术设计在方法和理念上都存在一定的局限，进而导致了技术异化的种种问题和表现。

1）设计客体的缺陷：局限于自然技术的设计

人类的技术历史久远，但多数都是从工程学的技术传统对技术进行狭义的理解，局限于对自然技术的理性改造。传统的技术设计的设计客体——自然技术，最大特点是自为性，即它是高度自觉化的技术，是人出于明确的目的，根据一定的规律，为满足人的需要，而依靠自然界的物质、能量和信息，设计、发明出来并自觉应用的技术。这时，技术目的与技术手段、技术存在与技术价值就完全分离开了。技术目的与技术手段之间的矛盾成了整个技术设计活动的核心所在，而人类最初的目的在技术的设计过程中地位便不在最高。

从本质上看，技术是人创造出来的自然界原来所没有的活动方式、改造过程和相互作用，它是“超自然的”，是“高于自然的”，是人通过自己的理性意识而人为组织起来的活动方式、过程和结果。因此，技术在广泛意义上可以分为自然技术和社会技术。其中，自然技术即传统的狭义技术，其实就是人类为了满足社会需要而依靠自然规律和自然界的物质、能量和信息，来创制、控制、应用和改进人工自然系统并改造天然自然系统的手段、过程和结果。自然技术的根本目的是追求效用的最大化，主要用以满足人的物质性需要，这也是技术设计的主要对象。然而社会活动中也存在着以处理人与人之间的关系、人与社会之间的关系的社会技术活动。[2]这是被技术设计所忽略的另外一个客体——社会技术。所谓社会技术，就是人类利用、变革、控制和改造社会及其主体的手段、过程和结果，它既包括社会的各种组织技术、管理技术、公关技术、指挥技术、军事技术、教育技术等，也包括语言技术、思维技术、宣传技术、演说技术、体育技术、文艺技术、绘画技术、审美技术等。社会技术的根本目标不仅是为了提高效率，而且还包括追求效益，实现效益的最大化，追求公平、公正、平等和自由，其特点是超越了自我设计与社会选择的交互作用，而升华到了自我规定与社会认同的共建、规章规约和道德自觉的互补，改造自然的工具关系让位于主体间的人际交往关系。因此，在技术设计的范畴讨论中着眼于自然技术的设计问题展开的设计实践，在逻辑理论上是不彻底的，在设计方法上割裂了设计的工程传统与人文传统。这只是在具体技术的设计过程中更多展现的是工程师或技术专家思维的，习惯按照技术自身的工具理性逻辑进行对自身目的的表达，关注技术的科学性和中立性，忽略对于技术的意义的探寻，以及技术与技术事务如艺术、文学、伦理学、政治学和宗教等社会因素的关系。

2）设计过程的缺陷：设计参与的不全面

对技术本体进行全面正确的认知是我们对技术的社会影响、自然影响和对人类影响评判的前提和基础。经典技术哲学以形而上的技术研究为重点，对技术本身的描述与考察颇有欠缺，在经典技术哲学研究结论指导下的现实技术发展对于使用者而言，对其合理性和有效用的判断依据被关在技术“黑箱”里。例如，以海德格尔等为代表的经典技术哲学主要关注技术作为已成事物，在社会应用过程中产生的影响，如异化了人的自由本质，带来了不可控的自然破坏力等，也就是说他们主要从技术“之上”和“之外”研究技术，从抽象的形而上的层面反思和批判技术以及技术与社会、人类和自然的关系。对于这些问题的解决，主要是从语言层面上对技术进行“解构”，由于缺少对于技术前期如何形成的相关设计问题的关注，单纯地从技术的外部探索技术这个整体，而没有真正剖析技术内部的真正状态。因而必然丧失从经济、政治、伦理、文化等角度上的批判与解决。

由于技术被当成已经完成的状态出现在研究者的视野中，导致技术设计的参与无法进入到技术成为已经存在之物之前的阶段。因此技术就理所当然地被当作是合理的东西呈现，然而事实并非如此。事实上，技术兼具内在价值与外在价值，由内在自主性、相对独立的逻辑和社会各种因素的同时作用，在技术发生与技术应用的全过程中都有参与，在技术的开发设计阶段就已经渗透了社会价值，而在技术产品的社会应用中，还有技术相对独立与自主的逻辑发挥影响。

人原本应该在技术的自然价值和社会价值形成的两个阶段发挥作用，才能更好地保证技术与人的设想尽可能的一致。之所以在现实的发展中，人类更多的被认为应该对技术的应用阶段负责任，主要来源于对于技术发生与发展的速度以及技术的可控技能存在理解误区。人对于设计参与过程的缺失，可以从技术发展的具体过程中进行更加形象的分析。在古代社会，社会生产力与技术手段相对落后，更新发展速度相对较慢，以斧子、刀具等简单的手工工具为主，这种技术工具因其基础性而被广泛地应用于各个领域，服务于各种使用目的。人类对于这一时代的技术产品的生产过程与应用效果有着清晰的了解和把控能力，人对技术的发生与应用具有完全性的权利，技术的自主性几乎没有发挥作用的空间。所以，在这一技术体系中，特别强调工匠的经验技能，能工巧匠的经验技能即人的因素在这一技术系统中占据主导地位。[3]在这一时代，将技术单纯地看作一种工具、手段，具有中立性的观点是合情合理的。随着时间的推移，人们可用的技术手段在不断丰富，尤其是随着独立于人类的机器的面世。在新型的技术—人的关系中，机器被设计成逐渐可以独立于人完成生产工作；而人，尤其是工人只能服务于机器的需要，甚至被机器所取代；对于掌握资本的资本家，受经济价值的趋势，也受控于机器。到了 20 世纪，技术信息的流动推动了技术自主性的加强，而人的设计参与变成更加可有可无的因素。专业化的每一个领域都既扮演着信息传播者的角色同时也扮演着信息接收者的角色。当某个发明或创新崭露头角的时候，它总是会通过各种方式被传播出来，而一旦其他专业领域接收到了这类信息，则很有可能在本不需要产生发明的地方被激发出来。最终技术间接发挥的促进作用比直接促进作用更有利地推动了技术的增长。像这样的发展在一个日益庞大的全球技术系统中共同形成了一种强内部动力，在这个不断庞大的全球技术系统中，各种专业化领域之间的联系靠的是与数以万计的创新相关的信息流动。由于无数创新彼此之间无休止地结合、互动，技术发展过程变成了极端的非线性，而且根本无法预测。此时，技术发展与社会需要之间的关系更多的是若即若离，而且社会还需要做出大量的调整来适应技术的发展。

综合而言，对技术产生的内部逻辑重视程度不足，在技术充分发达的现如今，技术自主性发展能力越来越强大，人们想要将符合生态价值和人本原则的设计理念与方法渗透到技术的发生发展过程中去，要从认识和方法上入手。

3）设计主体的缺陷：人类理性的不完备

对于技术异化问题的解释，技术自主论者与技术的社会建构论者有着不同的观点，前者认为技术异化是因为人类在技术的发生发展逻辑中发挥的作用对技术的走向不具备决定性，后者认为技术的异化问题是由人的能力不足而导致的。而实际上，技术的异化不仅是发生在技术的应用过程，更为本源的是技术在设计阶段存在的缺陷。

技术的社会建构理论为技术设计从参与技术的应用阶段前置到技术的发生阶段，技术设计的核心目的是为了规避技术现实世界的负效应问题。然而，以杜威、芬伯格为代表的技术社会建构论下的技术设计仍然存在着局限性，这局限性主要来自对解决技术设计主体——人类理性不完备问题的不彻底、不周全的探索上。例如，芬伯格技术设计思想在具体应用于现实时可把控性与操作性不强，具有一定的理想主义色彩，它的贯彻不能够完全地规避所有的技术风险，似乎也很难指导技术、人与自然社会的协同实践和谐生成。芬伯格的技术设计思想借鉴了社会建构理论关于技术的“待确定”理论，把技术动态地看成是尚在发展生成中的事物，进入技术内部进行分析，拆分技术活动过程，集中关注技术设计在整个技术活动以及技术实施后产生社会效应中的功能作用，剖析技术设计的过程。技术设计的待确定性更主要地是从思维角度来考虑。设计本身就是以思维活动为主的一个过程，主观性的发挥、客观实际的准备都会或多或少地造成设计目的与设计结果的溢出，特别是在放在社会大环境的复杂情况之中，这样就使得技术设计具有预设性以及待确定性，在技术的最初设计和以后的应用过程中存在无法选择和预料的、不受欢迎的后果，具有一定的现实局限性。考虑具有影响技术设计的因素之一就是其主体的经验与能力，技术的设计在主观程度上是有限度的，非意愿的后果留给人类的不是后悔与反省就可以解决的。因此，设计是主观的活动，主观的活动是有限度的，所以技术的设计理所当然地也具有限度。所以说，技术设计思想只能不断接近达到预期的最合理的结果，而不能完全规避技术风险。

另外，对于人的理性的不完备也体现在科学和技术自身的局限，这是由于应用它的人的无能而造成的。杜威在其矫正办法中，尤为强调道德的重要性，他认为道德和价值是同一事实的两个方面，而且道德在规范技术发展中具有重要作用。但是，单凭道德呼吁去克服技术奴役问题是不可能的，如美国人拒签和履行《京都议定书》的内容就可以有力地展现单纯的道德手段在规范人类的行为中是多么无力与被动。因此，在现实面前，单纯的“善良意志”不免过于理想化而难以完全奏效。可以说，这种道德归宿的拯救之路正是许多当代“人本主义者”或“人道主义者”所倡导的，这条路径不能说是无意义的和不重要的，然而其不足在于，它忽视了技术更广泛的社会属性，没有从技术与人的本质联系这一理论高度去探究技术异化的根源，也没有结合人类理性的局限性进行必要的探讨。因此，它不可能完成抑制甚至完全解决技术异化的艰巨任务。

二、 设计技术的提出

现代技术的发展逐渐脱离了人类的设计而进入了自我设计的状态中，这绝非人类的刻意不参与，而是在技术的强势发展中，人类在享受技术带来的便利与舒适等各种利益后，逐渐进入到无意识的选择与设计状态，被动地接受技术的自动供给。人类的设计陷入了技术的秩序中，人类对技术的设计出现了失语现象。鉴于此，本部分将针对性地提出“设计技术”的概念，从对设计主体、客体内容和位置的矫正等方面入手，建构设计技术的内容和优越性特征，以服务于解决现代技术范式失范、技术异化等问题的需求。

1. 设计技术的内容界定

设计技术是遵循文化主义技术哲学、智慧伦理学等理论基础，依靠大数据、虚拟现实、人工智能、云计算等先进技术支撑，是人类在生态科学和绿色观念指导下的技术发生发展的实践活动，以推动绿色技术的发生、发展和绿色技术范式的形成为目标。

人们对于某一事物的描绘表达并不只是包含单一的外在表象，也包含内在蕴含的精神品质。设计技术就是希望技术的利益相关群体能从具体的技术产品中感悟、认同并受影响于设计者的思维和情感，领略设计之内的独特魅力，进而感悟独特的绿色理念。设计技术的出现主要来源于对现代技术弊端以及造成的一系列社会影响所进行的反思。解读设计技术的内涵，可以从绿色设计的理念作用于技术主体和设计过程两种方式进行，前者主要强调思维方式和理念方面的绿色，后者主要强调具体设计方法的绿色。

首先分析前一种方式。在技术设计发挥作用的时间里，技术设计的原意也都遵循“以人为本”原则，为人类生产、生活带来舒适和方便，为人类未来发展构建蓝图。然而在经济理性时代，“以人为本”的设计理念受控于经济价值，人对生产和生活的正当需求转变为对自然的欲望性索取，表面上是变了味道的“以人为本”，实则以投入产出比为管理的技术设计工作，使技术成为无限开发资源、带来污染、毁灭生态的工具。天生财有时，地生财有限，而人之欲无穷也。

针对这一状况，对技术的设计主体进行绿色化改造与影响成为设计技术的核心之一。美国设计理论家维克多·巴巴纳克于20世纪60年代出版著作《为真实世界而设计》，提出了设计应该考虑地球资源的有限性。随着“有限资源论”的兴起，欧洲乃至全世界有生态意识的国家迅速兴起了“绿色设计”的浪潮，如比较典型的是“3R”设计理念，通过利用太阳能、生物能、风能等新能源进行的低碳设计等。但是，以上设计重点的转变，又过于关注对自然、生态、环境问题的解决，而忽略了人的精神、对更高品质生活的追求。结合我国国情，我们建构的“以人为本”的设计技术，要在融入绿色发展理念的基础上，关注人们的精神需求，为推动、实现人的自由全面发展而开展设计技术的工作。这是设计技术得以存在的基础和贯穿始终的理念。

其次，针对后一种理解方式，设计的展开是在手段和目的的逐步分解中进行的，设计的“手段”是重组解决问题的办法，设计的“目的”是对目标系统的确定，可以说“手段和目的”是设计过程中最关键的两个方面。陈昌曙说过：“现实的技术活动，面临着复杂的、相互牵制的因素和关系，人们可能会建构和提出多种多样、各有所长的实践方案，而却没有一种方案能最全面兼容各种设计的优点，而又能最大限度地排除它们的弊端，而只能在这些方案中做出相对合理有效的折中选择，避免顾此失彼而有折中兼容。”[4]

技术是规律性与目的性共建的产物，是技术主体的客体化(人的本质力量的对象化)和技术客体的非对象化活动的辩证统一，兼具自然属性与社会属性。设计技术不是一个单纯的工程设计活动，设计的对象是一个技术——社会系统，因此设计技术过程中，以什么样的手段达到什么样的目的必须考虑到众多的其他社会因素：使用者的个体文化和心理因素、制度性、社会文化、社会心理等因素，“越来越多地考虑满足人的使用功能、社会心理需求、个性要求等方面，技术人工物的外观、形态、功能等方面不断进行改进越来越趋于实用化、美观化、多样化和新颖化”。[5]参与设计技术的主体是多元的，如技术政策的制定者、掌握关键技术的专家团队、技术成果的使用者等，涉及所有相关利益群体的相互博弈过程，博弈的依据要全面考虑和照顾到人与人的关系、人与社会的关系和人与自然的关系，超越原有的从技术开发者到生产者再到使用者这样的线性设计关系，形成各种异质设计主体网络化和系统化建构性参与的开放性的、协商对话性的非线性关系。综合而言，设计技术就是强调从理念和方法上，为实现现代技术和现代技术范式的绿色化转向提供动力和具体工具的实践活动。

2. 设计主体与客体的归正

人与技术原本是作为技术设计的主体与客体出场的，然而在技术的实际发生与发展过程中，人与技术的主体、客体关系似乎产生了错位。现代技术已将人类机械化、非人类化了，技术正在左右人的个性及人的心理、内在的变化，并改变人的意识。正是技术设计主体和客体的错位，成为导致技术异化的重要原因与表现，因此，设计技术是在归正设计的主体和客体的前提和基础下完成的。

1）设计技术的主体——民主的设计共同体

从技术的发生到技术产品的应用全过程看，设计技术不是一个纯粹理性的计算过程，而是一个联网、建构、磋商和冲突的过程。技术实际上是多方权利冲突的产物，是一个创造性建构的过程。在技术依然成为人类主要生存方式的背景下，技术的发展走向与人类的认识与评价方式不可分割地交织在一起。人类作为从技术产生到应用转化的首要责任主体，能够进行风险的识别与道德的分析。除了作用于技术的设计过程的，还包括道德、宗教、艺术，制度、政策等，而这些因素背后的主体都是人，人理应占位技术设计的主体。人是技术设计主体的一个统称，但是在此基础上还必须深挖主体系统内的具体成分。与过去的技术设计主体相比，设计技术的主体应该包括所有利益相关者，比如设计者、设计方法论者、设计领域的监管组织，将眼界放宽，还必须包括客户(购买设计好的技术产品)、风险资本家(投资设计过程)、教师(教育未来的设计者)、环保主义者(密切关注设计方法和结果的可持续发展问题)以及一些其他人。设计技术的主体必须将更广泛的公众群体纳入，否则将由于主体系统不健全而使设计技术再次陷入被技术掌控逻辑中去。

技术设计是一个社会过程，参与设计技术全过程的任何一个设计主体都有各自的观点、职责，参与整个过程的每一个设计人员都有着不同的职责，不同设计主体虽然共享着一个设计目标，但在具体设计决策中又常见一些冲突性。因此，合理化的设计技术一定是一个协商的过程、反复的过程、纠正错误的过程，甚至是误解的过程。设计技术的全过程是一个充满了含糊性和不确定性的过程。当设计变量分解开，哪个变量权重大，哪个小，谁来判定？这时就需要多样化社会主体力量的介入，要确定各类重量级别的价值就需要负责不同人物的不同设计人员之间的协商。

设计技术与技术设计的主体同样是人，然而对设计问题对策权重的选择却不尽相同，这主要是两种设计方式的设计主体的成员类型不同。相较于技术设计的主体，除了掌握专业知识的设计专家等专业相关群体的参与，设计技术还必须将与技术产品关系密切的多样化公众群体纳入设计选择过程中。因为缺少公众参与的设计主体，容易将设计推向专家决定论的情景中，专家群体虽然可以利用专业认知提高生产效率，带来更大的投入产出比，但是专家的设计也往往体现为单向度的标准。技术从产生到应用的转化具有经济属性，此时的设计参考指标重视的是经济收益，这种以经济价值为基准单向度的目标潜在的必然结果将是陷入操作比值的黑洞，让设计选择逐渐陷入工具理性中，而对技术实践价值观的多样性不予关注，这样就往往会忽视技术对人文、社会和环境的影响，对引发的风险不予考虑。正如过去技术的设计主权虽然掌握在人类手中，但设计决策权基本上是掌握资本话语权的人手中，而这部分群体的意志已经被经济所绑架，无法做出正确的主体性选择。

对于技术从发生、发展到应用的全过程设计，并不是一种单纯的技术活动，更不是一种单纯的经济活动，而是一种需要考虑技术的社会影响、生态影响、文化影响等多重复合因素在内的综合集成活动。在技术的支撑和推动下，我们的社会已经进入具有一定智能化的时代，各种不确定因素接踵而至，单纯工具理性、专家理性、经济理性都是不足以应对复杂的时代变化的有限理性。为设计技术活动的生态性、人本性和经济性提供全面有效的保障，就需要健全设计主体体系，通过公共设计协商，形成公共理性。可见，在确定技术设计的主体为人的前提下，如何保障在实际发展中依然保障人始终掌控技术的发展走向，加入公众参与的合理性是十分必要的。自20世纪90年代以来，欧美国家的技术决策的重要内容已经囊括了公众参与模式，并且形成了一些比较成熟的操作与参与工具和途径，很多极具争议或将对人类生活产生重大影响的设计环节都付诸公众参与讨论，并直接影响设计环节的最终导向。

2）设计技术的客体——现象到需求的链条

我们对技术了解很多，同时又知之甚少。关于一个个具体的技术，我们知道的非常多，但是在总体上，我们对技术的了解又很少。然而关于它的实质——它存在的最深的本质，我们却知之甚少。我们对单个技术的历史以及它们如何生成的都知道得很详细，但是没有关于技术如何形成的完整理论，这里缺失的是某个一般性法则。这一缺陷主要是因为那些最认真思考技术的人大多数都是社会学家和哲学家，他们往往从技术的外部将技术当作独立的客体来看待。技术被“黑箱”藏起来，无法显示内部。如果我们希望知道的知识技术如何进入经济生活，以及是如何展开的，那么这种从外部看技术的方式足够了，但是如果我们希望解决技术发展带来的问题，那么这样做就不够了。我们想要知道技术是如何相互联系、如何起源以及如何进化的，我们需要打开它们，去看看它们内部的“解剖学”关系。设计技术不仅应该在主体方面进行全面开放，还要在设计客体方向全面考虑。这里所言的设计技术的客体——技术，不是关于某一具体技术，也不是关于即将推出的某个新技术，而是包括自然技术和社会技术在内的，既从内部又从外部观察到的一般性的技术系统，也就是所建构的技术范式的二层结构的综合技术内容，就是设计技术的客体的全部内容。技术要素、资源材料要素、经济要素、管理要素、制度要素、社会要素、政治要素、伦理要素、心理要素等许多不同的要素，缺一不可。

为了尽可能地周全设计技术的客体——技术包含的具体内容，需要从技术的本质论到认识论出发，建立一条从现象到需求的链条，将特定的需求与可开发的现象链衔接起来的过程，或者说是将需求和一些现象链接起来，并能令人满意地满足那个需求的过程。一端链接来自社会的需求和目的，另外一端链接形成和支撑需求与目的实现的技术构件与基本现象，两个端点之间的链接是通过一整套完整的设计方案来实现的。从这一链条以及链条链接的两个端点来看，设计技术的思维逻辑主要有两种，其中一种是肇始于想要达到的目的和需求，实行任务式的设计，资源材料要素、经济要素、管理要素、制度要素、社会要素、政治要素、伦理要素、心理要素等许多不同的要素，都是来自社会、人类、自然提出的设计需求；另一种则是从技术的认识论出发，根据对自然的认知与进一步探索，再借助于最新的现象与技术构件的更新，对技术构件与现象进行新的组合。对物质客体进行有效改造，主动贡献能够满足人类、社会、自然可持续发展所需要的物质形式的知识。总之，对技术设计客体的设计，既要遵循客观科学知识，又要从社会角度来考察。

三、 从技术设计走向设计技术的必然性

1. 从技术设计到设计技术的进步性特点

与技术设计相比，设计技术有以下突出特点：首先，突出技术发生的合理性。技术设计下的产物——现代技术以工具理性为基础，围绕着资本、市场等经济要素，将技术作为制定财政投入和税收优惠政策的工具，与它被应用而实现的各种目的没有任何关系。与技术设计的价值取向不同，设计技术要综合考虑经济、政治、文化要素的影响，是结合技术产生与应用的具体时空条件，从单一的生产和理性到多元开放的生态合理性的转变。设计技术的生态合理性绝不仅仅是停留在设计出操作层面更为先进、理性的技术产品，更为可取的是要实现思维方式的绿色转向，重视社会中各方面价值的权衡，反思并抛弃技术设计中被经济绑架的思维和行为，克服以市场作为单一导向的思维弊端，将环境与经济同时纳入人类发展的完整系统之内。在这个共生系统中，增长和发展是有区别的，只有达到技术效益、社会效益、生态效益、经济效益等共同认可，才能称之为技术设计的进步，其中生态效益的评价成为设计技术区别于技术设计的关键。因此，嵌入生态价值成分的设计技术是具有发展前途的主流技术设计理念和方法，是生态哲学、生态文化和生态文明发展的时代需求，其产生具有天然的合理性。

其次，打破资本崇拜的神话。乐观的资本家与悲观的技术者在现代技术的设计参与中，看到的只有“增长的极限”，人类所流露的各种诉求被单一化为对物质的欲望。在技术设计的视角下，对技术的设计只是在生产的末端进行单向的革新，在利润最大化目标下，技术创新的导向仍然是资本导向的。相比之下的设计技术，其藏于技术的根本目的不是以少量的资本和能量换取更大的经济效益，而是实现生态、经济、社会的全面和谐。在生态思维与生态价值观的引导下，设计技术将设计参与的着眼点从末端处理到前段改造，所设计出来的技术不再是依附于大量资本对生态文明建设发挥作用的工具。

再次，展现充分的人性关怀。传统的技术设计将人的合理需求和人的不合理欲望混淆，将掌握技术设计走向的主体的选择与技术最终的使用者之间的需求等同起来。大多数技术设计被看作是脱离群众、被少数知识分子所掌握和参与的实践活动，脱离了大众的价值评判标准，这不免让技术沦为“最大效率与产出”原则下的单纯工具。相比之下，设计技术要是在开放式创新 2.0 范式、分享技术、负责任创新等创新环境下、在绿色价值观的指导下发挥作用。设计技术进入了“政府—大学—产业—公众”的“四重螺旋”创新生态系统内，打破了学术界、产业界、公民社会、政府等组织的创新壁垒，设计技术让绿色目光聚焦，让绿色成果共享，让技术不再是少数人掌握的神话。

2. 设计技术助力绿色技术范式的形成

技术在社会运行中形成特定的范式，同时受范式的影响，技术的发展也表现出特定的轨道，这种轨道效应对内形成技术自身发展的逻辑，如形成一定范围内的核心技术体系、主导设计体系、技术发展主

流趋势、技术选择规则和创新中的技术采用惯性。技术范式一旦确立就从技术发展的因变量转变为动因和标准，这种受技术范式影响的技术发展轨道就反映了技术设计的路径依赖。所以我们说设计技术是技术范式形成的动因，但二者之间的影响又是相互的。以绿色技术范式的形成为例，设计技术就是一个关键要素。

从技术范式形成的过程来说，作为绿色技术范式的技术硬核的绿色技术，其本质上是人的绿色观念嵌入技术设计过程之中所形成的。在这个意义上说，设计何种技术便会形成何种具有决定性的技术范式硬核。传统的技术范式之所以是非绿色的，主要就是在技术范式的形成过程中的技术硬核，技术设计主体对于其所涉及的技术并没有按照人与自然和谐共生的理念进行。传统的技术设计就是单纯的以自然科学为基础规律，以人类的自我价值为取向的设计。在这种设计理念下，技术只要求达到对自然与改造的实践效率的最大化，是工具理性的彰显，技术体系的形成也是以满足人类物质生产效益的最大化为归宿的。所以近代以来的工业化进程所形成的人类对于技术的设计产生了极其严重的生态负效应，我们只是在丰富社会物质生产，提高单纯的生产力方面取得了成功。伴随于此，传统的工业文明的技术范式在社会之中根深蒂固，人类的生产和生活方式都集结于此。此时的技术设计是单一主体的，人是设计过程的尺度。

正是基于对技术设计缺陷的反思，在技术形成和发展过程中逐步形成了一种新的设计理念，即设计技术。此时的技术已经不是单纯的近代机械自然观下人与自然二分对立的技术，而是一种人与自然和谐发展，在经济社会发展过程中一种可持续的大生态角度的技术。设计主体以绿色的价值理念，以生态科学为理论依据，将人与自然共生的伦理约束作为价值取向，开始了设计绿色的技术，进而也形成了技术发展轨迹中的从传统技术向绿色技术的过渡。绿色的技术在社会运行过程中接受着相关社会精神的进一步选择，进而形成了绿色的技术范式。应该说，从技术设计到设计技术的转换，是传统技术范式向着绿色技术范式转换的根本动因，设计技术在技术的设计阶段的实现绿色价值理念的植入，从根本上变革传统技术设计的目的与诉求。

设计技术实际上是去解决技术发明创造过程中的技术期望、工艺知识、现有技术水平及资源的利用模式等问题，设计的动机和理念直接决定着相应的技术产出，也规定了使用过程中所形成的技术范式。但这不是说设计单方向地决定着技术范式的形成，只是强调设计技术的决定性作用。而技术范式一旦形成又会加强这种对技术设计的理念，形成在一定的技术范式下利用技术设计解决问题的过程，同时也是在通过利用技术设计的基本程序和利用什么样的技术设计来展现特定的技术范式的过程。在设计技术与技术范式形成的相互作用中，技术的演变和发展形成了自身特定的轨道表现，这就是技术自主论者主张的技术按照自身的理性和逻辑发展。可以说，在绿色技术范式形成的过程中这种作用不是整体发生变革的，需要经过一个动态的发展过程才能实现转变。

从整个社会的视角看，绿色技术范式一定程度上是集聚在绿色技术周围形成的绿色的生产与生活方式。在整个绿色技术发展的谱系上，技术经历了从非绿到近绿，绿色从浅入深的过程。技术各组分分别影响着对方的演化，这种影响力等于甚至大于社会情境带给它们的影响。如治理污染的技术已经出现很多年了，而且在这个领域中不断有新的治污技术被发明出来，但是治理污染技术只是绿色技术范式中的非核心组成部分，它只是从功能上对已经发生的污染进行被动的、事后的处理，因而不是关键技术。相比较之下，清洁生产技术则是保证企业不发生污染问题，它在绿色技术范式中占有更关键的地位。这种从污染治理技术的末端治理到清洁生产的源头防治，可以说，就是设计技术理念的转变，因此在此种设计之下形成的技术相关的生产生活方式也呈现出绿色化的发展。同时也应该看到，当设计技术的某个发明或创新崭露头角的时候，它总是会通过各种方式被传播出来，在社会上接受制度、文化、经济、政治的选择，最终绿色技术间接发挥的促进作用比直接促进作用更有力地推动了技术的增长。由于无数的对于绿色技术的设计之间的无休止地结合、互动，技术发展过程变成了绿色技术体系，并在其社会运动过程中表现出绿色的范式形态。所以说，人们只要试着对技术发展进行主观能动性的发挥，社会就可以对技术将来产生什么样的影响提前做好应对准备，一旦设计技术对社会的价值体系构成影响的时候，技术范式就开始按照自身的主张，表现出相对的自主性。这个过程中不能忽略的是人对于技术发展与范式形成的决定性作用。

本文针对技术异化问题，从设计的角度完善技术设计的内容，提出设计技术概念，拟形成推动绿色技术、绿色技术范式的有力支撑。可以说，从技术设计到设计技术的转换，是现代技术范式向绿色技术范式转换的根本动因。在设计技术的推动下形成的绿色技术范式，将为生态文明建设、绿色发展方式实现和人的自由全面发展提供绿色技术支撑。

★ 参考文献

［1］ 肖峰．哲学视域中的技术［M］．北京：人民出版社，2007．

［2］ 郝林军．科技哲学研究［M］．沈阳：辽宁科学技术出版社，2009．

［3］ 陈凡，张明国．解析技术［M］．福州：福建人民出版社，2002．

［4］ 陈昌曙．技术哲学引论［M］．北京：科学出版社，1999．

［5］ 张秀武．技术设计的哲学研究［M］．太原：山西大学科学技术研究中心，2008．

中日黄海海战前日本海军的战术选择

吴奕澎

摘　要： 1894年中日黄海海战前日本海军的战术选择过程长期以来未受到国内学者重视。在19世纪，"不列颠和平"使铁甲舰技术的发展缺乏实战的检验，而中日双方作为两支缺乏实战经验的军队在战前都面临着"新技术如何应用于实践"的问题。通过分析日本战前的海军战术专著，可以发现日军在战前对铁甲舰技术发展情况有着较为清晰的认知，但并未盲从所谓的"经典战例"，而是进行了大量战术验证性演习来修正对铁甲舰技术的认知，一系列工作使日军在战前抛弃了被北洋舰队选择的、在铁甲舰时代海战理论中占有统治地位的横队战术，在取得海战胜利的同时也开创了铁甲舰作战的新样式。

关键词： 黄海海战；战术验证性演习；军事技术变革；实践经验

在军事技术飞速发展的时代背景下，如何在缺乏实战经验的情况下找到合适的作战方式一直是军事理论家们讨论研究的重点。在1894年的中日黄海海战中，丁汝昌以"夹缝雁形阵"(横队战术)迎击使用纵队战术的日本联合舰队，最终北洋海军损失五艘战舰，日军却无一艘沉没。国内外研究者们针对双方战术的优劣展开过大量讨论，但对两军的战术选择过程却着墨不多，对日军更是关注甚少，似乎面对腐败不堪的北洋海军，日军获胜是"理所应当"的，如《布拉塞海军年鉴1895》(Brassey's Annual 1895)称："相较于对手，日军的战术是优越的，也就是说，这一战术在当时来看是很不错的，除此以外就没什么值得学习的了"[1]。以往的研究仅站在北洋海军失利的角度进行评判，未能结合19世纪世界海战理论的实际状况，既没有注意到中日双方在战前皆没有任何实战经验，更没有注意到北洋舰队的横队战术在1866年利萨海战后长期被视为海战"正统"，而日军的战术作为"异类"在战后受到了包括马汉在内的权威学者的批评。但日军却在黄海海战中证明了纵队战术的优越性，并将其发展为"T"字形战术，成为"大炮巨舰"时代的标准战术，其战前的战术选择过程对解决"新技术如何应用于实践"的问题具有较强借鉴意义。

一、"不列颠和平"下的日本海战理论研究

"暴力比其他一切都更加依赖于现有的生产条件。"第一次工业革命使先进的生产力大量用于军事领域，在1855至1905年间，舰船在舰体设计、动力系统及武器系统方面出现了巨大进步，但却没有足够的战争来检验技术的进步。在英国凭借1805年特拉法尔加海战确立海洋霸主地位后的一百余年里，

作者简介： 吴奕澎，国防科技大学文理学院军事思想与军事历史系博士，研究方向为军事技术史、军事技术哲学、马克思主义基本原理。

世界进入了“不列颠和平”(Pax Britannica)时代，各国间的海战较此前两百余年大幅减少，在 1894 年中—日黄海海战前，最近的一次铁甲舰队交锋是 1866 年的奥—意利萨海战[2]。实战经验的缺乏导致铁甲舰技术与海军战术的发展充满着实验性质：一方面，技术发展缺乏实践依托，直至 19 世纪 80 年代，各国铁甲舰技术仍处于探索阶段，沙俄的“诺夫哥罗德”号与“海军中将波波沙”号甚至被设计为正圆形，英国史学家奥斯卡·帕克斯(Oscar Parkes)也将这一时期称为“维多利亚海军的黑暗时代”(Dark Ages of the Victorian Navy)[3]。另一方面，由于军事学的经验科学性质，任何时期的指挥者都需要依托已有的实践经验，结合现有技术条件对战术进行选择，在这一时期，人们只能一面从风帆时代的海战以及利萨海战中汲取经验，一面在军事演习中探索新的战术观念。如马汉所言：“蒸汽时代的海军还没有在其教义上书写可以被概括为决定性意义的历史。一方面，我们拥有大量的实验性知识，另一方面，实践经验却一无所有。因此，有关未来海上战争的理论几乎完全属于主观臆断。”

中日海军的战术选择正是在这一军事技术飞速发展，但实践经验却相对缺乏的时代背景下展开的。双方此前皆没有建设近现代海军的经验，更无海战理论的积淀，在黄海海战前，双方都面临着“新技术如何应用于实践”的问题。洋务派在 19 世纪 70 年代后为“明乎制器与用器之所以然”开启了国外军事思想与军事训练方法的引进工作，其中以《各国水师操战法》(1885)与《海军调度要言》(1890)为主要成果，其中 1884 年的《船阵图说》则是北洋水师的战术规范，该书直至民国初年仍是中国海军进行舰队推演与战斗的主要依据，“夹缝雁形阵”便出自《船阵图说》第 103 图“六船双叠雁形阵变夹缝雁形阵”[4]。日本方面，英国海军军官阿奇博·道格拉斯(Archibald Lucius Douglas)于 1873 年率团访日，在海军兵学校(海軍兵学校)教授海军课程，为日本近代海军教育奠定了基础[5]。时任日本参谋本部海军部第一课课员的岛村速雄对英国海军中校 Gerard H. U. Noel 的 *The Gun, Ram, and Torpedo: Manoeuvres and Tactics of a Naval Battle in the Present Day*(1874)以及美国海军军官 Bainbridge Hoff 的 *Examples, Conclusions, and Maxims of Modern Naval Tactics*(1884)两部著作进行整合，于 1887 年编译成《海军战术一斑》，成为重要的战术教参[6]。同年，英国海军教官约翰·英格斯(John Ingles)受聘赴日，在海军大学(海軍大学校)教授海军战术课程。约翰·英格斯的授课内容被合编为《海军战术讲义录》，成为黄海海战前日本海军战术的直接理论来源，日军的纵队战术(单纵队)即出自此书。

虽然铁甲舰技术的发展为海战带来了新的变化，但由于这一阶段的海战依旧是目视距离内的战斗，外加军事科学自身的经验科学性质，因此铁甲舰时代的海军战术在表现形式上依旧保留着风帆时代的战列线战术(纵队战术)与舰艇机动战术(横队战术)的影子[7]。中日海军的战术研究也皆是围绕着纵队与横队两种基本战术展开。在《船阵图说》中，舰队战术分为：纵队阵型(鱼贯)、横队阵型(雁形)以及梯次阵(燕剪、麋角)三种，而在《海军战术一斑》的来源之一的 *Examples, Conclusions, and Maxims of Modern Naval Tactics* 中也称：“海军阵型将会是两种模式中的一种，要么宽阵—浅纵深，要么窄阵—大纵深，换句话说，现代海战的阵型只有可能是横队或纵队，或是其衍生形式”(The formation will be then one of two classes－great width with little depth, or narrow front with great depth. In other words, the only formations for modern fighting are the line ahead and the line abreast, and their derivatives.)[8]。

在利萨海战中，奥地利海军司令特格特霍夫以三重楔形阵(横阵)冲击意大利舰队纵阵，并用船艏撞角撞沉意军旗舰取得胜利，此后诸多海战研究者皆将特格特霍夫使用的横队战术视为铁甲舰舰队作战的标准战术[9]。《海军调度要言》中便有“彼此接战各思以船头相向，而不肯以船腰授敌，战法不论何阵总以冲断敌阵为贵”的论述，并把船艏撞角视为海战的“第一要械”[10]。在丁汝昌战前下达的三条作战指令中，也可以看出丁汝昌对奥地利海军横队战术的模仿(北洋海军在操练时所用号令为英文)[1]：

① In action, sister ships, or sub－divisions of pairs of ships, shall as far as possible remain together, and support one another in attack and defence.

② A ruling principle should be to keep bows on to the enemy.

③ All ships must, as a general rule, follow the motions of the admiral.

（译：① 姊妹舰或同小队舰，作战时应保持一致、相互配合；② 以舰首向敌为基本战术；③ 所有舰船须跟随旗舰运动。）

利萨海战确立了横队战术在铁甲舰作战中的"正统"地位，但日本海军却在黄海海战中选择了"单纵队"这一看似不合常规的战术选择。即便在黄海海战后，这一选择依然受到了一些权威人士的批判，如马汉称："这种运动法，我有不同意之处……使自己舰队的侧面，暴露于舰艏向我的敌阵，实乃无谋之策"[11]。美国海军研究生院的J·J·特里坦(James John Tritten)在梳理海军战术的演变历程时指出，日军"不冲锋、不撞击、不混战"(not charge, nor ram, nor seek a melee)的纵队战术与当时各国海军的标准战术截然不同[12]。通过约翰·英格斯的论述，可以发现日军在战前对铁甲舰技术发展情况以及利萨海战进行了深入的批判性分析，同时在战前进行了大量战术验证性演习，一系列工作使日军抛弃了被视为正统的横队战术。从明治二十五年(1892)以及明治二十七年(1894)的两版《海军战术讲义录》中可以发现大量纵队破袭横队的战术讲解，其所绘图示与黄海海战时中日两军的接战情形如出一辙。而日军第一游击队司令坪井航三的回忆也证实了纵队战术是日军预先的计划："自我出征伊始，就期望着无论敌舰队对我摆出什么样的阵型，我只能以严整的单纵阵予以猛烈攻击。"[11]

二、 日本海军对铁甲舰技术革新的认知

恩格斯指出："一旦技术上的进步可以用于军事目的并且已经用于军事目的，它们便立刻几乎强制地，而且往往是违反指挥官的意志而引起作战方式上的改变甚至变革"[13]。军事技术作为军事实践的物质基础对战术选择具有基础性影响。军事技术的发展变革在丰富作战主体的物质手段的同时，也会对战术产生根本性影响。日本海军能在黄海海战前摒弃被视为正统的横队战术，很大程度上是由于其战术制定者约翰·英格斯深刻地认识到：由于舰炮技术与动力系统在利萨海战后20余年里的巨大突破，横队战术的适用性在未来必将受到冲击。

《海军战术一斑》为日本海军了解世界铁甲舰技术发展状况提供了基础。该书反映了利萨海战之后世界海军战术理论的主流观点，其主旨内容同洋务派引入的《各国水师操战法》与《海军调度要言》十分接近。其资料来源之一，*Examples, Conclusions, and Maxims of Modern Naval Tactics* 一书将铁甲舰技术发展情况包含在战术讨论之中，反映了铁甲舰时代各国海战研究者的主要战术观点，将撞角视为铁甲舰武器系统中的首要武器，舰炮地位处于撞角之下，鱼雷则作为一种"未知"的武器被装备于舰船上[8]：

The guns should be fired generally by broadsides, and at a range of about 500 yards. The ram should be freely made use of. It should be considered the principal weapon of the ship. (*Examples, Conclusions, and Maxims of Modern Naval Tactics*.)

在 *The Gun, Ram, and Torpedo* 一书中，关于海军战术的论述则紧紧围绕着舰炮、撞角、鱼雷这三种武器在海战中的使用方式展开。该书的成书时间距利萨海战尚不足十年，因此也承认撞角在海战中的强大杀伤力，但作者指出，当舰船在战场上失去动力时，舰炮便成为战舰能够使用的唯一武器[14]：

I do not hold that the guns will be the principal weapon; but should the ship's engines or steering gear be disabled, temporarily or permanently, her guns will become all-important.

《海军战术一斑》汇总的两部专著虽然提倡撞角与横队战术的优势地位，但却始终保持一种动态的观念。作者意识到在军事技术飞速发展的时代，一切关于战术的思索都是未经实践检验的，该书的开篇

谈道："在我们真切感受到海战之前，对这些武器在战争中的使用方式只存在于我们的想象。"(…until we have again before us the experiences of a Naval War, our opinions on the subject must principally flow from our imaginations.)[14]这一基调为后来的战术研究留下了改弦更张的空间，避免了将某一种武器视为决定性因素的情况。

约翰·英格斯在《海军战术讲义录》中分析纵队与横队战术的优劣时遵循了上述思路，认为随着铁甲舰技术的发展，研究者们已有的战术认识也需根据技术发展状况做出相应调整。英格斯指出，战舰机动能力的提升能改变以往海战研究者眼中纵队战术的弱势地位。此前人们普遍认为，当己方舰队以纵队驶向敌军时，在战列线最前端的战舰由于最接近敌军，因此很容易遭受敌军战舰的集火攻击，当第一艘战舰沉没或退出战场时，敌方便能将火力倾注到第二艘战舰上。这也是马汉对日军纵队战术提出批评的主因。英格斯结合铁甲舰动力系统的发展情况以及舰炮在实战中的实际性能，指出纵队战术这一"弊端"在实战中不会对整支舰队造成毁灭性影响。其原因在于：当舰船的机动能力提升后，己方舰队可以从容不迫地从敌方舰队前驶过，因此敌方舰队的集火攻击在实战中难以出现。同时由于己方舰队旗舰一般会被设置在战列线中部，即便前卫战舰严重受损，旗舰所在的中卫分队及后卫分队也可以随时调整航向，并不会出现战舰一艘一艘地"迎向"敌军火力的情形[15]：

"对该阵形(单纵队)提出非议的人认为，在攻击敌方军舰时，我方的向导军舰容易遭受敌方所有战舰的猛烈攻击，这是该阵形的弊端。然而，双方舰队相距二千码的距离内高速的航行时，便只能有一次发炮机会。"(译自明治二十五年版《海军战术讲义录》)

此外，英格斯也指出了利萨海战之后铁甲舰技术的革新对舰队指挥的影响，认为舰船机动性的提升使己方在交战前必须提前侦测敌人的方位与动向。在风帆时代，双方战前都会对自己的位置进行长时间调整，因此交战双方在交火前就已能知晓对方的意图，但当蒸汽替代了风帆后，指挥者判断战场形势的难度陡然提升，"一方的司令官如何施计，另一方如何对应都很难断言"对此英格斯认为纵队战术作为"巡航阵型"，"会对作战更加有利"[15]。

黄海海战证实了英格斯关于纵队战术不会遭受敌军集火攻击的判断。舰船机动性的提升使日军的第一游击队仅在北洋舰队的正面进行了短暂停留，随后便绕到了北洋舰队相对薄弱的右翼进行打击，而北洋舰队在以横队战术迎击日军时，其首轮攻击并未给日军造成损伤："我距敌约十里，遂开炮一排，无一中弹者"，而位于日本舰队第一游击队的"吉野""浪速""秋津洲"在没有遭受实质性打击的情况下便绕到了北洋舰队的侧翼"敌畏我镇、定两铁甲，故于驶近时，改道飞驶，左行绕攻我军右翼，瞬息已过我右翼，绕及船后。我扬威、超勇相继中弹火起，超勇未几沉没，军士烬焉"[16]。

三、 日本海军对军事史例的态度

实践是真理性认识的来源，而对人类已有实践的集合，即人类历史的梳理分析自然成为获得真理性认识的重要途径。因此，马克思与恩格斯在《德意志意识形态》的开篇便称"我们仅仅知道一门唯一的科学，即历史科学"[17]。由于军事学的经验科学性质，依托军事史例进行战术研究一直被视为战术研究的科学方法，每一时期的军事家都会根据当前需要，借鉴前人经验并由此生发出一套"哲学"。其原因在于，无论军事技术如何发展，战争始终是人与人之间的战斗，而人"趋利避害"的本质在已知的历史中并未有过变化，这也就是为什么马基雅维利在《兵法》中称："我所告诉你的并没有什么新的东西，只不过重复兵法著作家的一些说法而已。"[18] 19世纪的海战研究者们都会引述史例来佐证自己的战术观点，约翰·英格斯在日本海军大学授课期间也将军事史作为授课线索。明治二十五年版的《海军战术讲义录》用了五章的篇幅来梳理从风帆时代开始的海军战例。通过对以往战例的梳理，英格斯向学员们指明：由于技术条件的不同，1866年的利萨海战与当前技术条件下的海战有着巨大差异，经典战例固然是新思想的重要来源，但始终有其历史局限性。

英格斯的这一判断使其在面对以往的海军战例时始终保有批判的态度，而没有将前人成功的军事实践经验奉为一种不变的真理进行全盘继承。在他看来，梳理已有的军事实践能够使人了解海军作战中那些亘古不变的战术原则，但这些总结出来的战术原则必须要与当前的技术条件相结合，只有这样才能从前人的实践经验中获取有益教训，避免“食古不化”的倾向[15]：

“如果只了解过去海军战争中的对战细节，则容易一叶障目，如果仅仅研究如今战舰的学理，则容易将一些大原则遗漏。”(译自明治二十五年版《海军战术讲义录》)

利萨海战是铁甲舰时代的海战理论家们难以回避的分析对象，对于此战中奥、意双方使用战术的不同理解则直接决定了海战理论家们对纵队、横队战术的态度。在分析利萨海战时，约翰·英格斯承认利萨海战在海军史中的重要地位，并指出了此战的结果对海军战术研究的深远影响：“这场战斗使各兵家得到了梦寐以求的攻击阵形……最终奥地利舰队取得胜利，因此很多海军将领将该战作为横队战术取得胜利的典范。”[15]他同时也指出，利萨海战的教益实际上十分有限，因为直至19世纪90年代，铁甲舰队的战例除利萨海战外并无旁例：“将铁甲冲角以及重炮作为海军兵器后，能称为舰队作战的唯有这一战。”[15]这一认识在同时期洋务派引入的海战专著中是没有的。

任何实践活动一旦被记述为“历史”，就不自觉地带有宿命论意味，仿佛主体的一切实践行为都在指向最终的结果，在这种观念框架下进行史例分析很容易带有“赢者通吃”的逻辑：人类的一切优良品质似乎都可以被赋予到胜利者身上，而败者做出的一切行为都是荒谬不堪的。特格特霍夫的胜利为其本人以及横队战术带来了太多的赞誉，以至于横队战术在海战理论家那里成了不容置疑的铁律，即便在黄海海战结束后，时任英国海军上将的乔弗里·霍恩比依旧对横队战术坚信不疑，认为北洋舰队之所以失败是缺少奥地利海军的技巧：“余素来相信利沙之战(利萨海战)奥将铁格托夫(特格特霍夫)之名言……使用撞头时必须异常精练技巧，唯有成为如铁格托夫之人物而后方能建此奇勋”[11]。而英格斯则对利萨海战进行了批判性分析，不仅对奥地利海军获胜的原因进行了总结，还对意大利海军如何避免失败进行了分析，使日军能同时看到胜败双方各自的合理性与不足，避免了“赢者通吃”的逻辑。《海军战术讲义录》将奥地利海军获胜的原因总结为两点：其一，奥军成功冲破了意军战列线，使意军各舰无法相互支援；第二，特格特霍夫在战前将自己的战斗意图详细传达给麾下各舰长，而佩尔萨诺仅用图示的方式在战前传达自己的指令。通过分析奥军获胜的原因，英格斯认为，虽然撞角对此战的结果起到了决定性影响，但无法适用于海战的整个过程，因此利萨海战不足以成为抹杀舰炮在海战中作用的依据[15]：

“撞角只有在两种情况下才可以起到作用：其一是两只舰队已经开战，并且互相攻击，炮烟弥漫，两方舰队的已有阵型已经发生混乱时；其二是在对方的船舵已经遭受损伤的时候。”(译自明治二十五年版《海军战术讲义录》)

英格斯分析了意军纵队战术的合理性，指出如果意军战列线能保证相邻舰船间的火力支援，奥军的横队战术实际上难以成功。在经受奥军的第一次冲击后，意军实际上仍有重新调整，形成完整战列线的机会，但此时佩尔萨诺却发出了无人理会的“自由交战”命令，致使意大利舰队失去了战术优势。在分析的最后，英格斯提供了意军获胜的另一种可能性，即利用纵队战术的机动能力包抄奥军侧翼。如果意军的前卫分队能够在己方战列线中部被突破后及时转向支援，不仅援助己方旗舰，还可以对奥军薄弱的第二分队实施打击。这一分析也成了他为日军制定战术的重要依据[15]：

“如果奥军穿过意军的中间时，意军舰队的第一舰、第二舰、第三舰能够快速调转方向助阵中央舰，第五舰、第八舰、第九舰、第十舰跟随其后，就可以对奥军舰队的第二分队，也就是由木质战船组成的舰队实施打击。”(译自明治二十五年版《海军战术讲义录》)

虽然在利萨海战后的几十年中，海战研究者们也开始重新审视利萨海战对海军战术的真正意义，但人们大多将关注点转向了与战术无关的领域：“勇气”“才干”“素质”等品德，如 *Examples, Conclusions, and Maxims of Modern Naval Tactics* 一书便认为利萨海战是“只能依靠凭借运气的个人冲锋取得胜利”(…as at Lissa, by individual dash, backed up by good luck.)[8]。这种将实践结果归结为个人品德的行为在史例分析中十分常见，至今仍被许多历史研究者所践行。国内首位提出利萨海战与黄海海战关联性的马幼垣先生便认为：“北洋海军的作战态度、将领才干、训练素质，甚至作战过程竟有不少酷似意方表现的翻版。”[19] T. N. 杜普伊也认为奥地利海军的胜利“只不过是制造或者利用了以外的机会而成功的”[7]。品德与素质几乎可以解释一切历史现象的形成，但正因如此，品德与素质也难以对未来的实践活动提供确切的解决方案。约翰·英格斯对利萨海战的分析既没对胜者的品格表达赞誉，也没有对败者的素质进行批判，而仅将横队战术与纵队战术作为两种军事技术的应用手段进行客观分析，由此发掘出纵队战术的合理性因素，将绕击敌军侧翼的纵队战术确立为日本海军的首选战术。

四、 模拟实践对日本海军战术论证的影响

实践并不总是伴随着技术的进步而展开，在一些历史时期，虽然技术水平有了巨大提升，但并未出现足以检验技战术水平的军事实践，这也暴露出了单纯依托军事史例进行战术研究的不足，而这种因缺乏军事实践经验而造成的认识“缺口”，则依赖模拟实践的补充。时至今日，模拟军事实践仍是开展战术研究的重要手段，但如果模拟实践未能包含真实的实践中那些影响最终实践结果的关键要素，模拟实践所获得的结论也只能造成误导。

北洋海军在战前经历的三次实兵演习并未包含任何战术验证性工作，仅将对铁甲舰操作的熟练程度视为海军形成战斗力的全部内容。在1886年的巡阅中，仅包括舰队的阵型变换与固定靶射击：“先以空雷射靶……射靶毕，以装棉药之鱼雷攻旧广艇，一轰而成齑粉”[20]。虽然固定靶射击也能在一定程度上检验训练成果，但仅是对理想状态的模拟，无法验证武器的稳定性与耐用性。黄海海战中“福龙”号鱼雷艇对“西京丸”号近距离发射鱼雷而不中，与此前错误的模拟方式不无干系。在战术方面，北洋海军的操演并未涉及战场环境的假定，《海军大阅章程》中假定了舰队在港内遭遇敌军鱼雷艇袭击的情境：“北洋海军鱼雷艇试演泰西袭营阵法，铁舰、快船用电光灯准备迎敌”，却没有包含舰队与舰队之间交锋时的情况[4]。北洋海军的领导层自始至终未能建立起“从技术到战术”的观念，即便是备受赞誉的总查琅威理，在来华前也仅为铁胁木壳炮艇“茶隼”号(Kestrel)的中校副舰长，虽有丰富的海军作业经验，却无舰队指挥经验，难以与专门从事战术研究的约翰·英格斯相比[21]。在黄海海战发生前，琅威理仍然对横队战术的适用性深信不疑，他借英国海军中将乔治·特莱恩(George Tryon)在纵队变换横队过程中船毁身死的事件赞扬了北洋舰队变换横队阵型的熟练程度：“即如日前英国兵舰水操时，不幸域多利亚铁甲座船偶被他船误触，遂至沉溺，不知此等阵法中国海军操演极熟，断不致有此意外之忧”[22]。

日本海军通过模拟实践进行海军战术研究始于19世纪80年代末。在阿奇博·道格拉斯协助日本建设近代海军教育体系的时期，日军所学内容也同北洋舰队一样，仅限于舰队阵型变换、各舰间相对位置的保持、进出海港等[5]。而1887年《海军战术一斑》的出版则标志着日本海军战术研究进入正轨。该书引起了日本海军部的强烈兴趣，使日军对“海军战术”的理解不再局限于阵型的变换，真正将海军战术视为海军进行作战时应当遵循的原则与方法。岛村速雄在该书中提出了利用战术验证性演习推演海军战术、制定战斗条令的研究思路，认为应当建立一个专门机构来对海军战术进行研究，其成员应由常备舰队司令、舰长、副舰长、枪炮官、参谋组成。在其推动下，“战法调查委员会”得以成立。该委员会由日本总参谋部、海军部、海军大学三方组成，有权调用各军舰船进行战术验证性演习，演习地点位于骏河湾西部的清水港，委员会成员则位于北部的清见寺。该委员会中诞生的任一战术思想都能第一时间获得模拟实践的验证，同时由于海军大学的参与，该委员会的战术调查结果可以直接成为约翰·英格斯授课时的案例。“战法调查委员会”组织的第一次演习便讨论了利萨海战后被长期争论的撞角与舰炮孰优孰劣的问题。为验证撞角在海战中的真实威力，将多艘舰船编排成适合于撞击的进攻阵型，并用竹板紧密覆盖在舰船的四周，通过真实的撞击来验证撞角在实战中的真实威力。

日军对纵队战术的选择直接源于其在战前模拟实践中得出的结论。此前，横队战术一直被认为是舰队进攻的标准战术，*Examples*，*Conclusions*，*and Maxims of Modern Naval Tactics* 一书称，纵队是常用的航行阵型，而横队则为攻击阵型，但横队战术的缺陷在于，一旦阵型形成就难以改变航向(In this formation there is this drawback，that it is hard to change the vessel's course)[8]。如果横队中的任何一舰未能保持位置，其战术的威力便将大打折扣，而横队战术改变航向的理想条件，则是在己方完全突破敌方战列线后，重新组织横队对敌方战列线进行再次冲锋。在研究者们看来，横队战术在理论上无懈可击，但过于依赖训练水平，只有一支训练有素的舰队才能在实战中始终保持阵位。英格斯在论证海军战术时则从模拟军事实践的结果出发，认为每艘军舰仍能各守其位的情况在实战中几乎无法出现[23]：

“关于这个阵型至今已进行过各种各样的论辩，虽观点众多，但群体作战阵型的核心是，一旦与敌方舰队交火后，众多军舰仍保持一定的序列是非常困难的事，因此各军舰应随机应变地发挥自身作用。”(译自明治二十七年版《海军战术讲义录》)

在这一思想的基础上，英格斯认为一套理想的海军战术必须遵循如下几点：快速的机动能力、强大的火力输出、娴熟的舰炮操作[8]，因此，英格斯将纵队战术定为日军的理想战术。与横队相比，纵队更能发挥舰队各舰船的机动能力，同时指挥程序也比横队战术简便得多：“单纵队是各种战争中最简单的阵形，该阵形有利于守住战舰位置，另外通过信号可以轻易改变形势方向。”[15]。为检验纵队与横队在实际的机动过程中孰优孰劣，在“战术调查委员会”的组织下，日军将不同的舰船组成“黑”“白”两支舰队，在相距十二海里的距离处相向而行，其中黑舰队使用了当时被海战理论家们普遍认为的“最佳战术”——鳞次横阵(似“夹缝雁形阵”)，而白舰队则使用约翰·英格斯推崇的，由两支分队组成的单纵阵。

日军围绕三项内容对横队与纵队战术进行对比：① 舰炮使用情况；② 舰队维持阵型的难易程度；③ 在舰队发生混乱时，己方舰船独立作战的能力，即舰队内部相互支援的能力[23]。通过比较，日军得出了纵队战术总体优于横队的结论：在舰炮问题上，黑舰队在双方相距 2000 码的情况下可使己方各舰处于最佳射击位置，此时白舰队则能将自己保持在 2000～4000 码的距离处以避免敌方火力；在相互支援能力的问题上，黑舰队的每艘舰船的正后方皆无可提供支援的友军，而白舰队由于分成了两支分队，第二分队在第一分队出现混乱时可随时提供支援。此次演习中日本海军的最大收获在于舰队的阵型维持方面，在整场演习中，黑舰队在大部分时间里都处于阵型混乱的状态，而白舰队内各舰的相对位置则始终保持良好，对此英格斯指出：“白舰队在第二种情况下获益巨大，可乘黑舰队混乱之际发炮攻击”[23]。横队战术的威力依赖阵型的完整，而此前研究者们在对该战术进行论述时，并未考虑到舰队在实战中维持舰队整齐的难易程度，只是从理论的角度高度赞扬横队战术的威力。通过战术验证性演习，日本海军诸将领也深切意识到了横队战术在实战中缺乏可操作性的问题[23]：

“诸位切身感受过横队不易维持的特点。黑舰队若不保持固定速度或操舵有误，则将立即导致巨大混乱，在两舰队相互通过之前，黑舰队维持一种不整齐的阵形——单横队。”(译自明治二十七年版《海军战术讲义录·下卷》)

需要注意的是，奥地利海军之所以能在利萨海战中能保持阵型完整，除训练要素外，还因为交战双方仍是以装滑膛炮为主要武器，交战距离仅有几百码，奥军的横队只需在这数百码的距离内冲破意军战列线即可。而在 19 世纪 80 年代后，舰炮的射程大幅提高，“短兵相接”的情形难以出现[9]，在交战距离拉长之后，横队战术难以维持阵型完整的缺陷便暴露无遗。据马吉芬回忆，在北洋舰队完成首轮炮击前(双方约距 5300 m)，除最右翼的超勇、扬威两舰外，北洋舰队的阵型尚能保持整齐：“战斗之初，清国全舰队保持鳞次阵型，并以六节速度前进。”[11]但日军在距约 3000 m 处发炮还击后，清军阵型便发生混乱，伊东祐亨称：“不久敌军主力便将各舰舰艏指向本队(两翼敌舰运动已乱，方向不一)，好似试图向我军冲撞，并不断打炮。”[11]从双方参战人员的回忆来看，日军能够灵活地控制与北洋舰队间的交战距离，避免己方纵队遭到突破，在北洋舰队出现阵型混乱时，日本舰队除殿后的比叡、扶桑因航速问题脱离本队外，“我本队始终保持同一阵型，一边猛烈射击，一边前进”。由于日军本队与第一游击队始终能严格保持纵队阵型，使日军完成了英格斯先前定下的，以纵队绕击敌军横队侧翼的任务，在多数情况下，日军都能将己方多艘战舰的侧舷对准北洋舰队的单舰。外山三郎在《日本海军史》中高度赞颂了日军战术相较于北洋舰队的优越性：“日军致胜的原因，在于采用了能自由机动的纵队队形……这表明日军的战术优于丁汝昌采取的、当时受世界重视的、靠楔形队形实施冲击的战术。”[24]

五、 启示

恩格斯指出：“在长久的和平时期兵器由于工业的发展改进了多少，作战方法就落后了多少。”[25]在军事技术出现变化时，已有的实践经验给人们带来的教益也会由于新手段的加入而淡化，世界各国海战经验的缺乏使横队战术在利萨海战后长期占据优势，人们虽然了解军事技术的发展却迷恋于“经典案例”的光辉，没有注意到技术的进步对技术使用方式的颠覆性影响。而由“经典案例”带来的那些曾经正确的结论，在新的实践经验到来前，都会对那个时代造成长期影响。

之所以这些原属于旧时代的思想能长时间地占据统治性地位，是因为在对已有的实践经验进行了足够的归纳后，理论家们便在此基础上建立了不必再受历史经验检验的、“完备的”理论体系。当这种理论体系建构完成后，它往往会排斥其他理论介入其中。其原因在于：该理论的建构者已能使自己的理论对包含在其内部的全部实践情形做出合理解释，唯一能对该理论形成冲击的，就只有新的物质手段带来的新的实践经验。

在新的物质手段未能及时迎来新的实践经验时，模拟实践便成了相应的补充手段。约翰·英格斯本人虽然未必亲身经历过舰队交锋，但其组织的战术验证性演习却成功把握住人类战争的共性规律：战场上的不确定性。无论实兵演习，还是现如今的数学与计算机建模，这些模拟实践都是通过对现实的模拟来使自己在认识上能够尽可能迎合现实，因而终究是抽象且有限的，但人类的实践活动却是具体且无限的。这种差距表明，从抽象概念中归纳得出的实践理论难以在现实中获得完美再现，只有把“不确定性”视为战术选择中的确定性因素看待，方能缩短真实实践中“理论适应实践”的周期。

★ 参考文献

[1] EARL T B. Brassey's annual 1895[M]. New York：Praeger Publishers，1895.

[2] 富勒 J F C. 西洋世界军事史(第 2 卷)[M]. 钮先钟，译. 桂林：广西师范大学出版社，2012.

[3] GARNIDER R. All the World's fighting ships 1860 - 1905[M]. London：Conway Maritime Press，1979.

[4] 杨志本. 中华民国海军史料[M]. 北京：海洋出版社，1987.

[5] EVANS D C，PEATTIE M R. KAI GUN：Strategy，Tactics，and Technology in the IMPERIAL JAPANESE NAVY，1887 - 1941[M]. Maryland：Naval Institute Press Annapolis，1997.

[6] 陈悦. 甲午黄海大东沟海战北洋海军阵型考[A]. 戚俊杰，郭阳，编. 北洋海军新探：北洋海军成军 120 周年国际学术研讨会论文集[C]. 北京：中华书局，2012.

[7] 杜普伊 T N. 武器和战争的演变[M]. 李志星，等译. 北京：军事科学出版社，1985.

[8] WILLIAM B H. Examples，conclusions，and maxims of modern naval tactics[M]. Washington：Govt. Print，1884.

[9] 吴奕澎，刘艳琼. 从军事技术变革下的战术生成模式谈黄海海战阵型选择[J]. 自然辩证法研究，2018，(1)：57 - 63.

[10] 挈核甫.海军调度要言卷一[M].舒高第，等译.上海：江南制造总局，1890.

[11] 戚其章. 中国近代史资料丛刊续编：中日战争(7)[M]. 北京：中华书局，1996.
[12] Tritten J J. Doctrine and Fleet Tactics in the Royal Navy[J]. Doctrine & Fleet Tactics in the Royal Navy, 1994.
[13] 马克思，恩格斯. 马克思恩格斯军事文集(第1卷)[M]. 北京：战士出版社，1981.
[14] Gerard Henry Uchtred Noel. The gun, ram, and torpedo: manoeuvres and tactics of a naval battle in the present day[M]. London: J. Griffin & Co, 1874.
[15] 约翰·英格斯. 海军战术讲义录[M]. 东京：水交社，1892.
[16] 姚锡光. 东方兵事纪略[M]. 北京：中华书局，2010.
[17] 马克思，恩格斯. 马克思恩格斯选集(第1卷)[M]. 北京：人民出版社，2012.
[18] 尼克洛·马基雅维利. 兵法[M]. 北京：商务印书馆，2012.
[19] 马幼垣. 靖海澄疆：中国近代海军史事新诠[M]. 北京：中华书局，2013.
[20] 中国社会科学院近代史研究所近代史资料编辑组. 近代史资料(总第47号)[M]. 北京：中华书局，1982.
[21] List of Gunboat and Gunvessel Classes of The Royal Navy-Steam Gunvessels-WoodenScrew Gunvessels[EB/OL]. http://www.liquisearch.com/list_of_gunboat_and_gunvessel_classes_of_the_royal_navy/steam_gunvessels/wooden_screw_gunvessels,2018.
[22] 沈云龙. 近代中国史丛刊续编第七十一辑：中东战记本末卷七[M]. 台北：文海出版社，1966.
[23] 约翰·英格斯. 海军战术讲义录[M]. 东京：海军文库，1894.
[24] 外山三郎. 日本海军史[M]. 龚建国，方希和，译. 北京：解放军出版社，1988.
[25] 马克思，恩格斯. 马克思恩格斯军事文集(第3卷)[M]. 北京：战士出版社，1981.